普通高等教育电子信息类规划教材

微机原理及接口技术

吴叶兰　王　坚　王小艺　连晓峰　编著

机 械 工 业 出 版 社

本书从微型计算机系统的角度出发，较为全面地介绍了微型计算机系统的组成及各部分的工作原理。主要内容包括：80x86 系统微处理器中具有代表性的 8086 内部结构及工作原理、外部结构及基本时序，高档微处理器中采用的新技术，微处理器的指令系统，汇编语言程序设计，半导体存储器及接口，基本输入/输出方法及接口技术，中断控制接口，定时/计数器控制接口，并行接口，串行接口，DMA 接口，模拟接口技术和总线技术等。

本书结构严谨，实例丰富，并配备了多媒体教学课件。本书可作为高等院校电气自动化、电子信息及相关专业本科生教材，也可供计算机软、硬件开发人员参考。

图书在版编目（CIP）数据

微机原理及接口技术/吴叶兰等编著. —北京：机械工业出版社，2009.7（2014.8重印）
（普通高等教育电子信息类规划教材）
ISBN 978-7-111-27699-9

Ⅰ. 微… Ⅱ. 吴… Ⅲ. ①微型计算机-理论-高等学校-教材②微型计算机-接口-高等学校-教材 Ⅳ. TP36

中国版本图书馆 CIP 数据核字（2009）第 117831 号

机械工业出版社（北京市百万庄大街 22 号　邮政编码　100037）
责任编辑：李馨馨
责任印制：杨曦

北京东海印刷有限公司印刷

2014 年 8 月第 1 版 · 第 3 次印刷
184mm × 260mm · 22 印张 · 541 千字
6001—7800 册
标准书号：ISBN 978-7-111-27699-9
定价：46.00 元

凡购本书，如有缺页、倒页、脱页，由本社发行部调换

电话服务　　网络服务
社服务中心　：（010）88361066　门户网：http://www.cmpbook.com
销 售 一 部　：（010）68326294　教材网：http://www.cmpedu.com
销 售 二 部　：（010）88379649
读者购书热线：（010）88379203　封面无防伪标均为盗版

前　言

“微计原理及接口技术”是高等院校电气信息类专业的一门重要的计算机技术基础课程，是学习和掌握计算机硬件基础知识、汇编语言程序设计及常用接口技术的主干课程。该课程为学生构筑了一个全面认识和掌握微型计算机软、硬件知识的平台。

随着计算机技术的飞速发展，新技术、新机型不断涌现，但从掌握计算机工作原理的角度考虑，16 位机是最成熟和最具代表性的。16 位微处理器的体系结构简单易懂，是后续高档微处理器的基础；一些基本概念，如中断、DMA 技术、定时/计数器等各种接口技术内容都被涵盖，相关的资料非常丰富，有利于学生在学习中参考。所以，本书选择了 Intel 8086 CPU 来讲解微型计算机系统的软、硬件知识。本书对微处理器体系结构、汇编语言程序设计和输入/输出接口技术三个主要部分进行了详细阐述，对重点、难点内容提供了实例以帮助读者理解。

本书在编写中参考了国内外的优秀教材和先进技术，结合笔者多年的一线教学经验和考研实践，力求做到内容讲解深入浅出，在内容编排上考虑了学生的认知规律，注重各知识环节的内在联系，循序渐进，重点突出。本书旨在帮助学生掌握微型计算机技术中的基本概念、关键内容，了解微机发展的先进技术，为后续专业知识学习打下坚实的基础。

本书第 1、2、12 章由王小艺编写，第 3、4、7 章及附录由吴叶兰编写，第 5、9、10、11 章由连晓峰编写，第 6、8 章由王坚编写。

本书可作为高等院校非计算机专业本科生教材，根据学时和需要，有些章节可略讲。本书也可作为微型计算机应用与开发的科研或工程技术人员的参考书。

由于编者水平有限，书中难免有疏漏和不妥之处，请读者批评指正。

本书配有电子教案，读者可在 www. cmpedu. com 上下载。

编　者

目　　录

第1章

微型计算机基础

1.1 微型计算机概述
1.2 微型计算机的组成和结构
1.3 微型计算机的工作原理
1.4 微型计算机中信息的表示

微型计算机是人类历史上最伟大的发明之一，已广泛应用于国民经济的各个行业。本章主要对微型计算机进行概述，包括微机的发展历程、分类、体系结构、性能指标等，并对微机的组成、结构及工作原理进行介绍。本章也对计算机的数据表示进行了较为详细的阐述，以便为读者深入学习微机的相关知识打下基础。

1.1 微型计算机概述

1.1.1 微型计算机系统的3个层次

微型计算机系统从局部到全局存在3个层次：微处理器－微型计算机－微型计算机系统。单纯的微处理器不是计算机，单纯的微型计算机（以下简称微机）也不是完整的计算机系统，它们都不能独立工作。只有微型计算机系统才是完整的计算机系统，才可以正常工作。图1-1为微型计算机系统的层次结构图。

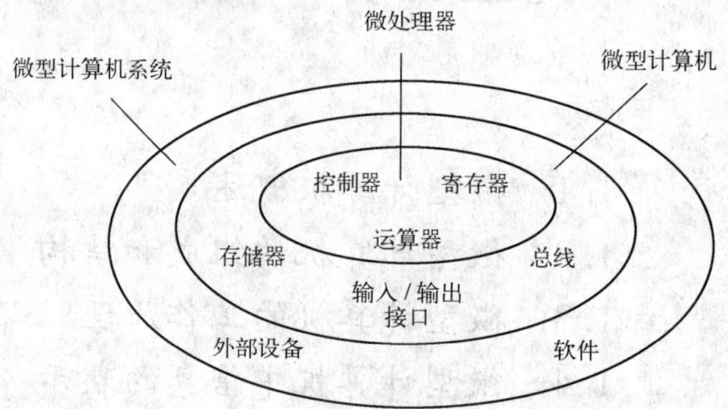

图1-1 微型计算机系统的层次结构图

1. 微处理器（Microprocessor）

微处理器是微机的核心部件，是计算机中最重要的组成部分，包括算术逻辑部件（Arithmetic Logic Unit，ALU）、控制部件（Control Unit）和寄存器组（Registers）3个基本部分，通常是由一片或几片大规模集成电路（LSI）、超大规模集成电路（VISI）器件组成。

2. 微型计算机（Micro Computer）

微型计算机以微处理器为核心，还包括由大规模集成电路制作的存储器（ROM和RAM）、输入/输出接口和系统总线。有的微机则是将这些组成部分集成在一个超大规模集成电路芯片上，称为单片微机，简称单片机。

3. 微型计算机系统（Micro Computer System）

微型计算机系统以微机为核心，配以相应的外围设备、电源、辅助电路，以及控制微机工作的软件，从而构成完整的计算机系统。软件分为系统软件和应用软件两大类。系统软件用来支持应用软件的开发与运行，包括操作系统、标准实用程序和各种语言处理程序等；应用软件是用来为用户解决具体应用问题的程序及有关的文档和资料。

1.1.2　微型计算机的分类

微型计算机的种类繁多，型号各异，对其进行确切分类比较困难。例如，可以按微处理器的字长、制造工艺、组装形式、用途、芯片型号等进行分类。下面主要介绍最常见的 3 种微型计算机分类方式。

1. 按组装形式分类

按照微型计算机多部件的组装形式可以分为单板机、单片机、嵌入式系统、个人计算机、服务器、工作站等。

(1) 单板机

单板机就是将 CPU 芯片、存储器芯片、I/O 接口芯片及简单的输入/输出设备，如小键盘、LED 数码显示器装配在同一块印制电路板上，这块印制电路板就是一台完整的微型机，也称为单板微型计算机。单板机具有完全独立的操作功能，接上电源就可以独立工作。但是由于它的输入/输出设备简单，存储容量有限，工作时只能用机器码（二进制）或汇编语言输入，故通常只能应用在一些简单控制系统和教学中。国内曾经最流行的单板机是 TP80（CPU 为 Z-80），现已被单片机、系统机（PC）替代。

(2) 单片机

单片机就是将构成微型计算机的各功能部件（CPU、RAM、ROM 及 I/O 接口电路）集成在同一块大规模集成电路芯片上，一个芯片就是一台微型机，也称为单片微型计算机。单片机的特点是集成度高、体积小、功耗低、可靠性高、使用灵活方便、控制功能强、编程保密化、价格低廉，利用单片机可以比较方便地构成一个控制系统。因此，在工业控制、智能仪器仪表、数据采集和处理、通信和分布式控制系统、家用电器等领域中，单片机的用途日益广泛。典型的单片机产品有：Intel 公司的 MCS8051、8096（16 位单片机），Motorola 公司的 MC68HC05、MC68HC11 等。

单片机本身没有软件开发功能，单片机的开发一般需要开发系统的支持。随着单片机技术的迅速发展，目前也有部分高档单片机内可以固化系统软件，面向高档产品，称为嵌入式计算机系统。

(3) 个人计算机

个人计算机也称系统机，把微处理器芯片、存储器芯片、I/O 接口芯片和驱动电路、电源等装配在不同的印制电路板上，各印制电路板插在主机箱内标准的总线插槽上，通过系统总线相互连接起来，构成了一个多插件板的微型计算机。目前广泛使用的微型计算机系统（如 IBM PC/XT、PC/AT、PC386、PC486、Pentium 系列等）就是用这种方式构成的。

(4) 嵌入式系统

嵌入式系统是相对通用计算机系统而言的。通用计算机主要解决海量数值的处理、逻辑分析和决策判断，其技术发展方向是总线速度无限提高，存储容量无限增大，采用专用或通用接口与不同类型的各种外设进行信息交换；而嵌入式系统可针对特定的应用对象，将处理器、外围电路及嵌入式操作系统和特定的专用软件等融合为一个整体，将其嵌入到对象的体系中，使对象成为具有多种“思维”能力的智能设备。例如，对微波炉、移动通信、数码相机、测量仪器和医疗/器械等设备的信号采集、处理和控制等。

(5) 服务器

服务器是一个公用共享设备，它是网络运行、管理和服务的中枢。根据服务器工作环境的不同，其结构存在一定的差异。例如，对数据库服务器，它要求有非常大的存储容量和较宽的I/O带宽。对于执行运算的服务器，它要求对数据的计算和处理具有较高的运算速度。随着Internet时代的高速发展，服务器在网络中的重要性也日渐突出。

(6) 工作站

工作站是指具有完整的人机交互界面，高性能的计算和图形功能，大容量的内、外存储器，较高的I/O带宽和完善的网络功能的微型计算机。例如，SGI的图形工作站，它可以高速完成图形的绘制和渲染。

2. 按CPU内部寄存器的位数分类

按CPU内部寄存器的位数，微型计算机可分为4位、8位、6位、32位和64位机等。

(1) 4位微型计算机

4位微型计算机中使用字长为4位的微处理器，由于可以方便地处理BCD码，曾广泛地应用于电子计算机中。目前，随着对4位机的指令系统、存储容量、输入/输出能力和运行速度等方面性能的改善，4位机作为各种控制器已经广泛应用于电子仪器、家用电器等领域。

(2) 8位微型计算机

8位微型计算机在20世纪80年代初中期有着广泛的应用。由于8位机可以很方便地表示字符、数字信息，且运行速度较快，有较多的硬件支持和软件积累，还可配有操作系统和各种高级语言，所以适合于一般的数据处理。

(3) 16位微型计算机

16位微型计算机的运行速度和数据处理能力明显强于8位机，并配有功能强大的操作系统和多种高级语言，可进行大量数据处理的多任务控制。16位机的性能已经超出了过去的小型计算机，典型代表是以Intel8086为CPU的微型计算机IBM PC/XT。

(4) 32位微型计算机

32位微型计算机在系统结构、元器件技术等方面有很大的进展，其性能大大优于其他机种。目前，32位机不仅用于过程控制、事务处理、科学计算等领域，而且还可以很好地工作于声音、图像处理等多媒体处理领域，以及计算机辅助设计、计算机辅助制造等大数据量的应用领域。典型产品有Intel80386、Intel80486、MC68020等。

(5) 64位微型计算机

64位微型计算机是当前研究的热点，Intel和AMD相继在市场上推出了64位CPU及相应的指令系统，各硬件商和软件商也相继推出了64位产品。凭借其对大数据量和复杂运算的处理能力，64位机在以后的实际应用中将具有非常广阔的前景。

3. 按用途分类

按照用途可以将微型计算机分为通用计算机与专用计算机。

(1) 通用计算机

通用计算机是指传统意义上的微型计算机系统，具有基本的计算机结构与配置，体现通常的计算机功能。用户加载具体的应用软件后，就可以完成相应的功能。根据需要，用户还可以在通用计算机上添加特定的硬件和相对应的软件，让计算机完成特定的功能。

(2) 专用计算机

专用计算机是指为完成某一特定功能所设计的计算机系统。这类计算机通常具有固定的用途，往往附属于某一具体的应用设备。作为专用计算机，有关计算机的功能通常不需要、也不能由用户随意添加和删除，而计算机的表现形式也不像一般的通用计算机。一般许多自动化程序很高的工业设备、仪器仪表、甚至家用电器中都嵌有专有计算机。

1.1.3 微型计算机的发展

自20世纪40年代世界上第一台计算机ENIAC在美国问世以来，随着电子器件的不断发展与更新，计算机的发展日新月异，至今已经历了4个阶段，分别是电子管计算机时代(1946年~20世纪50年代前期)、晶体管计算机时代（20世纪50年代中期~20世纪60年代前期)、中小规模集成电路计算机时代（20世纪60年代中期~20世纪70年代前期）和大规模及超大规模集成电路计算机时代（20世纪70年代后期)。微型计算机属于第四代电子计算机产品，即大规模及超大规模集成电路计算机，是集成电路技术不断发展，芯片集成度不断提高的产物。

微型计算机系统的核心部件为微处理器（CPU)，可以说微型计算机的发展就是微处理器的发展。在此主要以Intel公司CPU的发展、演变过程为线索，介绍微机系统的发展历程。

1. 第一代4位及低档8位微处理器（1971~1973年)

美国Intel公司在1971年推出了第一片4位微处理器Intel 4004，以其为核心组成了一台高级袖珍计算机。随后推出了Intel 4004的改进型Intel 4040，这是第一片通用的4位微处理器。1972年推出的Intel 8008为8位微处理器，集成度约2000管/片，时钟频率1MHz。第一代微型计算机的特点是运算功能单一，运算速度慢，主要用于各类计算器中。

2. 第二代8位高、中档微处理器（1974~1978年)

1973~1974年，8位中、低档微处理器Intel 8008、M6800、Rockwell 6502相继产生，集成度为5000管/片。Intel公司在1976年后推出了8位高档微处理器Intel 8085，时钟频率为2~4 MHz，集成度达到10000管/片。

在这一时期，微处理器的设计和生产技术已经相当成熟，组成微机系统的其他部件也越来越齐全，系统朝着提高集成度、提高功能与速度，减少组成系统所需芯片数量的方向发展，还出现了一系列单片机。

3. 第三代16位微处理器（1978~1982年)

1978年，Intel公司首次推出16位微处理器8086，时钟频率达到4~8 MHz，8086的内部和外部数据总线都是16位，地址总线为20位，可直接访问1 MB内存单元。1979年，Intel公司又推出8086的姊妹芯片8088，时钟频率达到4.77 MHz，集成度达到2~6万管/片。8088与8086不同的是，其外部数据总线为8位。1981年，IBM公司推出的以8088为微处理器的个人计算机IBM PC/XT迅速占据了计算机市场，形成了使用16位个人计算机的高潮。

1982 年，Intel 公司推出了 80286，它是 16 位微处理器中的高档产品，时钟频率为 10 MHz,地址总线扩展到 24 位，可访问 16 MB 内存，其工作频率也较 8086 提高了许多。80286 向后兼容 8086 的指令集和工作模式（实模式），并增加了部分新指令和一种新的工作模式——保护模式。

4. 第四代 32 位高档微处理器（1983 ~1992 年）

1985 年，Intel 公司推出了 32 位处理器 80386，时钟频率为 20 MHz，该芯片的内外部数据线及地址总线都是 32 位，可访问 4 GB 内存，并支持分页机制。除了实模式和保护模式外，80386 又增加了一种“虚拟 8086”的工作模式，可以在操作系统控制下模拟多个 8086 同时工作。

1989 年 Intel 公司又推出了 80486，时钟频率为 30 ~40 MHz，集成度达到 15 ~50 万管/片（168 个脚），甚至上百万管/片，因此被称为超级微型机。早期的 80486 相当于把 80386 和完成浮点运算的数学协处理器 80387 以及 8 KB 的高速缓存集成到一起，这种片内高速缓存称为一级（L1）缓存，80486 还支持主板上的二级（L2）缓存。后期推出的 80486 DX2 首次引入了倍频的概念，有效缓解了外部设备的制造工艺跟不上 CPU 主频发展速度的矛盾。

5. 第五代准 64 位高档微处理器（1993 年之后）

1993 年，Intel 公司推出了新一代高性能处理器 Pentium（奔腾），Pentium 最大的改进是它拥有超标量结构（支持在一个时钟周期内执行一至多条指令），且一级缓存的容量增加到了 16KB，这些改进大大提升了 CPU 的性能。直到今天，Intel 公司相继推出了 Pentium Pro、Pentium II、Pentium III、Pentium 4，以及 Pentium D 和 Coroe 等。

当前，多核及 64 位处理器芯片已经研制成功并推向市场，AMD 和 Intel 公司的 CPU 竞争愈演愈烈。AMD（超微）公司的 CPU 在 PC 市场始终占有一席之地，但是一直被认为是 Intel 公司的追随者。但是在 K6、K7 和 Athlon 推出以后，AMD 公司凭借其产品的高性价比在市场中站稳了脚。进入 21 世纪后，两个公司开始相继推出高频 CPU，在竞争中，AMD 逐渐获得了家用微处理器市场的部分份额，但是在高端的服务器 CPU 市场上，Intel 仍具有绝大部分的市场份额。

1.1.4 微型计算机的常用术语和指标

衡量微机系统性能的技术指标主要有字长、存储容量、运算速度、外设扩展能力等。

1. 字长

字长是计算机内部一次可以处理的二进制数码的位数。一般一台计算机的字长决定于它的通用寄存器、内存储器、ALU 的位数和数据总线的宽度。字长越长，一个字所能表示的数据精度就越高，因此在完成同样精度的运算时，字长较长的计算机数据处理速度较高。然而，字长越长，计算机的硬件代价相应也越大。为了兼顾精度/速度与硬件成本两方面，有些计算机允许采用变字长运算。当前主流的 CPU 是 64 位字长。

2. 存储器容量

存储器容量是衡量计算机存储二进制信息量的一个重要指标。存储二进制信息的基本单位是位（bit）。一般把 8 个二进制位组成的通用基本单元叫做字节（B）。微机中通常以字节为单位表示存储容量，并且将 1024 B 称为 1 KB，1024 KB 称为 1 MB（兆字节），1024 MB 称为 1 GB（吉字节），1024 GB 称为 1 TB（太字节）。

存储器容量包括内存容量和外存容量。内存容量又分为最大容量和实际装机容量。最大容量由 CPU 的地址总线位数决定，例如，8 位 CPU 的地址总线为 16 位，其最大内存容量为 64 KB；Pentium 处理器的地址总线为 32 位，其最大内存容量为 4 GB。而装机容量则是由所用软件环境决定，例如，现行 PC 系列机，采用 Windows 环境，内存必须在 4 MB 以上；采用 Windows 98，内存必须在 32 MB 以上；采用 Windows XP，内存必须在 128 MB 以上等。

外存容量是指硬盘、软盘、U 盘和光盘等的容量，通常主要指硬盘容量，其大小应根据实际应用的需要来配置。目前市场上流行的 Pentium 系列以及 Athlon 系列微机大多具有几百到几千兆字节的内存装机容量和上几百到几千吉字节的外存容量。

3. 运算速度

计算机的运算速度一般用每秒所执行的指令条数来表示。由于不同类型的指令所需时间长度不同，因而运算速度的计算方法也不同。可根据不同类型的指令出现的频度，乘以不同的系数，求得统计平均值，得到平均运算速度。这时常用 MIPS（Millions of Instruction Per Second，即百万条指令/秒）作单位，或者用 CPU 的主频（一般以 MHz 为单位）和每条指令的执行所需的时钟周期表示。

4. 外设扩展能力

外设扩展能力主要指计算机系统配接各种外部设备的可能性、灵活性和适应性。一台计算机允许配接的外部设备的数量，对系统接口和软件研制都有重大影响。在微机系统中，外存储器容量、显示屏幕分辨率、主板对外接口的类型和数量等，都是外设配置中需要考虑的问题。

除此之外，软件是计算机系统必不可少的重要组成部分，软件配置是否齐全，直接关系到计算机的性能和效率。例如，是否有功能很强、能满足应用要求的操作系统和高级语言、汇编语言，是否有丰富的、可供选用的工具软件和应用软件等，都是在购置计算机系统时需要考虑的。

1.2　微型计算机的组成和结构

1.2.1　微型计算机的组成

完整的计算机系统由硬件（Hardware）和软件（Software）组成。其中，硬件系统主要由中央处理器、存储器、输入/输出接口（I/O 接口）、总线及外部设备等构成，而中央处理器主要由运算器和控制器组成。图 1-2 给出了微型计算机系统的组成。

下面主要介绍微型计算机（主机）的几个重要组成部分。

1. 微处理器

(1) 运算器

运算器又称为执行部件，它对数据进行算术运算和逻辑运算。运算器通常是由算术逻辑单元（Arithmetic Logic Unit，ALU）和一系列寄存器组成。它是以全加器为基础，辅之以移

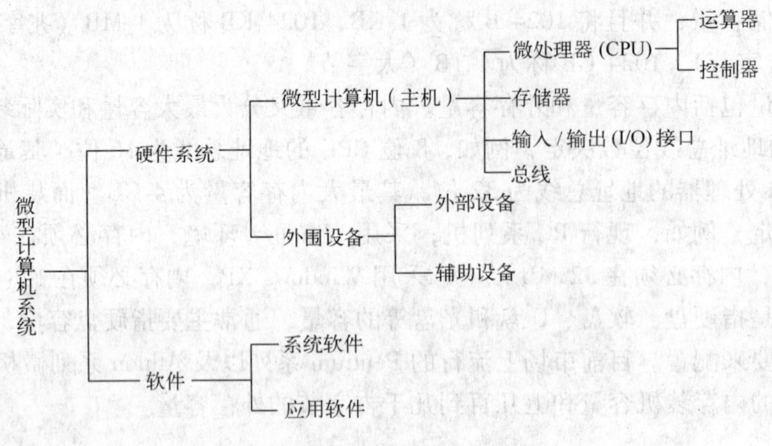

图 1-2　微型计算机系统组成

位寄存器及相应控制逻辑组合而成的电路，在控制信号的作用下可完成加、减、乘、除四则运算和各种逻辑运算。

(2) 控制器

控制器是计算机的指挥中心，它使计算机各部件自动协调工作。控制器的基本功能包括取指令，分析指令，执行指令，控制程序和数据的输入与结果输出以及随机事件和某些特殊请求的处理。控制器工作的实质就是解释程序，它每次从存储器读取一条指令，经过分析译码，产生一串操作命令，发向各个部件，以控制各部件动作，使计算机正常连续运行。

控制器的结构取决于计算机的系统结构、指令格式、控制方式以及组成方式等因素，因此各类机器的控制器在结构上是有差别的，但是控制器的基本工作过程、基本组成是相同的。

2. 存储器

存储器的主要功能是存放程序和数据。程序是计算机操作的依据，数据是计算机操作的对象。无论是程序还是数据，在存储器中都是以二进制的形式来表示的，统称为信息。

概括地讲，计算机中的存储系统包括两大部分，即主存储器和辅助存储器。主存储器称为内存，用来存放计算机在运行过程中所使用的程序和数据，一般置于系统中靠近 CPU 的位置，以方便与 CPU 通信；辅助存储器又称为外部存储器，主要由磁带、磁盘和光盘等存储器构成，逻辑上离 CPU 较远，用来存放暂时不用、在需要时可成批调入内存中的程序和数据。

主存储器的类型有随机存储器（Random Access Memory，RAM）、只读存储器（Read Only Memory，ROM）、可编程只读存储器（Programmable ROM，PROM）、可擦除可编程只读存储器（Erasable PROM，EPROM）及电可擦除可编程只读存储器（Electrically EPROM，EEPROM）等。

3. 输入/输出接口

输入/输出接口（I/O 接口）介于 CPU 与外设之间，负责完成 CPU 和外设之间的信息传送和对外设的控制功能。常用的输入设备有键盘、卡片输入机和模/数转换器；常用的输出设备有 CPT、各种行式打印机以及数/模转换器等。由于这些设备向计算机输入数据或接受计算机数据的速率与计算机不匹配，两者数据格式甚至形式可能不一样，电路时序也可能不一致。因此必须在计算机与 I/O 设备之间有一个称为接口的电路进行协调，使得双方成功连接。例如，PC 提供的扩展槽，就是为插入接口电路连接外部设备而用的。

4. 总线

总线（BUS）是计算机系统中各个部件之间、主机系统与外围设备之间连接和交换信息的通路，分为内总线和外总线。总线技术的发展十分迅速，它扩展了计算机外围设备的使用，提高了计算机的 I/O 速度，在计算机系统中起着举足轻重的作用。

1.2.2 微型计算机的结构

目前的各种微型计算机系统，从硬件体系结构来看，采用的基本上是计算机的经典结构——冯·诺依曼结构。这种结构的特点是：

- 由运算器、控制器、存储器、输入设备和输出设备五大部分组成。
- 数据和程序以二进制代码形式不加区别地存放在存储器中，存放位置由地址指定，地址码也为二进制形式。
- 控制器是根据存放在存储器中的指令序列即程序来工作的，由程序计数器（即指令地址计数器）控制指令的执行。控制器具有判断能力，能根据计算结果选择不同的动作流程。

一个典型的微型计算机是由微处理器（CPU）、内存储器、输入/输出接口及外部设备组成。图 1-3 是微型计算机典型结构框图。微处理器中包含了运算器和控制器；内存储器主要包括随机存储器（RAM）和只读存储器（ROM）；外设通过 I/O 接口与微处理器进行信息交流；系统总线中的地址总线（AB）、数据总线（DB）、控制总线（CB）则是连接微型机内部各部件的公共线路。

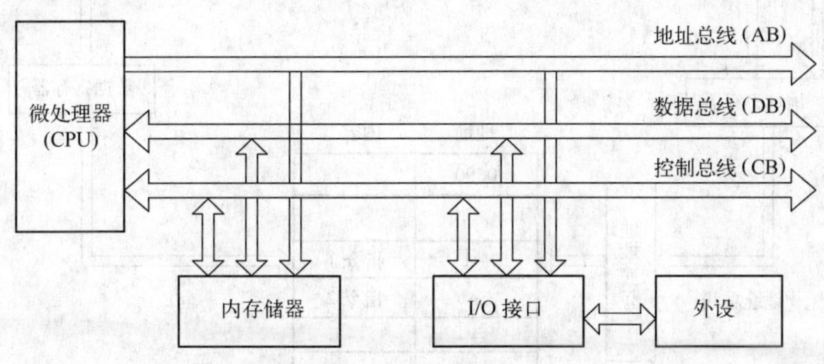

图 1-3 微型计算机典型结构框图

1.3 微型计算机的工作原理

微型计算机的工作过程实际上就是执行程序的过程，或者说是执行指令序列过程。CPU 就是根据指令来指挥和控制计算机各部件协调地动作，以完成规定的操作。

1.3.1 指令与程序的概念

1. 指令

指令是规定计算机执行特定操作的命令，是一组特殊的二进制数，经过一种叫指令译码器的电路，产生各种控制信号以协调计算机各个部件的工作。一条指令包括两部分：操作码和操作数。操作码指明要完成操作的性质，如加、减、乘、除、移位等，而操作数指明参加上述规定操作的数据或操作数存放的地址。将计算机全部指令的集合称为计算机指令系统。

2. 程序

程序是为解决某一问题而编写的指令序列。CPU 需要根据输入的指令来完成一定的任务，一般情况下，CPU 能够自动完成一系列的操作，而且每一种操作对应一条或者几条指令，把这些所有指令组合起来就称之为程序。

1.3.2 微型计算机的工作原理

为实现控制器自动连续地执行程序，首先把指令和数据送到具有记忆功能的存储器中保存起来，控制器就可依据存储程序中的指令进行取指令、译码、执行，直到完成全部指令操作为止。微型计算机的工作原理如图 1-4 所示。

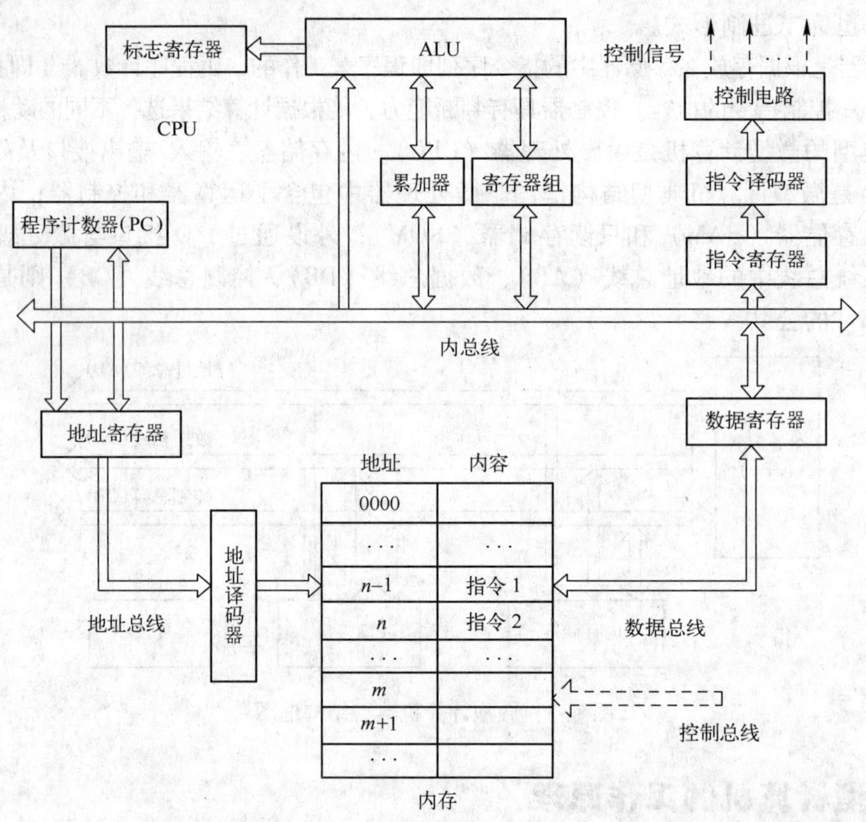

图 1-4 微型计算机的工作原理

一条指令的执行通常可以分为 3 个阶段：取指令、分析指令和执行指令。微机程序的执行过程就是周而复始地执行这 3 个阶段的过程，直到遇到停止指令才结束整个程序的执行。

1. 取指令

任何一条指令的执行，都必须经过取指令阶段，这个阶段的任务是将指令从主存中取出放入 CPU 内部的指令寄存器中。具体操作过程如下：

1）将程序的启动地址，即第一条指令的地址置于程序计数器 PC 中。

2）将 PC 中的内容送至主存的地址寄存器（MAR），并送到地址总线 AB 上，经过地址译码器获取内存中指令所在的位置。

3）向存储器发读控制命令。在读取指令时 CPU 是空闲的，利用这段时间完成 PC 加 1 操作，指向下一条指令地址或本条指令的下一个字节地址，保证指令的连续运行。

4）从存储器中取出的指令经过主存的数据寄存器（MDR），再经过数据总线进入 CPU 中的指令寄存器（IR）。

2. 分析指令

分析指令阶段的任务是对保存在指令寄存器 IR 中的指令操作码进行译码，产生译码信号和微操作序列，进而将微操作序列送到运算器、存储器及控制器。

对于无操作数指令，识别出指令的性质，直接转入执行指令阶段。对于带有操作数指令，就要根据具体的寻址方式去指令、寄存器或存储单元中查找到操作数，然后根据指令的性质转入执行指令阶段。若操作数位于存储单元中，则要经过地址译码得到操作数的实际物理地址。

3. 执行指令

取出操作数，根据分析指令阶段产生的微操作序列，控制运算器、存储器、外设及控制器本身完成指令规定的各种操作。

1.4　微型计算机中信息的表示

1.4.1　进位计数制及其相互转换

1. 进位计数制

按照进位的方法进行计数的方式称为进位计数制，在生产实践及日常生活中应用很多，例如，我们最为熟悉的是十进制（日常计算）、十二进制和六十进制（时间）等，而在计算机中采用的是二进制。进位制是指采用固定的数字符号及统一的规则来表示数，其要点是基数和位权。例如，在 R 进制中，数 S 可以表示为该数字各位数符值与对应位权的乘积之和，即

$$S = \sum_{i=-m}^{n-1} a_i R^i = a_{n-1}R^{n-1} + a_{n-2}R^{n-2} + \cdots + a_1 R^1 + a_0 R^0 + a_{-1}R^{-1} + \cdots + a_{-m}R^{-m}$$

上式为一个具有 n 位整数，m 位小数的 R 进制数的多项式（称为按位权展开式）表达式。其中，R 是基数，即有 R 个记数符号（0，1，2，…，$R-1$），计算原则为“逢 R 进一，借一当 R”；R^i 为位权，它是 R 的整数次幂；a_i 为数符，表示任一 R 进制数与位数相关的常数。上述的书写方法称为位置表示法。

下面介绍几种常用的进位计数制。

(1) 十进制（decimal system）

十进制数具有 10 个不同的记数符号，即 0 ~ 9。在十进制中，基数是 10，用十进制表示

为 $(10)_{10}$或 10D，个位的权是 10^0，十位的权是 10^1，百位的权是 10^2，其余以此类推。十分位的权是 10^{-1}，百分位的权是 10^{-2}，其余以此类推。十进制计数法的加法规则具有“逢十进一，借一当十”的特点。

(2) 二进制（binary system）

计算机中采用是二进制数，原因是二进制相对于其他进制数具有运算规则简单、适合逻辑运算等特点。二进制数中只有 0、1 两个不同的记数符号，基数用十进制表示为 2，用二进制表示为 $(2)_2$ 或 2B（B 为二进制说明符），各数位的权是以 2 为底的指数幂。二进制计数法的加法规则具有“逢二进一，借一当二”的特点。一个二进制数可以用它的按位权展开式表示，如 1101. 101B 可展开为

$$(1101.101)_2 = 1\times2^3 + 1\times2^2 + 0\times2^1 + 1\times2^0 + 1\times2^{-1} + 0\times2^{-2} + 1\times2^{-3}$$

(3) 十六进制（hexadecimal system）

十六进制数有 0 ~ 9、A ~ F 共 16 个数符，基数用十进制表示为 16，用十六进制表示为 10H（H 为十六进制说明符），n 位整数、m 位小数的十六进制数各数位的权为，16^{n-1}，16^{n-2}，…，16^1，16^0，16^{-1}，16^{-2}，…，16^{-m}。十六进制计数法的加法规则具有“逢十六进一，借一当十六”的特点。一个十六进制数可以用它的按位权展开式表示，如 B23. AH 可展开为

$$(B23.A)_{16} = 11\times16^2 + 2\times16^1 + 3\times16^0 + 10\times16^{-1}$$

(4) 八进制（octal number）

八进制数具有 8 个不同的记数符号，即 0 ~ 7，基数用十进制表示为 8，用八进制则表示为 $(10)_8$ 或 10Q（Q 为八进制说明符），数据各数位的权为…8^3，8^2，8^1，8^0，8^{-1}，8^{-2}…。八进制计数法的加法规则具有“逢八进一，借一当八”的特点。一个八进制数可以用它的按位权展开式表示，如 235. 2Q 可展开为

$$(235.2)_8 = 2\times8^2 + 3\times8^1 + 5\times8^0 + 2\times8^{-1}$$

在计算机中，所有的数据都是以二进制形式存储、处理和传送的，为了方便，在书写或输入、输出时，常使用十六进制的形式表示。表 1-1 给出了四种进制的对照表。

表 1-1　十进制、二进制、八进制和十六进制数对照表

十进制	二进制	八进制	十六进制	十进制	二进制	八进制	十六进制
0	0000	0	0	9	1001	11	9
1	0001	1	1	10	1010	12	A
2	0010	2	2	11	1011	13	B
3	0011	3	3	12	1100	14	C
4	0100	4	4	13	1101	15	D
5	0101	5	5	14	1110	16	E
6	0110	6	6	15	1111	17	F
7	0111	7	7	16	10000	20	10
8	1000	10	8	17	10001	21	11

2. 各种数制之间的转换

(1) 非十进制转换成十进制

非十进制转换成十进制采用按位权展开式计算求和的方法。

【例 1-1】 将二进制数 1011.001 和十六进制数 B23.A 转换成十进制数。

$(1011.001)_2 = 1\times2^3 + 0\times2^2 + 1\times2^1 + 1\times2^0 + 0\times2^{-1} + 0\times2^{-2} + 1\times2^{-3} = (11.8)_{10}$

$(B23.A)_{16} = 11\times16^2 + 2\times16^1 + 3\times16^0 + 10\times16^{-1} = (2851.625)_{10}$

(2) 十进制转化成非十进制数

将十进制非整数转化为 R 进制数后仍然是非整数，整数部分和小数部分转换规则不同。

整数部分转换规则为“除基 R 取余，逆序取余”，即用 R 连续去除待转换的十进制数，直到商为 0 止，然后把各次余数从下至上排列起来的就是所求 R 进制数序列的整数部分；小数部分转换规则为“乘基 R 取整，顺序取整”，即采取乘 R 取整，用 R 连续去乘待转换的十进制数，直到所得积的小数部分为 0 或满足所需精度为止，然后把各次整数按最先得到的为最高位和最后得到的为最低位的顺序，依次排列起来所对应的数便是所求的 R 进制小数部分。

【例 1-2】 将十进制数 125.8125 转换为相对应的二进制数。

整数部分：

```
2 | 125
2 | 62    …余数 1   ↑低位
2 | 31    …余数 0
2 | 15    …余数 1
2 | 7     …余数 1
2 | 3     …余数 1
2 | 1     …余数 1
    0     …余数 1   高位
```

小数部分：

```
    0.8125
 ×       2          ↓高位
 ---------
    1.625    …整数 1
 ×       2
 ---------
    1.25     …整数 1
 ×       2
 ---------
    0.5      …整数 0
 ×       2
 ---------
    1.0      …整数 1   低位
```

即 $(125)_{10} = (1111101)_2$，$(0.8125)_{10} = (0.1101)_2$，所以 $(125.8125)_{10} = (1111101.1101)_2$。

【例 1-3】 将十进制数 5245.265 转换为相对应的十六进制数，结果保留 3 位小数。

整数部分：

```
16 | 5245                ↑低位
16 | 327    …余数 13→D
16 | 20     …余数 7
16 | 1      …余数 4
     0      …余数 1      高位
```

小数部分：

```
    0.265
 ×     16          ↓高位
 --------
    4.25    …整数 4
 ×     16
 --------
    3.84    …整数 3
 ×     16
 --------
   13.44    …整数 13→D   低位
```

即 $(5245)_{10} = (147D)_{16}$，$(0.265)_{10} = (43D)_{16}$，所以 $(5245.265)_{10} = (147D.43D)_{16}$。

(3) 二进制与十六进制之间的转换

二进制转换十六进制按照“四位合一位法”，即 4 位二进制数对应 1 位十六进制数的关系，从二进制数的小数点开始，向两边每 4 位为一组，不足 4 位以 0 补足，然后分别把每组用十六进制数码表示，并按序相连。而十六进制转换为二进制数的方法为“一位拆成四位”。

【例 1-4】 将二进制数 11100100.011 转换为十六进制数。

$$\begin{array}{cccc} 1110 & 0100 & . & 011\ (0) \\ \downarrow & \downarrow & & \downarrow \\ E & 4 & . & 6 \end{array}$$

结果：$(11100100.011)_2 = (E4.6)_{16}$。

【例 1-5】 将十六进制数 2BA.9 转换为二进制数。

$$\begin{array}{ccccc} 2 & B & A & . & 9 \\ \downarrow & \downarrow & \downarrow & & \downarrow \\ 0010 & 1011 & 1010 & . & 1001 \end{array}$$

结果：$(2BA.9)_{16} = (001010111010.1001)_2$。

由于 $2^4=16$，当遇到一个数位比较多的十进制数要向二进制数转换时，可以考虑先向十六进制转换，再从十六进制数向二进制数转换。同样，当遇到一个数位比较多的二进制数要转换为十进制数时，也可将二进制数转换为十六进制数，再从十六进制数向十进制数转换。

（4）二进制的运算

1）二进制的算术运算。当两个二进制数表示两个数量大小时，它们之间可以进行数值运算，这种运算称为算术运算。二进制的运算规则如下：

加法运算：0+0=0；1+0=1；1+1=0（有进位1）

减法运算：0-0=0；0-1=1（有借位1），1-0=1；1-1=0

乘法运算：00=0；01=10=0；11=1

除法运算：0/1=0；1/1=1

【例 1-6】 两个二进制数 1001 和 0101 的加法、减法和乘法运算。

$$\begin{array}{r} 1001 \\ +\ 0101 \\ \hline 1110 \end{array} \qquad \begin{array}{r} 1001 \\ -\ 0101 \\ \hline 0110 \end{array} \qquad \begin{array}{r} 1001 \\ \times\ 0101 \\ \hline 1001 \\ 0000 \\ 1001 \\ 0000 \\ \hline 0101101 \end{array}$$

结果：$(1001)_2 + (0101)_2 = (1110)_2$

$(1001)_2 - (0101)_2 = (0110)_2$

$(1001)_2 \times (0101)_2 = (0101101)_2$

2）逻辑运算。逻辑运算又称为布尔运算，是计算机中二进制的基本运算。逻辑代数的基本运算有与（AND）、或（OR）、非（NOT）、异或（⊕）4 种。对于多位二进制进行逻辑运算时，可利用一位二进制运算规则按位进行运算。表 1-2 给出了 4 种基本逻辑运算的表达。

表 1-2　逻辑与、或、非、异或运算

A	*B*	与运算（∧）	或运算（∨）	非运算（对 A）	异或运算（⊕）
0	0	0	0	1	0
0	1	0	1	1	1
1	0	0	1	0	1
1	1	1	1	0	0

【例 1-7】 二进制数 11010011 和 01100110 之间的与、或、异或运算。

$$\begin{array}{r} 11010011 \\ \wedge\ 01100110 \\ \hline 01000010 \end{array} \qquad \begin{array}{r} 11010011 \\ \vee\ 01100110 \\ \hline 11110111 \end{array} \qquad \begin{array}{r} 11010011 \\ \oplus\ 01100110 \\ \hline 10110101 \end{array}$$

结果：$(11010011)_2 \wedge (01100110)_2 = (01000010)_2$

$(11010011)_2 \vee (01100110)_2 = (11110111)_2$

$(11010011)_2 \oplus (01100110)_2 = (10110101)_2$

1.4.2 数值数据的表示

在实际应用中，数值数据都有正、负之分，称为带符号数。将带符号数二进制的最高位作为数的符号位，规定用 0 表示正，用 1 表示负。若字长为 8 位，则 D_7 是符号位，$D_6 \sim D_0$ 为数字位；若字长为 16 位，则 D_{15}是符号位，$D_0 \sim D_{14}$是数值位。

为了处理数的符号问题，计算机引进了码的概念，分别用原码、反码、补码表示一个带符号数，或称为机器数，机器数对应的数值称为真值。

1. 原码

在原码表示法中，当数值为正时，二进制数的最高位为 0；当数值为负时，最高位为 1，而其余各位表示数值本身。源码的定义为

若 $X \geqslant +0$，则 $[X]_{原} = X$；

若 $X \leqslant -0$，则 $[X]_{原} = 2^{n-1} - X$，其中 n 为原码的位数。

在用原码表示时，8 位二进制原码的真值范围为 $-127 \sim 127$，16 位二进制原码的真值范围为 $-32767 \sim 32767$。

【例 1-8】 用 8 位二进制数表示原码。

$[+0]_{原} = 00000000$ $\qquad$ $[-0]_{原} = 10000000$

$[+5]_{原} = 00000101$ $\qquad$ $[-5]_{原} = 10000101$

$[+126]_{原} = 01111110$ $\qquad$ $[-126]_{原} = 11111110$

原码表示法最大的优点是简单直观，但不便于加减运算。例如，两个数相减时，要先比较两个数绝对值的大小，然后用绝对值大的减去绝对值小的，最后在结果的前面加上原来绝对值较大数的符号。

2. 反码

在反码表示法中，正数的反码与原码形式相同，即最高位为符号位，其余位为数值位；负数的反码只需把相应原码除符号位外其余各位按位取反即可。反码定义为

若 $X \geqslant +0$，则 $[X]_{反} = X$；

若 $X \leqslant -0$，则 $[X]_{反} = 2^n - 1 + X$，其中 n 为反码的位数。

在用反码表示时，8 位二进制反码的真值范围为 $-127 \sim 127$，16 位二进制反码的真值范围为 $-32767 \sim 32767$。

【例 1-9】 用 8 位二进制表示反码。

$[+0]_{反} = 00000000$ $\qquad$ $[-0]_{反} = 11111111$

$[+5]_{反} = 00000101$ $\qquad$ $[-5]_{反} = 11111010$

$[+126]_{反} = 01111110$ $\qquad$ $[-126]_{反} = 10000001$

3. 补码

在数的原码和反码表示法中，数的符号是不能参加运算的，目前计算机已很少采用。数的补码表示法可以使运算数的符号与数一起参加运算，并且将减法运算转换为加法运算，从而使计算机的运算大为简化。

在补码运算中引入了“模”的概念，例如，在钟表上，如果现在的时间是 3 点整，而钟表的时针却指向 6 点，快了 3 个小时。校正的方法有两种：正拨 9 个小时或倒拨 3 个小时，其结果是一样的，即 $6+9=3$（时针经过 12 点时自动丢失一个数 12），或者 $6+(-3)=3$。数学上把 12 这个数叫做“模”，对于钟表而言，9 是 −3 对模 12 的补码。

对于 n 位二进制计数器，其计数范围为 $0\sim(2^n-1)$，在该计数器上加 2^n 或减 2^n 结果是不变的，称 2^n 为计数系统的模，因此就可以将减法运算转换为加法运算。

（1）补码定义

对于 n 位二进制数，模为 2^n，补码定义为

若 $X\geqslant +0$，则 $[X]_{补}=X$；

若 $X\leqslant -0$，则 $[X]_{补}=2^n+X$，其中 n 为补码的位数。

在用补码表示时，8 位二进制补码的真值范围为 −128 ~ 127；16 位二进制补码的真值范围为 −32768 ~ 32767。

带符号数中的原码、反码及补码表示之间具有一定关系，即正数的补码、原码和反码相同，为原正数不变；负数的补码等于负数的反码加 1，也就是负数原码除符号外按位取反后最低位加 1。负数的补码还等于其对应正数补码按位取反加 1（包含符号位）。

【例 1-10】 用 8 位表示补码。

$[+0]_{补}=[+0]_{反}=[+0]_{原}=00000000$　　$[-0]_{补}=[-0]_{反}+1=00000000$

$[+5]_{补}=00000101$　　$[-5]_{补}=11111011$

$[+126]_{补}=[+126]_{反}=[+126]_{原}=01111110$　　$[-126]_{补}=[-126]_{反}=+1=10000010$

值的注意的是，0 的补码为 0，且只有一种表示方法。对已知的一个补码再一次求其补，可以得到它的真值，即 $[[X]_{补}]_{补}=X$。

（2）补码运算

当采用补码表示法时，可以把减法运算转换为加法运算，即

$$[X+Y]_{补}=[X]_{补}+[Y]_{补}$$

$$[X-Y]_{补}=[X]_{补}+[-Y]_{补}$$

【例 1-11】 $X=40-12=28$。

$[X]_{补}=[40]_{补}+[-12]_{补}$，$[40]_{补}=00101000$，$[-12]_{补}=11110100\text{B}$

$$\begin{array}{r} 00101000 \\ +\ \ 11110100 \\ \hline 100011100 \end{array}$$

最高位 1 自然丢失

补码运算不需要判断正负号，符号位一起参加运算，自动得到正确的补码结果。

（3）溢出判别

当带符号数的补码运算结果超出了规定长度数据的表述范围时，称之为“溢出”。例

如，对字长为 n 位的补码表示的带符号数，其最高位表示符号，其余 $n-1$ 位为数值位，其表述范围为 $2^{n-1} \sim 2^{n-1}-1$。如果一个运算的结果超出了这个范围，就称为补码溢出。这时运算结果将出现错误。

【例 1-12】　8 位字长运算 $X=-60-87=-147$。

根据 $[X]_{补}=[-60]_{补}+[-87]_{补}$，$[-60]_{补}=11000100$，$[-87]_{补}=10101001$，运算如下

$$\begin{array}{r} 11000100 \\ +\ 10101001 \\ \hline 101101101 \end{array}$$

最高位 1 自然丢失

计算结果 $X=109$，即两个负数相加，结果是正数，显然是错的。

由于 8 位二进制补码数，其真值范围是 $-128 \sim 127$，运算结果超出此范围就会产生溢出，计算结果就出现错误。可见，根据参加加法运算的两个数据的符号及运算结果的符号可以判断是否溢出，但在计算机中，常使用加法运算中最高位与次高位的两个进位来判断。

设 8 位二进制数的各位记为 $D_0 \sim D_7$，运算中两个 D_6 位进位为 C_6，两个 D_7 位进位为 C_7，用 C_7 与 C_6 异或的结果判断溢出情况。当结果为 1 时，表示运算结果有溢出；结果为 0 时，表示运算结果无溢出。需要注意的是，一个正数和一个负数相加一定不会产生溢出错误。

【例 1-13】　判断下列 8 位二进制补码运算的溢出情况。

1）$X=95+104=199$

$$\begin{array}{r} 01011111 \\ +\ 01101000 \\ \hline 11000111 \end{array} \qquad \begin{array}{r} [95]_{补} \\ [104]_{补} \\ \hline [-69]_{补} \end{array}$$

第六位进位 1

第七位进位 0

其中，$C_6=1$，$C_7=0$，则 $C_7 \oplus C_6=1$，溢出，结果出错。

2）$X=34-98=-64$

$$\begin{array}{r} 00100010 \\ +\ 10011110 \\ \hline 11000000 \end{array} \qquad \begin{array}{r} [34]_{补} \\ [-98]_{补} \\ \hline [-64]_{补} \end{array}$$

第六位进位 0

第七位进位 0

其中，$C_6=0$，$C_7=0$　则 $C_7 \oplus C_6=0$，无溢出，结果正确。

1.4.3　非数值数据的表示

1. 十进制数的二进制编码

人们日常生活中习惯使用十进制数，而计算机中是采用二进制表示和处理数据的，因此

往计算机中输入数据后，计算机将十进制数转换为二进制数编码后参加运算，使其成为二—十进制码，或称做 BCD 码（Binary Coded Decimal）。

十进制数进行二进制编码时，每一位十进制数需要由 4 位二进制数来表示。4 位二进制数能编 16 个码，所以编码的方法有很多种，其中最常见的是 8421 码，即 4 位二进制数的权（对相应位数所赋的位值）分别为 8，4，2，1，选择的是 0000，0001，…，1001 这 10 种组合，用以表示 0 ~9 的 10 个数位。

BCD 码比较直观，例如，十进制数 34，用 BCD 码书写为 00110100，BCD 码 10000101.0111 表示十进制数的 85.7。熟悉了 BCD 码的 10 个编码，就很容易实现十进制与 BCD 码之间的转换。要注意的是，虽然 BCD 码是用二进制编码方式表示的，但它与二进制之间不能直接转换，要用十进制作为中间桥梁，即先将 BCD 码转化为十进制再转化为二进制，反之亦然。

在计算机中，BCD 码有压缩 BCD 码和非压缩 BCD 码两种格式。其中，压缩的 BCD 码是用 4 位二进制表示一位十进制数，如 18.5D =0001 1000.0101B；非压缩 BCD 码则是用 8 位二进制表示一位十进制数，如 18.5D =00000001 00001000.00000101B。

BCD 码的运算遵循十进制“逢十进一”的运算规则，而运算器对数据加减运算时是按照二进制规则进行处理的，所以需要调整运算结果以保证其正确性。调整的规则为：当 BCD 码相加时，如果相加结果超过 1001B（9）时，需要加 06H 进行修正，如果十位向百位进位，需要加 60H 进行修正；当 BCD 码相减时，如果本位产生借位，则应减去 06H 进行修正。

【例 1-14】 计算 4 +5 的值。

```
      0100        4
  +   0101        5
  ---------     -----
      1001        9
```

结果为 1001，即 4 +5 =9。

【例 1-15】 计算 5 +8 的值。

```
      0101
  +   1000
  ---------
      1101   →结果大于 9
  +   0110   ←加 6 修正
  ---------
     10011
     ↑进位
```

结果为 0011B，即十进制的 3，由于产生进位，结果应为 13，结果正确。

【例 1-16】 计算 4 -8 的值。

```
     10100
  -   1000
  ---------
      1100    出现借位
  -   0110   ←减 6 修正
  ---------
      0110
```

结果为0110B，即十进制的6，有借位，结果正确。

2. 字符信息的编码

计算机中任何信息都是以二进制形式表示的，ASCII 码（American Standard Code for Information Interchange，美国标准信息交换码）是按照特定的规则对数字、字母、字符等信息的二进制编码。

ASCII 码采用7位二进制，可以编码128种字符，包括0~9共10个数字、52个大、小写字母及控制字符，具体见附录A。从表中可以看出，数码0~9用0110000~0111001（30H~39H）来表示。由于微型机字长或内存单元通常是8位，所以把最高位用做奇偶校验位，在机器中表示时，一般认为是0，故用一个字节（8位二进制数）来表示一个字符的ASCII码值。大写字母A~Z的ASCII码为41H~5AH，小写字母a~z的ASCII码为61H~7AH。

3. 汉字编码

汉字作为一种特殊字符，与字母、数字和符号等各种字符一样，也必须按照特定的规则用二进制编码才能在计算机中表示。为了能够使汉字系统之间建立通信，以共享汉字信息，汉字编码采用国标码（GB18030—2000），即将每个字节用7位二进制表示，将最高位设置为1，作为标识符，以区分汉字和ASCII码。这种汉字编码方式也称为内部码。

在汉字内部码中，将一个汉字分为两个字节，用于表示数千个汉字及各种符号、图形，可通过字节的最高位区分汉字与西文，当输出汉字信息时，需要通过检索汉字字模库来识别。

1.5　习题与思考题

1. 微型计算机的发展经历了几个时代，各时代有什么特点？
2. 冯·诺伊曼型计算机的主要设计思想是什么？它主要包括哪些组成部分？
3. 微型计算机系统的三层结构是什么？三者有什么联系和区别？
4. 微型计算机系统通常由哪些部分组成？各部分的作用是什么？
5. 简述微型计算机的硬件系统结构，并说明其主要功能。
6. 总线的基本概念是什么？
7. 试述存储器的分类，并解释它的概念和作用。
8. 指令和程序的概念是什么？试述它们的执行过程。
9. 微机系统的性能指标主要有哪些？
10. 将下列十进制数转换为二进制、十六进制数。

    （1）60　　（2）76.8　　（3）18.735
11. 分别计算 $(11011.010101)_2$ =（　　）$_8$ =（　　）$_{16}$，$(2BD)_{16}$ =（　　）$_8$ =（　　）$_2$
12. 试将下列十六进制数转换成十进制数、二进制数、八进制数。

    （1）BC. DH　　（2）20. BH　　（3）6C. 6H
13. 下列数中，最大的是（　　）。

    （1）$(1B.19)_{16}$　　（2）$(33)_8$　　（3）$(27.25)_{10}$　　（4）$(11011.1111)_2$
14. 计算下列各式值。

(1) 1001101001B + 10011B

(2) 11001010B - 11111B

(3) 1101B × 1101B

15. 完成下列二进制数的逻辑“与”、“或”、“非”、“异或”运算。

(1) 10010110 和 01101001　　(2) 00111100 和 10110010

(3) 11100101 和 10101010　　(4) 00011101 和 11101000

16. 已知 $X = 48$，$Y = -98$，请写出 X、Y、Z 的 16 位原码、反码和补码。

17. 若 $X = -90$，$Y = +48$，求 $[X]_{补}$、$[Y]_{补}$、$[X+Y]_{补}$、$[X-Y]_{补}$。

18. 用 8 位补码进行下列运算，并说明运算结果的进位及溢出情况。

(1) 17 + 112　　(2) 17 - 112　　(3) (-12) -117

19. 将下列十进制数表示为压缩和非压缩的 BCD 码。

(1) 3728　　(2) 315　　(3) 1124

20. 将下列数值或字符串表示为相应的 ASCII 码。

(1) 31H　　(2) A4H　　(3) 3DH　　(4) “OK”

第2章

8086/8088 微处理器的体系结构

本章以 Intel 80x86 系列微处理器中的 16 位 8086/8088 微处理器为主，介绍 8086/8088 微处理器的体系结构、内部寄存器结构、外部引脚特性，工作模式以及不同工作模式下的系统配置，同时对 8086/8088 的存储结构、I/O 组织及典型的总线操作时序进行较为详细的阐述，使读者对 8086/8088 微处理器有较全面的认识，为深入学习高档微处理器奠定基础。

2.1 8086/8088 微处理器的功能结构

2.1.1 8086/8088 微处理器特点

Intel 公司推出的 16 位微处理器 8086/8088，外部共有 40 个引脚，通过这些引脚可建立与外部设备的信息交换连接。8086 具有 16 条数据线（Data Bus，DB）、16 条控制总线（Control Bus，CB）及 20 条地址线（Address Bus，AB），可以寻址的空间达 2^{20}（1 M）字节。通过这三类总线微处理器完成与存储器及 I/O 设备的信息交换。8088 微处理器内部结构和指令功能与 8086 完全相同，所不同的是，其外部数据线只有 8 条，目的是与原有的 8 位微处理器外围芯片兼容。

微处理器作为计算机的核心，可完成各类运算及控制功能，典型内部结构如图 2-1 所示。

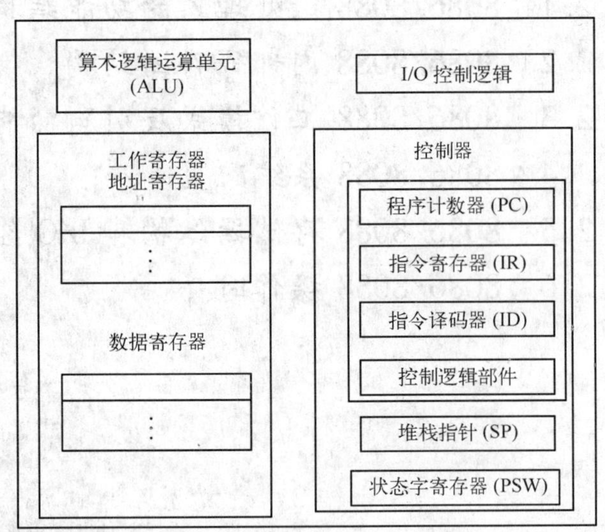

图 2-1 微处理器的内部结构

微处理器的内部结构基本上可以分为 4 部分：算术逻辑运算单元（Arithmetic Logic Unit，ALU）、工作寄存器（与 ALU 配合使用的）、控制器和 I/O 控制逻辑。各部件特点及完成的功能如表 2-1 所示。

表 2-1 微处理器各部件的特点及功能

名称		特点及完成功能
算术逻辑运算单元（ALU）		具有两个输入端和一个输出端的组合电路，在控制信号的作用下完成不同的运算操作
工作寄存器	地址寄存器	用于暂时存放操作数的寻址信息
	数据寄存器	用于暂时存放操作数及运算的中间结果

（续）

名　称		特点及完成功能
控制器	程序计数器（PC）	保存下一条执行指令的地址，也称指令指针（IP）
	指令寄存器（IR）	保存来自存储器的当前需要执行的指令
	指令译码器（ID）	完成对指令的译码
	控制逻辑部件	根据指令的译码分析，产生控制信号，完成指令的规定操作
	堆栈指针（SP）	指示堆栈所在地址
	状态字寄存器（PSW）	指示当前的各种状态，用 0 或 1 表示，如是否产生溢出、进位、运算结果是否为负数或零状态等
I/O 控制逻辑		控制对 I/O 的操作

2.1.2　8086/8088 微处理器编程结构

8086/8088 微处理器从功能上分为两个部分：执行单元（Execution Unit，EU）和总线接口单元（Bus Interface Unit，BIU）。功能结构如图 2－2 所示。

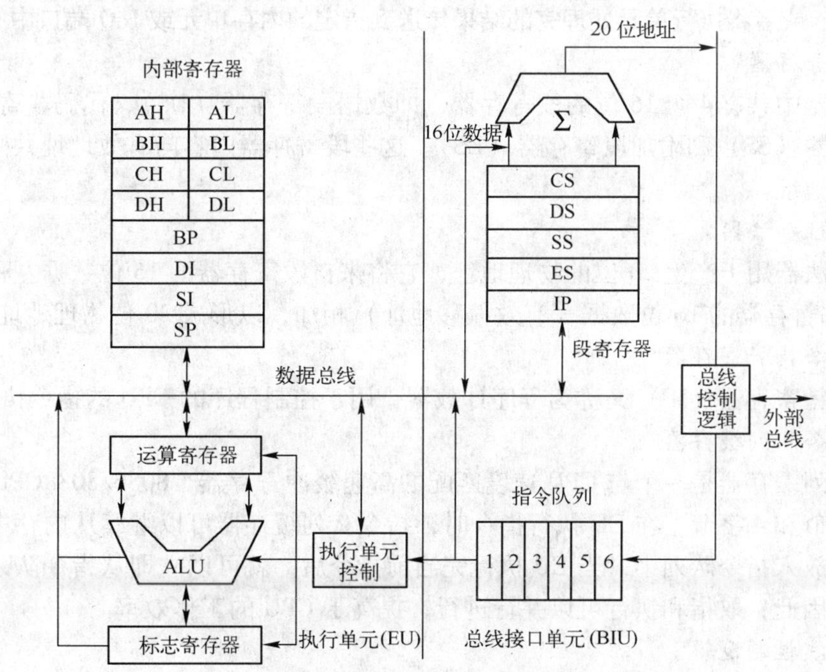

图 2-2　微处理器的功能结构

1. 执行单元

执行单元（EU）由算术逻辑运算单元、内部寄存器组、标志寄存器及内部控制逻辑组成。其主要功能是负责指令的执行，将指令进行译码并利用内部寄存器和算术逻辑单元（ALU）对数据进行处理。

(1) 算术逻辑单元

算术逻辑单元（ALU）主要完成 8 位或 16 位算术逻辑运算。

(2) 内部寄存器组

8086/8088 微处理器共有 8 个 16 位的内部寄存器，分别是 4 个通用寄存器 AX、BX、

CX、DX（也可以用做 8 个 8 位寄存器，分别记为 AH、AL、BH、BL、CH、CL、DH、DL），2 个指针寄存器 SP 和 BP，以及 2 个变址寄存器 SI 和 DI。

（3）标志寄存器

标志寄存器（FR）是 16 位的寄存器，又称为处理器状态字寄存器（PSW）。使用其中 9 位作为状态标志和控制标志，另外 7 位未使用。

（4）内部控制逻辑

内部控制逻辑的主要功能是从指令队列中取出指令，并对指令进行译码，产生各种控制信号，以控制各个部件单元协同工作完成指令要求。

2. 总线接口单元

总线接口单元（BIU）是由 4 个段寄存器、20 位地址加法器、指令指针寄存器 IP、指令队列缓存器及总线控制逻辑电路组成的。其功能是负责 CPU 与存储器及 I/O 接口之间的数据、地址、状态及控制信息的传送。具体任务是：从内存单元中取出指令，将其送入指令队列中进行暂存。当 CPU 执行指令时，总线接口单元会从指定的内存单元或 I/O 端口中取出数据传送给执行单元，或者将执行单元处理完的结果传送到指定的内存单元或 I/O 端口中。

（1）段寄存器

微处理器中共有 4 个 16 位的段寄存器，即数据段寄存器（DS）、代码段寄存器（CS）、堆栈段寄存器（SS）和附加段寄存器（ES）。这些段寄存器内容与有效地址共同确定了内存单元的物理地址。

（2）地址加法器

地址加法器用于产生 20 位的物理地址，它将来自段寄存器的 16 位数据左移 4 位，与来自 IP 或内部暂存器的 16 位数据（有效偏移地址）相加，以形成 20 位物理地址。

（3）指令指针寄存器

指令指针寄存器（IP）又称为程序计数器，用于控制程序的 CPU 的指令执行顺序。

（4）指令队列缓存器

指令队列缓存器是一个与 CPU 速度匹配的高速缓冲寄存器，8086/8088CPU 的指令队列分别为 6 字节和 4 字节。在 EU 执行指令时，指令队列缓存器可以继续从内存中获得后续的指令代码，放入指令队列中，当 EU 执行完当前指令后，就可以立即从指令队列中获得指令进行执行。因此，取指和执行可以并行进行，提高了 CPU 的工作效率。

（5）总线控制逻辑

实现对 AB、DB、CB 三总线的控制，控制 CPU 与其他部件交换数据、地址、状态及控制信息。

2.1.3 8086/8088 微处理器工作原理

8086/8088CPU 在执行指令的过程中，执行单元（EU）和总线接口单元（BIU）既相互独立又相互配合，其工作过程可分为两个主要阶段：取指令阶段和执行阶段。

1. 取指令阶段

总线接口部件（BIU）根据代码段寄存器（CS）和指令指针寄存器（IP）提供的存储器地址，从主存储器中取得指令代码放入指令队列中。同时，指令寄存器（IP）进行自加 1

修改，指向下一个需要执行的指令。

2. 执行阶段

执行单元（EU）从指令队列中获得要执行的指令代码，在 EU 控制电路中进行译码、分析，然后发出控制信号，由算术逻辑运算单元 ALU 进行数据运算。参与运算的操作数可以来自内部寄存器、指令队列、存储器或外设。

8086/8088CPU 执行单元（EU）和总线接口单元（BIU）按照流水线技术进行协调工作，以完成所要求的任务。图 2-3 为 8086/8088CPU 的流水线执行方式。

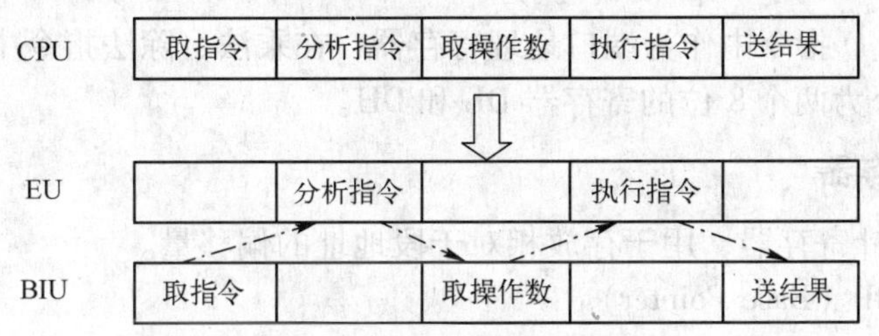

图 2-3 8086/8088CPU 流水线执行方式

执行单元（EU）负责分析和执行指令，总线接口单元（BIU）负责取指、取操作数和送结果。EU 与 BIU 协调工作的原则为：

1）当 8086 指令队列有 2 个空字节时，BIU 会自动将指令取到指令队列中。

2）当 EU 执行指令需要数据时，向 BIU 发出申请，请求存储器或 I/O 接口中取出数据。此时若 BIU 处于空闲状态，则立即响应 EU 的请求；若 BIU 正在取指令，则其必须完成取指令之后再响应 EU；若指令队列已满，而 EU 没有向 BIU 发出申请，则 BIU 处于空闲状态。

3）当执行返回、转移、调用指令时，指令队列中原有的内容被清空，BIU 会接着向指令队列中装入另一个需要调用的程序段指令。

由于有指令队列的存在，在 EU 执行指令的同时，BIU 可取指令，即 BIU 和 EU 处于并行工作方式，这种方式大大提高了 CPU 的工作效率。

2.2 8086/8088 内部寄存器结构

2.2.1 通用寄存器

8086/8088CPU 的通用寄存器可以分为两类：通用数据寄存器（AX、BX、CX、DX）和地址指针/变址寄存器（BP、SP、SI、DI）。

1. 通用数据寄存器

通用数据寄存器用于存放计算过程中所用到的操作数、结果或其他信息，可以采用字（16 位）或字节（8 位）的形式访问。

（1）累加器 AX（Accumulator）

累加器是算术运算的主要寄存器，一些操作只能在 AX 中完成，如乘、除法操作。另外，所有 I/O 指令必须用 AX 与外设进行信息传输。16 位的 AX 可分为两个 8 位的寄存器

AL 和 AH。

(2) 基址寄存器 (Base Register, BX)

基址寄存器是通用的数据寄存器，经常用于地址寄存器，在计算存储器地址时，可用做存储器指针。16 位的 BX 可分为两个 8 位的寄存器 BL 和 BH。

(3) 计数寄存器 (Count Register, CX)

计数寄存器经常用做循环的计数寄存器。16 位的 CX 可分为两个 8 位的寄存器 CL 和 CH。

(4) 数据寄存器 (Data Register, DX)

数据寄存器在 I/O 指令中作为端口地址寄存器，在乘法、除法指令中作为辅助累加器使用。16 位的 DX 可分为两个 8 位的寄存器 DL 和 DH。

2. 地指指针寄存器

BP、SP 称为指针寄存器，用于存放相对于段地址的偏移量。

(1) 基址指针 BP (Base Pointer)

基址指针用于指定段内的偏移地址，与 SS 段寄存器联用确定堆栈段中存储单元的地址。

(2) 堆栈指针 SP (Stack Pointer)

堆栈指针用于指定堆栈段内的偏移地址，段地址由堆栈段寄存器 SS 提供。

3. 变址寄存器

SI、DI 分别称为源变址、目的变址寄存器，主要用于存放存储单元在段内的偏移量，可以实现多种存储器操作数的寻址方式。

(1) 源变址寄存器 SI (Source Register)

SI 提供源操作数的段内偏移地址，一般与数据段寄存器 (DS) 配合使用，寻找数据段中某一存储单元的地址。

(2) 目的变址寄存器 DI (Destination Register)

DI 提供目的操作数的段内偏移地址，一般与附加段寄存器 (ES) 配合使用，寻找附加段中某一存储单元的地址。

2.2.2 段寄存器

在 8086/8088CPU 中有 4 个专门存放段地址的段寄存器 (DS、CS、SS、ES)，用于存放不同段的起始地址。

1. 数据段寄存器 DS (Data Segment)

数据段是存放程序中所使用数据的存储单元，数据段寄存器则是用于存放当前数据段存储区的段首地址。

2. 代码段寄存器 CS (Code Segment)

代码段是存放程序中所使用代码的存储单元，代码段寄存器则是用于存放当前代码段存储区的段首地址。

3. 堆栈段寄存器 SS (Stack Segment)

堆栈段寄存器是用于存放当前堆栈存储区的段首地址，与堆栈指针寄存器 (SP) 联用来确定当前堆栈指令的操作地址。

4. 附加段寄存器 ES（Extra Segment）

附加段寄存器用于存放该附加段存储区的段首地址，是为某些字符串操作指令存放操作数而设置的。

2.2.3　控制寄存器

8086/8088CPU 中有两个控制寄存器：指令指针寄存器（IP）和标志寄存器（FR）。

1. 指令指针寄存器（Instruction Pointer，IP）

指令指针寄存器与代码段寄存器（CS）一起可以确定当前指令在内存中的物理地址，每执行一条指令，IP 值会自动加 1，即指向下一条指令，所以 IP 总是指向将要执行的指令。计算机就是通过 IP 来控制指令序列的执行流程的，它不能被访问。

2. 标志寄存器 FR（Flag Register）

标志寄存器中状态标志有 6 位（CF、PF、AF、ZF、SF、OF），表示前一步操作执行之后 ALU 所处的状态，可作为后续操作的判断依据。图 2-4 为标志寄存器的结构。

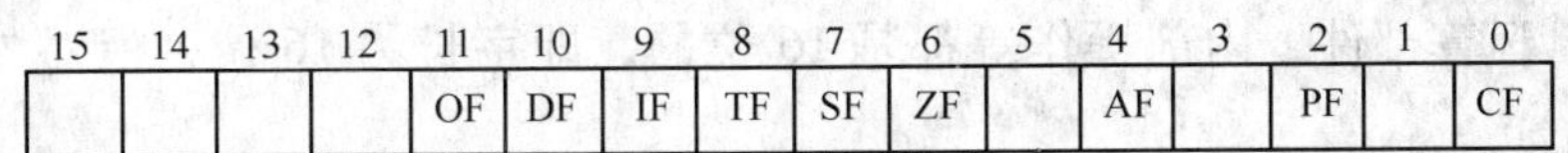

15	14	13	12	11	10	9	8	7	6	5	4	3	2	1	0
				OF	DF	IF	TF	SF	ZF		AF		PF		CF

图 2-4　标志寄存器的结构

（1）进位标志位 CF（Carry Flag）

进位标志位反映运算结果的最高位是否存在进位或借位。当加法运算最高位出现进位或减法运算最高位出现借位时，CF =1，否则 CF =0。

（2）奇偶标志位 PF（Parity Flag）

奇偶标志位反映运算结果中“1”的个数的奇偶性，主要用于判断数据传输是否出错。当运算结果的低 8 位中 1 的个数为偶数时，PF =1；为奇数时，PF =0。

（3）辅助进位标志位 AF（Auxiliary Flag）

在加减运算中，若第 3 位向第 4 位有进、借位，AF =1；否则 AF =0。该标志位通常被用于 BCD 码算术运算结果的调整。

（4）零标志位 ZF（Zero Flag）

零标志位反映运算结果是否为 0。如果运算结果为 0，则 ZF =1，否则 ZF =0。

（5）符号标志位 SF（Sign Flag）

符号标志位反映运算结果最高位即符号位的状态。如果运算结果最高位为 1，则 SF =1，表示带符号数为负数；如果最高位为 0，则 SF =0，表示带符号数为正数。

（6）溢出标志位 OF（Overflow Flag）

溢出标志位反映运算结果是否超出数所表示的范围。如果字节运算超出 -128 ~127，或者字运算超出 -32768 ~32767，则 OF =1；否则 OF =0。

判断是否溢出的方法是根据最高位的进位与次高位进位是否相同来确定的，如果两者不同，则 OF =1；否则 OF =0。

标志寄存器的控制位有3个（TF、IF、DF），可以通过指令进行设置，以实现对微型计算机进行某些控制。具体的含义如下：

（1）陷阱标志位TF（Trap Flag）

陷阱标志位也称为单步标志或跟踪标志，主要用于单步操作。当TF=1时，进入系统的单步中断处理程序；当TF=0时，程序会连续执行。

（2）中断允许标志IF（Interrupt Flag）

用于控制CPU是否响应外部的可屏蔽中断请求。当IF=1时，处理器响应可屏蔽中断；当IF=0时，禁止响应可屏蔽中断请求。

（3）方向标志DF（Direction Flag）

用于串操作指令中控制串的处理方向。当DF=1时，串操作指令的地址修改为自动减量方向；当DF=0时，串操作指令的地址修改为自动增量方向。

2.3 8086/8088工作模式及引脚功能

8086/8088微处理器作为16位微处理器，采用HMOS工艺技术制造，内部包含约29000个晶体管，使用单一5 V电源，时钟频率为5 MHz。8088微处理器作为准16位微处理器，其内部寄存器、运算部件、内部操作等都是16位的，即字长为16位，但对外数据线只有8位。

2.3.1 工作模式

8086/8088微处理器为适应各种场合要求，在设计时提供了两种工作模式：最小工作模式和最大工作模式。

最小工作模式是指当系统中只有一个微处理器8086（或者8088）时，所有的总线控制信号都由8086（或8088）产生，系统所需要外加的其他总线控制逻辑信号可减少到最小；最大工作模式是指当系统中包括两个或两个以上的处理器时，其中一个为主处理器，其他处理器作为协处理器。

在8086/8088系统中，主处理器为8086/8088CPU，与8086/8088配合的协处理器主要有用于数值运算的协处理器8087和用于输入/输出的协处理器8089。其中，8087协处理器是用硬件方法实现这些数值运算的，其功能主要是实现多种数值运算操作，如高精度的整数和浮点数以及超越函数的运算；8089协处理器主要用于频繁使用输入/输出设备的场合下，可以大大减少CPU在输入/输出操作中所占用的时间，明显提高微处理器的工作效率。

2.3.2 引脚功能

8086/8088CPU芯片为40条引脚的双列直插式封装（Dual In-line Pachage，DIP），除了引脚24～32在两种工作模式下的功能不同，其余引脚的功能相同。图2-5为最小工作模式下的8086CPU和8088CPU的引脚信号图。

首先介绍两种工作模式定义相同的引脚信号及其功能。

1. 地线GND和电源线V_{CC}

8086/8088CPU采用单一的+5 V电源，有两个接地引脚。

2. 地址/数据引脚 $AD_{15} \sim AD_0$（Address/Data Bus）

三态、双向工作。在 8086CPU 中作为分时复用；在 8088CPU 中，高 8 位地址线（即 $A_{15} \sim A_8$）不作复用，只用来输出地址。

3. 地址/状态引脚 $A_{19}/S_6 \sim A_{16}/S_3$（Address/Status Bus）

三态、输出。在 8086CPU 中作为分时复用，其中 $A_{19}/S_6 \sim A_{16}/S_3$ 与 $A_{15} \sim A_0$ 一起构成 20 位物理地址。当做状态线使用时，$S_6 \sim S_3$ 用来输出状态信息，S_4 和 S_3 组合表示当前使用的段寄存器号，当 $S_4S_3=00$ 时，表示当前正在使用 ES 寄存器；当 $S_4S_3=01$ 时，表示当前正在使用 SS 寄存器；当 $S_4S_3=10$ 时，表示当前正在使用 CS 寄存器，或者未使用任何寄存器；当 $S_4S_3=11$ 时，表示当前正在使用 DS 寄存器。S_5 表明中断允许标志的当前设置，$S_5=1$ 时，表示当前允许可屏蔽中断请求，否则终止一切可屏蔽中断。$S_6=0$ 时表示 8086CPU 当前与总线连接。

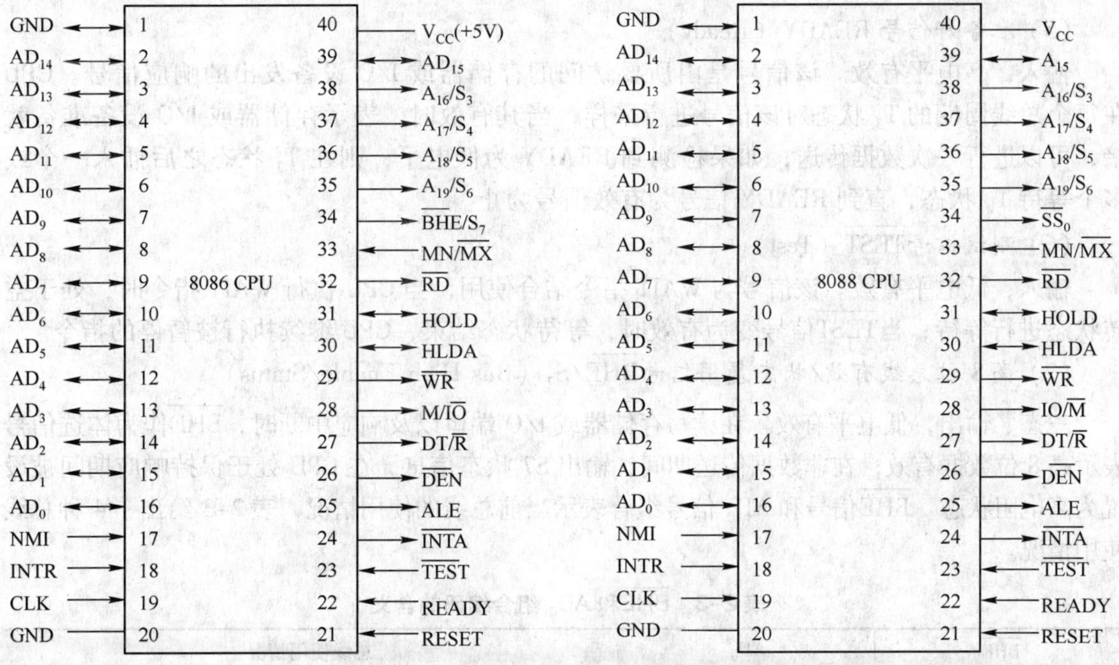

图 2-5 8086/8088 CPU 的引脚信号图

4. 控制引脚

(1) 非屏蔽中断请求信号 NMI（Non-maskable Interrupt）

输入，上升沿触发，不受中断允许位（IF）的限制。CPU 一旦检测到 NMI 信号有效时，就在完成当前指令之后，执行中断类型号为 2 的非屏蔽中断处理程序。

(2) 可屏蔽中断请求信号 INTR（Interrupt Request）

输入，高电平有效。CPU 在执行每条指令之后的一个时钟周期对 INTR 信号进行测试，如果有中断请求，且当前中断允许标志位 IF=1 时，就将结束当前指令去响应中断请求。如果 IF=0，中断被屏蔽，外设发出的中断请求不被响应。

(3) 时钟信号 CLK（Clock）

8086/8088CPU 的时钟信号输入端与时钟发生器 8284A 相接。该信号为方波信号，占空比约为33%。

(4) 复位信号 RESET (Reset)

输入，高电平有效。RESET 信号至少要持续 4 个时钟周期的高电平才有效。复位信号有效后，CPU 将内部的标志寄存器、段寄存器、指令指针 IP 和指令队列复位到初始状态。系统正常运行时，该引脚信号保持低电平。表 2-2 为复位后 8086/8088CPU 各寄存器的状态。

表 2-2 8086/8088CPU 复位后各寄存器的状态值

寄 存 器	寄存器状态	寄 存 器	寄存器状态
标志寄存器 (FR)	清零	SS 寄存器	0000H
CS 寄存器	FFFFH	指令指针寄存器 (IP)	0000H
DS 寄存器	0000H	指令队列	空
ES 寄存器	0000H		

(5) 准备好信号 READY (Ready)

输入，高电平有效。该信号是由所要访问的存储器或 I/O 设备发出的响应信号。CPU 在每个总线周期的 T_3 状态对该信号进行采样，当其有效时，表示存储器或 I/O 设备准备就绪，可以进行一次数据传送；如果检测到 READY 为低电平，则在 T_3 状态之后插入一个或多个等待 T_w 状态，直到 READY 信号为有效信号为止。

(6) 测试信号 $\overline{TEST}$ (Test)

输入，低电平有效。该信号与 WAIT 指令结合使用，当 CPU 执行 WAIT 指令时，处于空转状态进行等待；当 $\overline{TEST}$ 信号变为有效时，等待状态结束，CPU 继续执行被暂停的指令。

(7) 高 8 位总线有效/状态复用信号 $\overline{BHE}/S_7$ (Bus High Enable/Status)

三态、输出，低电平有效。在读写存储器或 I/O 端口以及响应中断时，$\overline{BHE}$ 作为体选信号表示高 8 位数据有效；在非数据传送期间，输出 S7 状态信息，在 CPU 处于保持响应期间被设置为高电阻状态。$\overline{BHE}$ 信号和 AD_0 信号组合表示当前总线的使用情况，表 2-3 给出了 4 种总线使用情况。

表 2-3 $\overline{BHE}$ 和 AD_0 组合编码的含义

$\overline{BHE}$	AD_0	总线使用情况
0	0	偶地址开始读写 16 位数据
0	1	奇地址开始读写高 8 位数据
1	0	偶地址开始读写低 8 位数据
1	1	无效

(8) 读信号 $\overline{RD}$ (Read)

三态、输出，低电平有效。与 $M/\overline{IO}$ 配合，以表示对内存单元还是对 I/O 端口的读操作。

(9) 工作模式选择信号 $MN/\overline{MX}$ (Minimum/Maximum Mode Control)

输入，该引脚决定 8086/8088CPU 工作在最大模式还是最小模式，当接高电平时，为最小工作模式；若接低电平时，则为最大工作模式。

5. 最小工作模式信号

8086/8088CPU 的引脚 $MN/\overline{MX}$ 固定接到 +5 V 时，就处于最小工作模式。在最小工作模式下，24～31 共 8 个引脚信号的含义如下。

（1）中断响应信号$\overline{\text{INTA}}$（Interrupt Acknowledge）

三态、输出，低电平有效。最小工作模式下，该引脚用来对外设的中断请求做出响应。

在 8086/8088CPU 中，$\overline{\text{INTA}}$信号是两个连续的负脉冲。第一个负脉冲通知外设接口，它发出的中断请求已经被允许，外设接口收到第二个负脉冲时，将中断类型码送到数据总线上，CPU 根据中断类型号到中断向量表中找到对应中断的中断服务程序的入口地址，从而转向去执行中断服务程序。

（2）地址锁存允许信号 ALE（Address Latch Enable）

输出，高电平有效。在最小工作模式下，在任一总线周期的 T1 状态，ALE 为高电平，表示地址/数据或地址/状态复用总线上输出的是地址信号，利用它的下降沿将地址信息锁存到锁存器。8086、8088 系统中地址锁存器采用 8282/8283。

（3）数据允许信号$\overline{\text{DEN}}$（Data Enable）

三态、输出，低电平有效，是 8086/8088CPU 控制数据总线收发器 8286/8287 的选通信号。它在每次存储器访问、I/O 访问或中断响应周期时有效，表示 CPU 当前准备发出或接收一个数据。仅用于最小工作模式。

（4）数据发送/接收允许信号 DT/$\overline{\text{R}}$（Data Transmit/Receive）

三态、输出。在使用 8286/8287 作为数据总线收发器时，8286/8287 的数据传送方向由 DT/$\overline{\text{R}}$控制。当 DT/$\overline{\text{R}}$ =1 时，表示数据发送；当 DT/$\overline{\text{R}}$ =0 时，表示数据接收。

（5）存储器或 I/O 端口访问信号 M/$\overline{\text{IO}}$（Memory/Input and Output）

三态、输出。用来表示 CPU 当前访问的是存储器还是 I/O 端口。当 M/$\overline{\text{IO}}$ =1 时，表示访问的是存储器；当 M/$\overline{\text{IO}}$ =0 时，表示访问的是 I/O 端口。在 8088CPU 中，该引脚为$\overline{\text{M}}$/IO。

（6）写信号$\overline{\text{WR}}$（Write）

三态、输出，低电平有效。当$\overline{\text{WR}}$有效时，表示 CPU 当前正在进行写操作，与 M/$\overline{\text{IO}}$配合选择存储器或 I/O。

（7）总线保持请求信号 HLOD（Hold Request）

三态、输入，高电平有效。当系统除 CPU 外还有另一个总线部件，如 DMA 控制器，申请使用系统总线时的请求信号。

（8）总线保持响应信号 HLDA（Hold Acknowledge）

三态、输出，高电平有效。当 8086/8088CPU 收到 HOLD 信号后，会发出响应信号 HLDA，表示 CPU 放弃对总线控制权，并使所有总线处于高阻态，其他总线部件可以获得总线使用权。

6. 最大工作模式信号

8086/8088CPU 的引脚 MN/$\overline{\text{MX}}$固定接地时，就处于最大工作模式。在最大工作模式下，24～31 共 8 个引脚信号的含义如下。

（1）指令队列状态信号 QS_1、QS_0（Instruction Queue Status）

三态、输出，高电平有效。用来指示 CPU 指令队列的当前状态，使外部电路（主要是协处理器）对 CPU 指令队列的动作进行跟踪。QS_1 和 QS_2 的代码组合含义如表 2-4 所示。

表 2-4 QS_1、QS_2 代码组合含义

QS_1	QS_2	含义	QS_1	QS_2	含义
0	0	无操作	1	0	队列空
0	1	从指令队列中第一字节取走代码	1	1	除第一字节，取走后续字节的代码

(2) 总线周期状态信号$\overline{S_2}$、$\overline{S_1}$、$\overline{S_0}$（bus cycle status）

三态、输出，低电平有效。这些信号的组合可以指出当前总线周期中所进行的操作类型。如表 2-5 所示。总线控制器 8288 就是利用这些状态信号产生对存储器和 I/O 端口的控制信号的。

(3) 总线锁存信号$\overline{LOCK}$（Lock）

三态、输出，低电平有效。当该信号有效时，其他主部件不能占用总线，使得 8086/8088 在执行指令时不会丢失总线的控制权。

$\overline{LOCK}$信号是由指令前缀 LOCK 产生，在 LOCK 前缀后面的一条指令执行完成之后，便撤销该信号。

表 2-5 $\overline{S_2}$ ~ $\overline{S_0}$ 的代码组合及对应操作

$\overline{S_2}$	$\overline{S_1}$	$\overline{S_0}$	操作	$\overline{S_2}$	$\overline{S_1}$	$\overline{S_0}$	操作
0	0	0	中断响应	1	0	0	取指令
0	0	1	读 I/O 端口	1	0	1	读存储器
0	1	0	写 I/O 端口	1	1	0	写存储器
0	1	1	暂停	1	1	1	无源状态

(4) 总线请求（输入）/总线请求允许（输出）信号$\overline{RQ}/\overline{GT_1}$、$\overline{RQ}/\overline{GT_0}$（Request/Grant）

三态、双向，低电平有效。可供 CPU 和其他总线控制主模块（如协处理器）交换总线控制权。请求和允许是同一引脚，即$\overline{RQ}/\overline{GT_1}$、$\overline{RQ}/\overline{GT_0}$ 都为双向的，$\overline{RQ}/\overline{GT_0}$ 的优先级要高于$\overline{RQ}/\overline{GT_1}$。

8288 总线控制器还提供了一些控制信号如表 2-6 所示。

表 2-6 8288 总线控制器其他控制引脚功能

引脚号	名称	含义
$\overline{INTA}$	中断响应信号	通知请求中断设备中断已响应
$\overline{IORC}$	I/O 读信号	通知 I/O 端口将数据发送到数据线上
$\overline{IOWC}$	I/O 写信号	通知 I/O 端口将数据线上的数据写入端口
$\overline{AIOWC}$	I/O 超前写信号	与$\overline{IOWC}$信号功能相同。在总线周期中，由该信号提前一个周期发出 I/O 写命令，以使 I/O 设备做好准备
$\overline{MRDC}$	存储器读信号	通知存储器将数据发送到数据线上
$\overline{MWTC}$	存储器写信号	通知存储器将数据线上的数据写入存储器中
$\overline{AMWC}$	存储器超前写信号	与$\overline{MWTC}$功能相同，但是比$\overline{MWTC}$提前一个周期出现

2.4 8086/8088 系统配置

2.4.1 最小模式下的系统配置

当 MN/$\overline{MX}$端接 +5 V，系统工作于最小模式，适用于较小规模的微机系统。系统中所

需要的总线信号，如 $M/\overline{IO}$、$\overline{RD}$、$\overline{WR}$、$\overline{INTA}$、$\overline{ALE}$、$DT/\overline{R}$、$\overline{DEN}$、$\overline{BHE}$等均由 8086CPU 本身产生。最小模式系统包括 8086CPU、存储器、I/O 接口、时钟发生器 8284、3 片地址锁存器 8282 和 2 片总线发生器 8286。图 2-6 为 8086CPU 在最小工作模式下的系统结构图。

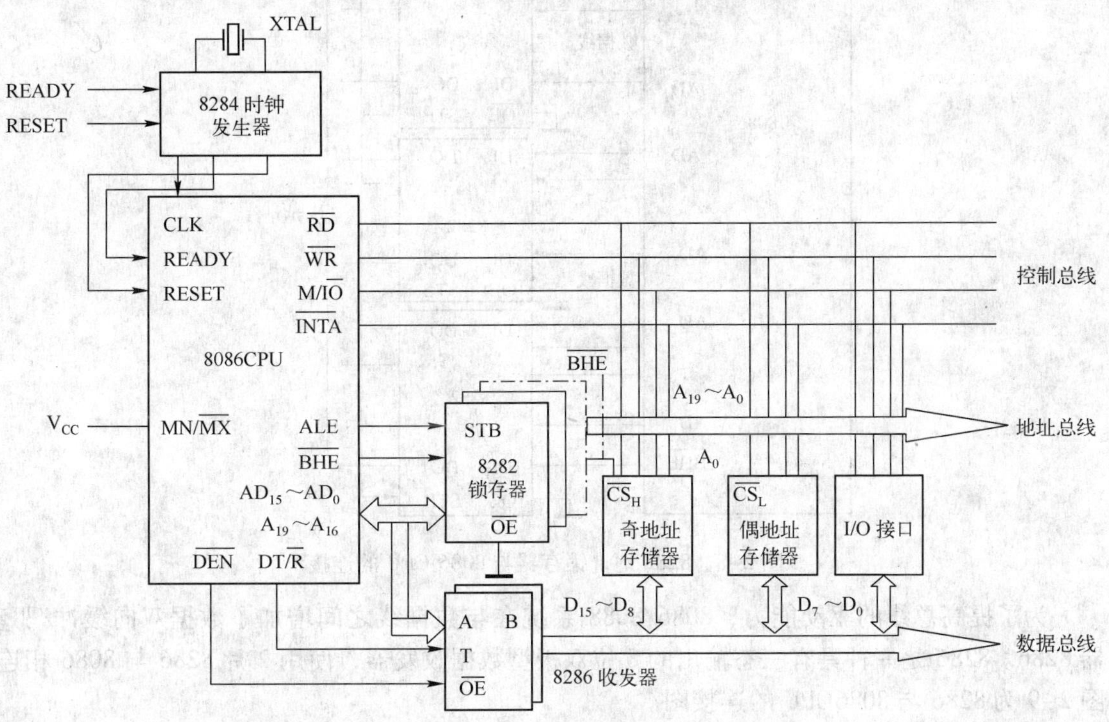

图 2-6　8086CPU 最小工作模式下的系统结构图

图中，8284A 用石英作振荡器，外接的晶体振荡频率为 15 MHz，经过三分频后产生系统所需要的时钟信号 CLK。8284A 与 8086/8088 的连接图如 2 -7 所示。

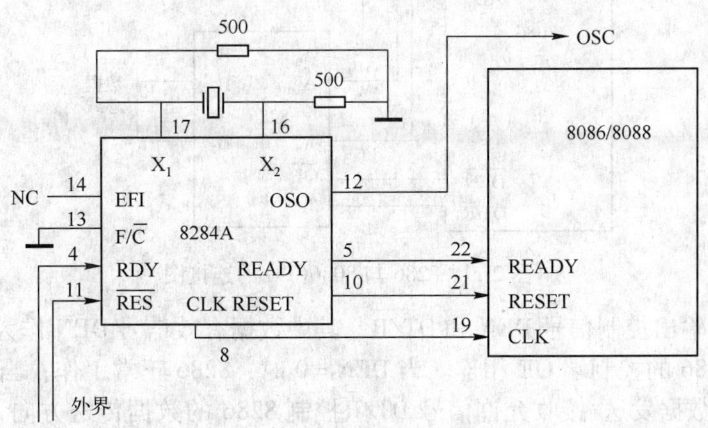

图 2-7　8284A 与 8086/8088 连接

8282 是典型的 8 位双极性三态输出锁存器芯片，用于锁存 20 位地址及$\overline{BHE}$信号，使整个总线读写周期内地址信号保持有效，为外部提供有效的地址信号。由于 8086/8088 系统需要锁存 21 根引脚，如 A_{19}/S_6 ~ A_{16}/S_3、AD_{15} ~ AD_0 以及高位字节有效信号$\overline{BHE}$，因此需要 3

片 8282 作为地址锁存器。图 2-8 为 8282 地址锁存器与 8086CPU 的连接图。

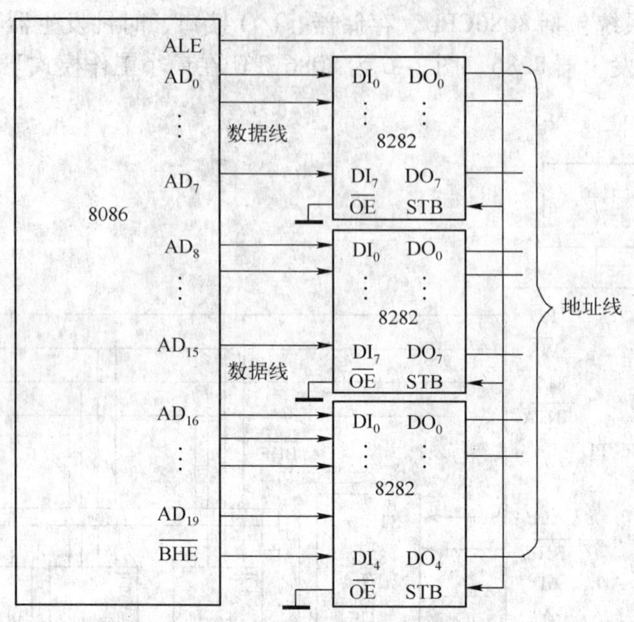

图 2-8　8282 地址锁存器与 8086 CPU 的连接

为了提高总线的驱动能力，8086/8088 系统在与数据线之间增加了数据双向缓冲/驱动器 8286。8286 是一种具有三态输出的 8 位双极型数据收发器，使用 2 片 8286 与 8086 相连。图 2-9 为 8286 与 8086CPU 的连接图。

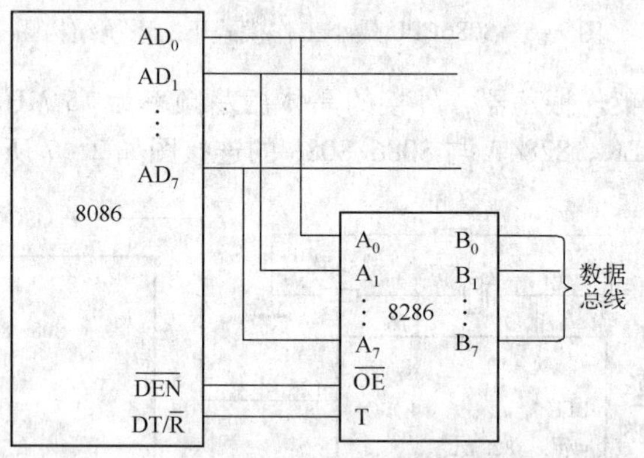

图 2-9　8286 与 8086CPU 的连接图

8086 有两根输出控制信号 DEN 和 $DT/\overline{R}$，其中数据有效信号 DEN 作为控制 8286 是否有效的信号，与 8286 的控制端 OE 相连。当 DEN＝0 时，8286 正常工作；当 $\overline{DEN}=1$ 时，8286 处于高阻状态。数据发送/接收允许信号 $DT/\overline{R}$ 控制 8286 的数据传送方向，当 $DT/\overline{R}=0$ 时，数据从外部数据总线到 8086 传送；当 $DT/\overline{R}=1$ 时，数据从 8086 往外部数据线传送。

2.4.2　最大模式下的系统配置

当 $MN/\overline{MX}$ 端接地时，系统工作于最大模式，即多处理器方式。图 2-10 为 8086CPU 最大工作模式下的系统结构图。

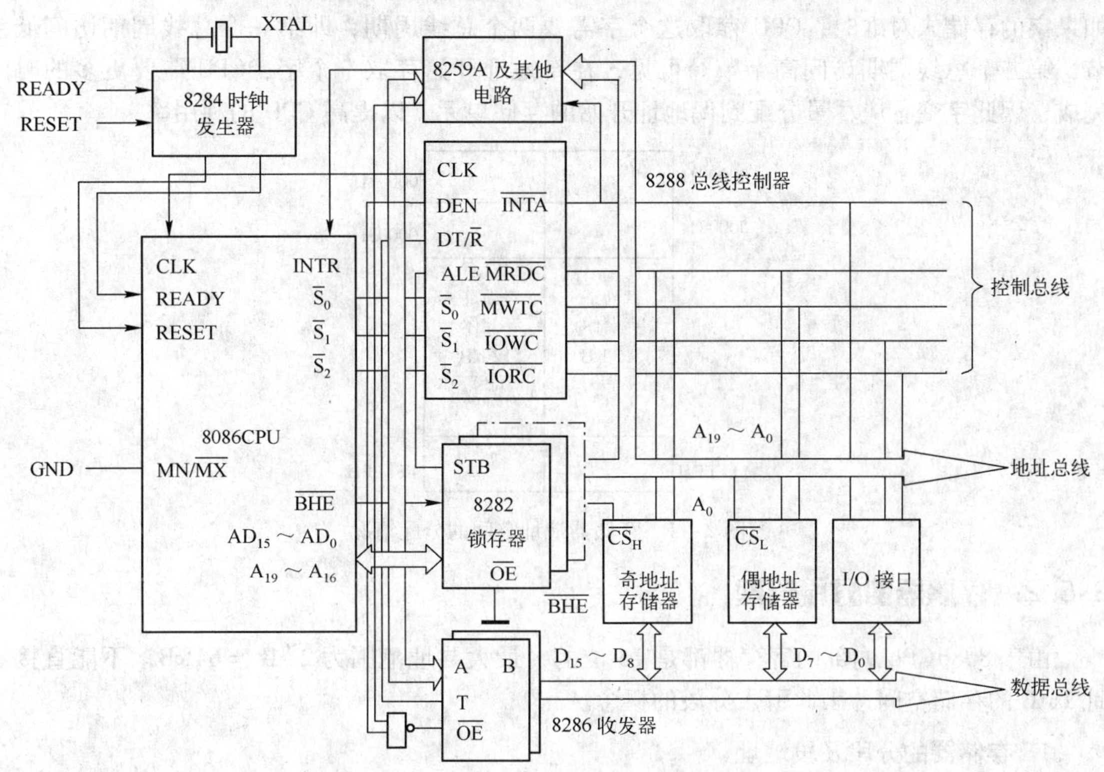

图 2-10　8086CPU 最大工作模式下的系统结构图

比较最小模式与最大模式的配置可见，有关数据总线和地址总线的电路部分基本相同，主要差别在于在最大模式下，系统增加了总线控制芯片 8288，所有的总线控制信号$\overline{S_2}$、$\overline{S_1}$、$\overline{S_0}$经 8288 译码处理后产生。另外，在最大模式系统中，通常包括中断优先级管理部件及其他有关电路，如 8259A，用于对多个可屏蔽中断进行优先级的管理。

2.5　8086/8088 存储器结构和 I/O 组织

2.5.1　存储器地址空间和数据存储格式

8086/8088CPU 系统中有 20 条地址总线，可直接寻址的存储空间为 2^{20}B（1 MB），地址范围为 00000H ~ FFFFFH。系统存储器是按照字节编排地址的，每个存储单元大小为一个字节，且具有唯一的一个地址（称之为物理地址）。相邻的两个字节构成一个字，低地址存储低字节，高地址存储高字节。

在 8086 系统中将 1MB 的存储空间分成两个 512KB 的物理存储体。其中一个存储体由偶地址组成，另一个存储体由奇地址组成。用 A_0 来区分两个存储体，即 A_0 = 0 选择偶地址存储体，A_0 = 1 选择奇地址存储体。8086 系统存储体地址空间的分配情况如图 2-11 所示。

当一个字从偶地址开始存储时，称为字的存储是对准的，否则称为字的存储是未对准的，这与 CPU 总线周期密切相关。由于 8086CPU 具有 16 条数据总线，一个总线周期可以存取一个字，但实际上，当字的存储是对准的情况下，CPU 存取一个字只需要一个总线周期；

如果字的存储未对准时，CPU 存取这个字需要两个总线周期，即第一个总线周期访问低字节，第二个总线周期访问高字节。可见，在奇地址开始存取一个字，CPU 需要更多的时间完成，因此字变量应尽量分配到偶地址开始的存储单元，以提高 CPU 的利用率。

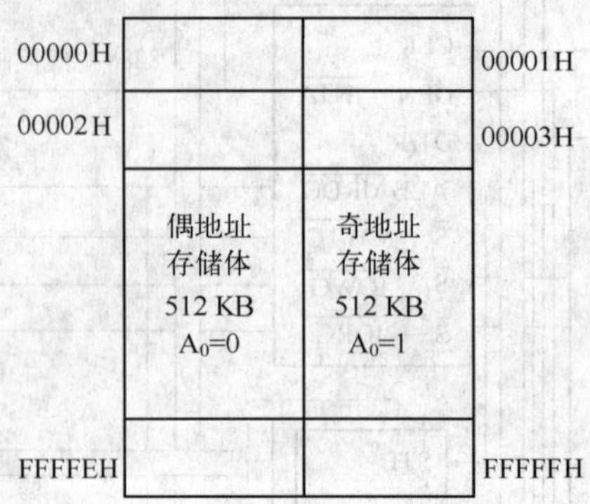

图 2-11　存储器地址空间的分配情况

2.5.2　存储器的分段管理

由于 8086CPU 内部的寄存器都是 16 位的，最大寻址范围为 2^{16}B ＝64KB，不能直接寻址 1MB 的存储空间，因此引入分段的概念。

1. 存储器的分段及段地址

为提供 20 位的物理地址，系统将 1MB 的存储空间分成许多逻辑段，规定每个段最大限制为 64KB，各段的起始选在能够被 16 整除的地址。系统的整个存储空间至少可以分为 16 个互不重叠的逻辑段，如图 2-12 所示。也可允许逻辑段之间相互覆盖，相邻段之间相距 16 个存储单元，如图 2-13 所示。

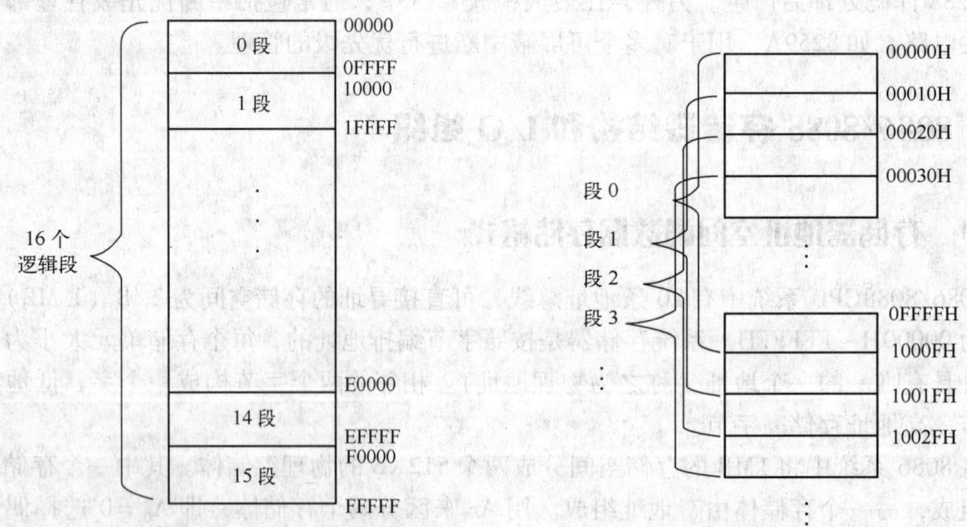

图 2-12　存储空间的逻辑段结构　　　图 2-13　存储空间的分段重叠

2. 存储器的逻辑地址和物理地址

存储器的每个存储单元都有唯一的 20 位实际地址，称为物理地址，也称为绝对地址。

8086CPU 在内部结构中和程序设计时采用分段管理内存，任何一个内存单元地址又可以用段地址和相对段起始地址的偏移量来表示，即“段基地址：偏移地址”，称之为逻辑地址。

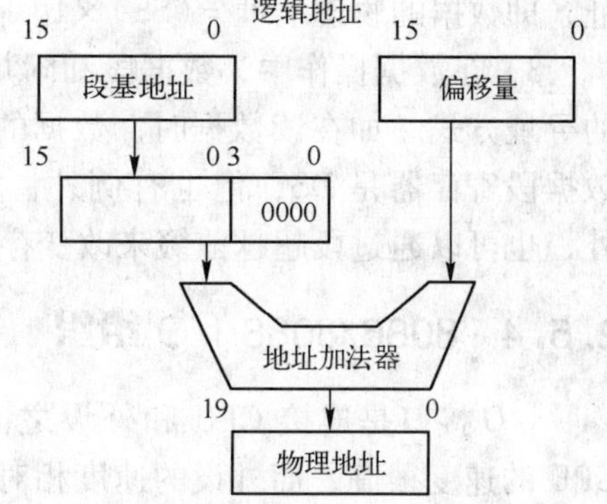

图 2-14　物理地址的形成

同一个存储单元既有物理地址，又有逻辑地址。逻辑地址是内存单元地址的一种表示形式，是内部和编程使用的，并不是唯一的；而物理地址反映存储单元在存储器中的实际位置，是客观存在的，某一个存储单元的地址必定在 00000H ~ FFFFFH，只要位置确定，物理地址便确定，CPU 根据物理地址对存储器进行操作。

物理地址和逻辑地址转换的方法是：物理地址 = 段地址 ×16D + 偏移地址。这一过程是在 BIU 中的 20 位地址加法器中完成，如图 2-14 所示。

【例 2-1】　代码段寄存器 CS = 1000H，指令指针寄存器 IP = 2500H，写出当前要读取指令的逻辑地址及在存储器中的物理地址。

解：逻辑地址表示为 CS：IP = 1000H：2500H

物理地址 = 段基址 ×16 + 偏移量
= CS ×16 + IP
= 10000H + 2500H
= 12500H

3. 8086CPU 内存中的专用区域

在 1 MB 的存储空间中专门留出一些空间作为系统专用区域。

1）1 KB 空间的中断向量表（0000H ~ 003FFH），存放 256 个中断服务程序的入口地址，每个地址占用 4B。

2）4 KB 空间的单色显示器显示缓冲区（B0000H ~ B0FFFH），存放当前屏幕显示字符的 ASCII 码。

3）16 KB 空间的彩色显示器显示缓冲区（B8000H ~ BBFFFH），存放当前屏幕像素代码。

4）在物理地址 FFFF0H 处存放一条无条件转移指令，转到系统初始化程序。

2.5.3　信息分段存储与段寄存器的关系

在 8086CPU 汇编语言设计中，存储器中的信息可以分为程序代码、数据和状态信息，可以为它们分配一个区域。程序区用于存储程序的指令代码，数据区用于存放数据、中间结果等，堆栈区用于存储需要压入堆栈的数据和状态信息。

8086CPU 可以通过 4 个段寄存器（DS、CS、SS、ES）访问存储空间中的 4 个不同段。每个段寄存器用来确定相应段的起始地址，即程序段寄存器 CS 对应程序区起始地址，数据段寄存器 DS 对应数据区的起始地址（还可以定义一个附加数据段 ES），堆栈段寄存器 SS 对应堆栈区的起始地址。一般情况下，段起始地址与偏移量寄存器配合规定如下。

1）在取指令操作中，代码段寄存器 CS 与指令指针寄存器 IP 配合获得指令的物理地址，即指令的物理地址 =（CS）×16 +（IP）。

2）在堆栈操作中，堆栈段寄存器 SS 与堆栈指针寄存器 SP 配合获得堆栈数据的物理地址，即数据的物理地址 =（SS）×16 +（SP）。

3）在数据操作中，数据段和附加段寄存器 DS、ES 的偏移量有多种方式，取决于指令的寻址方式。如在读数据时，数据的物理地址 =（DS）×16 + 偏移地址。通常情况下默认的数据段寄存器是 DS，但也有例外，如，在串操作时，目的地址规定的段寄存器为 ES。另外，也可以通过段超越前缀来改变存储操作数的段属性。

2.5.4 8086/8088 I/O 组织

I/O 接口是连接 CPU 和外设之间的逻辑电路，用于实现两者之间的数据交换。由于 CPU 的速度很高，而外设的速度相对较慢，因此必须通过 I/O 接口进行协调。

I/O 接口内部有多个寄存器用来存放 CPU 送到外设或由外设送给 CPU 的数据，其中一些寄存器被分配了地址，把这些分配了地址的寄存器称为 I/O 端口，CPU 和 I/O 接口的通信就是和 I/O 端口的通信。由于8086/8088CPU 是采用地址总线的低 16 位对 8 位 I/O 端口进行寻址，因此一共可以设计的 8 位端口有 2^{16}（65536）个。要说明的是，IBM PC 系统中只使用了 $A_9 \sim A_0$ 共 10 位地址来作为 I/O 端口的寻址信号，所以，其 I/O 端口的地址仅为 000H ~ 3FFH 共 1024 个。I/O 端口的编制方式有独立编址和存储器映像编址（统一编址方式）两种方式，8086/8088CPU 对存储器和 I/O 端口的寻址采用独立编址的方式。

2.6 8086/8088 操作时序

8086/8088CPU 要完成预定的功能，需要执行多种操作。其基本的操作包括：系统的复位和启动操作、暂停操作、总线读操作、总线写操作、中断操作、总线保持/总线请求操作等。掌握总线操作时序是深入理解总线操作的关键，是系统设计的基本要求。

2.6.1 8086/8088 总线周期

计算机在执行一条指令所需要的时间称为一个指令周期，它是由若干个总线周期构成的。总线周期是指 CPU 访问一次存储单元或 I/O 端口需要的时间，8086/8088CPU 的一个总线周期是由多个时钟周期组成的。时钟周期是 CPU 的基本时间计量单位，由主频决定，对于8086 而言，主频为 5MHz，一个时钟周期为 200ns。总线周期的波形图如 2 – 15 所示。

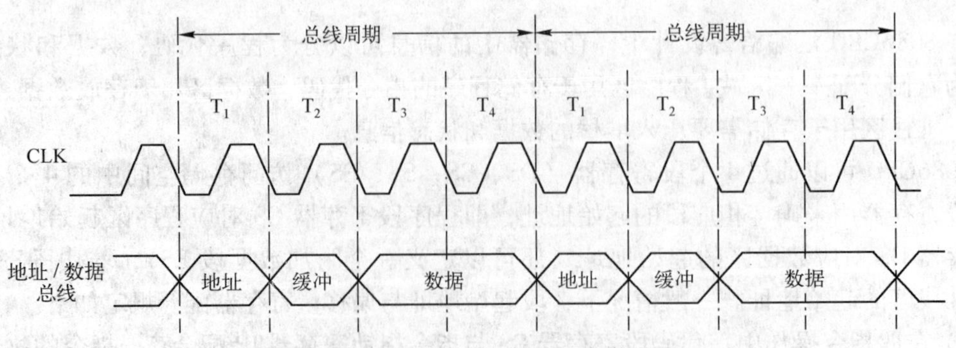

图 2-15　总线周期的波形图

基本的总线周期是由 4 个时钟周期组成，即包括 4 个状态 T_1、T_2、T_3、T_4。在正常情况下，CPU 对存储器或 I/O 设备进行一次访问需要一个总线周期。

在 T_1 状态期间，CPU 首先将要访问的存储器或 I/O 端口地址送到地址/数据复用总线上；在 T_2 状态期间，若为读总线周期，总线则为接收数据/指令做准备，改变线路的方向。若为写总线周期，总线上形成待写的数据，且保持到总线周期的结束；在 T_3、T_4 状态期间，对于读和写总线周期，总线上均为数据。在指令执行过程中有可能出现等待状态及空闲状态。

1. 等待状态 T_W

当与 CPU 连接的内存或 I/O 接口速度较慢，来不及响应 CPU 的读写速度时，则需在 T_3 之后插入一个或几个 T_W 状态，图 2-16 为带有等待状态的总线时序图。

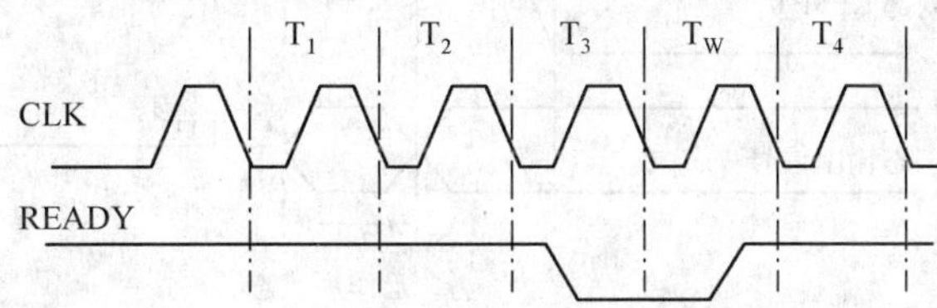

图 2-16　带有等待状态的总线时序图

若存储器或 I/O 接口存取速度跟不上 CPU 读写速度时，总线在 T_3 前沿到来之前产生 READY 低电平信号，T_3 前沿 CPU 查询到这一信号后，自动在 T_3 后加入一个等待状态 T_W，表示存储器或 I/O 设备中的数据未准备就绪，若 READY 为高电平，表示存储器或 I/O 设备中的数据准备就绪，则等待状态结束。

2. 空闲状态 T_I

如果在执行完一个总线周期后，既不需要填充指令队列，EU 也没有向 BIU 发出总线请求，则系统总线就处于空闲状态，空闲状态由一个或几个 T_I 状态组成。图 2-17 为带有空闲状态的总线时序图。

空闲周期 T_I 期间，在高 4 位地址/状态总线上，CPU 仍然维持前一个总线周期的状态信息，而低 16 位地址/数据总线根据前一个周期的状态不同：如果是写周期，则低 16 位总线上维持数据信息；如果是读周期时，CPU 将低 16 位总线浮空。

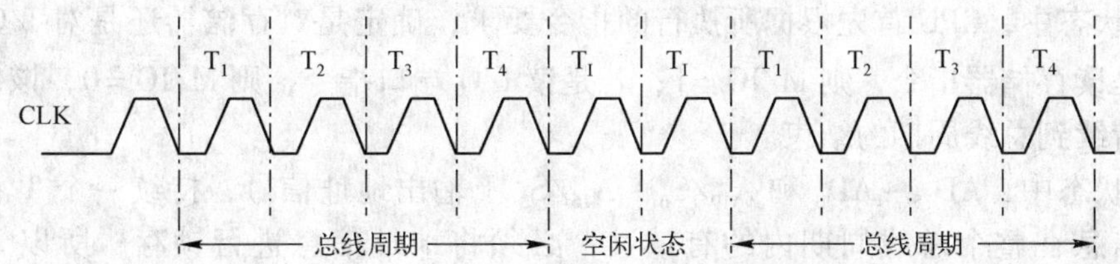

图 2-17　带有空闲状态的总线时序图

2.6.2　系统的复位/启动操作

8086/8088CPU 复位和启动操作是通过 RESET 引脚上的触发信号实现的，加在 RESET

引脚上的复位正脉冲信号至少维持4个时钟周期的高电平才有效。经过复位操作后，CPU内部寄存器的状态值如表2-8所示。

由于代码段寄存器CS被置为FFFFH，指令指针寄存器IP被清0，因此8086/8088在复位后重新启动时，系统从内存的FFFF0H单元处开始执行指令。8086/8088复位之后重新启动，从内存FFFF0H处开始执行指令，一般在此处存放一个无条件转移指令，转移到系统程序的入口。复位操作的时序图如图2-18所示。

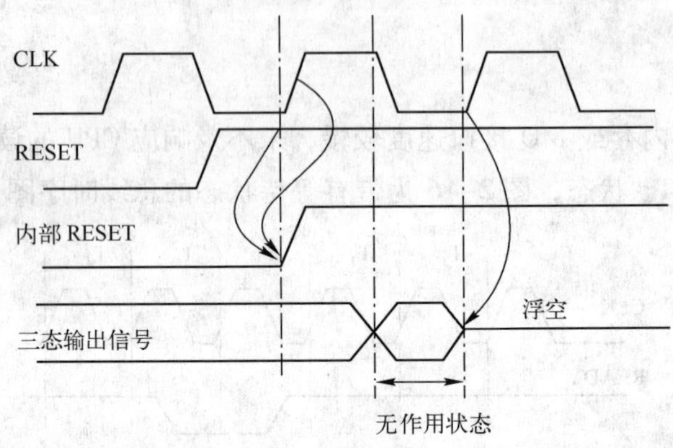

图2-18 复位操作的时序图

由图可见，时钟的上升沿检测到RESET为高电平时，经过半个周期的无作用状态，将所有的三态输出线，包括AD_{15} ~ AD_0、A_{19}/S_6 ~ A_{16}/S_3、$\overline{BHE}/S_7$、$M/\overline{IO}$、$DT/\overline{R}$、$\overline{DEN}$、$\overline{WR}$、$\overline{RD}$及$\overline{INTA}$等都置成浮空状态，而所有不具有三态的输出线，包括ALE、HLDA、$\overline{RQ}/\overline{GT_0}$、$\overline{RQ}/\overline{GT_1}$、$QS_0$和$QS_1$都置为无效状态。

2.6.3 总线读写操作

总线的读写操作可以分为最小工作模式和最大工作模式两种情况，在此只介绍最小工作模式下的总线读写操作。

1. 最小工作模式下总线读操作

最小工作模式下总线读操作时序图如图2-19所示。

(1) T_1 状态

在T_1状态中，CPU首先根据所执行的指令要求，确定是对存储器还是对I/O端口进行访问。若是读存储器指令，则$M/\overline{IO}=1$；若是读I/O端口指令，则$M/\overline{IO}=0$，该信号有效电平将一直持续到总线周期的结束。

在T_1状态中，AD_{15} ~ AD_0和A_{19}/S_6 ~ A_{16}/S_3上输出地址信号，持续一个T状态。为了保持地址信息在整个总线周期内的有效性，必须将地址信息进行锁存，所以T_1状态时，ALE引脚输出一个正脉冲，在其下降沿将地址锁存到8282地址锁存器中。

$\overline{BEH}$信号指明高8位数据信号是否有效，作为奇地址存储体的体选信号，配合地址信号，A_{19} ~ A_1实现存储器寻址，所以$\overline{BEH}$信号和地址信号一起被ALE锁存到地址锁存器中。如果系统中接有数据总线收发器，则数据传输方向控制信号$DT/\overline{R}$应为低电平，表示总线读。

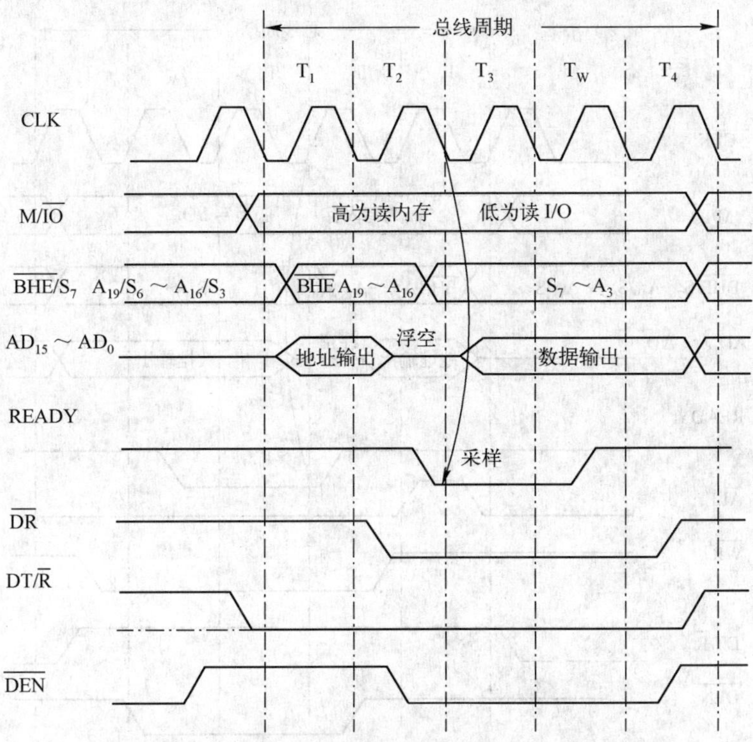

图 2-19 最小工作模式的总线读操作时序

(2) T_2 状态

在 T_2 状态，地址信息消失，地址/数据复用线 $AD_{15} \sim AD_0$ 变为高阻状态，为读入数据作好准备。地址/状态复用线 $A_{19}/S_6 \sim A_{16}/S_3$ 和 $\overline{BEH}/S_7$ 线输出状态信息，一直持续到 T_4 状态。S_7 在 8086 系统中没有实际意义。

$\overline{DEN}$输出低电平，作为数据总线收发器 8286 的体选信号，维持到 T_3 状态结束。$\overline{RD}$信号变为低电平，数据从存储器或 I/O 端口被送到数据总线上。

(3) T_3 状态

在 T_3 状态时，存储器或 I/O 端口将数据送到数据总线 $AD_{15} \sim AD_0$ 上，为 CPU 读取数据作好准备。在 T_3 状态下降沿，CPU 采样 READY 信号，若存储器或 I/O 设备的工作速度较慢，不能在基本的总线周期内完成读操作，时钟发生器 8284 会在 T_3 下降沿前产生 READY 低电平信号，此时会在 T_3 后加一个或多个等待状态 T_W，直到 READY 信号上升为高电平，等待状态结束，进入 T_4 状态。

(4) T_4 状态

在 T_4 状态，CPU 获取数据线上的数据信息，完成总线读操作的全过程。此时，$\overline{RD}$、$DT/\overline{R}$、$\overline{DEN}$变为无效，所有的三态总线变为高阻状态。

2. 最小模式下总线写操作

总线写操作同样具有 $T_1 \sim T_4$ 基本状态，当存储器或 I/O 外设的速度较慢时，在 T_3 和 T_4 之间加入等到状态 T_W。图 2-20 为最小工作模式下总线写操作的时序图。

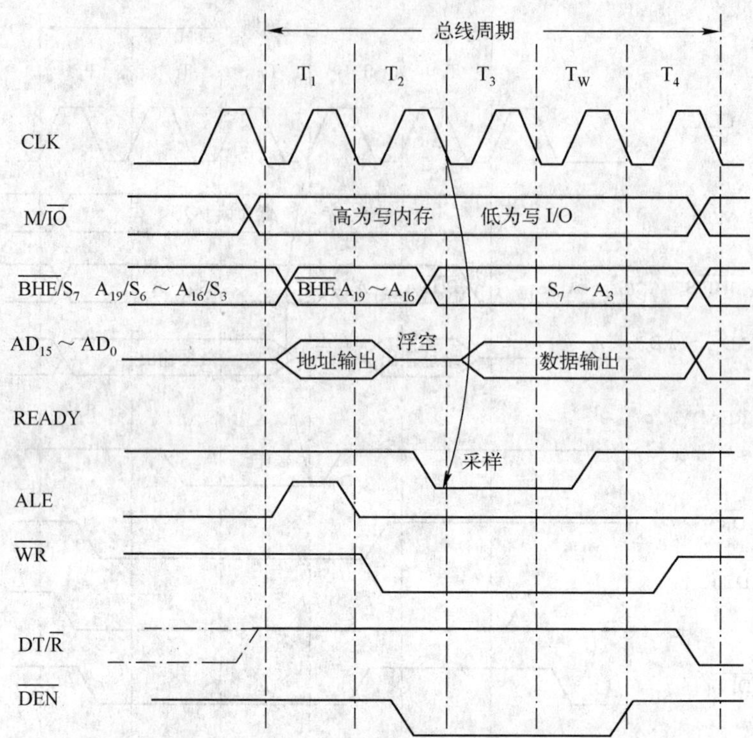

图 2-20 最小工作模式下总线写操作的时序图

(1) T_1 状态

在 T_1 状态，$M/\overline{IO}$已变为有效电平，且一直保持到 T_4 状态。当 $M/\overline{IO}=0$ 时（低电平），表示 CPU 将数据写入到 I/O 端口；当 $M/\overline{IO}=1$ 时（高电平），表示 CUP 将数据写入到存储器。引脚 $A_{19} \sim A_{16}$、$AD_{15} \sim AD_0$ 分别输出高 4 位和低 16 位地址信息，总线控制器从 ALE 引脚发出正相的地址锁存信号，将 20 位地址信息锁存入系统地址锁存器。此外，总线控制器还提供数据传送方向控制信号 $DT/\overline{R}$，通过将该信号置为高电平，指示当前总线周期执行总线写操作。

(2) T_2 状态

在 T_2 状态下，地址/状态复用线 $A_{19}/S_6 \sim A_{16}/S_3$ 输出状态信息 $S_6 \sim S_3$，地址/数据复用线 $AD_{15} \sim AD_0$ 上输出数据信息，并一直保存待到 T_4 状态期间。$\overline{BHE}$信号失效，$\overline{WR}$信号有效，将输出数据写入到由 M/IO信号选中的存储器或 I/O 端口中。

(3) T_3 状态

T_3 状态下，CPU 继续提供状态信息和数据信息，并保持$\overline{WR}$、$M/\overline{IO}$及$\overline{DEN}$信号有效。

(4) T_4 状态

在 T_4 状态时，数据从数据总线上撤销，$\overline{DEN}$信号变为无效，停止总线收发器的工作，各控制信号线和状态信号线进入到无效状态，整个总线写操作过程结束。

2.6.4 总线请求及响应操作

在一个系统中，当存在多个可控制总线的主模块时，总线使用权的转移存在着一个请求与响应的过程。除 CPU 之外的其他总线控制主模块要获得总线的控制权，需要向 CPU 发出使用总线的请求信号，如果 CPU 同意让出总线的控制权，就会对请求信号产生应答。

在最小工作模式下，8086/8088 专门提供了一对总线控制联络信号 HOLD 和 HLDA。其中，HOLD 是总线保持请求信号，由总线主模块发给 CPU。CPU 在每个时钟周期的上升沿检测该信号，如果检测到该信号为有效信号时，就会在本总线周期结束后发出总线响应信号 HLDA，CPU 将总线的控制权让给相应的总线主模块，直到该主模块将 HOLD 信号变为低电平时，CPU 才收回总线的控制权。8086/8088CPU 一旦让出总线的控制权，地址/数据引脚、地址/状态引脚以及控制信号引脚$\overline{\text{RE}}$、$\overline{\text{WR}}$、$\overline{\text{INTA}}$、M/$\overline{\text{IO}}$、$\overline{\text{DEN}}$、DT/$\overline{\text{R}}$都处于浮空状态。

图 2-21 为总线保持请求/响应时序图。总线申请主模块使 HLOD 变为高电平后，要等到当前总线周期结束后，即 T_4 或空闲周期 T_I 之后才发出 HLDA 信号，可能会有几个时钟周期的延迟。另外，在 CPU 重接管总线的控制权，并不意味着立即可以控制总线，而是将这些引脚悬空，直到 CPU 需要执行总线操作时才恢复对总线的控制。

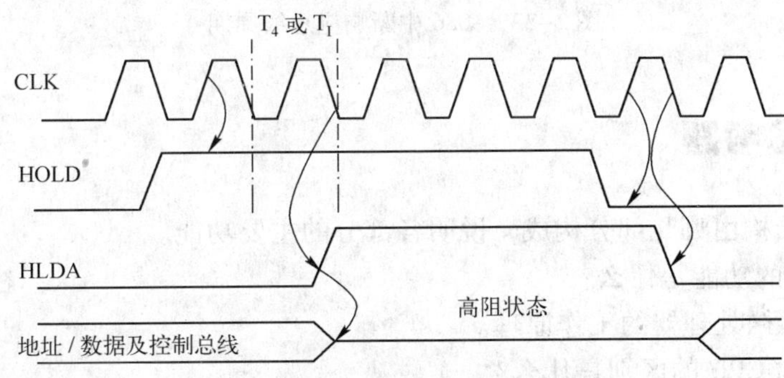

图 2-21　总线保持请求/响应时序图

2.6.5　中断响应操作

8086/8088CPU 的中断响应要用两个总线周期，如果在前一个总线周期中 CPU 接收到外部中断请求INTR信号，中断允许标志 IF 为 1，且正好执行完一条指令时，CPU 会在前一个总线周期和下一个总线周期中间从$\overline{\text{INTA}}$引脚上给外设发出两个负脉冲。第一个负脉冲通知外设中断申请得到允许，当外设收到第二个负脉冲后，就将中断类型码送到数据线的低 8 位（$D_7 \sim D_0$）上，通过 CPU 的地址/数据引脚 $AD_7 \sim AD_0$ 传给 CPU。8086 中断响应周期时序如图 2-22 所示。

对 8086 中断响应周期时序进行以下几点说明：

1）在两个总线周期之间，地址/数据总线 $AD_7 \sim AD_0$、$\overline{\text{BHE}}/S_7$、和地址/状态线 $A_{19}/S_6 \sim A_{16}/S_3$ 都处于浮空状态，引脚 ALE 在每个总线周期 T_1 状态输出一个有效电平，作为地址锁存信号。

2）当 CPU 进入中断响应周期，即使有优先级更高的总线保持/请求信号 HOLD 或$\overline{\text{RQ}}/\overline{\text{GT}}$，也要在完成中断响应之后才去响应。如果中断请求和总线保持/请求信号同时向 CPU 发出请求，则先响应总线保持/请求信号，然后进入到中断响应周期。

3）8086 系统中的两个总线周期之间一般会插入 3 个空闲周期 T_I，而 8088 系统中没有间隔的空闲周期。

4）上述的中断响应过程是对可屏蔽响应中断而言，软件中断和非屏蔽中断并不按照这种工作时序来响应中断。

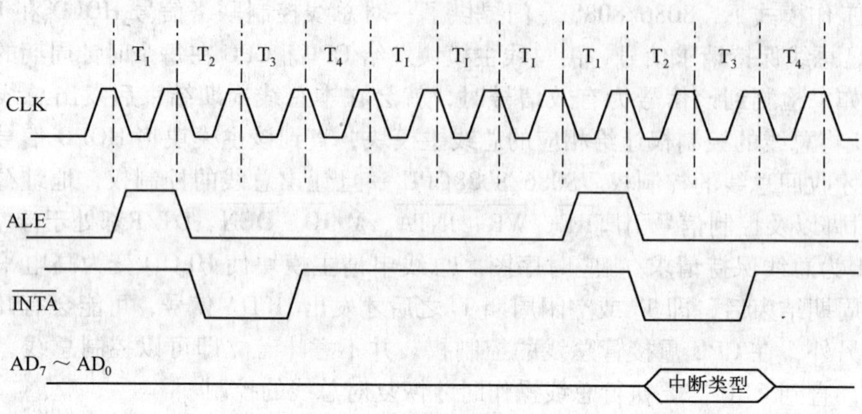

图 2-22　8086 中断响应总线周期

2.7　习题与思考题

1. 微处理器内部结构由哪几部分构成，说明各部分的主要功能。
2. EU 与 BIU 各自的功能是什么？
3. 简述 8086/8088 微处理器的工作原理。
4. 8088CPU 与 8086CPU 的区别是什么？
5. 8086CPU 有哪些寄存器？复位值为多少？
6. 标志寄存器中状态标志有哪些？在什么情况下置位？
7. 将十六进制数 580AH 与下列数进行相加，求标志寄存器 6 个标志位的状态格式。
   （1）3456H　　（2）7DF1H　　（3）C6F0H
8. 试说明 8086/8088 工作在最小模式和最大模式下的区别。
9. 什么是存储空间的逻辑分段与存储器单元的逻辑地址？
10. 设 CS = 2000H，当前代码段可寻址的存储空间大小是多少？寻址的范围是什么？
11. 已知（DS） = 0D00CH，存放数据的偏移地址为 2000H，求该内存地址的物理地址。
12. 说明 8086CPU 的总线周期的组成，各个状态完成的功能。
13. 比较说明 8086 最小工作方式下读/写操作的区别。
14. 简述总线请求及响应操作的过程。
15. 如果 8086CPU 的工作时钟 CLK = 5 MHz，请问：
    1）CPU 正常工作时，RESET 引脚至少出现多少微秒的高电平才能使得 CPU 复位？
    2）在插入 2 个 T_W 的情况下，从内存读入一个字节的数据需要的时间是多少？

第3章

指 令 系 统

指令是微处理器执行某种操作的命令，每一条指令对应着微处理器的一种操作。一台计算机所具有的全部指令的集合称为指令系统，不同的微处理器有不同的指令系统。指令系统反映了计算机的功能，在其他条件相同的情况下，指令系统越完善则计算机功能越强。本章介绍8086 CPU指令的格式、寻址方式，以及指令系统中的各类指令等基础知识，为汇编语言程序设计作好准备。

3.1 指令格式及操作数类型

指令从形式上看可分为两种：一种是机器指令，一种是汇编指令。所谓机器指令是指令的二进制代码形式，它能被计算机识别并直接执行。但机器指令难以被人们识别和记忆，为了方便人们的使用而采用了汇编指令。汇编指令是助记符形式的指令，它和机器指令一一对应，更便于人们记忆和使用。所以我们要学习的是指令的汇编语言形式。

3.1.1 指令格式

指令主要由操作码和操作数两部分构成：

操作码	操作数（操作数地址）

操作码说明计算机要执行哪种操作，如传送、运算、移位、跳转等操作，是指令中不可缺少的组成部分。

操作数是指令执行的参与者，即操作的对象，它指明指令在执行过程中所需要的操作数的个数，操作数存放的地方，以及操作结果送到哪里。操作数既可以是一个具体的数值，也可以是一个地址，该地址用来存放具体的数值，可以是存储器地址、I/O口地址或某个寄存器。操作数不是必须的，有些指令不需要操作数。通常的指令都有一个或两个操作数。

指令中除了操作码和操作数，还可以有标号和注释，典型的双操作数指令格式如下：

标号：操作码 操作数1，操作数2；注释

标号用来指明指令所在地址。操作码用来说明该指令所要完成的操作。操作数1称为目的操作数，它具有双重身份，不仅用来作为指令操作的一个对象，还用来存放指令操作的结果。操作数2常被称为源操作数，它仅表示参与指令操作的一个对象。注释是对指令的解释。

在指令格式中，只有操作码是必须的。操作数的个数随指令不同而有所变化。只有一个操作数的指令称为单操作数指令，有两个操作数的指令称为双操作数指令。不存在操作数的指令称为无操作数指令。

3.1.2 操作数类型

指令中的操作码通常来说较容易掌握，它对应的是某个具体操作的助记符，如加法操作助记符ADD，减法操作助记符SUB，只需掌握这些助记符的含义即可。但操作数则较复杂，这是因为指令系统设计了多种操作数的来源，如操作数可以直接包含在指令中，可以存放在寄存器中，还可以存放在存储器或I/O端口中。操作数究竟采取哪一种存放方式，对程序设计很重要，会影响到处理器执行指令的速度和效率。

根据操作数存放的位置不同，可把操作数分为4种类型：立即数操作数、寄存器操作数、存储器操作数和I/O端口操作数。

1. 立即数操作数

立即数操作数是指操作数直接在指令中给出，当微处理器执行取指令操作时，立即数随同指令一起从存储器中取出存到指令队列中。立即数只能作为源操作数，不能作为目的操作数。所以立即数只能出现在双操作数指令中，并且双操作数的目的操作数只能是寄存器操作数或存储器操作数。

立即数可以是8位或16位无符号数或有符号数。其取值范围如表3-1所示。如果超出规定范围，则会发生错误。

表3-1 立即数的取值范围

	8 位	16 位
无符号数	00H ~ FFH（0 ~ 255）	0000H ~ FFFFH（0 ~ 65535）
有符号数	80H ~ 7FH（-128 ~ 127）	8000H ~ 7FFFH（-32768 ~ 32767）

2. 寄存器操作数

寄存器操作数是指存放在8086/8088CPU内部4个通用寄存器、4个地址指针和变址寄存器及4个段寄存器中的操作数。寄存器操作数既可作为源操作数，也可作为目的操作数。

通用寄存器AX、BX、CX和DX可存放16位的字操作数，也可以作为8个8位的寄存器，即AH、AL、BH、BL、CH、CL、DH、DL，存放字节操作数。

地址指针和变址寄存器SP、BP、SI、DI只能存放16位的字操作数。

段寄存器DS、SS、ES用来存放当前操作数的段基址，CS存放代码段的段基址。不能将立即数直接传送给段寄存器，可先将立即数传送给通用寄存器，再由通用寄存器传给段寄存器。例如，要将立即数1000H赋给DS，可执行如下语句：

```
MOV   AX, 1000H
MOV   DX, AX
```

CS不能为目的操作数。

3. 存储器操作数

存储器操作数是指存放在内存中的操作数。存储器操作数的类型可以是字节型、字型和双字型，分别占1个、2个、4个存储单元。存储器操作数既可为目的操作数，也可为源操作数。为了找到存储器操作数，指令系统提供了多种寻址方式。

由于存储器操作数存放在内存单元中，为了取得操作数，需要由总线接口部件计算出内存单元的20位物理地址，再启动总线周期执行存储器的读写操作，所以相对于前两种操作数而言，指令的执行速度慢。

4. I/O端口操作数

I/O端口操作数是指存放在I/O端口中的操作数，它可以是8位字节型或16位字型。可以通过直接寻址或间接寻址的方式来找到I/O端口操作数。

取得I/O端口操作数也需要启动总线周期，所以比立即数操作数和寄存器操作数指令的执行速度慢。

3.2 寻址方式

寻址方式是指寻找指令中操作数地址的方法。由于操作数可能存放在不同的位置，找到它的方法也各不相同。根据操作数的类型，可将寻址方式分为立即数寻址、寄存器寻址和存储器寻址 3 种，I/O 寻址可看成是存储器寻址的特例。

3.2.1 立即数寻址

指令中的源操作数为常数，称为立即数寻址。即操作数在指令中给出，紧跟在操作码之后。立即数可为 8 位或 16 位，当为 16 位时，高字节放存储器高地址单元，低字节放存储器低地址单元。

【例 3-1】　MOV　AX，0102H

其寻址示意图如图 3-1 所示。

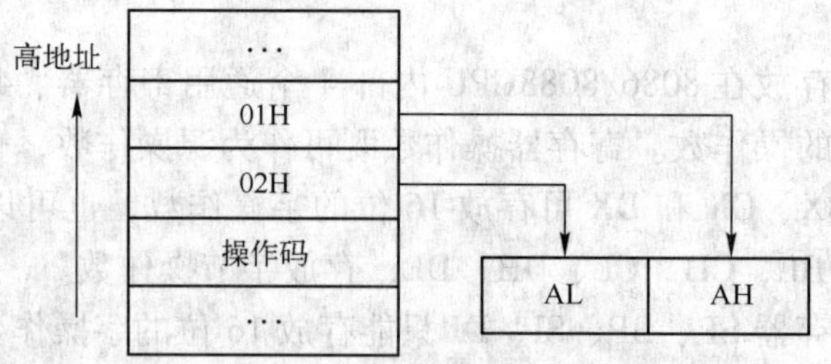

图 3-1　立即数寻址方式

立即数寻址方式主要用于给寄存器或存储器赋初值。由于立即数可以直接从 8086 CPU 指令队列的指令中得到，不需要启动总线周期，所以立即数寻址具有很快的执行速度。

3.2.2 寄存器寻址

寄存器寻址是指操作数存放在 CPU 的内部寄存器中。对 16 位操作数，寄存器可为 AX、BX、CX、DX、SP、BP、SI、DI；对 8 位操作数，寄存器可为 AL、BH、BL、CH、CL、DH、DL。

【例 3-2】　MOV　AX，BX

其寻址示意图如图 3-2 所示。

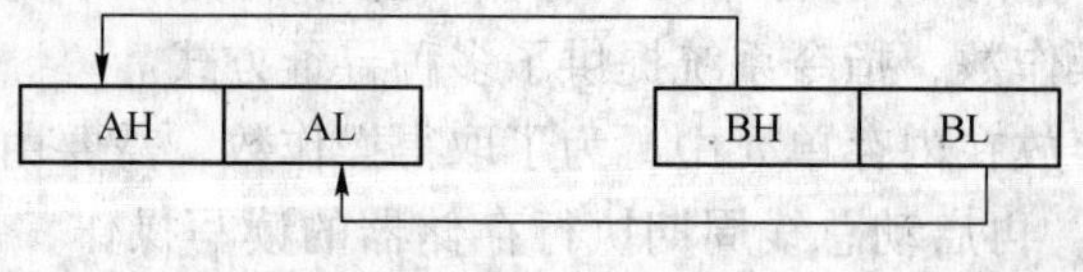

图 3-2　寄存器寻址方式

由于寄存器位于微处理器内部，采用寄存器寻址也不需要启动总线周期，故执行速度快。

3.2.3 存储器寻址

存储器寻址是指操作数存放在内存中，要找到存放在内存中的操作数，必须先得到操作数的地址，该地址就是操作数所在的内存单元地址。内存单元的地址通常由逻辑地址表示，而逻辑地址由段基址和偏移地址构成，段基址由操作数隐含地给出，一般默认为DS，指令只要给出存储器操作数的段内偏移地址（通常称为有效地址，用EA表示），再结合以下公式：

操作数的物理地址 = 操作数的段基址 × 16 + 有效地址

就能找到操作数。

8086/8088设计了多种存储器寻址方式，可归纳为直接寻址方式、寄存器间接寻址方式、寄存器相对寻址方式、基址变址寻址方式和相对基址变址寻址方式5种。

1. 直接寻址方式

直接寻址方式是指操作数的有效地址在指令中直接给出。即操作数的有效地址EA是指令的一部分，操作数默认的段寄存器为DS，操作数的物理地址 =（DS）× 16 + EA。

【例3-3】　MOV　AX，[2000H]

其寻址示意图如图3-3所示。

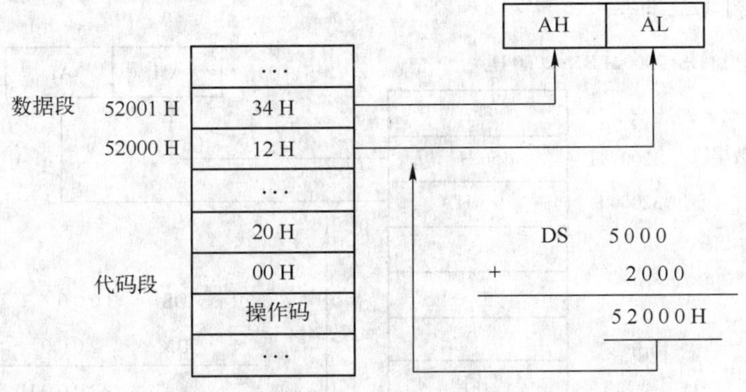

图3-3　直接寻址方式

指令实现的功能是将DS段中有效地址EA为2000H单元的内容传送给AX寄存器，源操作数采用的是直接寻址，目的操作数采用的是寄存器寻址。注意到直接寻址的有效地址必须加上中括号，它默认的段是数据段。

直接寻址方式也可采用段超越前缀方式来使用其他的段寄存器，方法是在有效地址之前加上段寄存器名和冒号。

【例3-4】　MOV　ES：[2000H]，BX

本例中使用了段超越前缀，操作数就不在DS段中，而是在ES段中。指令实现的功能是把寄存器BX的内容传送给ES段中有效地址EA为2000H的内存单元中去。此时目的操作数的物理地址 =（ES）× 16 + 2000H。

在直接寻址中，偏移地址也可用符号地址来表示。

【例3-5】　MOV　AX，BUFFER
　　　　　MOV　AX，[BUFFER]

这两条语句等价。BUFFER是存放操作数的内存单元的符号地址，它应该在使用之前被定义。该指令将BUFFER单元中的自变量送给AX。BUFFER既可以加中括号，也可去掉中括号。

在直接寻址方式中，规定双操作数指令不允许两个操作数都采用直接寻址方式。例如，要将数据段2000H的字节内容送给3000H中，则需用下面两条语句：

```
MOV   AL,[2000H]
MOV   [3000H],AL
```

2. 寄存器间接寻址方式

寄存器间接寻址方式是指操作数在存储器中，而它的有效地址 EA 存放在寄存器中。能存放有效地址的寄存器称为间址寄存器，它们只能是 BX、BP、SI、DI 之一。

寄存器间接寻址方式可分为两种情况。

(1) BX、SI、DI 为间址寄存器

当以 BX、SI、DI 为间址寄存器进行间接寻址时，默认的段寄存器为 DS，操作数的物理地址为 DS 寄存器的值左移 4 位加上 BX、SI 或 DI 中的值之和。

【例 3-6】　MOV　AX,[BX]

本指令是将 BX 的内容作为操作数有效地址，将该地址单元的字数据取出传递给 AX。其寻址示意图如图 3-4 所示。

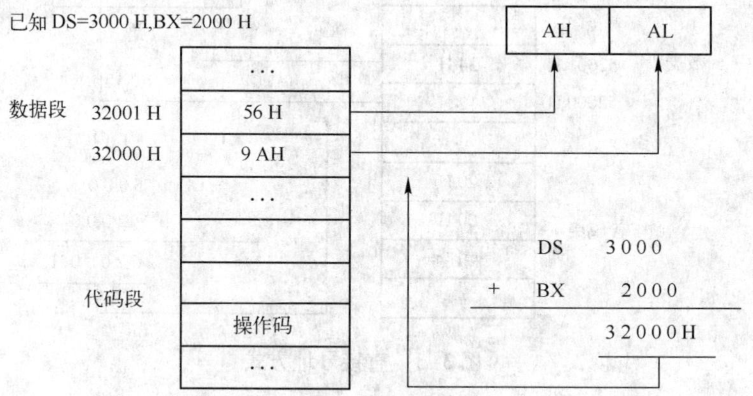

图 3-4　寄存器间接寻址方式

(2) BP 为间址寄存器

当以 BP 为间址寄存器进行间接寻址时，默认的段寄存器为 SS，操作数的物理地址为 SS 寄存器的值左移 4 位加上 BP 中的值之和。寄存器间接寻址方式允许段超越。

【例 3-7】　MOV　[BP],AX

其寻址示意图如图 3-5 所示。

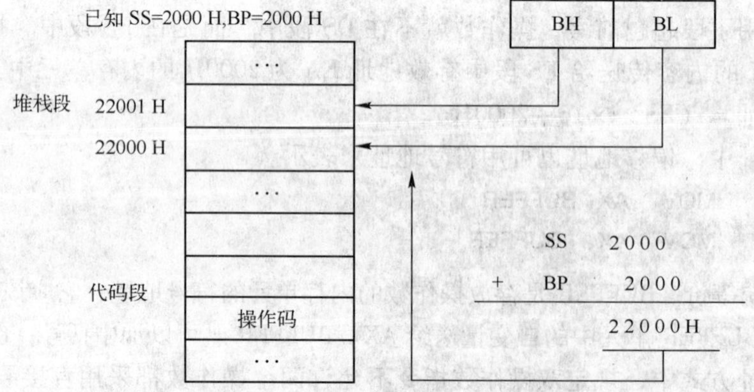

图 3-5　寄存器间接寻址方式

3. 寄存器相对寻址方式

寄存器相对寻址方式是指操作数在存储器中，其有效地址 EA 是寄存器内容与有符号 8 位或 16 位位移量之和，寄存器可以是 BX、BP 或 SI、DI。

$$EA=\begin{Bmatrix}BX\\BP\\SI\\DI\end{Bmatrix}+\begin{Bmatrix}8\text{ 位偏移量}\\16\text{ 位偏移量}\end{Bmatrix}$$

当指令中给出的寄存器是 BX、SI 和 DI 时，默认的段寄存器为 DS；当指令中给出的寄存器是 BP 时，默认的段寄存器为 SS。段寄存器可用段超越前缀改变。

【例 3-8】　MOV　AX，[SI+06H]

本指令源操作数在数据段中，它的有效地址是 SI 的内容和偏移量 06H 之和。其寻址示意图如图 3-6 所示。

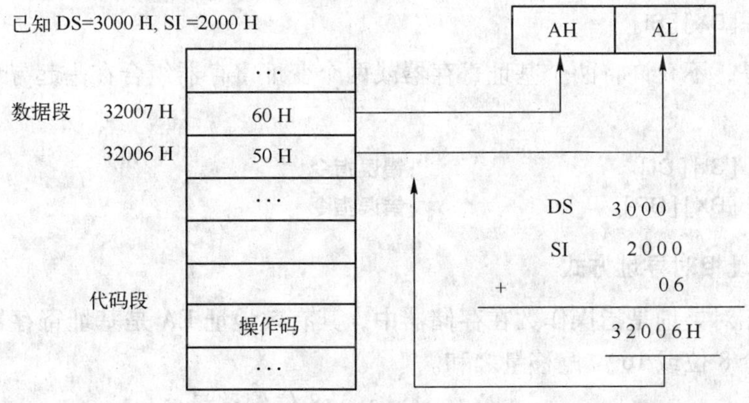

图 3-6　寄存器相对寻址方式

在汇编语言中，指令中寄存器相对寻址方式有不同的表达方式，以下几条指令表示相同的功能，其中 COUNT 表示 8 位或 16 位的偏移量。

```
MOV    AX, [SI+COUNT]
MOV    AX, COUNT[SI]
MOV    AX, [SI]+COUNT
```

4. 基址变址寻址方式

基址变址寻址方式是指操作数在存储器中，其有效地址 EA 是基址寄存器内容与变址寄存器内容之和。基址寄存器是 BX 和 BP，变址寄存器是 SI 和 DI。

$$EA=\begin{Bmatrix}BX\\BP\end{Bmatrix}+\begin{Bmatrix}SI\\DI\end{Bmatrix}$$

指令中给出的基址寄存器是 BX 时，默认的段寄存器为 DS；当指令中给出的基址寄存器是 BP 时，默认的段寄存器为 SS。段寄存器可用段超越前缀改变。

【例 3-9】　MOV　AX，[BX][SI]

本指令源操作数在数据段中，它的有效地址是 BX 与 SI 的内容之和，如图 3-7 所示。

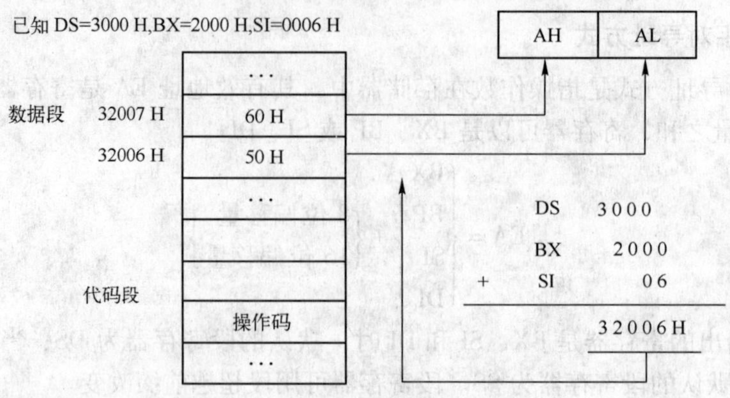

图 3-7 基址变址寻址方式

指令中基址变址寻址方式有不同的表达方式，以下两种格式表示同一条指令：

```
MOV   AX, [SI+BX]
MOV   AX, [BX][SI]
```

要注意的是，不允许将两个基址寄存器或两个变址寄存器组合在一起寻址，以下两条指令是非法的：

```
MOV   AX, [SI][DI]                    ;错误指令
MOV   AX, [BX][BP]                    ;错误指令
```

5. 基址变址相对寻址方式

基址变址相对寻址是指操作数在存储器中，其有效地址 EA 是基址寄存器内容与变址寄存器内容及一个 8 位或 16 位偏移量之和。

$$EA=\begin{Bmatrix}BX\\BP\end{Bmatrix}+\begin{Bmatrix}SI\\DI\end{Bmatrix}+\begin{Bmatrix}8\text{ 位偏移量}\\16\text{ 位偏移量}\end{Bmatrix}$$

指令中给出的基址寄存器是 BX 时，默认的段寄存器为 DS；当指令中给出的基址寄存器是 BP 时，默认的段寄存器为 SS。段寄存器可用段超越前缀改变。

【例 3-10】 MOV AX, [BX+ DI+6]

本指令源操作数在数据段中，其有效地址是 BX、SI 和偏移量 06H 的和。如图 3-8 所示。

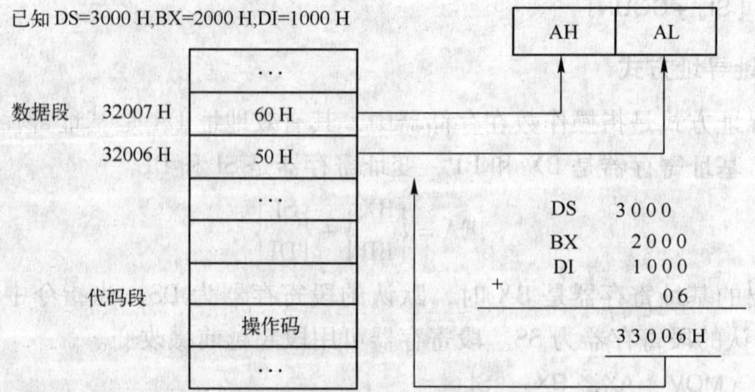

图 3-8 基址变址相对寻址方式

指令中基址变址寻址方式有不同的表达方式，以下两种格式表示同一条指令：

```
MOV    AX, [BX + DI +06]
MOV    AX, 06[BX][SI]
```

同样，不允许将两个基址寄存器或两个变址寄存器组合在一起寻址。

3.2.4 隐含寻址

隐含寻址是一类特殊的寻址方式，是指操作数没有显式给出，而是隐含在操作码中。

【例3-11】 MUL BL

该指令隐含了被乘数 AL 及乘积 AX，它表示将 AL 和 BL 的内容相乘，乘积存入 AX 中。类似的指令还有：除法指令 DIV、十进制调整指令 CBW、串操作指令等。

3.3 8086 指令系统

8086/8088 指令系统按功能可分为以下 7 类：数据传送指令、算术运算指令、逻辑运算指令、串操作指令、控制转移指令、中断指令、处理器控制指令。

3.3.1 数据传送指令

数据传送指令是程序中最基本、使用最频繁的指令。这是因为不论程序针对何种实际问题，往往都需要将原始数据、中间结果、最终结果以及其他各种信息在 CPU 的寄存器和存储器或 I/O 端口之间多次传送。

数据传送指令除了 SAHF 和 POPF 指令外，其他指令都不影响标志寄存器的内容。双操作数数据传送指令必须保证源操作数和目的操作数的长度相同。

表3-2 数据传送类指令

指令类型	指令格式	指令功能	对状态标志位的影响
通用数据传送指令	MOV DST, SRC	数据传送指令	不影响
	PUSH SRC	入栈指令	
	POP DST	出栈指令	
	XCHG DST, SRC	数据交换指令	
	XLAT	换码指令	
输入输出指令	IN DST, SRC	输入指令	不影响
	OUT DST, SRC	输出指令	
地址传送指令	LEA DST, SRC	装入有效地址指令	不影响
	LDS DST, SRC	装入 DS 和有效地址指令	
	LES DST, SRC	装入 ES 和有效地址指令	
标志寄存器传送指令	LAHF	取标志指令	不影响
	SAHF	置标志指令	影响 Z，A，P，C 标志位
	PUSHF	标志压入堆栈指令	不影响
	POPF	标志弹出堆栈指令	影响 O，S，Z，A，P，C 标志位

1. 通用数据传送指令

通用数据传送指令包括 MOV 指令、堆栈指令 PUSH 和 POP、数据交换指令 XCHG 和换码指令 XLAT。

(1) MOV 指令

指令格式：MOV　DST,SRC;(DST)←(SRC)

指令功能：将源操作数传送到目的操作数中，源操作数不变。

MOV 指令数据传送方向如图 3-9 所示。

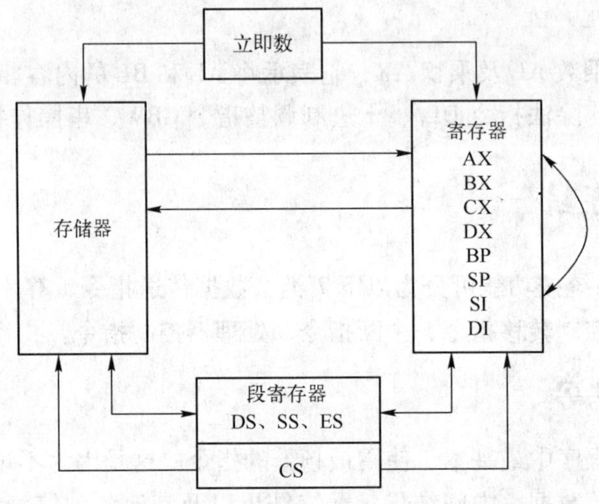

图 3-9　MOV 指令数据传送方向

由图可知，MOV 指令源操作数可以是存储器、寄存器、段寄存器和立即数；目的操作数可以是存储器、寄存器（不能为 IP）和段寄存器（不能为 CS）。

【例 3-12】

```
MOV AX,BX              ;将 BX 中的一个字传送到 AX 中
MOV AL,DL              ;将 DL 中的一个字节传送到 AL 中
MOV AX,02              ;将立即数 02 传送到 AX 中
MOV DI,ES:[BX+2]       ;将附加段 BX+2 所指向单元的字数据送给 DI 寄存器
```

使用 MOV 指令须注意以下问题：

1）源操作数和目的操作数不能同时为存储器操作数。这一限制适合于指令系统的所有双操作数指令，以后不再赘述。

2）源操作数和目的操作数数据类型要一致。

3）CS 和立即数不能作目的操作数；立即数不能直接传递给段寄存器。

4）在立即数为源操作数，存储器操作数为目的操作数的指令中，若存储器操作数的类型不明确，则必须使用属性运算符来明确其中一个操作数的类型。

下列指令是非法的：

```
MOV AX,BL              ;源操作数和目的操作数数据类型不一致
MOV CS,AX              ;CS 不能作目的操作数
MOV [DI],[BX]          ;源和目的不能都是存储器操作数
MOV [DI],10H           ;两个操作数的类型都不明确,二义性
```

两个操作数的类型都不明确的指令，可以使用 PTR 算符使之成为合法指令：

```
MOV BYTE PTR [DI],10H
```

【例 3-13】 把 BLOCK1 地址开始的 10 个字节数据传送到 BLOCK2 地址开始的 10 个字节单元处。

```
       MOV CX,10                    ;将字节数送 CX
       MOV SI,OFFSET BLOCK1         ;取 BLOCK1 的首地址
       MOV DI,OFFSET BLOCK2         ;取 BLOCK2 的首地址
NEXT:  MOV AL,[SI]                  ;将 BLOCK1 中的数送 AL
       MOV [DI],AL                  ;将 AL 中的数送 BLOCK2
       INC SI                       ;地址指针加 1
       INC DI
       DEC CX                       ;次数减 1
       JNZ NEXT                     ;不为 0 则循环
       HLT
```

(2) 堆栈操作指令

堆栈是内存中的一块特殊区域，是由若干个连续存储单元组成的“后进先出”或“先进后出”存储区域。为了能对堆栈寻址，8086/8088 提供了 SS 和 SP 两个寄存器，SS 寄存器存放堆栈段的段基址，SP 存放偏移地址。堆栈指针 SP 任何时候都指向堆栈区顶部，即栈顶。堆栈示意图如图 3-10 所示。

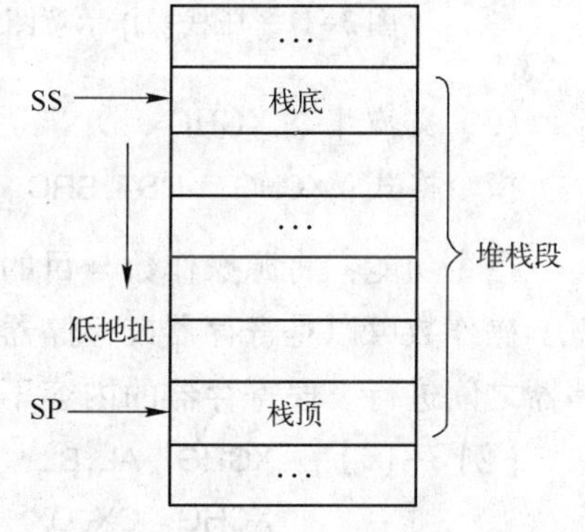

图 3-10 堆栈示意图

由图可知，8086/8088 微处理器的堆栈是向下增长的，即在数据压入堆栈的过程中，总是从高位地址向低位地址增长，出栈过程正好相反。SP 指针总是指向栈顶，即指向当前可以用堆栈指令访问的存储单元。8086/8088 微处理器提供了两个专门的堆栈操作指令：压栈指令 PUSH 和出栈指令 POP。

1) 压栈指令 PUSH

指令格式：PUSH SRC

指令功能：将寄存器或存储器操作数压入堆栈。SRC 是字数据。

指令执行的操作：(SP)←(SP)-2,先修改 SP 指针

((SP+1),(SP))←SRC,操作数进栈

【例 3-14】

```
PUSH  AX          ;将 AX 寄存器的内容压入堆栈
PUSH  [2000H]     ;将内存单元 2000H 的字数据压入堆栈
```

若已知 SS=2000H，SP=0100H，则上两条指令的执行过程如图 3-11 所示。

2) 出栈指令 POP

指令格式：POP DST

指令功能：将堆栈中的数据弹到寄存器或存储单元中。DST 是字数据。

指令执行的操作：(DST)←((SP+1),(SP)),先弹出数据

(SP)←(SP)+2,后修改指针

【例 3-15】 POP BX ;将堆栈中的数据弹到 BX 寄存器中

使用堆栈操作指令须注意：堆栈指令不能使用立即数；POP 指令的操作数不能使用 CS 寄存器；PUSH 和 POP 指令只能作字操作；堆栈指令不影响标志位；堆栈指令必须成对使用，常用来进行现场保护和恢复。如在调用子程序或发生中断时将断点地址压栈，当子程序返回或中断返回时，将断点地址从堆栈中弹出，保证主程序的运行。

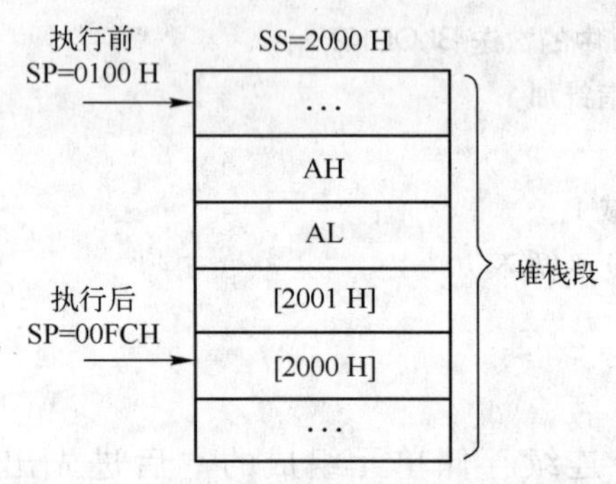

图 3-11 压栈操作示意图

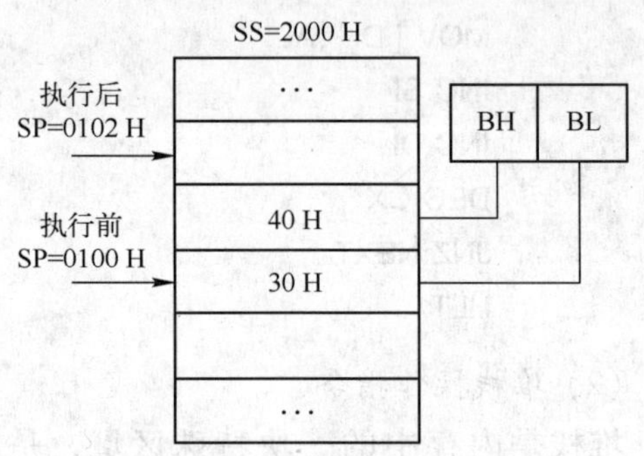

图 3-12 出栈操作示意图

(3) 交换指令 XCHG

指令格式：XCHG DST,SRC

指令功能：将源操作数与目的操作数内容互换。

操作数可以是寄存器或存储器操作数。交换能在两个通用寄存器之间，通用寄存器与存储器之间进行。段寄存器的内容不能参与交换。交换指令不影响标志位。

【例 3-16】

```
XCHG  AL,BL          ;寄存器间交换,字节操作
XCHG  CX,DX          ;寄存器间交换,字操作
XCHG  AX,[DI+2]      ;寄存器与存储器之间交换,字操作
```

【例 3-17】 实现两内存单元 30H 和 40H 的字数据交换。

方法一：用 MOV 指令实现

```
MOV   BX,[30H]
MOV   CX,[40H]
MOV   [40H],BX;
MOV   [30H],CX;
```

方法二：用 XCHG 指令实现

```
MOV   BX,[30H]
XCHG  BX,[40H]
MOV   [30H],BX
```

方法三：用堆栈指令实现

```
PUSH  [30H]
PUSH  [40H]
POP   [30H]
POP   [40H]
```

(4) 换码指令 XLAT

指令格式：XLAT

指令功能：该指令的操作数是隐含的，功能是将 BX 和 AL 的内容相加作为有效地址 EA，在一个内存表格中找到该 EA 对应的字节存储单元，将其中的数据送给 AL，即［BX + AL］→AL。该指令可以很方便地将一种代码转换为另一种代码。

执行过程：在内存中预置一个表格，表的最大长度不超过256B。BX 存放表的首地址，AL 存放表中对应项与表格首地址之间的偏移量，执行 XLAT，就可完成换码功能。

【例 3-18】 内存的数据段有一张 0 ~ 9 的平方表，首地址为 SQUARE - TABLE，如图 3-13 所示，用换码指令实现求数字 4 的平方。

```
MOV   BX,OFFSET SQUARE-TABLE          ;表首地址给 BX
MOV   AL,4                            ;数字 4 作为偏移量送给 AL
XLAT                                  ;换码,(AL) =16
```

2. 输入输出指令

输入输出指令是 CPU 与外设接口进行数据交换的专用指令，共有两条。输入指令 IN 用于从外设端口读入数据，输出指令 OUT 则向端口发送数据。无论是读入的数据或是准备发送的数据都必须放在寄存器 AL（字节）或 AX（字）中。也称为累加器专用传送指令。

按寻址方式，输入输出指令可分为两大类：一类是端口直接寻址的输入输出指令；另一类是端口通过 DX 寄存器间接寻址的输入输出指令。直接寻址端口范围是 0 ~ 255，共 256 个端口；而间接寻址的端口范围是 0 ~ 65535，共 65536 个端口。

	数据段
	…
	数字平方表
DS:(BX)	00 H
	01 H
	04 H
	09 H
DS:(BX)+(AL)	10 H
	19 H
	…

图 3-13 换码指令操作示意图

(1) 输入指令 IN

输入指令 IN 分为直接寻址输入指令和间接寻址输入指令。

1）直接寻址输入指令

指令格式：
```
IN   AL,PORT          ;AL←(PORT)
IN   AX,PORT          ;AX←(PORT +1,PORT)
```

指令功能：从指令中直接指定的端口中读入一个字节或字送给 AL 或 AX。PORT 为端口号，范围为 0 ~ 255（00 ~ FFH）。

【例 3-19】
```
IN   AL,20H           ;将端口 20H 的字节数据读到 AL 中
IN   AX,20H           ;将端口 20H 的字数据读到 AL 中
```

2）间接寻址输入指令

指令格式：IN　AL,DX　　;AL←(DX)

IN　AX,DX　　;AX←(DX+1,DX)

指令功能：从 DX 寄存器所指定的端口中读入一个字节或字送给 AL 或 AX。指令执行前，必须先把端口地址送给 DX 寄存器。DX 中存放的是端口号，范围是 0000H ~ FFFFH。

【例 3-20】
```
MOV  DX,0250H        ;将端口号 0250H 送给 DX
IN   AL,DX           ;从端口 0250H 中读入一个字节给 AL
```

(2) 输出指令 OUT

输出指令 OUT 分为直接寻址输入指令和间接寻址输入指令。

1）直接寻址输出指令

指令格式：OUT　PORT,AL　　;(PORT)←AL

OUT　PORT,AX　　;(PORT+1,PORT)←AX

指令功能：将 AL 或 AX 中的数据输出到指令指定的 I/O 端口，端口地址应不大于 FFH。

【例 3-21】
```
OUT  21H,AL          ;将 AL 中的字节数据输出到端口 21H
OUT  21H,AX          ;将 AX 中的字数据输出到端口 21H
```

2）间接寻址输出指令

指令格式：OUT　DX,AL　　;(DX)←AL

OUT　DX,AX　　;(DX +1,DX)←AX

指令功能：将 AL 或 AX 中的数据输出到由 DX 寄存器指定的 I/O 端口中。指令执行前，必须先把端口地址送给 DX 寄存器。DX 中存放的是端口号，范围是 0000H ~ FFFFH。

【例 3-22】
```
MOV  DX,0250H        ;将端口号 0250H 送给 DX
OUT  DX,AX           ;将 AX 字数据输出到 0250H 端口中
```

使用输入/输出指令须注意：

1）只能用 AL 或 AX 作为输入输出寄存器，不能由其他任何寄存器代替。

2）如果 I/O 端口地址在 8 位以内，则既可以用直接寻址方式，也可以用间接寻址方式；如果端口号大于 8 位，则只能用间接寻址方式。

3. 地址传送指令

地址传送指令是将地址送到指定的寄存器中，包括 LEA、LDS 和 LES。这 3 条指令均不影响标志位。

(1) 取有效地址指令 LEA (Load Effective Address)

指令格式：LEA　REG16,SRC

指令功能：把源操作数 SRC 的有效地址 EA 送到目的寄存器 REG16 中。

指令的目的操作数必须是一个 16 位通用寄存器，源操作数必须是一个存储器操作数。

【例 3-23】
```
LEA  AX,[2000H]      ;(AX) =2000H
LEA  BX,BUFFER       ;(BX) =OFFSET BUFFER
LEA  AX,[BP][DI]     ;将 BP +DI 基变址寻址的有效地址给 AX
```

要注意LEA指令与MOV指令的区别，比较下面两条指令：

```
LEA   BX,BUFFER
MOV   BX,BUFFER
```

前者将存储器变量BUFFER的偏移地址送到BX，而后者将存储器变量BUFFER的内容（两个字节）传送到BX。也可以用MOV指令来得到存储变量的偏移地址，例如：

```
LEA   BX,BUFFER
MOV   BX,OFFSET BUFFER
```

这两条指令的效果相同，其中，OFFSET BUFFER表示存储器变量BUFFER的偏移地址。

（2）装入DS和有效地址指令LDS（Load Point Using DS）

指令格式：LDS　REG16,SRC

指令功能：将4个字节的地址指针（包括一个偏移地址和一个段地址）从源操作数SRC指定的4个连续存储单元中取出，低地址两字节送目的操作数REG16，高地址两字节送DS。

该指令中的16位寄存器REG16不允许是段寄存器，源操作数必须是一个存储器操作数。

【例3-24】

```
LDS   DI,[2100H]          ;将2100H,2101H的内容送DI
                           将2102H,2103H的内容送DS
```

（3）装入ES和有效地址指令LES（Load Point Using ES）

指令格式：LES　REG16,SRC

指令功能：将4个字节的地址指针（包括一个偏移地址和一个段地址）从源操作数SRC指定的4个连续存储单元中取出，低地址两字节送目的操作数REG16，高地址两字节送ES。

该指令中的16位寄存器REG16不允许是段寄存器，源操作数必须是一个存储器操作数。

LES指令与LDS指令类似，不同之处是将源操作数4个字节中高地址2字节送给附加段寄存器ES而不是数据段DS。

4. 标志寄存器传送指令

标志寄存器传送指令可读写8086/8088 CPU标志寄存器的各状态位的内容。该类指令共有4条。这些指令都是单字节指令，指令的操作数均为隐含形式。

（1）取标志指令LAHF（Load AH from Flags）

指令格式：LAHF

指令功能：将标志寄存器FLAGS中的5个状态标志位SF、ZF、AF、PF以及CF分别取出传送到累加器AH的对应位，如图3-14所示。LAHF指令对状态标志位没有影响。

（2）置标志指令SAHF（Store AH into Flags）

指令格式：SAHF

指令功能：SAHF指令的传送方向与LAHF相反，将AH寄存器中的第7、6、4、2、

0 位分别传送到标志寄存器的对应位，如图 3-15 所示。SAHF 指令对状态标志位没有影响。

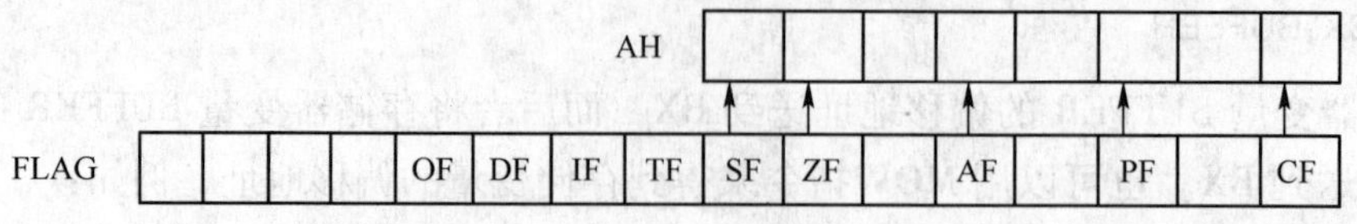

图 3-14 LAHF 指令操作示意图

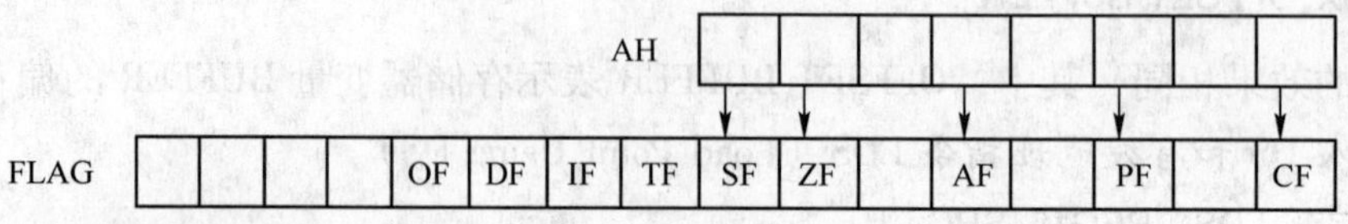

图 3-15 SAHF 指令操作示意图

(3) 标志压入堆栈指令 PUSHF（PUSH Flags onto Stack）

指令格式：PUSHF ;(SP)←(SP)-2,(SP+1:SP)←(FLAGS)

指令功能：PUSHF 指令先将 SP 减 2，然后将标志寄存器 FLAGS 的内容（16 位）压入堆栈。指令不影响状态标志位。

(4) 标志弹出堆栈指令 POPF（POP Flags off Stack）

指令格式：POPF ;(FLAGS)←(SP+1:SP),(SP)←(SP)+2

指令功能：POPF 指令的操作与 PUSHF 相反，它将堆栈内容弹出到标志寄存器，然后 SP 加 2。POPF 指令对状态标志位有影响，使各状态标志位恢复为压入堆栈以前的状态。

PUSHF 和 POPF 指令通常在子程序和中断服务程序的首尾成对出现，用来保护和恢复主程序的标志寄存器。

3.3.2 算术运算指令

算术运算指令包括加、减、乘、除算术运算，能实现有符号/无符号二进制字或字节运算，非压缩 BCD 码和压缩 BCD 码的十进制运算。算术运算的数据类型、取值范围和所能进行的算术运算的关系如表 3-3 所示。

表 3-3 数据类型和算术运算的关系表

数据类型		取值范围	算术运算
无符号二进制数	字节	0~255（00~FFH）	加、减、乘、除运算
	字	0~65535（0000~FFFFH）	
有符号二进制数	字节	-128~+127（80H~FFH，00H~7FH）	加、减、乘、除运算
	字	-32768~+32767（8000H~FFFFH，0000H~7FFFH）	
非压缩 BCD 码		00~99	加、减、乘、除运算
压缩 BCD 码		00~09	加、减运算

表 3-4　算术运算指令

指令类型	指令格式	指令功能	对状态标志位的影响					
			OF	SF	ZF	AF	PF	CF
加法指令	ADD　DST, SRC	加法指令	√	√	√	√	√	√
	ADDC DST, SRC	带进位加法指令	√	√	√	√	√	√
	INC　DST	加 1 指令	√	√	√	√	√	—
减法指令	SUB　DST, SRC	减法指令	√	√	√	√	√	√
	SBB　DST, SRC	带进位减法指令	√	√	√	√	√	√
	DEC　DST	减 1 指令	√	√	√	√	√	—
	NEG　DST	求补指令	√	√	√	√	√	√
	CMP　DST, SRC	比较指令	√	√	√	√	√	√
乘法指令	MUL　SRC	无符号数乘法	√					√
	IMUL　SRC	有符号数乘法	√					√
除法指令	DIV　SRC	无符号数除法						
	IDIV　SRC	有符号数除法						
符号扩展指令	CBW	字节扩展	—	—	—	—	—	—
	CWD	字扩展	—	—	—	—	—	—
十进制调整指令	DAA	压缩 BCD 加法调整		√	√	√	√	√
	DAS	压缩 BCD 减法调整		√	√	√	√	√
	AAA	非压缩 BCD 加法调整				√		√
	AAS	非压缩 BCD 减法调整				√		√
	AAM	非压缩 BCD 乘法调整		√	√		√	
	AAD	非压缩 BCD 除法调整		√	√	—	√	

注："√"表示运算结果影响标志位；"—"表示运算结果不影响标志位；空白处表示为任意值。

算术运算类指令共有 20 条，包括加、减、乘、除运算，符号扩展和十进制调整指令，除符号扩展指令（CBW，CWD）外，其余指令都影响标志位。要强调的是，所有算术运算指令均不能使用段寄存器。

1. 加法指令

加法指令包括不带进位加法指令 ADD、带进位加法指令 ADC 和加 1 指令 INC。

(1) 不带进位加法指令 ADD（Addition）

指令格式：ADD　DST,SRC　　　;(DST)←(DST)+(SRC)

指令功能：将目的操作数与源操作数相加，并将结果送给目的操作数，根据结果设置状态标志位。源操作数保持不变。

ADD 指令目的操作数可以是寄存器或存储器，源操作数可以是寄存器、存储器或立即数。

【例 3-25】
```
ADD   CL,10          ;(CL)←(CL)+10,字节相加
ADD   DX,SI          ;(DX)←(DX)+(SI),字相加
ADD   [BX+SI],AX     ;将 BX+SI 所指向的存储单元内容与 AX 相加,和存入
                      BX+SI 所指向的字单元
```

相加的数据类型可以根据编程者的意图，规定为带符号数或无符号数。如果认为是无符号数相加，则可由 CF 标志位来判断相加结果是否超出了 8 位或 16 位无符号数所能表示的范

围，CF=1 表示超出范围；如果认为是有符号数相加，则可由 OF 标志位来判断相加结果是否超出了 8 位或 16 位补码所能表示的范围（-128～127 或 -32768～32767），若 OF=1，表示结果溢出。

（2）带进位加法指令 ADC（Add with carry）

指令格式：ADC DST,SRC ;(DST)←(DST)+(SRC)+CF

指令功能：将目的操作数、源操作数与 CF 相加，并将结果送给目的操作数，根据结果设置状态标志位。ADC 指令的操作数类型与 ADD 指令相同。

带进位加法指令 ADC 主要用于多字节数据的加法运算。如果低字节相加时产生进位，则在下一次高字节相加时将这个进位加进去。

【例 3-26】 编程实现两个 4 字节无符号数的和。设被加数、加数分别存放在 BUFFER1 及 BUFFER2 开始的两个存储区内，结果放回 BUFFER1 存储区。如图 3-16 所示。

因 CPU 只能进行 8 位或 16 位的加法运算，为此可将两数分成低字和高字分别相加。程序段如下：

```
MOV  AX,BUFFER2
ADD  BUFFER1,AX      ;低字相加
MOV  AX,BUFFER2 +2
ADC  BUFFER1 +2,AX ;高字相加,包括低字的进位
```

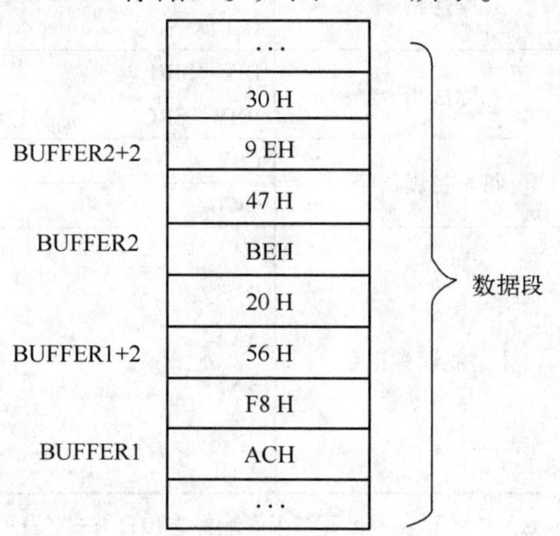

图 3-16 多字节加法示意图

本例中和的最高位没有进位，如果和的最高位有进位，则程序应作何改动？

对加法指令来讲，如果操作数是无符号数，则最高有效位有向更高位的进位，说明运算结果超出了机器位数所能表示的最大数。因此，CF 标志位实质上是表示无符号数有溢出，而 OF 标志位表示有符号数有溢出。

（3）加 1 指令 INC（Increment by 1）

指令格式：INC DST ;(DST)←(DST)+1

指令功能：将目的操作数加 1，并将结果送回目的操作数。指令将影响状态标志位，如 SF、ZF、AF、PF 和 OF，但对进位标志 CF 没有影响。

该指令的操作数只能是寄存器和存储器。INC 指令主要用于在循环程序中修改偏移地址和计数次数，它将操作数视为无符号数。

【例 3-27】

```
INC  DL                    ;(DL)←(DL)+1,不影响 CF 标志位
INC  BYTE PTR [BX][SI]     ;(BX+SI)←(BX+SI)+1
```

指令中的 BYTE PTR 或 WORD PTR 分别指定随后的存储器操作数类型是字节或字。

2. 减法指令

减法指令包括不带借位减法指令 SUB、带借位减法指令 SBB、减 1 指令 DEC、求补指令 NEG，以及比较指令 CMP。

（1）不带借位减法指令 SUB（Subtraction）

指令格式：SUB DST,SRC ;(DST)←(DST)-(SRC)

指令功能：目的操作数减去源操作数，结果送给目的操作数，根据结果设置状态标志位。源操作数保持不变。

SUB 指令目的操作数可以是寄存器或存储器，源操作数可以是寄存器、存储器或立即数。

【例 3-28】
```
SUB  AL,37H            ;(AL)←(AL)-37H,字节相减
SUB  DX,SI             ;(DX)←(DX)-(SI),字相减
SUB  ARRAY[DI],AX      ;将 ARRAY+DI 所指向的存储单元内容减去 AX,差
                        存入 ARRAY+DI 所指向的字单元
```

减法数据的类型可以根据编程者的要求约定为带符号数或无符号数。当为无符号数时，如果被减数小于减数，会产生借位，此时进位标志 CF 置 1。当为带符号数时，如果相减结果溢出，则 OF 置 1。

（2）带借位减法指令 SBB（Subtraction with borrow）

指令格式：SBB DST,SRC   ;(DST)←(DST)-(SRC)-CF

指令功能：目的操作数减去源操作数，再减去 CF 的值，结果送给目的操作数，根据结果设置状态标志位。源操作数保持不变。

SBB 指令的操作数类型与 SUB 指令相同。该指令常用于多字节减法。

【例 3-29】
```
SBB  BX,1000              ;(BX)←(BX)-1000-CF,字相减
SBB  AL,CL                ;(AL)←(AL)-(CL)-CF,字节相减
SBB  BYTE PTR [SI+6],97   ;将 SI+6 所指向的存储单元内容减去 97,再减去
                           CF,差存入 SI+6 所指向的字节单元
```

（3）减 1 指令 DEC

指令格式：DEC DST   ;(DST)←(DST)-1

指令功能：将目的操作数减 1，结果送回目的操作数。和 INC 指令一样，DEC 指令对不影响进位标志 CF。DEC 指令的操作数只能是寄存器和存储器。

【例 3-30】
```
DEC  CX                ;(CX)←(CX)-1,不影响 CF 标志位
DEC  BYTE PTR[BX]      ;将 BX 所指向的字节单元内容减去 1 并保存
```

（4）求补指令 NEG（Negate）

指令格式：NEG DST   ;(DST)←0-(DST)

指令功能：用“0”减去目的操作数，结果送回目的操作数。

操作数可以是寄存器或存储器。可以对 8 位数或 16 位数求补。

【例 3-31】
```
NEG  BL                  ;(BL)←0-(BL)
NEG  WORD PTR[DI+20]     ;将 DI+20,和 DI+21 单元内容求补
```

注意：只有当操作数为 0 时求补运算的结果才使 CF=0，其他情况则均为 1；只有当操作数为 -128 或 -32768 时才使 OF=1，其他情况则均为 0。

（5）比较指令 CMP（Compare）

指令格式：CMP DST,SRC   ;(DST)-(SRC)

指令功能：将目的操作数减去源操作数，但结果不送回。

指令的目的操作数可以是寄存器或存储器，源操作数可以是立即数、寄存器或存储器。

可以进行字节比较，也可以是字比较。

执行比较指令 CMP 以后，被比较的两个操作数内容均保持不变，而比较结果反映在状态标志位上，这是比较指令与减法指令 SUB 的区别所在。执行比较指令后，对状态位的影响如表 3-5 所示。

表 3-5　比较指令对状态位的影响

数据类型	关　系	CF	ZF	SF	OF
有符号数	DST = SRC	0	1	0	0
	DST < SRC	—	0	1	0
		—	0	0	1
	DST > SRC	—	0	0	0
		—	0	1	1
无符号数	DST = SRC	0	1	0	0
	DST < SRC	1	0	—	—
	DST > SRC	0	0	—	—

根据 CMP 指令对状态位的影响，可用它来判断两个数的大小，分为以下几种情况：

1）若为无符号数，用 CF 来判断：

当 CF = 0 时，无借位，DST≥SRC。

当 CF = 1 时，有借位，DST < SRC。

2）若为有符号数，用 SF 和 OF 来判断：

当 OF = 0 时，无溢出，若 SF = 0，则 DST≥SRC；若 SF = 1，则 DST < SRC。

当 OF = 1 时，有溢出，若 SF = 0，则 DST < SRC；若 SF = 1，则 DST≥SRC。

比较两个数相等还可由 ZF 标志判断，如 ZF = 1，则两数相等，否则不等。

比较指令常与条件转移指令结合起来使用，完成各种条件判断和相应的程序转移。

【例 3-32】　在数据段从 BLOCK 开始的存储单元中存放了两个 8 位无符号数，试比较它们的大小，将较大者传送到 MAX 单元。

```
        LEA  BX,BLOCK         ;BLOCK 偏移地址送 BX
        MOV  AL,[BX]          ;第一个无符号数送 AL
        INC  BX               ;BX 指向第二个无符号数
        CMP  AL,[BX]          ;两个数比较
        JNC  DONE             ;如 CF = 0,则转 DONE
        MOV  AL,[BX]          ;否则,第二个无符号数送 AL
DONE:   MOV  MAX,AL           ;较大的无符号数送 MAX 单元
HLT                           ;停止
```

3. 乘法指令

乘法指令有两条，可实现无符号数乘法和有符号数乘法，这两条指令都可以实现字节或字的乘法运算。进行乘法运算时，如果两个 8 位数相乘，那么其乘积最多为 16 位；如果两

个 16 位数相乘，可得到 32 位的乘积。其运算情况如图 3-17 所示。

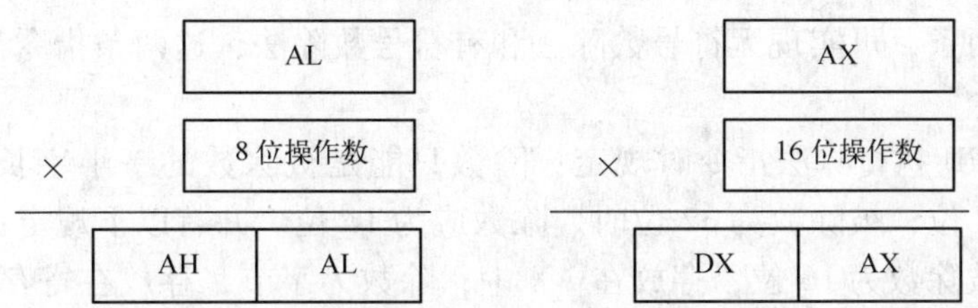

图 3-17 乘法运算示意图

（1）无符号数乘法指令 MUL（MULtiplication unsigned）

指令格式：MUL SRC ;(AX)←(AL)×(SRC)字节乘法

;(DX,AX)←(AX)×(SRC) 字乘法

指令功能：实现两个无符号数的 8 位/16 位二进制数的乘法运算。

乘法指令中，目的操作数是隐含的，存放在 AX（字运算）或 AL（字节运算）中；源操作数的寻址方式可以是除立即寻址之外的任何寻址方式。两个 8 位数相乘，其积是 16 位，存放在 AX 中；两个 16 位数相乘，其积是 32 位，存放在 DX、AX 中。其中，DX 存放高位字，AX 存放低位字。如图 3-17 所示。

MUL 指令对状态标志位 CF 和 OF 有影响，SF、ZF、AF 和 PF 不确定。

【例 3-33】
```
MUL BX                  ;AX 乘以 BX,结果在 DX,AX 中
MUL BYTE PTR[DI +6]     ;AL 乘以存储单元 DI +6 的内容,结果存 AX
```

MUL 指令对状态标志位 CF 和 OF 有影响。如果运算结果的高半部分（在 AH 或 DX 中）为零，则状态标志位 CF = OF = 0；否则 CF = OF = 1。因此，若状态标志位 CF = OF = 1，则意味着 AH 或 DX 中包含着乘积的有效数字。

（2）有符号数乘法指令 IMUL（Integer MULtiplication）

指令格式：IMUL SRC ;(AX)←(AL)×(SRC)字节乘法

;(DX,AX)←(AX)×(SRC)字乘法

指令功能：实现两个有符号数的 8 位/16 位二进制数的乘法运算。有关 IMUL 指令的其他约定与 MUL 指令相同。

由于 IMUL 指令是有符号数乘法，其 8 位和 16 位带符号数的取值范围分别是 -128 ~ 127和 -32768 ~ 32767。如果乘积的高半部分是低半部分的符号扩展，则 CF 和 OF 均为 0，否则均为 1。

所谓乘积的高半部分是低半部分的符号扩展，是指当乘积为正值时，其符号位为零，则 AH 或 DX 的值为零；当乘积是负值时，其符号位为 1，则 AH 或 DX 的值为全 1，即为 FFH 或 FFFFH。

【例 3-34】
```
MOV  AX,03F8H           ;(AX) =03F8H
MOV  CX,3A70H           ;(CX) =3A70H
IMUL CX                 ;(DX,AX) =(AX)×(CX)
```

以上指令的执行结果为：（DX）=00E7H，（AX）= EC80H，且 CF = OF = 1。

4. 除法指令

除法指令有两条，可实现无符号数除法和有符号数除法，这两条指令都可以实现字节或字的除法运算。

8086/8088 CPU 执行除法指令时规定：除数只能是被除数的一半字长。当被除数为 16 位时，除数应为 8 位；被除数为 32 位时，除数应为 16 位。并有以下规定：

字节除法：被除数为 16 位，存放在 AX 中；除数为字节，存放在寄存器/存储器中。得到的商放在 AL 中，余数放在 AH 中，如图 3-18a 所示。

字除法：被除数为 32 位，存放在 DX、AX 中；除数为 16 位，存放在寄存器/存储器中。得到的 16 位商放在 AX 中，16 位余数放在 DX 中，如图 3-18b 所示。

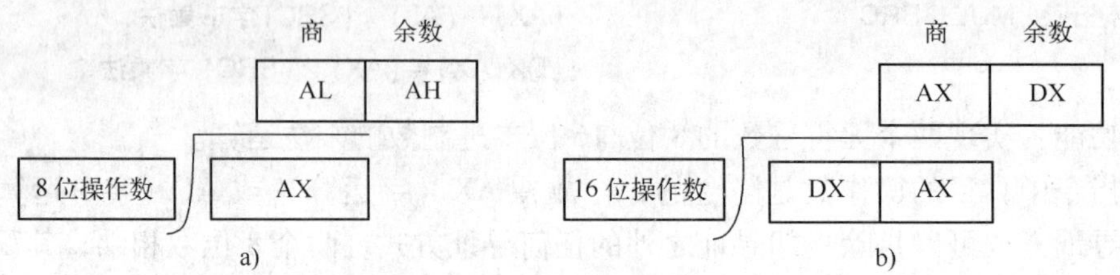

图 3-18 除法运算示意图

（1）无符号数除法指令 DIV（DIVision unsigned）

```
指令格式：DIV  SRC          ;字节除法(AL)←(AX)/(SRC)商
                                   (AH)←(AX)MOD(SRC)余数
                           ;字除法   (AX)←(DX,AX)/(SRC)商
                                   (DX)←(DX,AX)MOD(SRC)余数
```

指令功能：实现两个无符号数的 8 位/16 位二进制数的除法运算。

指令给出的操作数是除数，是寄存器或存储器操作数；被除数必须为 AX 或 DX、AX。

执行 DIV 指令时，如果除数为 0，或字节除法时 AL 寄存器中的商大于 FFH，或字除法时 AX 寄存器中的商大于 FFFFH，则 CPU 立即自动产生一个类型号为 0 的内部中断。DIV 指令使状态标志位的值不确定。

```
【例 3-35】  DIV  BL               ;AX 除以 BL,商→AL,余数→AH
            DIV  WORD PTR [DI]   ;(DX,AX)32 位数除以 DI 和 DI+1 单元的 16 位数据,商→
                                   AX,余数→DX
```

（2）有符号数除法指令 IDIV（Integer DIVision）

```
指令格式：IDIV  SRC         ;字节除法(AL)←(AX)/(SRC)商
                                   (AH)←(AX)MOD(SRC)余数
                           ;字除法   (AX)←(DX,AX)/(SRC)商
                                   (DX)←(DX,AX)MOD(SRC)余数
```

指令功能：实现两个有符号数的 8 位/16 位二进制数除法运算。余数符号与被除数相同。IDIV 指令对状态标志位的影响以及指令中操作数的类型与 DIV 指令相同。

执行 IDIV 指令时，如果除数为 0，或字节除法时 AL 寄存器中的商超出 -128 ~ 127 的范围，或字除法时 AX 寄存器中的商超出 -32768 ~ 32767 的范围，则自动产生一个类型为 0 的中断。

如果被除数和除数字长相等，则在用 IDIV 指令进行有符号数除法之前，必须先用符号扩展指令 CBW 或 CWD 将被除数的符号位扩展，使之成为 16 位数或 32 位数。

5. 符号扩展指令

符号扩展指令是用来对有符号数的字长扩展。包括字节扩展和字扩展。

(1) 字节扩展指令 CBW (Convert Byte to Word)。

指令格式：CBW　　　　;如果(AL) <80H,则(AH)←00H,否则(AH)←0FFH

指令功能：将 AL 寄存器中的符号位扩展到 AH 寄存器。

CBW 指令没有显示操作数，它隐含的操作数为寄存器 AL 和 AH。CBW 指令对状态标志位没有影响。

【例 3-36】
```
MOV   AL,5FH      ;(AL) =01011111B
CBW               ;(AH) =00000000B
MOV   AL,0E5H     ;(AL) =11100101B
CBW               ;(AH) =11111111B
```

(2) 字扩展指令 CWD (Convert Word to Double word)

指令格式：CWD　　　　;如果(AX) <8000H,则(DX)←0000H,否则(DX)←FFFFH

指令功能：将 AX 寄存器中的符号位扩展到 DX 寄存器。

CWD 指令也没有显示操作数，它隐含的操作数为寄存器 AX 和 DX。CWD 指令与 CBW 一样，对状态标志位没有影响。

CBW 和 CWD 指令通常放在 IDIV 指令之前。

【例 3-37】　设被除数和除数都是 16 位有符号数，存放在 BUFFER 开始的连续存储单元中，将相除的结果放在随后的 4 个连续单元中，如图 3-19 所示。

程序段如下：

```
MOV   BX,OFFSET BUFFER   ;取被除数偏移地址
MOV   AX,[BX]            ;被除数送 AX
CWD                      ;被除数符号扩展
IDIV  [BX+2]             ;相除
MOV   4[BX],AX           ;存商
MOV   6[BX],DX           ;存余数
HLT
```

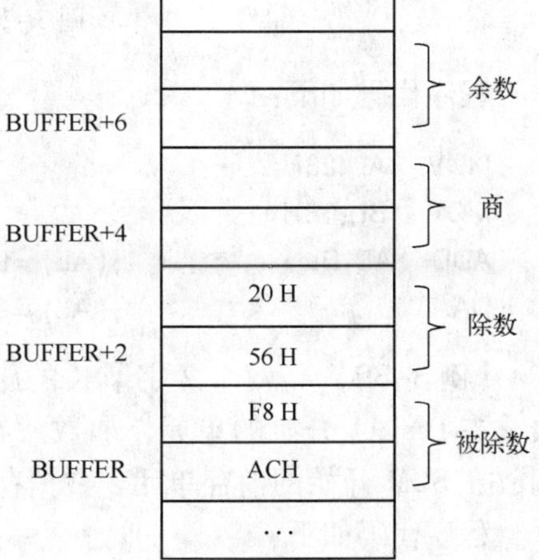

图 3-19　数据存放示意图

6. 十进制调整指令

以上介绍的算术运算指令都是二进制数的运算指令。但是，通常人们更习惯用十进制数。在计算机中十进制数是用 BCD 码来表示的，BCD 码有两类：一类叫压缩型 BCD 码，一类叫非压缩型 BCD 码。1 个字节可存放 2 个压缩 BCD 码或者存放 1 个非压缩 BCD 码。例如，十进制数 75，表示为压缩型 BCD 码为 75H，表示为非压缩型 BCD 码为 0705H。可以看出，BCD 码是用十六进制的形式来表示十进制数。

那么，如何进行十进制运算呢？有两种方法：一种是直接提供十进制运算指令；另一种是对二进制运算结果进行十进制调整，8086/8088 指令系统采用了后者。它提供了一组十进制调整指令对二进制数运算结果进行调整，从而得到十进制的结果。也就是说，在进行十进制数算术运算时，分两步进行：先按前面介绍的算术指令进行二进制运算，得到二进制的中间结果；再用十进制调整指令对中间结果进行修正，得到正确的十进制结果。

十进制调整指令分为两类：压缩 BCD 码调整指令和非压缩 BCD 码调整指令。压缩 BCD 码调整指令包括加、减法调整指令；非压缩 BCD 码调整指令包括加、减、乘、除法调整指令，非压缩 BCD 码调整指令又称为 ASCII 码调整指令。

（1）压缩 BCD 码加法调整指令 DAA（Decimal Adjust for Addition）

指令格式：DAA

指令功能：先执行 ADD/ADC 指令，将 2 个压缩 BCD 码相加，结果存放在 AL 中。然后使用 DAA 指令将 AL 中的结果调整为压缩 BCD 码格式。DAA 指令的隐含操作数为 AL。

指令调整过程：

1）若 AF = 1 或者 AL 的低 4 位大于 9，则 AL 加 06H，且置 AF = 1。

2）若 CF = 1 或者 AL 的高 4 位大于 9，则（AL）加 60H，且置 CF = 1。

DAA 指令影响状态标志位 SF、ZF、AF、PF 和 CF，但不影响 OF。

【例 3-38】　计算两个十进制数之和：28 + 68

BCD 调整过程如图 3-20 所示。

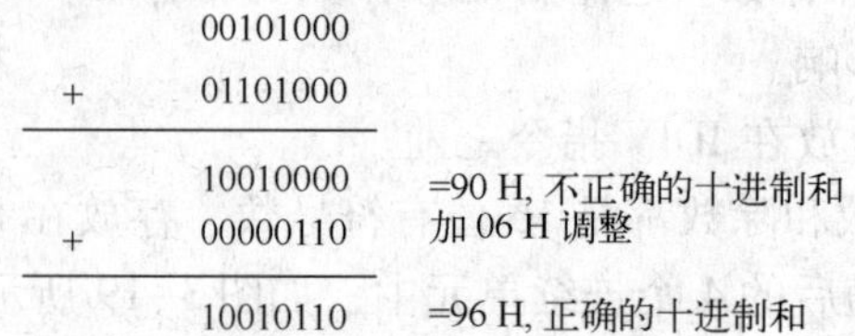

图 3-20　压缩 BCD 码调整示意图

程序代码如下：

```
MOV   AL,28H
MOV   BL,68H
ADD   AL,BL                ;(AL) =90H,AF =1
DAA                        ;(AL) =96H
```

【例 3-39】　两个 2 字节长的压缩 BCD 码相加，被加数放在 DATA1 开始的单元，加数放在 DATA2 开始的单元，和放在 SUM 开始的内存单元。数据存放如图 3-21 所示。

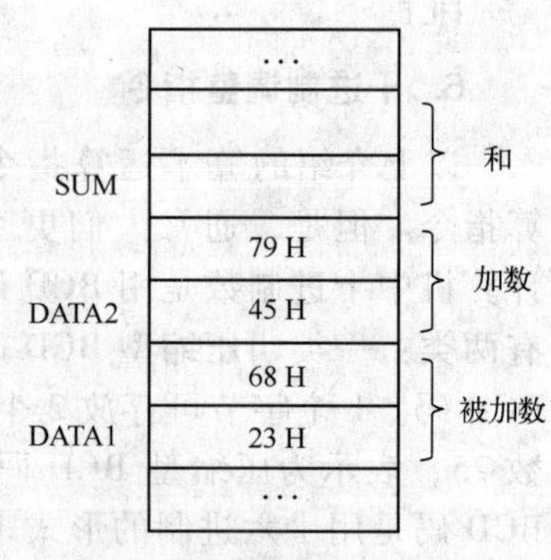

图 3-21　数据存放示意图

程序代码如下：

```
LEA  SI,DATA1              ;取被加数的偏移地址
LEA  DI,DATA2              ;取加数的偏移地址
MOV  BX,SUM                ;取和的偏移地址
MOV  AL,[SI]               ;取被加数的低位
ADD  AL,[DI]               ;求和
DAA                        ;十进制调整
```

```
MOV [BX],AL            ;存和的低位
MOV AL,[SI+1]          ;取被加数的高位
ADC AL,[DI+1]          ;带进位求高位和
DAA                    ;十进制调整
MOV [BX+1],AL          ;存和的高位
```

(2) 压缩 BCD 码减法调整指令 DAS（Decimal Adjust for Subtraction）

指令格式：DAS

指令功能：先执行 SUB/SBB 指令，将两个压缩 BCD 码相减，结果存放在 AL 中。然后使用 DAS 指令将 AL 中的结果调整为压缩 BCD 码格式。DAS 指令的隐含操作数为 AL。

指令调整过程：

1）若 AF=1 或者 AL 的低 4 位大于 9，则 AL 减 06H，且置 AF=1。

2）若 CF=1 或者 AL 的高 4 位大于 9，则（AL）减 60H，且置 CF=1。

DAS 指令影响状态标志位 SF、ZF、AF、PF 和 CF，但不影响 OF。

(3) 非压缩 BCD 码减法调整指令 AAA（ASCII Adjust for Addition）

指令格式：AAA

指令功能：先执行 ADD/ADC 指令，将两个非压缩 BCD 码相加，和存放在 AL 中。然后使用 AAA 指令将 AL 中的和调整为非压缩 BCD 码，结果放在 AX 中。AAA 指令的隐含操作数为 AL 和 AH。

指令调整过程：

1）若 AF=1 或者 AL 的低 4 位大于 9，则(AL)←(AL)+06H，(AH)←(AH)+1，置 AF=1，CF←AF，清除 AL 的高 4 位。

2）若 AF=0 且 AL 的低 4 位小于等于 9，则清除 AL 的高 4 位。

AAA 指令影响 AF 和 CF 标志，其他状态标志不确定。

【例 3-40】 计算两个 ASCII 码数之和：34H+39H。

```
MOV AX,0034H           ;(AX)=0034H
MOV BL,39H             ;(BL)=39H
ADD AL,BL              ;(AL)←(AL)+(BL),(AL)=6DH
AAA                    ;(AX)=0103H
```

(4) 非压缩 BCD 码减法调整指令 AAS（ASCII Adjust for Subtration）

指令格式：AAS

指令功能：先执行 SUB/SBB 指令，将两个非压缩 BCD 码相减，差存放在 AL 中。然后使用 AAS 指令将 AL 中的差调整为非压缩 BCD 码，结果放在 AX 中，如果有借位则保留在 CF 中。AAS 指令的隐含操作数为 AL 和 AH。

指令调整过程：

1）若 AF=1 或者 AL 的低 4 位大于 9，则（AL）←（AL）-06H，（AH）←（AH）-1，置 AF=1，CF←AF，清除 AL 的高 4 位。

2）若 AF=0 且 AL 的低 4 位小于等于 9，则清除 AL 的高 4 位。

AAS 指令影响状态标志位 AF 和 CF，其它状态标志位不确定。

【例 3-41】 计算两个十进制数的减法：15－6。

先将被减数和减数以非压缩 BCD 码的形式分别存放在 AH（被减数十位）AL（被减数个位）和 BL（减数）中，然后用 SUB 减法指令，再用 AAS 指令进行调整。

```
MOV   AX,0105H              ;(AX) =0105H
MOV   BL,06H                ;(BL) =06H
SUB   AL,BL                 ;(AL) = (AL) -(BL) =FFH
AAS                         ;(AL) =09H,(AH) =00H
```

（5）非压缩 BCD 码乘法调整指令 AAM（ASCII Adjust for Multiply）

指令格式：AAS

指令功能：先执行 MUL 指令，将两个非压缩型 BCD 码相乘（此时要求其高 4 位为 0），结果放在 AL 中，然后用 AAM 指令对 AL 寄存器进行调整，于是在 AX 中即可得到正确的非压缩型 BCD 码的结果，其乘积的高位在 AH 中，乘积的低位在 AL 中。

指令调整过程：将(AL)÷0AH，将商存在 AH 中，余数存在 AL 中。

AAM 指令的操作实质上是将 AL 寄存器中的二进制数转换成为非压缩型的 BCD 码。指令执行以后，将根据 AL 中的结果影响 SF、ZF 和 PF 位，AF、CF 和 OF 的值不确定。

【例 3-42】 计算两个十进制数的乘法：7×8。

```
MOV   AL,7H
MOV   BL,8H                 ;
MUL   BL                    ;(AL) =38H
AAM                         ;(AX) =0506H
```

（6）非压缩 BCD 码除法调整指令 AAD（ASCII Adjust for Division）

指令格式：AAD

指令功能：先调整 AX 中的两位非压缩 BCD 码（每个字节的高 4 位为 0）为二进制数，调整结果存放在 AL 中，然后执行 DIV 指令实现两个非压缩 BCD 码的除法运算。AAD 指令的隐含操作数为 AL 和 AH。

指令调整过程：

$$(AL)=(AH)\times 0AH+(AL),(AH)=0$$

AAD 指令的用法与其他非压缩型 BCD 码调整指令 AAA、AAS、AAM 不同，它不是在除法之后，而是在除法之前进行调整。执行 AAD 指令以后，将根据 AL 中的结果影响状态标志位 SF、ZF 和 PF，而 AF、CF 和 OF 的值则不确定。

【例 3-43】 计算两个十进制数的除法：13÷5。

```
MOV   AX,0103H
MOV   BL,5H
AAD                         ;(AX) =000DH
DIV   BL                    ;商 AL =01H,余数 AH =08H
```

3.3.3 逻辑运算指令

逻辑运算指令可对字节或字进行逻辑运算，是按位操作的，指令类型见表3-6。

表3-6 逻辑运算指令

指令格式	指令功能	对状态标志位的影响					
		OF	SF	ZF	AF	PF	CF
AND DST，SRC	与运算指令	0	√	√		√	0
OR DST，SRC	或运算指令	0	√	√		√	0
NOT DST	非运算指令	—	—	—	—	—	—
XOR DST，SRC	异或指令	0	√	√		√	0
TEST DST，SRC	测试指令	0	√	√		√	0

注：“√”表示运算结果影响标志位；“—”表示运算结果不影响标志位；空白处表示为任意值。

AND、OR、XOR和TEST四条指令的形式很相似，都是双操作数指令，源操作数可以为8位或16位的寄存器、存储器操作数或立即数，目的操作数可以为8位或16位的寄存器、存储器操作数。

1. 与运算指令

指令格式：AND DST,SRC

指令功能：将目的操作数和源操作数按位进行逻辑“与”运算，结果送回目的操作数。

AND指令常用来屏蔽目的操作数中某些位，即对这些位清零，而保留其它位。方法是将要屏蔽的位和“0”进行逻辑“与”，而将要保留的位与“1”进行逻辑“与”。

【例3-44】 屏蔽AL中的高4位，低4位保留。

```
AND   AL,0FH
```

【例3-45】 AND AL,AL

此指令执行前后，AL的值不变，但标志位发生了变化，即CF=0，OF=0，并影响ZF、SF、PF标志位。

2. 或运算指令

指令格式：OR DST,SRC

指令功能：将目的操作数和源操作数按位进行逻辑“或”运算，结果送回目的操作数。

OR指令常用来将目的操作数中某些位设置成“1”，而使其余位保持不变。方法是将要置1的位与“1”进行逻辑“或”，其它位与“0”进行逻辑“或”。

【例3-46】 将AL中的非压缩BCD码转换为ASCII码。设（AL）=04H。

```
OR   AL,30H                      ;(AL)=34H
```

【例3-47】 判断DATA单元的数据是否为0。

```
MOV   AX,DATA                    ;(AX)←DATA,直接寻址
OR    AX,AX                      ;影响标志(用 AND AX,AX 指令亦可)
JZ    ZERO                       ;如为零,转移到 ZERO
```

```
        …                          ;否则,…
ZERO: …
```

3. 异或运算指令

指令格式：XOR DST,SRC

指令功能：将目的操作数和源操作数按位进行逻辑“异或”运算，结果送回目的操作数。

XOR 指令常用来对目的操作数中某些位取反，也可以对寄存器清 0，或判断两个操作数是否相等。

【例 3-48】 将 AL 中的低 4 位取反。

```
XOR  AL,0FH                ;执行后,AL 的低 4 位取反,高 4 位不变
```

【例 3-49】 将 BX 内容清 0

```
XOR  BX,BX                 ;执行后,(BX) =0
```

【例 3-50】 判断 AL 的内容是否等于 39H。

```
XOR  AL,39H                ;执行后,影响标志位
JZ   MATCH                 ;若相等,则 ZF =1,跳转到 MATCH 处执行
```

4. 测试指令

指令格式：TEST DST,SRC

指令功能：将两个操作数按位进行逻辑“与”运算，不送回结果，根据结果置标志位。

TEST 指令的操作实质上与 AND 指令相同，区别在于不保存运算结果，只影响标志位。

TEST 指令常常用于测试目的操作数中某些位为 0 或 1，后接条件转移指令。它与比较指令 CMP 有些类似，但 TEST 指令只比较某一个或几个指定的位，而 CMP 指令比较整个操作数（字节或字）。

【例 3-51】 检测 AL 的最高位是否为 1，为 1 则转移，否则顺序执行。

```
    TEST  AL,80H
    JNZ   AA                       ;为 1 则转移到 AA,否则顺序执行
    …
AA: …
```

5. 非运算指令

指令格式：NOT DST

指令功能：将操作数按位取反后回送结果。

NOT 指令操作数类型可以是字节或字。本条指令不影响标志位。

【例 3-52】 16 位寄存器操作数求反。

```
    NOT  CX
```

【例 3-53】 8 位存储器操作数求反。

```
    NOT  BYTE PTR[BP]
```

3.3.4 移位指令

移位指令完成对操作数的移位操作，包括一般移位指令和循环移位指令两类。

移位指令的目的操作数可以是8/16位寄存器或存储器操作数，源操作数规定为1或CL寄存器。当移位1次时，源操作数为1；当移位多次时，源操作数为CL，CL用来存放移位次数N，N最大为255。移位指令都影响状态标志位，如表3-7所示。其中CF总是等于目的操作数最后移出的那一位。

表3-7 移位运算指令

指令类型	指令格式	指令功能	对状态标志位的影响					
			OF	SF	ZF	AF	PF	CF
一般移位指令	SHL DST, SRC	逻辑左移指令	√	√	√		√	√
	SAL DST, SRC	算术左移指令	√	√	√		√	√
	SHR DST, SRC	逻辑右移指令	√	√	√		√	√
	SAR DST, SRC	算术右移指令	√	√	√		√	√
循环移位指令	ROL DST, SRC	循环左移指令	√	—	—		—	√
	ROR DST, SRC	循环右移指令	√	—	—		—	√
	RCL DST, SRC	带进位循环左移指令	√	—	—		—	√
	RCR DST, SRC	带进位循环右移指令	√	—	—		—	√

注："√"表示运算结果影响标志位；"—"表示运算结果不影响标志位；空白处表示为任意值。

1. 一般移位指令

(1) *逻辑左移/算术左移指令* SHL/SAL (Shift logical Left/Shift Arithmetic Left)

指令格式：SHL/SAL DST,1

SHL/SAL DST,CL

指令功能：这两条指令功能完全相同，是将目的操作数左移1位或移CL寄存器指定的位数。每左移1位，最高位移入CF，最低位补0。

将一个二进制无符号数左移1位，相当于将该数乘2，所以可以用左移指令完成乘常数的操作，最常用的是乘以2^N。由于移位指令的运算速度远快于乘法指令，所以常用移位指令代替乘除指令。

【例3-54】 将一个16位无符号数乘以10。该数存放在以DATA1为首地址的两个连续的存储单元中（低位在低址，高位在高址）。

因为DATA1 ×10 = DATA1 ×8 + DATA1 ×2，故可用左移指令实现以上乘法运算。编程如下：

```
MOV   AX,DATA1        ;(AX)←DATA1,直接寻址
SHL   AX,1            ;(AX) =DATA1 ×2
MOV   BX,AX           ;暂存
SHL   AX,1            ;(AX) = DATA1 ×4
SHL   AX,1            ;(AX) = DATA1 ×8
ADD   AX,BX           ;(AX) = DATA1 ×10
HLT
```

(2) 逻辑右移指令 SHR (SHift logical Right)

指令格式：SHR DST,1/CL

指令功能：将目的操作数右移 1 位或 CL 寄存器指定的位数。每右移 1 位，最低位移进 CF，最高位补 0。

逻辑右移 1 位，相当于将目的操作数中的无符号数除以 2，所以可以用右移指令完成除以常数的操作。

【例 3-55】 将 AL 中的无符号数除以 4。

```
MOV   CL,2                ;将移位次数送 CL
SHR   AL,CL               ;(AL)=(AL)÷4
```

(3) 算术右移指令 SAR (Shift Arithmetic Right)

指令格式：SAR DST,1/CL

指令功能：将目的操作数右移 1 位或 CL 寄存器指定的位数，最低位移进 CF，但最高位保持不变。算术右移 1 位，相当于将有符号数除以 2。

通常，逻辑移位指令适用于对无符号数的处理，算术移位指令适用于对有符号数的处理。其操作示意图如图 3-22 所示。

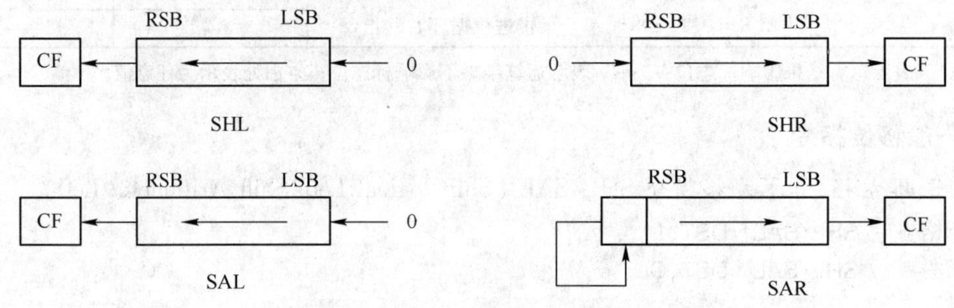

图 3-22 一般移位指令操作示意图

2. 循环移位指令

(1) 逻辑左移/算术左移指令 SHL/SAL (Shift logical Left/Shift Arithmetic Left)

指令格式：ROL DST,1/CL

指令功能：将目的操作数左移 1 位或 CL 寄存器指定的位数，最高位移进 CF，同时移到最低位形成循环，CF 不在循环回路之内。

(2) 循环右移指令 ROR (Rotate Right)

指令格式：ROR DST,1/CL

指令功能：将目的操作数右移 1 位或 CL 寄存器指定的位数，最低位移进 CF，同时移到最高位形成循环，CF 不在循环回路之内。

(3) 带进位循环左移指令 RCL (Rotate Left through Carry)

指令格式：RCL DST,1/CL

指令功能：将目的操作数连同 CF 一起左移 1 位或移 CL 寄存器指定的位数，最高位移入 CF，而 CF 移入最低位。

(4) 带进位循环右移指令 RCR（Rotate Right through Carry）

指令格式：RCR　DST,1/CL

指令功能：将目的操作数连同 CF 一起右移 1 位或移 CL 寄存器指定的位数，最低位移入进位标志 CF，CF 则移入最高位。

循环移位指令的操作如图 3-23 所示。

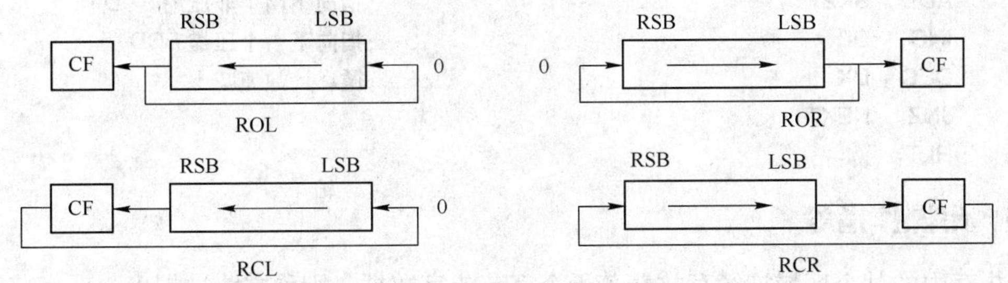

图 3-23　循环移位指令操作示意图

所有循环移位指令都只影响进位标志 CF 和溢出标志 OF，但 OF 标志的含义对于左循环移位指令和右循环移位指令来说有所不同。对于左循环移位指令，若循环移位次数等于 1，且移位以后目的操作数新的最高位与 CF 不相等，则 OF = 1，否则 OF = 0。因此，OF 的值表示循环移位前后符号位是否有所变化。如果移位次数不等于 1，则 OF 的值不确定。对于右循环移位指令，若循环移位次数等于 1 且移位后新的最高位和次高位不等，则 OF = 1，否则 OF = 0。若循环移位次数不等于 1，则 OF 的值不确定。

循环移位指令与前面讨论过的移位指令有所不同，循环移位之后，操作数中原来各位的信息不会丢失，而只是移到了操作数中的其他位或进位标志上，必要时还可以恢复。

【例 3-56】　把从 UNPACKED 开始的 16 个非压缩 BCD 码转换成压缩 BCD 码，并把结果存在从 PACKED 开始的单元里。数据存放如图 3-24 所示。

	…
	76 H
PACKED	54 H
	…
	07 H
	06 H
	05 H
UNPACKED	04 H
	…

图 3-24　例 3-54 数据存放示意图

```
MOV   DX,8                          ;循环计数初值为 8
MOV   CL,4                          ;移位次数为 4
```

```
      MOV   SI,0                               ;地址偏移量初值0送SI,DI
      MOV   DI,0
NEXT: MOV   AX,WORD PTR[SI+UNPACKED]           ;取要转换的2个非压缩BCD
      SHL   AL,CL                              ;将AL的低4位移到高4位
      SHR   AX,CL                              ;得到一个压缩BCD码
      MOV   PACKED[DI],AL                      ;存储结果
      ADD   SI,2                               ;指向下两个非压缩BCD
      INC   DI                                 ;指向下一个压缩BCD
      DEC   DX                                 ;循环计数值减1
      JNZ   NEXT
      HLT
```

3.3.5 串操作指令

若内存中的某个区域连续存放着若干个字节或字数据，则称之为数据串，对字节数据可称为字节串，字数据称为字串。为了能对串数据进行连续操作，8086/8088 指令系统提供了一组串操作指令，这些指令的操作对象不只是单个的字节或字，而是内存中地址连续的字节串或字串。串操作指令表见表 3-8。

表 3-8 串操作运算指令

指令类型	指令格式	指令功能	对状态标志位的影响					
			OF	SF	ZF	AF	PF	CF
基本字符串指令	MOVS DST, SRC	串传送指令	—	—	—	—	—	—
	CMPS DST, SRC	串比较移指令	√	√	√	√	√	√
	SCAS DST, SRC	串扫描指令	√	√	√	√	√	√
	LODS DST, SRC	串装入指令	—	—	—	—	—	—
	STOS DST, SRC	存字符串指令	—	—	—	—	—	—
重复前缀	REP	无条件重复	—	—	—	—	—	—
	REPE/REPZ	相等/为零则重复	—	—	—	—	—	—
	REPNE/REPNZ	不相等/为零则重复	—	—	—	—	—	—

注：“√”表示运算结果影响标志位；“—”表示运算结果不影响标志位；空白处表示为任意值。

所有基本串操作指令具有共同的特点：

1）源串一般存放在数据段（允许段超越），偏移地址由 SI 指定。

2）目标串必须在附加段，偏移地址由 DI 指定。

3）指令自动修改地址指针 SI 或 DI，修改方向由 DF 决定。DF＝0，增地址方向；DF＝1，减地址方向。对字节操作，SI 或 DI 增减 1；对字操作，SI 或 DI 增减 2。

4）数据块长度值由 CX 指定。

5）可增加自动重复前缀以实现自动修改 CX 内容。

6）串操作指令可以有操作数，也可以只在指令助记符后加上字母“B”（字节操作）或“W”（字操作）。加上字母“B”或“W”后，指令助记符后面不允许再写操作数。

1. 重复前缀

重复前缀有 3 种：REP、REPE/REPZ、REPNE/REPNZ，它们不能单独使用，必须加在

串操作指令之前，使之重复执行。重复前缀不影响标志位。

(1) 无条件重复前缀 REP (Repeat)

指令格式：REP 串操作指令

指令功能：无条件重复执行后面的串操作指令，重复次数由 CX 寄存器决定，每执行一次，CX 自减 1，直到 CX =0 退出。REP 常与 MOVS 和 STOS 串指令配合使用。

(2) 相等/结果为 0 重复前缀 REPE/REPZ

指令格式：REPE/REPZ 串操作指令

指令功能：相等或结果为 0 时重复串操作指令。常与 CMPS 和 SCAS 串指令配合使用。

每执行一次串操作指令，CX 自减 1，然后作以下判断：

当 CX =0，且 ZF =1（表示两个操作数相等）时，则重复执行串操作指令。

当 CX =0，或 ZF =0（表示两个操作数不相等）时，则退出串操作指令。

可见，只有当两个操作数相等且 CX≠0 时，才能继续比较或扫描，否则，结束串操作。

(3) 不相等/结果不为 0 重复前缀 REPNE/REPNZ

指令格式：REPNE/REPNZ 串操作指令

指令功能：不相等或结果不为 0 时重复串操作指令。常与 CMPS 和 SCAS 指令配合使用。

每执行一次串操作指令，CX 自减 1，然后作以下判断：

当 CX≠0，且 ZF =0（表示两个操作数不相等）时，则重复执行串操作指令。

当 CX =0，或 ZF =1（表示两个操作数相等）时，则退出串操作指令。

可见，只有当两个操作数不相等且 CX≠0 时，才能继续比较或扫描，否则，结束串操作。

2. 串传送指令 MOVS（Move String）

```
指令格式：MOVS  DST,SRC        ;(ES:DI)←(DS:SI)。DF=0 增址;DF=1 减址
          MOVSB                ;字节传送
          MOVSW                ;字传送
```

指令功能：将源串的一个字节或字传送到目标串中，根据方向标志 DF 自动修改地址指针 SI 或 DI，以指向下一数据。

串传送指令提供了 3 种格式，当用第一种格式时，须指明操作数的数据类型，以明确是字节操作还是字操作。串传送指令可加上前缀 REP 可实现一个字节块或字块传送，每传完一个数据 CX 减 1，直到 CX =0。

串传送指令在使用前必须做好以下初始化工作：

(1) 把源串的首地址（如反向传送则应是末地址）存入 SI；

(2) 把目的串的首地址（如反向传送则应是末地址）存入 DI；

(3) 把数据串长度存入 CX；

(4) 设置方向标志位 DF。CLD 指令使 DF =0，STD 指令使 DF =1。

之后，用串传送指令。用 MOVSB 时，每传送一次，SI/DI 自动增 1；用 MOVSW 时，每传送一次，SI/DI 自动增 2。

【例 3-57】
```
MOVS  BUFFER2,ES:BUFFER1             ;操作数类型应预先定义
REP   MOVS WORD PTR[DI],[SI]         ;用变址寄存器表示操作数,字操作
```

【例 3-58】 将从内存 MEM1 开始的 200B 数据送到 MEM2 开始的区域。

```
LEA  SI,MEM1                    ;源串首址送 SI
LEA  DI,MEM2                    ;目的串首址送 DI
MOV  CX,200                     ;数据串长度送 CX
CLD                             ;清 DF,增址方向
REP  MOVSB                      ;重复串操作,直到 CX=0
```

思考：如果用 MOV 指令如何实现？

3. 串比较指令 CMPS（CoMPare String）

```
指令格式: CMPS  DST,SRC          ;(DS:SI)-(ES:DI),DF=0 增址;DF=1 减址
          CMPSB                  ;字节比较
          CMPSW                  ;字比较
```

指令功能：将两个字符串中相应的元素逐个进行比较，即相减，但不回送结果，仅影响状态标志位，并根据 DF 自动修改地址指针 SI/DI，以指向下一数据。

该指令与 REPE 或 REPNE 联合可实现两个数据串的比较。如果想在两个字符串中寻找第一个不相等的字符，则应使用重复前缀 REPE/REPZ。当遇到第一个不相等的字符时，就停止比较，但此时地址已被修改，即（DS：SI）和（ES：DI）已经指向下一个字节或字地址，应将 SI 和 DI 进行修正，使之指向所要寻找的不相等字符。同理，如果想要寻找两个字符串中第一个相等的字符，则应使用重复前缀 REPNE/REPNZ。

串比较指令 CMPS 的初始化与串传送指令 MOVS 相同。

【例 3-59】 比较两个字符串，找出其中第一个不相等字符的地址。若两字符串完全相同，则将 RESULT 单元置为 00H。这两个字符串长度均为 50，首地址分别为 STRING1 和 STRING2。程序如下：

```
       LEA   SI,STRING1         ;SI←字符串 STRING1 首地址
       LEA   DI,STRING2         ;DI←字符串 STRING2 首地址
       MOV   CX,50              ;CX←字符串长度
       CLD                      ;清方向标志 DF
       REPE  CMPSB              ;如相等,重复进行比较
       JZ    MATCH              ;若 ZF=1,字串相等,跳至 MATCH
       DEC   SI                 ;否则(SI)-1
       DEC   DI                 ;(DI)-1
       HLT                      ;停止
MATCH: MOV   RESULT,0
       HLT                      ;停止
```

4. 串扫描指令 SCAS（Scan String）

```
指令格式: SCAS DST               ;(AL)/(AX)-(ES:DI)
          SCASB                  ;(AL)-(ES:DI)字节扫描
          SCASW                  ;(AX)-(ES:DI)字扫描
```

指令功能：用 AL 或 AX 寄存器中的值减去 ES 段 DI 所指目的串中的数据，但不将回送

结果，仅影响状态标志位，并根据DF自动修改地址指针DI，以指向下一数据。

SCAS指令是在一个字符串中搜索特定的关键字，该关键字只能存于AL或AX中。字符串的起始地址只能放在（ES：DI）中，不允许段超越。

该指令也可加上重复前缀REPE或REPNE，用来在目的串中扫描是否有AL或AX中的关键字。前缀REPE/Z表示当（CX）≠0，且ZF=1（相等）时继续进行扫描；而REPNE/Z表示当（CX）≠0，且ZF=0（不相等）时继续进行扫描。

串扫描指令SCAS的初始化包括：要寻找的关键字送AL/AX；目的串首地址存入DI；数据串长度存入CX；设置方向标志位DF。

【例3-60】 在某字符串STRING中查找是否存在'$'字符。若存在，则将'$'字符所在地址送入BX寄存器中，否则将BX寄存器清"0"。

```
      CLD                       ;清方向标志 DF
      MOV   CX,10               ;CX←字符串长度
      MOV   DI,STRING           ;DI←字符串 STRING 首地址
      MOV   AL,'$'              ;AX←关键字'$'
      REPNESCASB                ;不相等则扫描
      JNZ   ZER                 ;没找到则跳转到 ZER
      DEC   DI                  ;找到,则得到其地址
      MOV   BX,DI               ;BX←'$'字符所在地址
      JMP   ST0
ZER:  MOV   BX,0                ;BX←0
ST0:  HLT
```

5. 串装入指令 LODS（Load String）

```
指令格式：LODS  SRC         ;(AL)/(AX)←(DS:SI)
          LODSB             ;(AL)←(ES:DI)字节装入
          LODSW             ;(AX)←(ES:DI)字装入
```

指令功能：将源串SI所指向的存储单元的内容装入AL/AX寄存器中。并根据DF自动修改地址指针SI，以指向下一数据。

LODS指令是将一个字符串中的字节或字逐个装入AL或AX中，不影响状态标志位，而且一般不带重复前缀。

串装入指令LODS的初始化包括：源串首地址存入SI；数据串长度存入CX；设置方向标志位DF。

6. 存字符串指令 STOS（Store String）

```
指令格式：STOS  DST         ;(ES:DI)←(AL)/(AX)
          STOSB             ;(ES:DI)←(AL)字节存储
          STOSW             ;(ES:DI)←(AX)字存储
```

指令功能：将AL/AX寄存器中的值送给目的串DI所指向的存储单元中。并根据DF自动修改地址指针DI，以指向下一单元。

STOS指令对状态标志位没有影响。指令若加上重复前缀REP，则操作将一直重复进行

下去，直到（CX）=0。

存字符串指令 STOS 的初始化包括：AL/AX 赋值；目的串首地址存入 DI；数据串长度存入 CX；设置方向标志位 DF。

【例 3-61】 将内存附加段中从 0400H 开始的 256 个单元清 0。

```
CLD
LEA  DI,[0400H]          ;(DI)=0400H
MOV  CX,0080H            ;(CX)=256
XOR  AX,AX               ;(AX)=0
REP  STOSW               ;重复存字符串操作,直到 CX=0
```

【例 3-62】 设内存某数据区 BUFFER 中存放着 200 个 8 位有符号数，要求将正、负数分开，分别送到同一段的两个数据区中，正数存到 PLUSBUF 开始的区域，负数存到 MINUSBUF 开始的区域。

```
        LEA   BX,BUFFER        ;数据区 BUFFER 首址送 BX
        LEA   DI,PLUSBUF       ;正数区 PLUSBUF 首址送 SI
        LEA   SI,MINUSBUF      ;负数区 MINUSBUF 首址送 DI
        MOV   CX,200           ;字串长度送 CX
        CLD
AGAIN:  LODSB                  ;数据区 BUFFER 取一字节送 AL
        TEST  AL,80H           ;判 AL 最高位是否为 1
        JNZ   MINUS            ;为 1 则是负数,转到 MINUS
        STOSB                  ;将 AL 的数存储到正数区
        JMP   NEXT
MINUS:  XCHG  SI,DI
        STOSB                  ;将 AL 的数存储到负数区
        XCHG  SI,DI
NEXT:   DEC   CX
        JNZ   AGAIN            ;(CX)≠0 则继续
        HLT
```

3.3.6 控制转移指令

控制转移类指令用来改变程序执行的顺序，包括 4 类指令：无条件转移和条件转移指令、过程调用和返回指令、循环控制指令以及中断类指令。

8086/8088 系统中，所执行指令的地址由 CS 和 IP 两部分组成。要使程序转移到一个新的地址去执行，既可同时改变 CS 和 IP 的值，也可只改变 IP 的值，前者称为段间转移，可用 FAR 来定义，后者称为段内转移，可用 NEAR 来定义。如果段内转移的范围在 -128 ~ 127 内，则称为短转移，用 SHORT 来定义。

无论是段间转移还是段内转移，都有直接转移和间接转移之分。直接转移是指在指令的中直接包含了转移的目标地址；间接转移是指转移的目标地址存放在寄存器或内存单元中。

程序执行时计算段内转移地址有两种方法：相对转移和绝对转移。相对转移是把当前 IP 值增加或减少一个值，即以当前指令为中心往前或往后转移。绝对转移是以一个新值取代当前 IP 值。在 8086/8088 系统中，所有的段内直接转移都是相对转移，所有的段内间接转移都是绝对转移。

1. 无条件转移指令

指令格式：JMP　DST　　;DST 为转移地址标号

指令功能：是将程序无条件地转移到指令中指定的目标地址处执行。无条件转移指令对状态标志位没有影响。

指令中目标地址可以用直接方式给出，也可以用间接方式给出。根据目标地址的位置和寻址方式无条件转移指令可分为以下 5 种基本格式。

(1) 段内直接短转移

指令格式：JMP　SHORT　DST　　;DST 为转移地址标号

执行的操作：(IP)←(IP) +8 位偏移量，该偏移量是指令中操作数 DST 相对于当前指令的偏移，范围在 -128 ~127 内，用 8 位补码表示。CS 寄存器内容不变。

【例 3-63】
```
        JMP  NEXT
        AND  AL,0FH
  NEXT: XOR  AL,0FH
```

NEXT 是本段内的一个标号，汇编语言计算出当前指令（即下一条指令 AND AL，7FH）的地址与标号 NEXT 地址之间的偏移量，执行 JMP NEXT 指令时，将上述偏移量加到 IP 上，于是执行 JMP 指令之后接着就执行 XOR AL，7FH 指令，实现了程序的转移。

(2) 段内直接近转移

指令格式：JMP　NEAR PTR DST　　;DST 为转移地址标号

执行的操作：(IP)←(IP) +16 位偏移量，CS 寄存器内容不变。

近转移与短转移相似，也是相对转移，只是转移的距离更远些。16 位偏移量的范围是 -32768 ~32767，用 16 位补码表示。

段内直接近转移指令也可以直接给出偏移地址。如 JMP 1000H。

(3) 段内间接转移

指令格式：JMP　REG　　;REG 为寄存器

JMP　WORD PTR SRC　　;SRC 为存储器操作数，WORD PTR 表进行的是 16 位字运算

执行的操作：用寄存器或存储单元的内容取代 IP 寄存器的值，CS 寄存器内容不变。

【例 3-64】　如果 TABLE 是数据段中定义的一个变量名，偏移地址为 0010H，(DS) =2000H，(20040H) =34H，(20041H) =56H，执行指令：

```
JMP  WORD  PTR  TABLE[BX]
```

若 (BX) =0030H，则执行后，(IP) = 5634H，即程序转移到本段 5634H 单元处。

(4) 段间直接转移

指令格式：JMP　FAR PTR DST　　;DST 为转移地址标号

执行的操作：(IP) ←DST 的偏移地址

(CS) ←DST 所在段的段地址

指令的操作数是一个远标号，该标号在另一个代码段内。指令的操作是用标号的偏移地址取代 IP 寄存器的内容，同时用标号所在代码段的段地址取代当前 CS 的内容，结果使程序转移到另一代码段内指定的标号处。段间直接转移指令也可以直接给出偏移地址。

【例 3-65】
```
JMP   FAR PTR NEXT        ;执行指令后,NEXT 的偏移地址给 IP,段地址给 CS
JMP   2000H:0100H         ;执行指令后,(CS)=2000H,(IP)=0100H
```

(5) 段间间接转移

指令格式：
```
JMP   DWORD PTR SRC       ;SRC 为存储器操作数,DWORD PTR 双字指针运算符,
                          表示是 32 位运算
```

执行的操作：是将存储器操作数所指向单元的前两个字节作偏移地址送给 IP，后两个字节作段地址送给 CS，以实现到另一个代码段的转移。

【例 3-66】 如果 TABLE 是数据段中定义的一个变量名，偏移地址为 0010H，(DS) = 2000H，(20040H) = 34H，(20041H) = 56H，(20042H) = 00H，(20043H) = 80H，执行指令：

```
JMP   DWORD PTR TABLE[BX]
```

若（BX）=0030H，则执行后，（IP）=5634H，（CS）=8000H，即程序转移到 8000：5634H 单元处。

2. 条件转移指令

条件转移指令是以标志寄存器中的状态标志为测试条件，满足条件则转移，不满足条件则顺序执行。

指令的一般格式为：

```
JCC   Label               ;JCC 是指令助记符,Label 是转移的目标地址
```

所有的条件转移指令都是段内短转移，且为相对转移，即转移范围在 -128 ~ 127 间，都不影响标志位。

绝大多数条件转移指令（除 JCXZ 指令外）将状态标志位的状态作为测试的条件。因此，应先执行对状态标志位有影响的指令，然后再用条件转移指令测试这些标志，以确定程序是否转移。CMP 和 TEST 指令常与条件转移指令配合使用，因为这两条指令可影响状态标志位而不改变目的操作数的内容。条件转移指令如表 3-9 所示。

表 3-9 条件转移类指令

指令类型	指令格式	指令功能	测试条件
简单条件转移	JZ/JE Label	相等/结果为 0 则转移	ZF = 1
	JNZ/JNE Label	不相等/结果不为 0 则转移	ZF = 0
	JC Label	有进/借位则转移	CF = 1
	JNC Label	无进/借位则转移	CF = 0
	JS Label	为负则转移	SF = 1
	JNS Label	不为负则转移	SF = 0
	JO Label	溢出则转移	OF = 1
	JNO Label	无溢出则转移	OF = 0
	JP/JPE Label	奇偶位为 1 则转移	PF = 1
	JNP/JPO Label	奇偶位为 0 则转移	PF = 0

（续）

指令类型	指令格式	指令功能	测试条件
对无符号数	JA/JNBE Label JAE/JNB Label JB/JNAE Label JBE/JNA Label	高于/不低于等于则转移 高于等于/不低于则转移 低于/不高于等于则转移 低于等于/不高于则转移	CF=0 且 ZF=0 CF=0 CF=1 CF=1 或 ZF=1
对有符号数	JG/JNLE Label JGE/JNL Label JL/JNGE Label JLE/JNG Label	大于/不小于等于则转移 大于等于/不小于则转移 小于/不大于等于则转移 小于等于/不大于则转移	OF⊕SF=0 且 ZF=0 OF⊕SF=0 或 ZF=1 OF⊕SF=1 且 ZF=0 OF⊕SF=1 或 ZF=1
对 CX 测试	JCXZ	CX 等于 0 则转移	CX=0

从表中可看出，条件转移指令可分为 3 类：

1）测试单个标志位。是根据某一个标志位的值来决定是否转移的指令。测试的标志位有：ZF、CF、SF、OF、PF 共 5 个，每个标志位有 0 和 1 两种取值。这组指令一般适用于测试某一次运算的结果并根据不同的结果作不同处理的情况。

2）用于无符号数比较。两个无符号数比较大小时，是根据 CF 和 ZF 标志位来判断大小或相等。用“高于”或“低于”的概念作为判断依据。

3）用于有符号数比较。两个有符号数比较大小时，是根据 SF 和 OF 标志位来判断大小。用“大于”或“小于”的概念作为判断依据。

【例 3-67】 比较 AX、BX、CX 中无符号数的大小，将最大值存放在 AX 中。

```
      CMP   AX,BX
      JAE   LAB1
      XCHG  AX,BX
LAB1: CMP   AX,CX
      JAE   LAB2
      XCHG  AX,CX
LAB2: …
```

【例 3-68】 在内存中有一个首地址为 ARRAY 的数据区存放了 200 个 8 位有符号数，统计其中正数、负数及零的个数，并分别将统计结果存入 PLUS、MINUS 和 ZERO 单元中。

```
      XOR   AL,AL           ;(AL)←0
      MOV   PLUS,AL         ;清 PLUS 单元
      MOV   MINUS,AL        ;清 MINUS 单元
      MOV   ZERO,AL         ;清 ZERO 单元
      LEA   SI,ARRAY        ;(SI)←数据区首址
      MOV   CX,200          ;(CX)←数据区长度
      CLD
LLAB: LODSB                 ;取一个数据到 AL
      OR    AL,AL           ;影响状态标志位
      JS    MLAB            ;如为负,转 MLAB
      JZ    ZLAB            ;如为零,转 ZLAB
```

```
        INC   PLUS                ;否则为正,PLUS 单元加 1
        JMP   NEXT
MLAB:   INC   MINUS               ;MINUS 单元加 1
        JMP   NEXT
ZLAB:   INC   ZERO                ;ZERO 单元加 1
NEXT:   DEC   CX
        JNZ   LLAB                ;CX 减 1,如不为零,则转 LLAB
        HLT                       ;停止
```

3. 循环控制指令

循环控制指令共 3 条：LOOP、LOOPZ/LOOPE、LOOPNZ/LOOPNE。如表 3-10 所示。循环控制指令对状态标志位没有影响。

表 3-10 条件转移类指令

指令格式	指令功能	测试条件
LOOP Label	循环指令	CX←CX-1，CX≠0
LOOPE/LOOPZ Label	相等或结果为 0 则循环	CX←CX-1,，CX≠0 且 ZF=1
LOOPE/LOOPZ Label	相等或结果为 0 则循环	CX←CX-1,，CX≠0 且 ZF=0

（1）LOOP 循环指令

指令格式：LOOP Label ;Label 是一个短标号

指令功能：将 CX 的内容减 1，若结果不为零，则转到指定的短标号 Label 处；否则顺序执行下一条指令。在循环程序开始前，须将循环次数送 CX 寄存器。指令的操作数只能是一个短标号，即跳转距离不超过 -128 ~ +127 的范围。

（2）LOOPE/LOOPZ 循环指令

指令格式：LOOPE/LOOPZ Label ;Label 是一个短标号

指令功能：将 CX 的内容减 1，若结果不为零且 ZF=1，则转到指定的短标号 Label 处，直到 CX=0 或 ZF=0 时退出循环。

本条指令常用在 CMP 或 TEST 指令后，这些指令会影响标志位，形成有条件循环。注意，此时的 ZF 标志位是由 CMP 或 TEST 指令决定的，而不是由 LOOPE/LOOPZ 指令决定的。

（3）LOOPNE/LOOPNZ 循环指令

指令格式：LOOPNE/LOOPNZ Label ;Label 是一个短标号

指令功能：将 CX 的内容减 1，若结果不为零且 ZF=0 时，转到指定的短标号处，直到 CX=0 或 ZF=1 时退出循环。

本条指令的使用类似 LOOPE/LOOPZ 指令。

【例 3-69】 循环指令应用于软件延时。

```
DELAY    PROC
         PUSH   CX
         MOV    CX,500
```

```
NEXT:  NOP
       NOP
       LOOP  NEXT
       POP   CX
       RET
       DELAY ENDP
```

【例3-70】 已知从DATA1单元开始存放50个字节数据，从中找出数据‘$’字符，如找到则将其地址存入BX中，否则BX等于00H。

```
       MOV   CX,50           ;设置计数值
       LEA   SI,DATA1        ;(SI)←数据区首址
LOP1:  CMP   [SI],'$'        ;数据比较
       INC
       LOOPNE  LOP1          ;数据不是'$'或(CX)≠0则循环
       JNZ   RT              ;数据'$'不存在,且(CX)=0则转移
       DEC   SI              ;求地址
       MOV   BX,SI           ;存地址
       HLT
RT:    MOV   BX,0
       HLT
```

4. 过程调用和返回指令

如果有一些程序段需要在不同的地方多次反复地出现，则可将它们设计成为过程，相当于子程序。8086/8088系统提供了两条指令用于实现过程的调用和返回（见表3-11）。

表3-11 过程的调用和返回指令

指令格式	指令功能
CALL Label	调用过程指令
RET	过程返回指令

被调用的过程如果在当前代码段内，则称为近过程，用NEAR表示，其调用称为段内调用；被调用的过程如果在其他代码段中，称为远过程，用FAR表示，其调用称为段间调用。调用过程的地址可以用直接的方式给出，也可用间接的方式给出。

过程调用指令和返回指令对状态标志位都没有影响。

(1) 过程调用指令CALL（CALL procedure）

1) 段内直接调用

指令格式：CALL 过程名 ;(SP)←(SP)-2,((SP)+1:(SP))←(IP)
;(IP)←(IP)+16位位移量

指令功能：将IP指针压入堆栈，以保护断点地址，然后将相对位移量加到IP上，得到要调用过程的偏移地址，使程序转移到被调用过程处执行。相对位移量的范围为-32768～+32767。段内直接调用是在当前代码段内，是一个近过程。

2）段内间接调用

指令格式：CALL　16 位寄存器名　　;(SP)←(SP) -2,((SP) +1:(SP))←(IP)
　　　　　CALL　WORD PTR 存储器寻址方式　　;(IP)←16 位寄存器内容或寻址到的存储单元的一个字

指令功能：将 IP 指针压入堆栈，然后将寄存器或存储单元的内容传送到 IP。

3）段间直接调用

指令格式：CALL　FAR PTR 过程名　　;(SP)←(SP) -2,((SP) +1:(SP))←(CS)
　　(CS)←过程名的段地址
　　(SP)←(SP) -2,((SP) +1:(SP))←(IP)
　　(IP)←过程名的偏移地址

指令功能：将当前 CS、IP 压入堆栈，然后将过程对应的段地址和偏移地址分别送给 CS 和 IP。本方式中的过程在其他代码段内，是一个远过程。

4）段间间接调用

指令格式：CALL　DWORD PTR 存储器寻址方式　;(SP)←(SP) -2,((SP) +1:(SP)←(CS)
　　(CS)←(EA +2)取过程段地址
　　(SP)←(SP) -2,((SP) +1:(SP)←(IP)
　　(IP)←(EA)取过程偏移地址

指令功能：将当前 CS 压入堆栈，并将存储器操作数的后两个字节送给 CS；再将当前 IP 压入堆栈，并将存储器操作数的前两个字节送给 IP，使程序转到其他代码段执行。指令的操作数是一个 32 位的存储器操作数。

【例 3-71】
```
CALL  SUB1              ;段内直接调用,SUB1 为过程名
CALL  BX                ;段内间接调用,调用的偏移地址由 BX 提供
CALL  FAR PTR SUB2      ;段间直接调用,SUB2 为段间过程名
CALL  DWORD PTR[BX]     ;段间间接调用,调用的段地址和偏移地址由 BX 指向
                        的 4 个存储单元提供
```

（2）过程返回指令 RET（Return from procedure）

指令格式：RET

指令功能：将堆栈中的断点地址弹出到 IP、CS 中，使程序返回到过程调用的断点处继续执行，通常是过程中的最后一条指令。

通常，RET 指令的类型是隐含的，它自动与过程定义时的类型匹配。如果为近过程，返回时将栈顶的字弹出到 IP 寄存器；如果为远过程，返回时先从栈顶弹出一个字到 IP，接着再弹出一个字到 CS。

另外，RET 指令还允许带参数返回，该参数范围为 0 ~ 65536 的立即数，通常是偶数。参数表示返回时从堆栈中舍弃的字节数。例如，RET 4，返回时舍弃堆栈中的 4 个字节，这些字节一般是调用前通过堆栈向过程传递的参数。

5. 中断指令

8086/8088 CPU 可以在程序中安排一条中断指令来引起一个中断过程，这种中断称为软件中断。8086/8088 CPU 共有 3 条中断指令，如表 3-11 所示。

表3-12 中断指令

指令类型	指令格式	指令功能	对标志位的影响								
			IF	TF	DF、	ZF、	AF、	PF、	CF、	SF、	OF
软中断	INT n	产生一个内部中断	0	0	—	—	—	—	—	—	—
中断返回	IRET	中断返回	*	*	*	*	*	*	*	*	*
溢出中断	INTO	溢出时中断	0	0	—	—	—	—	—	—	—

注："0"表示标志位为0；"*"表示标志位恢复到入栈前的值；"—"表示对标志位无影响。

(1) 软中断指令 INT (Interrupt)

指令格式：INT n ;n为中断类型号,取值范围0~255

指令功能：产生一个软中断，使程序转去执行一个中断服务程序。该指令复位标志位IF、TF，对其他标志位无影响。

(2) 中断返回指令 IRET (Interrupt Return)

指令格式：IRET

指令功能：用于从中断服务程序返回到被中断的程序继续执行。影响所有标志位。

(3) 溢出中断指令 INTO (Interrupt if overflow)

指令格式：INTO

指令功能：检查OF标志位，若OF=1，则启动一个INT 4的中断过程；若OF=0，则不进行任何操作。该指令复位标志位IF、TF，对其他标志位无影响。

3.3.7 处理器控制指令

这一类指令用于对CPU进行控制，它完成简单的控制操作，如对CPU中某些状态标志位的状态进行操作，以及使CPU暂停、等待等。该类指令没有操作数，是单字节指令。表3-13给出了处理器控制指令的指令类型、指令格式、指令功能，以及指令完成的操作。

表3-13 处理器控制指令

指令类型	指令格式	指令功能	指令完成的操作
标志位处理指令	STC	进位标志CF置1	CF=1
	CLC	进位标志CF清0	CF=0
	CMC	进位标志CF取反	$CF=\overline{CF}$
	STD	方向标志DF置1	DF=1
	CLD	方向标志DF清0	DF=0
	STI	中断标志IF置1	IF=1
	CLI	中断标志IF清0	IF=0
其他控制指令	HLT	暂停指令，使CPU进入暂停状态	
	WAIT	等待指令	
	ESC	交权指令	
	LOCK	封锁总线	
	NOP	空操作	

1. 标志位处理指令

这些指令仅对有关状态标志位执行操作，对其他状态标志位没有影响。

2. 其他控制指令

(1) 处理器暂停指令 HLT (Halt)

指令格式：HLT

指令功能：使 CPU 进入暂停状态。不影响标志位。中断、复位或 DMA 操作可使 CPU 退出暂停状态。

注意：该指令在程序设计举例中，往往是程序的最后一条指令，表示程序到此结束。如果是在 DOS 环境下运行程序，不要用此指令作为结束，否则会使计算机出现死锁现象，程序的末尾一般应写上返回 DOS 的调用。但在 Debug 调试程序中可用 HLT，不会产生死锁。

(2) 等待指令 WAIT

指令格式：WAIT

指令功能：不断测试$\overline{TEST}$引脚，若测试到$\overline{TEST}=1$，则该指令使 CPU 处于暂停状态；若测试到$\overline{TEST}=0$，则 CPU 脱离暂停状态，继续往下执行。不影响标志位。

该指令用于 CPU 与外部硬件同步。

(3) 空操作指令 NOP (No Operation)

指令格式：NOP

指令功能：不执行任何操作，但占用 3 个时钟周期。不影响标志位。

(4) 总线封锁指令 LOCK (Lock bus)

指令格式：LOCK

指令功能：当 CPU 执行带 LOCK 前缀的指令时，不允许其他设备对总线进行访问。LOCK 指令可作为任何指令的前缀，不影响标志位。

(5) 交权指令 ESC (Escape)

指令格式：ESC　EXT_OP,SRC　　　;EXT_OP 其他协处理器的操作码 SRC 为存储器操作数

指令功能：为协处理器提供操作码和操作数，以完成 CPU 对协处理器的某种操作要求。不影响标志位。

3.4 习题与思考题

1. 8086/8088 的指令有哪些寻址方式？它们的具体含义是什么？指令中如何表示它们？
2. 分别指出下列指令中源操作数和目的操作数的寻址方式：

   (1) MOV AX, 1000H　　(2) MOV AX, ES: 1000H

   (3) MOV [BX], AL　　(4) MOV DI, [SI]

   (5) ADD AX, [BX+4]　　(6) SUB AX, [BX+DI+5]

   (7) MOV [DI+2], AX　　(8) ADD AX, -7 [BP] [DI]
3. 设 (BX) =0158H, (DI) =10A5H, 相对位移量 disp=1B57H, (DS) =2100H, 没有使用段前缀，计算下列寻址方式下的有效地址 EA 和物理地址 PA。寄存器和基址用 BX，变址用 DI。

（1）直接寻址　（2）寄存器间接寻址　（3）寄存器相对间接寻址
（4）变址寻址　（5）寄存器相对变址寻址　（6）基址加变址寻址
（7）基址加变址相对寻址

4. 判断下列指令是否正确，并对错误指令说明原因：

（1）MOV AL，BX　（2）MOV AL，CL
（3）INC [BX]　（4）MOV 50，AL
（5）MOV [BX]，[DI]　（6）MOV BL，F5
（7）MOV DS，2000H　（8）POP CS
（9）MUL 35　（10）OUT 258H，AL
（11）MOV [50－BP]，AX　（12）ADD BYTE PTR [BX]，[DI]

5. 将程序段各指令执行后 AX 的值用十六进制数填入下表中：

程序段	AX
MOV AX，0	
DEC AX	
ADD AX，7FFFH	
ADC AX，1	
NEG AX	
OR AX，5F5FH	
AND AX，0F5F5H	
XCHG AH，AL	
SAL AX，1	
RCL AX，1	

6. 试给出执行下列指令后 OF、SF、ZF、CF 的状态：

（1）MOV AX，2345H
ADD AX，3219H
（2）MOV BX，5439H
ADD BX，456AH
（3）MOV CX，3579H
SUB CX，4EC1H
（4）MOV DX，9D82H
SUB DX，4B5FH

7. 已知堆栈段的段基址(SS)＝2000H，(SP)＝200H，那么

（1）栈底的物理地址是多少？
（2）当前栈区的字节数是多少？
（3）存入数据 2233H 和 4455H 后，SP 指针是多少？

8. 用逻辑指令完成下列功能：

（1）将 AX 的高 4 位为 0。
（2）将 BX 的低 4 位置 1。
（3）将 DX：AX 中的 32 位数左移 1 位。
（4）实现 AL 中的无符号数乘以 20。

9. 分别写出实现如下功能的程序段：

（1）将 AX 中间 8 位作高 8 位，BX 低 4 位和 DX 高 4 位作低 4 位拼成一个新字。

(2) 将数据段中以 BX 为偏移地址的连续 3 单元中的无符号数求和。

(3) 将数据段中以 BX 为偏移地址的连续 4 单元的内容颠倒过来。

(4) 将 BX 中的 4 位压缩 BCD 数用非压缩 BCD 数形式按高低顺序存放在 AL，BL，CL 和 DL 中。

10. 把从 UNPACKED 开始的 16 位非组合 BCD 数转换成组合 BCD 数，并把结果存在从 PACKED 开始的单元里。

11. 在不改变 AL 值的同时，检测 AL 中 1 的个数，将结果放在 BL 中。

第4章

汇编语言程序设计

本章主要介绍汇编语言的程序格式、伪指令和宏指令、DOS 功能调用和 BIOS 功能调用，以及汇编语言程序设计的方法。汇编语言程序设计方法包括顺序程序设计、分支程序设计、循环程序设计和子程序设计。

4.1 汇编程序基本知识

4.1.1 汇编语言源程序分段结构

在学习汇编语言语法规则和伪操作命令之前，先给出一个完整的汇编语言源程序实例，以对汇编语言源程序的整体结构和格式有一个总体了解。

【例 4-1】 实现内存单元中两个字节数据相加。编写一个完整的汇编语言源程序。

```
STACK   SEGMENT                          ;定义堆栈段开始
        DW      100 DUP (?)              ;定义 100 个字的连续堆栈区
        TOP     LABEL WORD               ;定义 TOP 为字属性
STACK   ENDS                             ;定义堆栈段结束
DATA    SEGMENT                          ;定义数据段开始
        BUF1    DB 34H                   ;第 1 个加数
        BUF2    DB 2AH                   ;第 2 个加数
        SUM     DB ?                     ;存放和的单元
DATA    ENDS                             ;定义数据段结束
CODE    SEGMENT                          ;定义代码段开始
        ASSUME CS:CODE,DS:DATA,SS:STACK
START:
        MOV     AX,STACK
        MOV     SS,AX                    ;给堆栈段寄存器 SS 赋值
        MOV     SP,OFFSET TOS            ;给 SP 赋初值
        MOV     AX,DATA
        MOV     DS,AX                    ;给数据段寄存器 DS 赋值
        MOV     AL,BUF1                  ;取第 1 个加数
        ADD     AL,BUF2                  ;和第 2 个加数相加
        MOV     SUM,AL                   ;存放结果
        MOV     AH,4CH                   ;赋功能号
        INT 21H                          ;返回 DOS 状态
        CODE    ENDS                     ;定义代码段结束
        END     START                    ;整个源程序结束
```

从上例中可以看出，一个完整规范的汇编语言源程序采用了分段结构，一般包括代码段、数据段、堆栈段等。段的定义由伪指令 SEGMENT 和 ENDS 来实现，每个段各自的段名，如数据段名为 DATA，代码段名为 CODE 等，段名也可根据命名规则来自定。

不同的段具有不同的功能。代码段用来存放用户编写的程序代码。数据段用来存放定义的变量、常数等，也可作为程序运行时的算术运算区或 I/O 数据的工作区。堆栈段用来在内

存中建立一个堆栈区，在使用堆栈指令、中断和子程序调用时会用到它。每个段都有一个段名，整个源程序必须以 END 结束。

任何一个汇编语言源程序至少应包含一个代码段，其他段视具体情况而定。对复杂的程序，可能会有多个代码段、数据段、堆栈段，在结构上通常把数据段放在代码段的前面，使变量定义在前，使用在后，保证生成正确的目标代码。

4.1.2　汇编程序中语句的类型与格式

1. 语句的类型

8086 宏汇编语言中语句的类型分为 3 类：指令语句、伪指令语句和宏指令语句。

指令语句是 8086/8088 指令系统中的指令，它能够被汇编程序翻译成机器代码，与机器码一一对应，是可执行代码。

伪指令语句也叫指示性语句，它是在汇编时解释执行，为汇编程序提供有关信息，并不被翻译成机器代码。例如，伪指令可用来定义变量、分配存储区等。

宏指令语句是由若干条指令语句形成的语句体。一条宏指令语句的功能相当于若干条指令语句的功能。

2. 语句的格式

3 种语句有相似的格式。一般由以下 4 部分组成：

[名字]　操作码　[操作数]　[;注释].

其中，[ ] 表示该部分是可选的。

3. 名字

名字是由用户按一定规则定义的标识符。名字可由以下字符集组成：

- 英文字母：A ~ Z，a ~ z。
- 数字：0 ~ 9。
- 特殊符号：?、@ 、_ 、[ ]、( )、< >、{ }、+、-、*、/、%、! 等。

名字的命名规则：

- 数字不能作为名字的第一个符号，一般用英文字母开头；不区分大小写。
- 特殊符号不能单独作为名字。
- '.'必须是第一个字符。
- 一个名字的最大有效长度为 31，超过 31 的部分计算机不再识别。

汇编语言中有特定含义的保留字，如操作码、寄存器名等，不能作为名字使用。为便于记忆，名字的定义最好能够见名知义，如用 BUF 表示缓冲区、SUM 表示累加和等。

名字的主要形式有两种：标号和变量。

(1) 标号

标号在代码段中定义，通常紧跟冒号。标号表示一条指令所在的地址，是指令的符号地址。标号经常在转移指令或 CALL 指令的操作数字段出现，用以表示转向地址。标号也可以作为过程名定义，由于过程由伪指令定义，所以过程名不需冒号说明。

标号有 3 种属性：段属性、偏移属性和类型属性。

段属性（SEG）：定义标号的段起始地址，必须在一个段寄存器中。标号的段属性总是指代码段。

偏移属性（OFFSET）：标号的偏移地址是从段起始地址到标号间相隔的字节数。

类型属性（TYPE）：类型属性用来指出该标号是在本段内引用还是在其他段中引用。如是在段内引用，则类型属性为 NEAR，指针长度为 2 B。如在段外引用，则类型属性为 FAR，指针长度为 4 B。

(2) 变量

变量由 DB、DW、DD 等伪指令定义，后面不接冒号。对单个变量，变量名既可表示定义数据的存储单元名称，即符号地址，也可表示变量本身；当定义变量为一个数据区时，变量名既表示该数据区的第一个存储单元，即数据区的首地址，也表示数据区的第一个数据。比如：

```
BUF1    DB 1,2,3               ;定义一个变量 BUF1,它是一个数据区,大小为 3 B
MOV     BX,BUF1                ;取变量 BUF1 的数据特性,(BX)=0201H
MOV     BX,OFFSET BUF1         ;取变量 BUF1 的地址特性,将其偏移地址赋给 BX
```

变量也有段属性、偏移属性和类型属性 3 种属性。

段属性（SEG）：定义变量的段起始地址，此值必须在一个段寄存器中。

偏移属性（OFFSET）：从段的起始地址到变量间相隔的字节数。

类型属性（TYPE）：表示该变量所占有的字节数。如 DB 定义的变量类型属性是字节；DW 定义的变量类型属性是字；DD 定义的变量类型属性是双字；DQ 定义的变量类型属性是 8 B；DT 定义的变量类型属性是 10 B 等。

在同一个程序中，同样的标号或变量的定义只允许出现一次，否则汇编程序会指示出错。

4. 操作码

操作码用来指明操作的性质或功能。可以是指令，也可以是伪指令和宏指令。

5. 操作数

指令中的操作数用来指定参与操作的数据。对于一般指令，可以有 1 个或 2 个操作数，也可以没有操作数；对于伪指令和宏指令，可以有多个操作数。当操作数多于 1 个时，操作数之间用逗号分开。

一个操作数在内容上可能代表一个数据，也可能代表一个存储单元的地址，可以是标号、变量、寄存器、常数和表达式等多种形式。关于操作数的常数和表达式在下节具体介绍。

6. 注释

注释是语句的说明部分，用来说明一条指令或一段程序的功能，由分号开始。注释可增加程序的可读性，便于阅读、理解和修改程序。汇编源程序时，注释部分不产生机器代码。如果注释有多行，续行符使用 &。

4.1.3 汇编语言的数据表示

汇编语言指令中的操作数可以是常数、变量、表达式等不同类型。

1. 常数

常数就是指令中出现的纯数值，例如，立即数寻址时所用的立即数，直接寻址时所用的地址，ASCII 字符等都是常数。常数除了自身的值以外，没有其它属性。它可分为数值常数、字符串常数和符号常数 3 类，

（1）数值常数

数值常数按基数的不同，有二进制数（B）、八进制数（O）、十进制数（D）、十六进制数（H）等不同的表示形式，用不同的后缀加以区别。缺省的数制是十进制。对十六进制数，若以 A ~ F 开头，前面必须加数字 0，以避免和名字混淆。如十六进制数 B8H 应写为 0B8H。

（2）字符串常数

由单引号‘　’括起来的一串字符，如‘ABCD’和‘79’。字符串在计算机中存储的是相应字符的 ASCII 码。如上述两字符串的 ASCII 代码分别为 41H、42H、43H、44H 和 37H、39H。字符串最长允许有 255 个字符。

（3）符号常数

符号常数是指常数用符号名来代替。如：用 COUNT EQU 6 或 COUNT =6 定义后 COUNT 就是一个符号常数，与数值常数 6 等价。

2. 表达式与运算符

由常数、变量、标号和运算符组成的合法式子就是表达式，分为数值表达式和地址表达式两种。数值表达式的运算结果是一个数；地址表达式的运算结果是一个存储单元的地址。表达式的运算是在汇编时进行的，其结果作为操作数执行规定的操作。

运算符可以对一个或几个操作数进行运算，构成一个表达式。汇编语言中有 5 类运算符，即算术运算符、逻辑运算符、关系运算符、分析运算符、综合运算符。

（1）算术运算符（Arithmetic Operators）

算术运算符有 +、-、*、/和 MOD（取余），用于数值表达式或地址表达式中。用于地址表达式要注意地址表达式的物理意义。同一段中的两个地址相减（其值为两个地址之间字节单元的个数），一个地址加上或减去一个整数（其值为另一个单元的地址），是有意义的；两个地址相加、相乘或相除是无意义的。

【例 4-2】
```
MOV   AL,7 * 6 +8          ;数值表达式
MOV   SI,OFFSET BUF +6     ;地址表达式
```

（2）逻辑运算符（Logical Operators）

逻辑运算符有 AND（与）、OR（或）、XOR（异或）和 NOT（非）4 种，只能用于数值表达式中，不能用于地址表达式中。逻辑运算符和逻辑运算指令的区别是：逻辑运算符的功能在汇编阶段完成；逻辑运算指令的功能在程序执行阶段完成。

【例 4-3】
```
AND AL, DATA1 AND 0FH
```

指令中出现了两个 AND，第二个 AND 是逻辑运算符，计算 DATA1 AND 0FH 得到一个立即数作为源操作数；第一个 AND 是指令操作码，对目的和源操作数求与运算。

（3）关系运算符（Relational Operators）

关系运算符有 EQ（相等）、LT（小于）、LE（小于等于）、GT（大于）、GE（大于等于）和 NE（不等于）。关系运算符要有两个运算对象，它们要么都是数值，要么都是同一个段内的地址。运算结果为真时，结果为 0FFH 或 0FFFFH；运算结果为假时，结果为 0000H。

【例 4-4】
```
MOV  BX,38 EQ 95      ;等价于 MOV  BX,0
MOV  BX,76 GT 40      ;等价于 MOV  BX,0FFFFH
```

（4）分析运算符（Analytic Operators）

分析运算符可以把一个存储单元地址分解为段地址和偏移量。分析运算符有 OFFSET、SEG、TYPE、SIZE 和 LENGTH，如表 4-1 所示。

表 4-1　分析运算符

运算符类型	运算符格式	运算符功能
取偏移量运算符	OFFSET　变量名或标号	取出变量名或标号所在段的偏移地址
取段基址运算符	SEG　变量名或标号	取出变量名或标号所在段的段地址
类型运算符	TYPE　变量名或标号	取出变量名或标号的类型属性
长度运算符	LENGTH　变量名或标号	返回变量名所占存储单元的数目，仅对 DUP 有效，返回 DUP 前的数字；如变量定义中没有 DUP，则总是返回 1
大小运算符	SIZE　变量名或标号	返回变量名所占存储单元的字节数，等于 LENGTH 与 TYPE 返回值的乘积

其中，类型 TYPE 运算符用来返回变量名或标号分配存储单元的类型属性，其返回值与属性的关系如表 4-2 所示。

表 4-2　变量与标号的类型属性值

	定义的伪指令	类　型	属 性 值
变量	DB	BYTE　字节	1
	DW	WORD　字	2
	DD	DWORD　双字	4
	DQ	QWORD　四字	8
	DT	TWORD　十字节	10
标号		NEAR　近程	-1
		FAR　远程	-2

【例 4-5】
```
BUF1  DB    100 DUP(0)
BUF2  DW    100 DUP('?')
BUF3  DD    100 DUP(20H)
```

则

```
TYPE  BUF1 =1
TYPE  BUF2 =2
TYPE  BUF3 =4
```

则

```
LENGTH    BUF1 =100
LENGTH    BUF2 =100
LENGTH    BUF3 =100
```

则

```
SIZE  BUF1 =100
SIZE  BUF2 =200
SIZE  BUF3 =400
```

(5) 综合运算符 (Synthetic Operators)

1) PTR 运算符

格式：类型　PTR 表达式

功能：规定表达式新的类型属性，用以取代表达式原有的类型属性。变量可规定的类型有 BYTE、WORD、DWORD，标号可规定的类型有 NEAR、FAR。表达式可以是变量、标号或地址表达式。

【例 4-6】　MOV　WORD PTR [BX],100　　　;指明目的操作数是字数据

2) THIS 运算符

格式：THIS 类型

功能：用来指定变量、标号或地址表达式的类型属性。可规定的类型包括 BYTE、WORD、DWORD、NEAR、FAR。一般是通过 EQU 伪指令，为符号名赋予一个 THIS 指定的类型。

【例 4-7】

```
DAT1  EQU   THIS BYTE
DAT2  DW    3344H
```

DAT1、DAT2 对应同一存储单元，两者具有相同的段基址和偏移地址。对该单元既可用 DAT1 进行字节访问，也可用 DAT2 进行字访问。如：

```
MOV  AL,DAT1        ;AL =44H
MOV  AX,DAT2        ;AX =3344H
```

3) HIGH 与 LOW 运算符

格式：HIGH　表达式
　　　LOW　表达式

功能：对数值或地址表达式分离出高字节或低字节。

【例 4-7】

```
COUNST  EQU  4455H
MOV  AH,HIGH CONST        ;AH =44H
MOV  AL,LOW CONST         ;AL =55H
```

4) SHORT 运算符

格式：SHORT　标号

功能：用来指定 JMP 指令中转移地址的属性，指出转移地址是在下一条指令的 -128 ~ 127 字节范围内。

(6) 运算符的优先级

当一个表达式中有多个运算符时，要考虑各种运算符的优先级顺序问题，基本原则是：

1）高的先运算，优先级低的后运算。

2）若优先级相同，则按从左至右的顺序运算。

各种运算符的优先级见表 4-3，同一行中的优先级相同。

表 4-3 运算符的优先级

优先级		运算符
高 ↓ 低	0	括号中的表达式
	1	LENGTH、SIZE、WIDTH、MASK
	2	段超越符
	3	PTR、OFFSET、SEG、TYPE、THIS
	4	HIGH、LOW
	5	*、/、MOD、SHL、SHR
	6	+、-
	7	EQ、NE、LE、LT、GT、GE
	8	NOT
	9	AND
	10	OR、XOR
	11	SHORT

4.2 汇编程序伪指令

伪指令又称为伪操作，在汇编时告诉汇编程序如何汇编，但不生成相应的机器代码。伪指令可以完成如处理器选择、定义程序模式、定义数据、分配存储区和指示程序结束等功能。

4.2.1 符号定义伪指令

符号定义伪指令用来给程序中多次出现的常数或表达式赋一个符号名，或者给某个变量或标号赋予新的类型属性。符号定义伪指令提高了程序的可读性，也使其更加易于修改。

1. 符号赋值伪指令 EQU

格式：符号名　EQU　表达式

功能：将表达式的值赋给符号名。符号名由用户自定义，表达式可以是常数、数值或地址表达式、变量或标号。

【例 4-8】 CONSTANT　EQU　256　　;用符号名 CONSTANT 表示常数 256

```
DATA     EQU   HEIGHT +12        ;HEIGHT 为一标号,用符号名 DATA 来
                                  表示地址表达式 HEIGHT +12
ALPHA    EQU   7
BETA     EQU   ALPHA -2          ;符号名 BETA 等于 7 -5
ADDR     EQU   [BP +8]           ;变址引用赋以符号名 ADDR
COUNT    EQU   CX                ;COUNT 与 CX 为同义符号
PLUS     EQU   ADD               ;PLUS 表示 ADD 指令
```

注意：符号名一旦被 EQU 定义，就不能再被赋值，即不能用 EQU 重复定义符号名。

2. 符号重复赋值伪指令 =

格式：符号名 =　表达式

功能：将表达式的值赋给符号名。= 伪指令与 EQU 相类似，但" =" 伪指令允许对符号名重复定义。

【例 4-9】
```
COUNT        EQU     20H
COUNT =30H
```

此时 COUNT 的值为 30H。

3. 定义符号名伪指令 LABEL

格式：符号名　LABEL　类型

功能：定义标号或变量的名称和属性，它和下一条指令共享存储单元。

【例 4-10】
```
BYTE-ARRAY   LABEL   BYTE
WORD-ARRAY DW       100 DUP (?)
```

第二条语句中指明有 100 个字存储单元，其符号地址名为 WORD-ARRAY，而第一条语句说明这 100 个字存储单元可以看成 200 个字节存储单元，符号地址名为 BYTE-ARRAY。所以，在访问该存储区时，既可按字节访问，也可按字访问，具有很大的灵活性。

4.2.2 数据定义伪指令

数据定义伪指令也称为定义变量的伪指令，就是给变量分配存储单元。包括：DB、DW、DD、DQ、DT。这些伪指令可以把其后跟着的数据存入指定的存储单元，形成初始化数据，或者只分配存储空间而并不存入确定的数值，形成未初始化数据空间。

格式：
```
[变量名]   DB   表达式        ;定义字节变量,1B
[变量名]   DW   表达式        ;定义字变量,2B
[变量名]   DD   表达式        ;定义双字变量,4B
[变量名]   DQ   表达式        ;定义 8 字节变量,8B
[变量名]   DT   表达式        ;定义 10 字节变量,10B
```

功能：为变量分配存储单元，建立变量与存储单元的联系。变量名可省略。

伪指令表达式是赋给变量的初值，可分为以下几种不同的类型：

(1) 数值表达式

实际上是为数值数据分配存储单元，用变量名作为该存储单元的名称。数值数据可以为

多个，之间用逗号分开，并顺序存放在存储单元中。

【例 4-11】 DATA_BYTE　DB 4,10H

　　　　　　DATA_WORD　DW 100，-5

数据在存储区的分配如图 4-1 所示。

当数值数据为 ASCII 码串时，必须用单引号括起来，用 DB 定义，在存储单元顺序存放，长度不超过 256 个字符。对两个字符组成的字符串也可以用 DW 定义，但要注意此时高字节在高地址，低字节在低地址。

【例 4-12】 ASTRING　DB 'ABC','D'

　　　　　　BSTRING　DW 'EF'

数据在存储区的分配如图 4-2 所示。

	...
	FBH
	FFH
	00H
DATA_WORD	64H
	10H
DATA_BYTE	04H
	...

图 4-1　例 4-11 定义的数据区

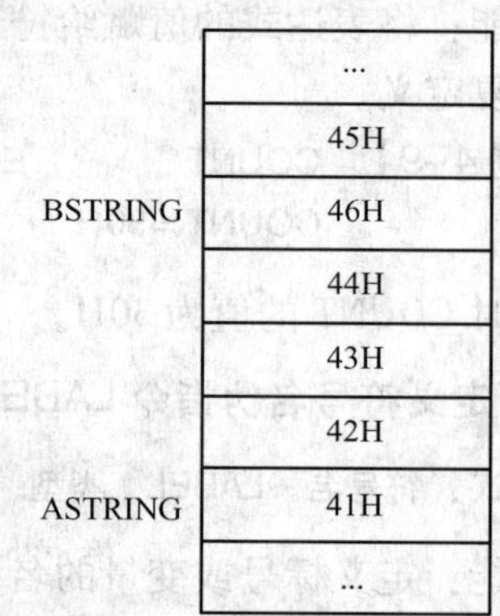

图 4-2　例 4-12 定义的数据区

(2) ? 表达式

不带引号的问号是一个保留字，用来预留存储单元，但不指定存储单元的值，可存放程序的中间结果或最终结果。

【例 4-13】 TMP1　DW　?　　;预留一个字(二个字节),其值不定

　　　　　　TMP2　DB　?　　;预留一个字节,其值不定

(3) DUP 表达式

格式：重复次数 n　DUP (表达式)

功能：DUP 操作符的后面为一个加圆括号的表达式。DUP 表示的功能是把表达式重复预置，重复的次数由 DUP 前面的常数 n 决定。

【例 4-14】 DAT1　DB　100 DUP (0)　　;分配 100 个字节,并预置为零

　　　　　　DAT2　DW　200 DUP (?)　　;分配 200 个字,其值不定

　　　　　　DAT3　DB　10 DUP('ABC',0AH,0BH)　　;表达式由字符串'ABC 和两个常数 0AH,0BH 组成,并重复预置 10 次

【例 4-15】 DAT3　DB　10　DUP (5 DUP (0),1)　　;重复数据序列"0,0,0,0,0,1"10 次,;占用 60 个存储单元

例 4-15 表示 DUP 可以重复使用，即圆括号内的表达式可以再包括带 DUP 的表达式。

4.2.3　模块定义与连接伪指令

8086/8088 汇编语言源程序采用模块结构。能够独立汇编的源程序文件称为汇编语言源程序模块，汇编后的目标文件称为目标模块。若程序功能简单，可用一个源程序模块构成。而对于大型、复杂的程序，则需要多个相对独立的源程序模块共同实现，每个模块单独汇编、调试，最后用连接程序 LINK 进行连接，从而构成一个多模块程序。

1. 定义模块开始和结束的伪指令

在程序的开始可以用 NAME 或 TITLE 伪指令作为模块的名字，在程序的结尾可用 END 伪指令。

(1) NAME 伪指令

格式：NAME　MODULE_ NAME

功能：以定义的 MODULE_ NAME 作为模块名。模块汇编时，是从 NAME 语句开始的。模块名字以字母开头，不超过 6 个字符。

(2) TITLE 伪指令

格式：TITLE　TEXT

功能：指定列表文件的每一页上打印标题。

在程序中没有使用 NAME 伪指令时，汇编程序将用 TEXT 中的前 6 个字符作为模块名。TEXT 最多可有 60 个字符。如果程序中既无 NAME 又无 TITLE 伪指令，则用源文件名作为模块名。所以 NAME 及 TITLE 伪指令并不是不可缺少的，但一般经常使用 TITLE，以便在列表文件中能打印出标题来。

(3) END 伪指令

格式：END　[LABEL]

功能：表示源程序模块结束，通知汇编程序源程序模块到此结束。标号 LABEL 指示程序开始执行的起始地址。

如果多个程序模块相连接，则只有主程序要使用标号 LABEL，其他子程序模块则只用 END 而不必指定标号。汇编程序将在遇到 END 时结束汇编，而程序将从主模块的第一个标号处开始执行。

【例 4-16】
```
START:MOV AX,DATA
      ...
      END START
```

2. 段定义伪指令 SGEMENT/ENDS

8086/8088 汇编语言源程序采用分段结构，将存储空间分为代码段、数据段、堆栈段和附加段。源程序模块的分段结构由段定义伪指令实现。

格式：
```
段名　SEGMENT[定位类型][组合类型][类别]
        ⋮
段名　ENDS
```

功能：用来指定段的名称和范围，伪指令 SEGMENT 和 ENDS 总是成对使用的。

同一段的段名必须一致。段一经定义，其中的标号、变量等在段内的偏移地址就已确定，它们都在同一个段地址控制之下。整个段占用的存储空间大小也就确定，由 SEGMENT/ENDS 伪指令所定义的段，通常小于 64 KB 单元，而且经过汇编和连接，定义的各段互不覆盖。

段定义格式中，带有‘［ ］’的部分根据需要可有可无。另外，当用于定义数据段、附加数据段和堆栈段时，处于 SEGMENT/ENDS 之间的语句只能包括伪指令语句，不能包括指令语句，即指令语句只能出现在代码段中。

段定义伪指令 SEGMENT/ENDS 可指明段的定位类型、组合类型和类别，其含义分别为：

（1）定位类型（align type）

定位类型表示将某段装入内存时，对段的起始边界的规定。共有 4 种定位类型，如表 4-4所示。合理选择定位类型，能够在进行段和模块的定位连接时，充分利用存储器空间。

表 4-4 定位类型

定位类型	含 义	起始地址
PAGE	以页为边界，段的起始地址能被 256 整除	XXXX00H
PARA	以节为边界，段的起始地址能被 16 整除	XXXX0H
WORD	以字为边界，段的起始地址能被 2 整除，是偶数	XXX0H
BYTE	以字节为边界，段的起始地址可以是任意绝对地址	XXXXXH

（2）组合类型（combine type）

组合类型用来告诉连接程序在连接定位时，本程序模块的各个段如何与其他程序模块的各段组合起来，连接程序能够将不同模块的同名段进行组合，并根据组合类型，将同名段顺序连接或重叠在一起。组合类型如表 4-5 所示。

表 4-5 组合类型

组合类型	含 义
NONE	表示该段是个独立的段，不与其他段相组合，即使不同模块有相同的段名，连接时也作为不同的逻辑段，是默认的组合方式
PUBLIC	连接程序将不同模块中的同名同类别的段连接在一起，形成一个逻辑段放入内存中，使用同一个段基址，所有偏移量调整为相对于新逻辑段的偏移地址
COMMON	表示该段与别的模块中同名同类别段共享相同的存储空间。即各段都是从相同的地址开始，具有同样的段地址，且互相覆盖。连接后，段的长度等于最长的 COMMON 段的长度
STACK	与 PUBLIC 组合类型的处理方式相同，即把不同模块中带有 STACK 组合类型的同名段连接起来，使这些同名段都从同一基地址开始。STACK 组合方式仅用于堆栈段。连接程序要求源程序至少有一个堆栈段，否则连接时会显示警告信息
MEMORY	表示在连接时本段被装内存地址最高的地方。若有多个 MEMORY 段，则汇编程序将遇到的第一个段当成 MEMORY 组合类型来处理，其他段按 COMMON 组合类型来处理
AT 表达式	表示将段定位在由表达式的值所指定的段地址上，即段地址是由表达式计算得到的十六位地址，表达式也可是一个常数。例如，AT 2345H 表示该段定位在物理地址 23450H 处

（3）类别（class）

可以是任意合法的自定义字符串，必须用单引号括起来。连接时，把不同模块中相同类别的各段依次存放在连续存储区域内，但各段仍独立。

3. 段寄存器说明伪指令 ASSUME

格式：ASSUME 段寄存器名:段名[,段寄存器名:段名...]

功能：指明段寄存器和逻辑段间的关系。段寄存器在 CS、DS、SS、ES 中选择。

汇编语言源程序由若干个逻辑段组成，但每个段并不能指明自身是代码段、数据段或堆栈段中的哪一个，只能用 ASSUME 伪指令把各逻辑段与段寄存器作关联，来说明该逻辑段是代码段、数据段、堆栈段或附加段。

ASSUME 伪指令只是指定某个段分配给哪一个段寄存器，它并不能把段地址装入段寄存器中，要把段地址装入段寄存器中，就必须在代码段中有把段地址装入相应段寄存器中的指令。

【例 4-17】
```
CODE  SEGMENT
      ASSUME   CS:CODE,DS:DATA      ;建立段与段寄存器的关系
      MOV      AX,DATA
      MOV      DS,AX                ;将当前数据段首址赋给 DS
      …
CODE ENDS
```

注意：CS 寄存器的值在程序装入内存时由 DOS 操作系统自动装入，不需要程序设定。堆栈段可以不定义，此时堆栈操作在系统本身设置的堆栈区中进行。

4. 定位伪指令 ORG

格式：ORG 表达式

功能：用来指定其后程序段或数据块存放的起始地址偏移量。

【例 4-18】
```
ORG     2000H                   ;从 2000H 处开始存放变量 VECT1
VECT1   DW     47A5H
```

注意：ORG 伪指令前不能带标号；ORG 伪指令可以放置在源程序中的任何位置；当没有 ORG 伪指令时，从段首地址开始存放程序或数据。

5. 模块连接伪指令

对于多模块程序而言，每个模块先各自独立汇编，然后用连接程序 LINK 将多个目标模块连接形成一个可执行文件。由于各个模块是相互关联的，允许相互访问彼此的变量或标号，所以当一个模块单独汇编时，必须用伪指令说明它使用了哪些其他模块的变量或标号，以及它自身定义了哪些变量或标号，这需要用到伪指令 EXTRN 和 PUBLIC。

(1) 定义公共符号名伪指令 PUBLIC

格式：PUBLIC 标识符 1 [标识符 2，…]

功能：说明本模块中定义的变量或标号哪些可以被其他模块使用。

(2) 定义外部符号名伪指令 EXTERN

格式：EXTERN 标识符:类型 [，…,标识符:类型]

功能：说明本模块中引用了哪些其他模块的变量或标号。在说明标识符时，要指名其类

型，若标识符为标号，则类型有 NEAR 或 FAR；若标识符为变量，则类型有 BYTE，WORD 或 DWORD。

4.2.4 过程定义伪指令

在汇编语言中，过程的含义和子程序是一样的。一个过程可以被其他程序所调用，它的最后一条指令总是返回指令，用以控制此过程在执行完毕后，返回到主程序。

```
格式：过程名  PROC  [NEAR/FAR]
                 ⋮  }过程体
                RET }
      过程名 ENDP
```

功能：实现过程定义，在过程体中实现过程的功能。

定义过程的伪指令 PROC/ENDP 总是成对出现的，在这两条伪指令间的内容就作为一个过程，即一个子程序。RET 为过程的返回指令，一个过程至少要有一个 RET 指令。

注意：过程名是自定义符，后面不加“：”，可作为标号使用；定义开始和结束的过程名必须相同；过程的属性可以是 NEAR 或 FAR，NEAR 为段内调用，FAR 为段间调用，缺省时为 NEAR。

【例 4-19】 用过程实现多字节 BCD 码相加。

```
DATA   SEGMENT                                        ;定义数据段
    FIRST   DB  10H, 20H, 30H, 40H                    ;第一个加数
    SECONDDB 50H, 60H, 70H, 80H                       ;第二个加数
    SUM     DB  4 DUP (?)                             ;存放结果单元
DATA    ENDS
STACK   SEGMENT                                       ; 定义堆栈段
    STA     DB  20 DUP (?)                            ; 设堆栈长度为 20 B
    TOP         EQU LENGTH STA
STACK   ENDS
CODE    SEGMENT                                       ; 定义代码段
ASSUME     CS:CODE,DS:DATA,SS:STACK
START: MOV      AX, DATA                              ;当前数据段首址赋给 DS
       MOV      DS, AX
       MOV      AX, STACK                             ;当前堆栈段首址赋给 SS
       MOV      SS, AX
       MOV      AX, TOP                               ;设置堆栈指针
       MOV      SP, AX
       MOV      SI, OFFSET FIRST                      ;SI 指向第一个加数
       MOV      BX, OFFSET SECOND                     ;BX 指向第二加数
       MOV      DI, OFFSET SUM                        ;DI 指向结果单元
       MOV      CX, 04                                ;共 4 B
       CLD                                            ;清方向标志
       CLC                                            ;清进位标志
ADITI:  CALL    AAA                                   ;调用多字节加法子程序
```

```
        LOOP    ADITI                        ;CX≠0 则循环
        MOV     AH,4CH                       ;返回到 DOS
        INT     21H
AAA1    PROC    NEAR                         ;单字节加法子程序
        LODSB                                ;取第一个加数
        ADC     AL,[BX]                      ;相加
        DAA                                  ;十进制调整
        STOSB                                ;结果送 DI 所指单元
        INC     BX                           ;修改指针
        RET                                  ;返回
AAA     ENDP                                 ;子程序结束
CODE    ENDS                                 ;程序段结束
        END     START                        ;程序结束
```

4.3 宏指令

为简化汇编语言源程序，可将程序中多次出现的程序段定义成为一个宏指令，程序就可以用宏指令来替代程序段，不必重复写程序段。宏指令必须先定义后使用。

1．宏定义

```
格式：宏指令名  MACRO[形式参数]
                 ⋮ } 宏体(指令或伪指令组成)
                ENDM
```

功能：实现宏定义。MACRO 和 ENDM 均为伪指令，必须成对出现。

宏指令名是为宏指令起的名字，以供在源程序中调用。MACRO 和 ENDM 之间为宏体，即要用宏指令名代替的程序段。形式参数用来向宏体传递参数，在宏调用时代入实参。形式参数的设置可根据需要而定，可一个或多个，也可以没有。当有多个形式参数时，参数之间必须以逗号隔开。

宏指令定义一般放在程序的开头，不属于源程序部分。

【例 4-22】 将回车和换行命令定义成一个宏指令。

```
CRLF    MACRO
        MOV     AL,0DH
        MOV     AH,02H
        INT     21H
        MOV     AL,0AH
        MOV     AH,02H
        INT     21H
        ENDM
```

回车和换行命令在程序中会多次引用，可将这些指令定义成一个宏指令，可以在程序中

多次引用。

2. 宏调用

格式：宏指令名 ［实参表］

功能：在程序中引用宏指令，多个实参间用逗号分割。

【例 4-23】 分两行显示字符‘A’、‘B’。

```
MOV   AH,02H
MOV   DL,'A'
INT    21H
CRLF
MOV   AH,02H
MOV   DL,'B'
INT    21H
```

在对源程序宏汇编时，把宏指令中的指令序列展开代替宏指令。宏展开后，原来宏定义中指令前加上了符号‘+’，以示区别。

```
MOV      AH,02H
MOV      DL,'A'
INT       21H
 +MOV   AL,0DH
 +MOV   AH,02H
 +INT        21H
 +MOV   AL,0AH
 +MOV   AH,02H
 +INT        21H
MOV      AH,02H
MOV      DL,'B'
INT       21H
```

3. 带参数的宏

宏指令具有接收参数的能力。通常实参应与形参一一对应，若实参个数多于形参，则多余的实参被忽略；若实参个数少于形参，多余的形参设为空。实参的类型可以是常数、变量、地址表达式、寄存器等。

【例 4-24】

```
SHIFT    MACRO   N,REG,CC
         MOV     CL, N
         S&CC    REG, CL
         ENDM
```

该宏指令有 3 个形式参数。N 表示移位次数，REG 表示要移位的寄存器，CC 表示具体的移位操作。

【例 4-25】 SHIFT 5,AX,HR

该宏指令功能是将 AX 寄存器内容右移 5 位，在汇编时分别产生以下指令语句。

```
+MOV    CL, 5
+SHR    AX, CL
```

4. 宏指令与过程的区别

在汇编语言程序设计中，宏指令和子程序都给设计者提供了很大的方便。它们都是可被程序多次调用的程序段，并且调用前必须由设计者自己根据需要按一定格式进行定义。然而，宏指令和子程序由于定义方法及格式不同，使用中还有许多不同之处：

1）处理的时间不同。宏调用是在源程序被汇编时由汇编程序处理的；而子程序调用是在程序执行期间由 CPU 直接执行的。

2）处理的方式不同。两者都必须先定义后使用，但宏调用是用宏体替换宏调用伪指令，实参代替形参，源程序被翻译成目标代码后宏定义随着消失；而子程序则没有这样的替换操作，是以 CALL 指令将控制权由调用者转给子程序并执行。

3）执行速度不同。子程序调用时需要执行 CALL 指令和 RET 指令，还要执行实现参数传递的附加指令，因而会比宏展开后的代码多而执行速度稍慢。

4）占用的存储器空间大小不同。宏指令在每次调用时都要把宏体中的程序段复制一遍，因而用宏指令编写的程序在目标代码中会重复出现相同或相似的程序段，占用内存空间较大；而子程序是由 CALL 指令调用的，无论调用多少次，子程序的目标代码只在程序中出现一次，目标代码相对较短。

宏指令可以调用子程序，子程序也可以包括宏指令。究竟什么情况下使用宏指令或子程序进行设计，可权衡内存空间、执行速度、参数的多少和使用的程序设计方法来确定。一般而言，采用模块结构设计的程序多用子程序（或过程）。对于一些非标准程序段且程序较短，调用次数又不太频繁，或者是显示打印之类的明确功能，要用宏指令设计，以便增加程序的可读性。

4.4 DOS 与 BIOS 调用

IBM PC 系统为汇编用户提供了两个程序接口。一个是 DOS 系统功能调用，另一个是 ROM 中的 BIOS（basic input/output system）功能调用。DOS 系统功能调用和 BIOS 调用由一系列的服务子程序构成，但调用与返回不是使用子程序调用指令 CALL 和返回指令 RET，而是通过软中断指令 INT N 和中断返回指令 IRET 调用和返回。DOS 系统功能调用和 BIOS 的服务子程序，使得程序设计人员不必涉及硬件即可以实现对系统硬件尤其是 I/O 的使用与管理。

4.4.1 DOS 系统功能调用

MS DOS 提供了大量可以直接使用的系统服务程序，可以完成外设管理、存储管理、文件管理、作业管理。这些系统服务程序实际上是软中断服务程序，采用软中断指令 INT n 调用，不同的 n 对应不同的中断服务功能。对 DOS 中的服务程序而言，n 的取值范围为 20H ~ 3FH，其中实际常用的中断类型号 n 为 20H ~ 27H，表 4-6 列出了它们的功能和入口/出口参数。

表 4-6　常用 DOS 软中断

软中断指令	功　能	入口参数	出口参数
INT 20H	程序正常退出		
INT 21H	系统功能调用	AH = 功能号，相应入口号数	相应出口号数
INT 22H	结束退出		
INT 23H	Ctrl + Break 处理		
INT 24H	出错退出		
INT 25H	读盘	AL = 驱动器号 CX = 读入扇区数 DX = 起始逻辑扇区号 DS：BX = 存放读出数据的缓冲区地址	CF = 0 成功 CF = 1 出错
INT 26H	写盘	AL = 驱动器号 CX = 写扇区数目 DX = 起始逻辑扇区号 DS：BX = 存放写入数据的缓冲区地址	CF = 0 成功 CF = 1 出错
INT 27H	驻留退出		

其中，INT 22H、INT 23H 和 INT 24H 这 3 个中断是 DOS 专用中断，属 DOS 操作时专用，不要直接使用。其他 5 个中断都可直接调用，但必须要满足一定的入口条件。

INT 21H 软中断是一个大型中断服务程序，内含近百个系统子功能程序，分别完成不同的功能。每个子功能对应一个编号，称为功能号，范围是 0H ~ 62H。通常 DOS 系统功能调用是指 INT 21H。使用系统功能调用的一般过程为：

1）功能号送 AH。

2）入口参数送到指定的寄存器或内存中。

3）调用 INT 21H。

有的子功能程序没有入口参数，则不需要执行第二步。表 4-7 列出了部分常用的系统功能调用。

表 4-7　部分常用 DOS 系统功能调用

功能号	功　能	入口参数	出口参数
1	键盘输入并显示一个字符		键入字符的 ASCII 码放在 AL 中，并在屏幕上显示
2	显示器显示一个字符	DL 中置输出字符的 ASCII 码	
5	打印机打印一个字符	DL 中置输出字符的 ASCII 码	
8	键盘输入一个字符		键入字符的 ASCII 码在 AL 中，但不在屏幕上显示
9	显示器显示字符串	DS：DX 置字符串首址，字符串以‘$’结束	
0AH	键入并显示字符串	DS：DX 置字符串首址，第 1 单元置允许键入的字符数（含一个回车符）	键入的实际字符数在第 2 单元中，键入的字符从第 3 单元开始存放
0BH	检测有无键输入		有键入 AL = FFH，无键入 AL = 0
4CH	终止当前程序，返回 DOS 系统		

1. 键盘输入单字符并显示——1 号功能调用

调用格式：

```
MOV   AH,1
INT   21H
```

本调用执行后，将等待键盘键入，一旦有键按下就将该按键所表示字符的 ASCII 码读入 AL，同时将该字符送显示器显示。若键入 Ctrl + Break，则退出本调用。

2. 显示单字符——2 号功能调用

调用格式：

```
MOV   DL,待显示字符的 ASCII 码
MOV   AH,2
INT   21H
```

本调用执行后，显示 DL 中的字符。

3. 打印单字符——5 号功能调用

调用格式：

```
MOV   DL,待打印字符的 ASCII 码
MOV   AH,5
INT   21H
```

本调用执行后，打印 DL 中的字符。

4. 键盘输入单字符不回显——8 号功能调用

调用格式：

```
MOV   DL,待显示字符的 ASCII 码
MOV   AH,8
INT   21H
```

本调用执行后，将等待键盘键入，一旦有键按下就将该按键所表示字符的 ASCII 码读入 AL，但不显示该字符。

5. 显示字符串——9 号功能调用

调用格式：

```
MOV   DX,待显示字符串的偏移首地址
MOV   AH,9
INT   21H
```

本调用执行后，显示待显示的字符串。执行前要在 DS 数据段定义一串字符，该字符串必须以‘ $ ’结尾。若该字符串中间就有‘ $ ’，则要采用 2 号功能调用逐个输出该字符串中的字符。

6. 字符串输入——0AH 号功能调用

调用格式：

```
MOV   DX,数据区的偏移首地址
MOV   AH,0AH
INT   21H
```

本调用执行后，将键盘输入的字符串写入到内存缓冲区中。执行前要在 DS 数据段定义一个缓冲区，其定义格式为：

```
缓冲区名   DB 缓冲区大小,?,缓冲区大小 DUP(?)
```

其中，第一个字节“缓冲区大小”给出了该缓冲区最多可以存放的字节数，字节数应包括回车符 0DH；它是一个无符号数，可以为 1 ~ 255。第二个字节“?”保留一个字节单元，用来存放实际输入的字节数（不包括回车符），是由程序自动回填的。从第三个字节开始存放输入字符的 ASCII，DUP（?）前的“缓冲区大小”应与前面一个缓冲区大小一致。

如果输入的字符个数少于定义的字符个数，则缓冲区多余单元自动清 0；如果输入的字符个数多于定义的字符个数，则超出字符自动丢弃，且响铃示警，直到输入回车键 0DH 为止。

整个缓冲区的长度等于最大字符个数加 2。

【例 4-26】 定义一个缓冲区用来存放键入的字符串。

```
BUF     DB     50
        DB     ?
        DB     50 DUP(?)          ;缓冲区最多可键入 49 个字符,最后一个必为回车符 0DH
        ⋮
        MOV    DX,OFFSET BUF
        MOV    AH,0AH
        INT    21H
```

7. 检查键盘工作状态——0BH 号功能调用

调用格式：

```
MOV   AH,0BH
INT   21H
```

本调用执行后，可检查是否有键盘输入，有键按下，则返回 AL = 0FFH；若无键按下，则 AL = 00H。本功能调用可实现用键盘退出循环或程序的功能。

【例 4-27】

```
        MOV    BL,09H
LOP:    ADD    AL,BL
        ⋮
        MOV    AH,0BH
        INT    21H              ;键扫描,有键入 AL = 0FFH;无键 AL = 00H
        ADD    AL,01H
        JNZ    LOP              ;有键入,则退出循环
        RET
```

8. 返回 DOS 操作系统——4CH 号功能调用

调用格式：

```
MOV   AH,4CH
INT   21H
```

本调用执行后，结束当前正在执行的程序，返回到 DOS 操作系统。

要特别强调的是：2 号、9 号和 10 号功能调用虽然未使用 AL，但调用后也会破坏 AL 中原来的内容。为防止 AL 中原来的内容被破坏，在调用前应先保护 AL，调用后再恢复。

4.4.2　BIOS 功能调用

BIOS（Basic Input/Output System）是固化在 ROM 中的基本输入输出系统功能，它提供了最底层的控制程序。对 BIOS 系统功能而言，软中断 INT N 中的 N 取值范围为 10H ~ 1FH，其调用方式和 DOS 系统功能类似。

1. 设置显示器显示模式

将显示器设置为 80 ×25，16 色文本方式，其调用格式为：

```
MOV     AH,00H                        ;功能号为 00H,设置显示模式
MOV     AL,03H                        ;显示模式代码 03H 表示 80 ×25,16 色文本方式
INT     10H                           ;调用 BIOS 中断
```

2. 设置光标位置

把光标设置到第 5 行，第 25 列的位置，其调用格式为：

```
MOV     AH,02H                        ;功能号为 02H,设置光标位置
MOV     BH,00H                        ;0 页
MOV     DH,05H                        ;第 5 行
MOV     DL,19H                        ;第 25 行
INT     10H                           ;调用 BIOS 中断
```

4.5　汇编语言程序的上机过程

要想在计算机上运行汇编语言程序，必须按照一定的步骤。图 4-3 显示了汇编语言程序的建立与汇编过程。

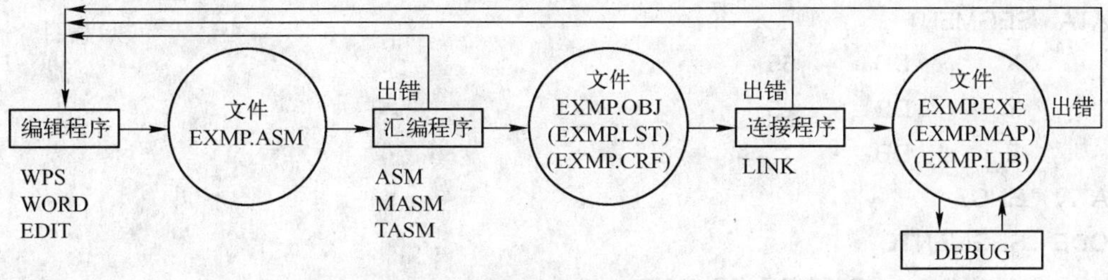

图 4-3　汇编语言程序的汇编过程

1. 编写 . ASM 源文件

汇编语言源程序的编写可以使用多种编辑软件，如 EDIT、WORD、WPS、写字板等，源程序的结构按照前面介绍的分段结构，保存时文件的后缀名为 ASM。

2. 将源程序汇编成 . OBJ 目标文件

源文件建立后，须要用汇编程序对源文件汇编产生二进制的目标文件（ . OBJ 文件）。汇编程序通常采用 Microsoft 公司的 MASM，其主要功能是：检查源程序语法是否正确，若有错，给出错误提示信息；展开宏指令；产生源程序的目标程序，并可给出列表文件，列表文件是能同时列出汇编语言和机器语言的文件，称为 . LST 文件；

3. 用连接程序 LINK 把 . OBJ 文件连接成 . EXE 文件

目标 . OBJ 文件并不是系统可执行的文件，还必须使用连接程序 LINK 把 . OBJ 文件、库文件连接起来，转换为系统可执行的 . EXE 文件。

4. 程序的调试与执行

在得到了 . EXE 文件后，就可直接在 DOS 操作系统中输入可执行文件名执行该程序。但是，大部分程序必须经过调试阶段才能纠正程序执行中的错误，得到正确的结果，这就要用到调试程序 DEBUG。有关 DEBUG 中的命令，参看附录 D。

4.6　汇编语言程序设计

有了前面的指令系统、伪指令、DOS 系统功能调用、汇编程序格式等内容做基础，我们可以开始学习如何编写汇编语言源程序了。和高级语言一样，汇编程序也有基本的程序结构，包括顺序、分支、循环和子程序等类型，任何一个复杂程序的编写都可以分解为这些结构的综合。

4.6.1　顺序程序设计

顺序结构程序的特点是程序按指令的顺序一条条执行，中间没有分支、跳转或循环。程序只有一个入口和出口，其结构图如图 4-4 所示。顺序结构程序在程序中大量存在，是最简单的程序结构。

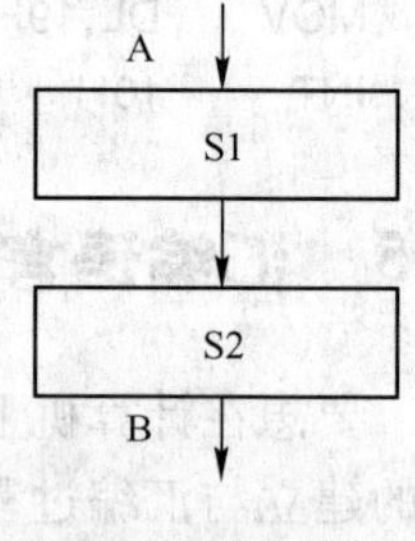

图 4-4　顺序结构示意图

【例 4-28】　编程计算 Z = ((X - Y) ×16 + Y)/2，设 X，Y 为单字节整数，Z 也为单字节整数。

```
DATA  SEGMENT
      X      DB     65
      Y      DB     25
      Z      DB     ?
DATA  ENDS
CODE  SEGMENTG
      ASSUME  CS:CODE,DS:DATA
START:
```

```
        MOV     AX,DATA                         ;装填数据段
        MOV     DS,AX
        MOV     AL,X
        SUB     AL,Y                            ;X - Y
        MOV     CL,4
        SAL     AL,CL                           ;(X - Y) * 16
        ADD     AL,Y                            ;(X - Y) * 16 + Y
        SAR     AL,1                            ;((X - Y) * 16 + Y)/2
        MOV     Z,AL
        MOV     AH,4CH                          ;返回 DOS
        INT     21H
CODE    ENDS
        END     START
```

【例 4-29】　编程将一个字节压缩 BCD 码转换为两个 ASCII 码。

```
DATA  SEGMENT
        BCDBUF  DB  96H                         ;定义 1 B 的压缩 BCD 码
        ASCBUF  DB  2 DUP (?)                   ;定义 2 B 的结果单元
DATA    ENDS
CODE    SEGMENT
        ASSUME  CS: CODE,DS: DATA
START:
        MOV  AX,DATA                            ;装载数据段
        MOV  DS,AX
        MOV  AL,BCDBUF                          ;取出压缩 BCD 码
        MOV  BL,AL                              ;送 BL 暂存
        MOV  CL,4
        SHR  AL,CL                              ;高 4 位变成低 4 位,高 4 位补 0(96H→09H)
        ADD  AL,30H                             ;生成 ASCII 码(39H)
        MOV  ASCBUF,AL                          ;存储第 1 个 ASCII 码
        AND  BL,0FH                             ;屏蔽掉高 4 位,只保留低 4 位(96H→06H)
        ADD  BL,30H                             ;生成 ASCII 码(36H)
        MOV  ASCBUF +1,BL                       ;存储第 2 个 ASCII 码
        MOV  AH,4CH                             ;返回 DOS
        INT  21H
CODE    ENDS
        END  START
```

【例 4-30】　用查表法完成将键盘输入的一位十进制数（0 ~9）转换成对应的平方值并存放在 SQRBUF 单元中。

分析：0 ~9 的平方值分别为 0、1、4、9、16、25、36、49、64、81。用平方值形成一个平方值表，根据输入键值和对应平方值所在单元地址之间的关系，查出相应的平方值。

```
DATA    SEGMENT
```

```
        SQUTAB   DB 0,1,4,9,16,25,36,49,64,81
        SQUBUF   DB?
DATA    ENDS
CODE    SEGMENT
        ASSUME  CS:CODE,DS:DATA
START:
        MOV   AX,DATA                          ;装载数据段
        MOV   DS,AX
        MOV   BX,OFFSET SQUTAB                 ;平方表首地址
        MOV   AH,1
        INT   21H                              ;由键盘输入一个数,得到其 ASCII 码
        SUB   AL,30H                           ;由 ASCII 码得到相应的数值
        XLAT                                   ;查表
        MOV   SQUBUF,AL                        ;存储结果
        MOV   AH,4CH                           ;返回 DOS
        INT   21H
CODE    ENDS
        END   START
```

思考：1. 使程序只能接收数字键，如键入其他键则显示错误信息。

2. 将程序改为能多次接收键盘输入，按 q 键退出。

4.6.2 分支程序设计

顺序结构程序的特点是从程序的第一条指令开始，按顺序执行，直到最后一条指令执行完。然而，在实际程序设计中，常会遇到各种条件比较和判断操作，此时就不能把程序设计成顺序结构，而需要根据不同的条件作出不同的处理，执行不同的程序段。这种根据不同条件执行不同程序段的程序称为分支程序。一种处理程序段称为一个分支，一次判断会产生两个分支，多次判断会产生多个分支。

分支程序结构可以有两种形式，简单分支和多分支，如图 4-5 所示。简单分支相当于高级语言中的 IF-THEN 或 IF-ELSE-THEN 结构；多分支相当于高级语言中的 DO-CASE 结构。不论哪一种形式，它们的共同特点是：在某一种特定条件下，只能执行多个分支中的一个分支。

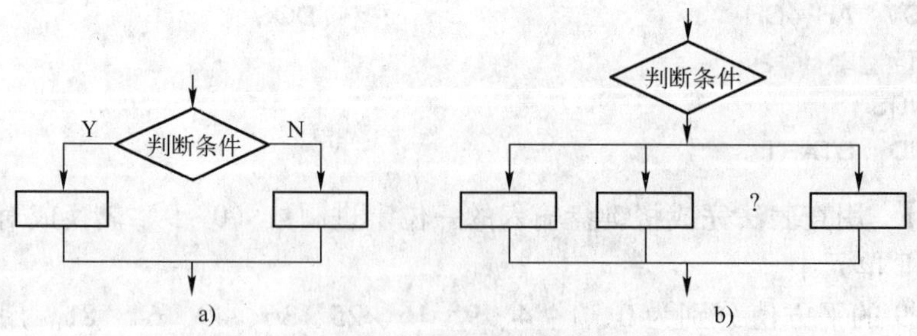

图 4-5 分支程序结构

a) IF_ THEN_ ELSE 结构 b) CASE 结构

程序的分支一般用条件转移指令来产生，通常先执行比较指令、测试指令或运算类指令来改变标志寄存器的状态位，然后用条件转移指令来实现转移。

1. 简单分支程序

【例 4-31】　求有符号字节数 X 的绝对值，X 用补码表示。

由补码定义，X 的绝对值为

$$|X| = \begin{cases} [X]_{补} & X \geqslant 0 \\ 0-[X]_{补} & X<0 \end{cases}$$

可画出如图 4-6 所示的流程图，可以看出，这是一个典型的 IF-THEN-ELSE 程序结构。

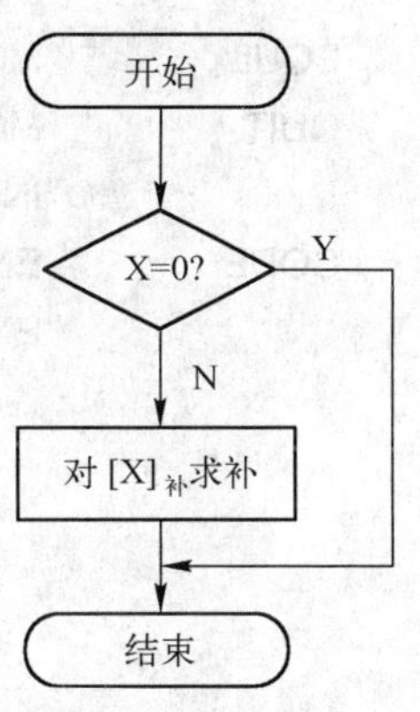

图 4-6　例 4-31 流程图

```
        DATA    SEGMENT
                X   DB -50
        DATA    ENDS
        CODE    SEGMENT
                ASSUME    CS:CODE,DS:DATA
START:
                MOV     AX,DATA
                MOV     DS,AX
                MOV     AL,X                ;取 X 到 AL
                TEST    AL,80H              ;测试符号标志位
                JZ      DONE                ;若 x≥0,转 DONE
                NEG     AL                  ;若<0，求补得到|x|
                MOV     X,AL                ;将|x|送回原处。
DONE:           MOV     AH,4CH              ;返回 DOS 状态
                INT     21H
CODE            ENDS
                END     START
```

【例 4-32】　编程实现以下符号函数：

$$Y = \begin{cases} 1 & X>0 \\ 0 & X=0 \\ -1 & X<0 \end{cases}$$

X 是有符号字节数据，X、Y 都存放在内存中。其流程图如图 4-7 所示。

```
DATA    SEGMENT
            X   DB -36
            Y    DB ?
DATA  ENDS
CODE   SEGMENT
            ASSUME   CS:CODE,DS:DATA
START:
            MOV      AX,DATA
```

```
        MOV     DS,AX
        MOV     AL,X                ;AL←X
        CMP     AL,0
        JGE     BIG                 ;X≥0 时转 BIG
        MOV     Y,0FFH              ;否则将 -1 送入 Y 单元
        JMP     QUIT
BIG:    JZ      EQUL                ;X =0 时转 EQUL
        MOV     Y,1                 ;否则将 1 送入 Y 单元
        JMP     QUIT
EQUL:   MOV     Y,0                 ;将 0 送入 Y 单元
QUIT:   MOV     AH,4CH
        INT     21H
CODE    ENDS
        END     START
```

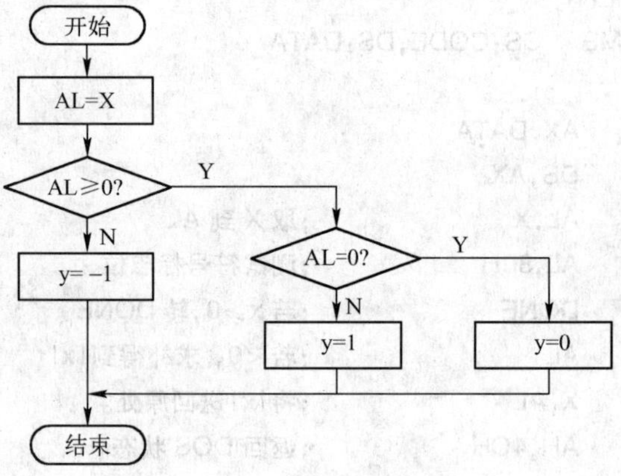

图 4-7 例 4-32 流程图

2. 多分支程序

多分支结构程序可以采用多个条件转移指令实现，相当于 CASE 结构，可用跳转表法。

所谓跳转表法是指，在数据区中开辟一片连续存储单元作为跳转表，表中顺序存放各分支程序的跳转地址。跳转地址在跳转表中的位置等于跳转表首地址加上它们各自的序号与所占字节数的乘积。要进入某分支处理程序只须找到跳转表中的跳转地址即可。

【例 4-33】 从键盘接收单键命令 A ~ G，根据命令进行相应的处理，如果是其他键值则不作处理。

该程序可采用跳跃表法，即把每个子程序的起始地址依次存放在数据段的连续区域，每个起始地址占两个字节。在程序中，应将键入的 A ~ G 字母转化为在表中的偏移地址，方法是用键入字母的 ASCII 减去 A 的 ASCII，再乘以 2，得到子程序起始地址在表中的偏移量，即子程序起始地址 = 表首地址 + 偏移量，偏移量 =（键入字母的 ASCII - A 的 ASCII）×2。

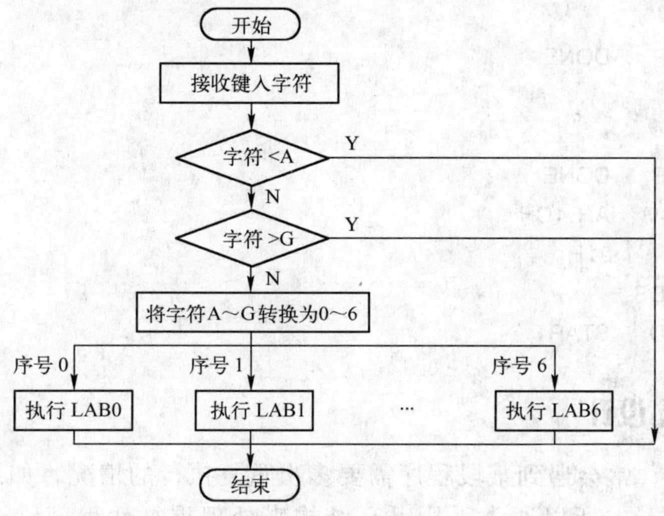

图 4-8　例 4-33 流程图

```
DATA   SEGMENT
   TAB      DW     LAB0                    ;建立跳转表
            DW     LAB1
            DW     LAB2
            DW     LAB3
            DW     LAB4
            DW     LAB5
            DW     LAB6
DATA   ENDS
CODE   SEGMENT
            ASSUME   CS:CODE,DS:DATA
START:
            MOV    AX,DATA
            MOV    DS,AX
            MOV    AH,1                    ;从键盘输入键值
            INT    21H
            CMP    AL,'A'                  ;保证输入字符在 A～G 之间
            JB     DONE
            CMP    AL,'G'
            JA     DONE
            SUB    AL,'A'
            AND    AX,000FH                ;将字符转换为序号
            SHL    AX,1                    ;得到偏移地址
            MOV    BX,AX
            JMP    TAB[BX]
LAB0:       ⋮
            JMP    DONE
```

```
LAB1:       ⋮
            JMP    DONE
            ⋮
LAB6:       ⋮
            JMP    DONE
DONE:       MOV    AH,4CH
            INT    21H
CODE        ENDS
            END    START
```

4.6.3 循环程序设计

在实际应用中，常会遇到某段程序需要多次重复执行的情况，如果仍按照顺序结构编写，会使程序冗长，所以通常采用循环结构来处理重复性程序段，以简化程序，节约内存。

1. 循环程序的组成

循环结构程序通常由初始化部分、循环体、循环控制部分和循环结束部分 4 部分组成。

循环的初始化部分：为使循环体正常工作而建立的初始状态，如设置循环计数初值，建立地址指针，设置变量初值等。

循环体部分：这是循环工作的主体，完成循环的基本操作，在程序中会多次重复执行。

循环控制部分：由循环的控制条件和修改部分组成。循环的修改部分是修改或恢复某些变量、寄存器等内容，为下一轮循环做好必要的准备。循环的控制条件用来控制循环的继续或终止。控制条件通常有以下两种：

1）计数器控制循环：常用于循环次数是已知的情况，把循环次数送给某个寄存器作为控制条件，当计数值为 0 时，退出循环。典型的控制指令为 LOOP，寄存器为 CX。

2）条件控制循环：当循环次数未知时，需要用特定条件来控制循环结束。循环控制条件的选择很灵活，有时可供选择的方案不止一种，此时就应分析比较，选择一种效率最高的方案来实现。

循环结束部分：用来存放结果。

任何循环程序一般都应包括这 4 部分，但有时为设计方便或控制简单等原因，各部分的界限可能不明显，会出现 4 部分相互包含、相互交叉的情况。

2. 循环程序的结构

循环程序结构可分为两种，一种是 DO_ WHILE 结构形式，另一种是 DO_ UNTIL 结构形式。如图 4-9 所示。

DO_ WHILE 结构是“先判断，后执行”，把对循环控制条件的判断放在循环的入口，先判断条件，满足条件就执行循环体，否则就退出循环。这种结构的循环，如果一开始就满足循环结束的条件，则一次也不执行循环体，循环次数为 0。

DO_ UNTIL结构则是“先执行，后判断”，先执行循环体，然后再判断控制条件，不满足条件则继续执行循环操作，一旦满足条件则退出循环。这种结构的循环至少执行一次循环体。

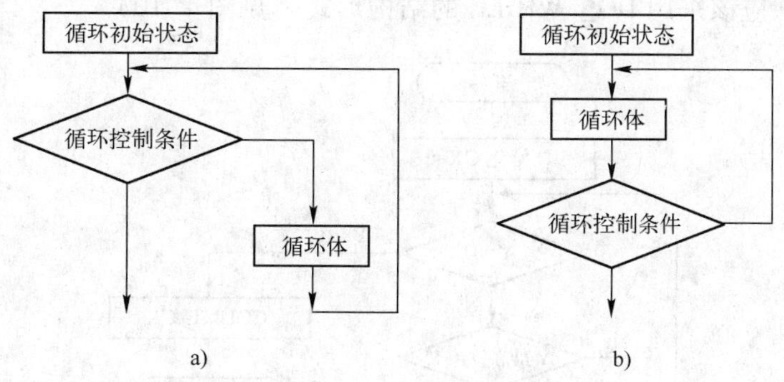

图4-9　循环结构
a）DO_ WHILE结构　b）DO_ UNTIL结构

3. 循环程序的设计

循环程序可分为单循环和多循环。单循环是指循环控制变量只有一个，只有一条循环路径；多循环是指循环控制变量有多个，有多条循环路径，大循环中可套小循环。

（1）单循环程序设计

【例4-34】　将AL寄存器中的内容用二进制形式显示出来。

本题的循环次数已知，可以用计数器作为循环控制条件。可以对AX移位，即把AL中的二进制数依次移到AH中，然后显示。

```
CODE    SEGMENT
        ASSUME   CS:CODE,DS:DATA
START:
        MOV     CX,8                ;循环初始化部分
NEXT:   MOV     AH,0                ;循环体部分
        SHL     AX,1
        ADD     AH,30H
        MOV     DL,AH               ;显示
        MOV     AH,2
        INT     21H
        LOOP    NEXT                ;循环控制部分
        MOV     AH,4CH              ;循环结束部分
        INT     21H
CODE    ENDS
        END     START
```

【例4-35】　在ADDR单元中存放着数Y的地址，Y是字数据。试编制程序把Y中1的个数存入COUNT单元中。

要测出Y中1的个数就应逐位测试。可根据最高有效位是否为1来计数，然后用移位的

方法把各位数逐次移到最高位去。

循环的结束可以用计数值为 16 来控制。更好的办法是：结合上述方法可以用测试数是否为 0 来作为结束条件，这样可以在很多情况下缩短程序的执行时间。此外，考虑到 Y 本身为 0 的可能性，应该采用 DO_ WHILE 的结构形式（见图 4-10）。

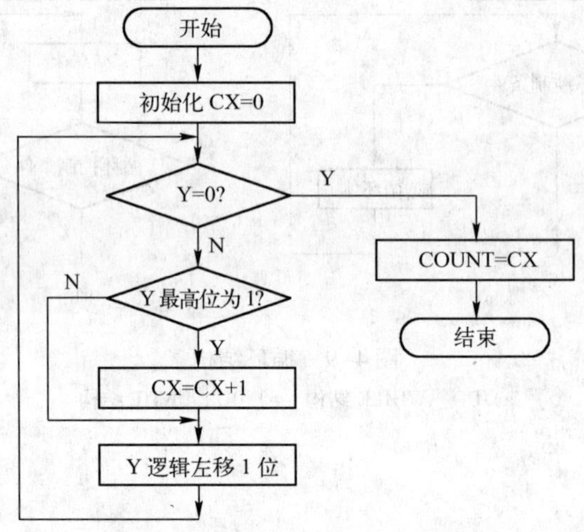

图 4-10　例 4-35 流程图

```
DATA   SEGMENT
        ADDR   DW      NUM                          ;ADDR 中存放着 Y 的地址 NUM
        NUM    DW      Y
        CNTDW        ?
DATA   ENDS
CODE   SEGMENT
        ASSUME CS:CODE,DS:DATA
START:
           MOV     AX,DATA
           MOV     DS,AX
           MOV     CX,0                             ;计数初值为 0
           MOV     BX,ADDR
           MOV     AX,[BX]                          ;将 Y 送给 AX
NEXT:      CMP     AX,0
           JZ      EXIT                             ;若 AX 为 0,则退出循环
           JNS     SHIFT                            ;若符号位为 0,则转到 SHIFT
           INC     CX                               ;若符号位为 1,则 CX 加 1
SHIFT:     SHL     AX,1                             ;AX 左移 1 位
           JMP     NEXT
EXIT:      MOV     COUNT,CX                         ;结果存入 COUNT
           MOV     AH,4CH
           INT     21H
CODE       ENDS
```

```
        END     START
```

【例 4-36】 设有字数组 X 和 Y，X 数组中有 X1，…，X10；Y 数组中有 Y1，…，Y10。试编制程序计算

Z1 = X1 + Y1　　Z5 = X5 + Y5　　Z8 = X8 + Y8
Z2 = X2 - Y2　　Z6 = X6 - Y6　　Z9 = X9 - Y9
Z3 = X3 - Y3　　Z7 = X7 + Y7　　Z10 = X10 - Y10
Z4 = X4 + Y4

结果存入 Z 数组。

本题可用循环程序结构来完成，循环次数为 10。由于运算涉及到加、减法两种操作，为了区别，可以设立标志位，如果标志位为 0 则做加法，为 1 则做减法。这样，在循环体中只要判别标志位就可确定是做加法还是减法。通常将这种方法称为逻辑尺法。在这里，逻辑尺由 10 个标志位组成，即 0000001100100110，把它放在一个存储单元 LOG_ RU 中，其中高 6 位无意义（见图 4-11）。

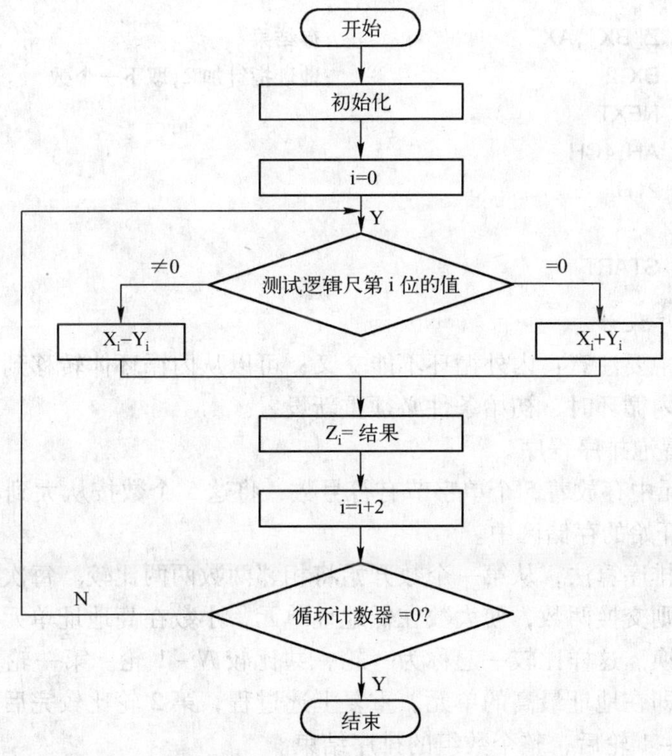

图 4-11　例 4-36 流程图

```
DATA  SEGMENT
      X   DW      X1,X2,X3,X4,X5,X6,X7,X8,X9,X10
      Y   DW      Y1,Y2,Y3,Y4,Y5,Y6,Y7,Y8,Y9,Y10
      Z   DW      Z1,Z2,Z3,Z4,Z5,Z6,Z7,Z8,Z9,Z10
      LOG_RU      DW        0326H
```

```
DATA  ENDS
CODE  SEGMENT
      ASSUME        CS: CODE,DS: DATA
START:
      MOV     AX,DATA
      MOV     DS,AX
      MOV     BX,0
      MOV     CX,10
      MOV     DX,LOG_RU                  ;取逻辑尺
NEXT: MOV     AX,X[BX]
      SHR     DX,1                       ;将逻辑尺右移1位
      JC      SUBT                       ;CF =1 则做减法
      ADD     AX,Y[BX]                   ;否则做加法
      JMP     RESULT
SUBT: SUB     AX,Y[BX]
RESULT:
      MOV     Z[BX],AX                   ;存结果
      ADD     BX,2                       ;地址指针加2,取下一个数
      LOOP    NEXT
      MOV     AH,4CH
      INT     21H
CODE  ENDS
      END     START
```

(2) 多循环程序设计

在多循环程序中要注意：内外循环不能交叉；可以从内循环体转移到外循环体，但每次从外循环再次进入内循环时，初始条件必须重新设置。

【例 4-37】 冒泡排序程序。

在 ARRAY 单元中存放着 5 个单字节有符号数，将这 5 个数按从大到小的顺序排列，结果仍存在 ARRAY 开始的存储区中。

这里采用冒泡排序算法，从第一个数开始将相邻两数两两比较。每次比较中，若前一个数比后一个数小，则交换两数，使大数在低地址单元，小数在高地址单元；若前一个数比后一个数大，则不交换。这样比较一遍称为一轮，共比较 $N-1$ 轮。第一轮比较完后，最小的数必然落在最后，即在地址最高的单元。重复上述过程，第 2 轮比较完后，至少有 2 个数排好序，最多进行 $N-1$ 轮后，整个数组的排序结束。

在每轮排序中，如果没有发生交换，则说明数组已排好序，可退出排序操作。

表 4-8 冒泡排序算法举例

数　组	比较的轮数		
	1	2	3
-1	4	8	8
4	8	4	6

（续）

数　组	比较的轮数		
	1	2	3
8	-1	6	4
-9	6	-1	-1
6	-9	-9	-9

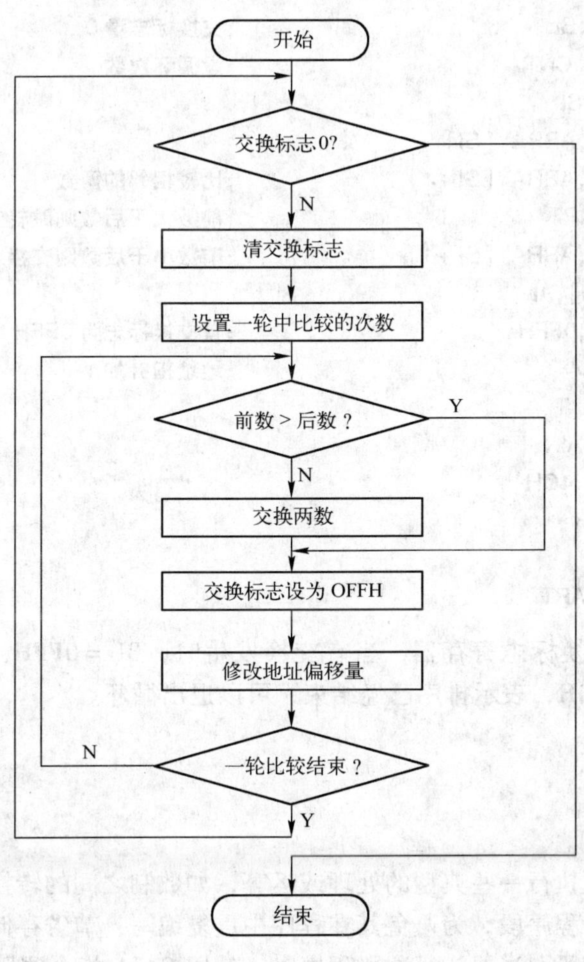

图4-12　例4-37流程图

可见，每轮排序中，大数如气泡一样逐层上升，小数沉底，因此可形象地比喻为“冒泡”，称为冒泡排序法。

```
DATA   SEGMENT
       ARRAY  DB -1,4,8,-9,6
       CNTEQU   $ -ARRAY
DATA   ENDS
CODE   SEGMENT
```

```
        ASSUME  CS:CODE,DS:DATA
START:
        MOV     AX,DATA
        MOV     DS,AX
        MOV     BL,0FFH                         ;置交换标志位
AGAIN:
        CMP     BL,0                            ;交换标志为0则退出
        JZ      DONE
        XOR     BL,BL                           ;交换标志清0
        MOV     CX,CNT-1                        ;设循环次数
        XOR     SI,SI
NEXT:   MOV     AL,ARRAY[SI]
        CMP     AL,ARRAY[SI+1]                  ;比较相邻的两数
        JGE     SKIP                            ;前数大于后数则跳转
        XCHG    AL,ARRAY[SI+1]                  ;前数小于后数则交换
        MOV     [SI],AL
        MOV     BL,0FFH                         ;置交换标志为0FFH
SKIP:   INC     SI                              ;地址指针加1
        LOOP    NEXT
        JMP     AGAIN
DONE:   MOV     AH,4CH
        INT     21H
CODE    ENDS
        END     START
```

程序中 BL 作为交换标志寄存器，当有交换发生时，BL=0FFH，表示排序还未结束；当没有交换时，BL=00H，表示排序已经结束，可以退出循环。

4.6.4 子程序设计

1. 子程序的概念

有时程序需要多次执行一些典型的处理或运算，如数制之间的转换、代码转换、初等函数计算等。对于这样的程序段，为避免其在程序中重复编写，节省存储空间，可以将它编写成一个相对独立的程序段。当要执行这段程序时，就用 CALL 指令调用它，执行完这段程序后再返回原来调用它的程序。这样的程序段称为子程序或过程。而调用子程序的程序称为主程序或调用程序。主程序可多次调用同一个子程序；子程序也可以调用其他子程序，称为子程序嵌套。其调用示意图如图 4-13 所示。

一般应把具有通用性、重复性或相对独立性的程序段设计成子程序，以提高程序设计的效率和质量，使程序整洁、清晰、易读、便于修改和扩充。

2. 子程序的调用

子程序的调用与返回由指令 CALL 和 RET 实现。子程序的调用方式有段内调用和段间调用之分，由子程序的类型属性决定。类型属性的确定原则为：

1）调用程序和子程序若在同一代码段中，则类型属性用 NEAR 属性。

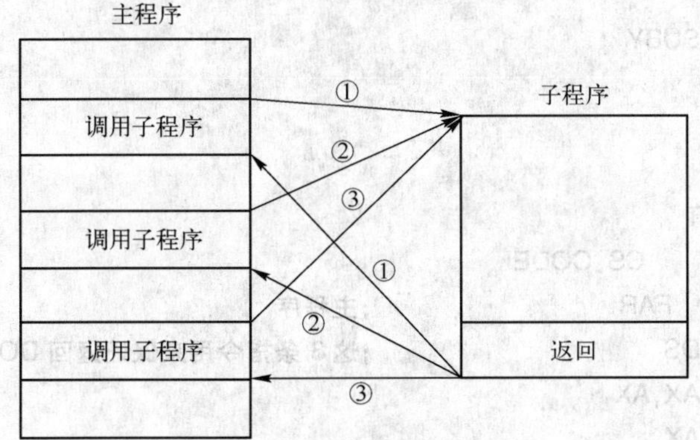

图 4-13　子程序调用示意图

2）调用程序和子程序若不在同一代码段中，则类型属性用 FAR 属性。

3）使用标准方式返回 DOS 时，主程序应定义为 FAR 属性。因为程序的主过程被看做是 DOS 调用的一个子程序，而 DOS 对主过程的调用和返回都是 FAR 属性。

【例 4-38】　调用程序和子程序在同一代码段中。

```
CODE   SEGMENT
       ASSUME        CS:CODE
MAIN   PROC      FAR                  ;主程序
       PUSH    DS                     ;这 3 条指令用来保证返回 DOS
       SUB     AX,AX
       PUSH    AX
       ⋮
       CALL    SUBR1
       ⋮
       RET
MAIN    ENDP
SUBR1  PROC    NEAR                   ;子程序(NEAR 可省略)
       ⋮
       RET
SUBR1  ENDP
CODE   ENDS
       END     MAIN
```

为保证程序执行完后能返回 DOS，这里采用了另外的方式，即主程序 MAIN 定义为 FAR 属性，这是由于把程序的主程序看做 DOS 调用的一个子程序，因而 DOS 对 MAIN 的调用以及 MAIN 中的 RET 就是 FRA 属性的。同时，将段基址和零偏移地址入栈，以使程序正常返回到 DOS。

【例 4-39】　调用程序和子程序不在同一代码段中。

```
CODEX  SEGMENT
       ⋮
       CALL   SUBY
       ⋮
       RET
CODEX  ENDS
CODEY  SEGMENT
       ASSUME    CS:CODE
MAIN   PROC    FAR                 ;主程序
       PUSH   DS                   ;这 3 条指令用来保证返回 DOS
       SUB    AX,AX
       PUSH   AX
       ⋮
       SUBY   PROC    FAR          ;子程序，类型属性为 FAR
                ⋮
                RET
       SUBY   ENDP
       ⋮
       RET
MAIN    ENDP
CODEY  ENDS
       END    MAIN
```

3. 有关现场保护和恢复现场的问题

在子程序设计中，往往要用到一些寄存器或影响标志位，而这些寄存器或标志位可能在主程序中也用到了，在调用子程序时如果不对这些信息进行保护，子程序返回后，主程序的寄存器内容就会发生改变，从而导致程序运行错误，这是不允许的。所以，在调用子程序时，通常在子程序开始处将要用到的寄存器内容压入堆栈或暂存到其他存储单元进行保护，称之为保护现场。在退出子程序之前，将保存的内容再恢复到原寄存器，称为恢复现场。

在子程序设计时，应仔细考虑哪些寄存器必须保护，哪些不必保护。如，若主程序使用寄存器向子程序传递参数，或者子程序用寄存器向主程序返回结果，则这类寄存器就不必保护。

当用堆栈保护和恢复现场时，PUSH 和 POP 指令应成对出现，并要保证恢复次序是正确的。

【例 4-40】 子程序的现场保护和恢复。

```
SUBX  PROC
      PUSH    AX                  ;保护现场
      PUSH    BX
      PUSH    CX
      ⋮
```

```
        POP     CX                  ;恢复现场
        POP     BX
        POP     AX
        RET
SUBX    ENDP
```

4. 子程序说明

由于子程序具有共享性，能被多个程序调用，所以在子程序的开始部分，应有说明部分来介绍其功能和使用方法。包括：

```
;子程序名。
;实现的功能。
;入口参数:调用该过程所需要的参数。
;出口参数:子程序执行的结果。
;调用的其他子程序。
```

5. 子程序的参数传送

调用程序在调用子程序时，往往需要向子程序传递一些参数；同样，子程序运行后也经常要把一些结果参数传回给调用程序。调用程序与子程序之间的这种信息传递称为参数传递。

(1) 通过寄存器传递参数

这种方式适合于传递参数较少的子程序。

【例 4-41】 将内存单元 NUM 中的二进制数（小于 100）转换为十进制数并显示。

将二进制数转化为十进制数用除法，由于该数小于 100，则只要除以 10，即可得到数的十位和个位，再分别转换为 ASICC 显示。

```
DATA    SEGMENT
        NUM     EQU     34
DATA    ENDS
CODE    SEGMENT
        ASSUME      CS: CODE,DS: DATA
START:
        MOV     AX,DATA
        MOV     DS,AX
        MOV     AL,NUM              ;(AL) =34
        XOR     AH,AH
        MOV     BL,10
        DIV     BL                  ;除以 10 得到十位和个位
        MOV     DL,AL               ;十位送 DL
        MOV     BH,AH               ;个位送 BH 暂存
        CALL    DISP                ;显示十位
        MOV     DL,BH
```

```
        CALL    DISP                ;显示个位
        MOV     AH,4CH
        INT     21H
;-------------------------------------------------------------------------------
;DISP:显示 BCD 码程序
;入口参数:DL
;出口参数:BCD 码在显示器上显示
;调用子程序:2 号功能调用
;所用寄存器:AH,DL
;-------------------------------------------------------------------------------
DISP    PROC    NEAR
        OR      DL,30H              ;转换为 ASCII
        MOV     AH,2
        INT     21H
        RET
DISP    ENDP
CODE    ENDS
        END     START
```

(2) 通过堆栈传递参数

为了利用堆栈传递参数，必须在主程序调用子程序之前的地方，把参数压入堆栈，然后在子程序中将参数从堆栈弹出。同样，要从子程序传递回调用程序的参数也被压入堆栈内，然后由主程序中的指令把这些参数从堆栈中取出。

【例 4-42】将一个压缩 BCD 码转换成十六进制数，并在显示器上显示出来。

利用堆栈传递参数。首先在主程序中把 BCD 码压入堆栈，在子程序 BCD_ BIN 中从堆栈中取出这个 BCD 码，把它转换成二进制数并保存在堆栈中。返回主程序后再将这个二进制数从堆栈中取出，把它转换成十六进制数，最后把这个十六进制数在屏幕上显示出来。

```
DATA    SEGMENT
        BCDNUM  EQU     56H
DATA    ENDS
STACK   SEGMENT     PARA   STACK        'STACK'
        DW      100 DUP (?)
        TOP     LABLE   WORD
STACK   ENDS
CODE    SEGMENT
        ASSUME  CS: CODE,DS: DATA,SS:STACK
START:
        MOV     AX,DATA
        MOV     DS,AX
        MOV     AX,STACK
        MOV     SS,AX
```

```
        MOV     SP,OFFSETTOP
        MOV     AL,BCDNUM                       ;(AL)=56H
        XOR     AH,AH
        PUSH    AX
        CALL    BCD_HEX
        POP     AX
        MOV     DL,AL
        CALL    DISP
        MOV     AH,4CH
        INT     21H
;--------------------------------------------------------------------------------
;BCD_HEX：BCD 码转换为十六进制数程序
;入口参数:堆栈中的数
;出口参数:将转换的结果存入堆栈
;所用寄存器:AX,BX,CX
;--------------------------------------------------------------------------------
BCD_HEX   PROC   NEAR
        PUSH    AX                              ;现场保护
        PUSH    BX
        PUSH    CX
        PUSH    BP
        MOV     BP,SP
        MOV     AX,[BP+10]                      ;将堆栈中的数据取出来送给(AX)=0056H
        MOV     AH,AL
        AND     AH,0FH                          ;取 BCD 码的低位
        MOV     BL,AH                           ;暂存在 BL 中
        AND     AL,0F0H                         ;取 BCD 码的高位
        MOV     CL,4                            ;右移 4 位
        ROR     AL,CL
        MOV     BH,0AH
        MUL     BH                              ;将 BCD 码的高位乘以 10
        ADD     AL,BL                           ;和低位相加,得到十六进制数
        MOV     [BP+10],AX                      ;把得到的十六进制数存入堆栈
        POP     BP
        POP     CX
        POP     BX
        POP     AX                              ;现场恢复
        RET
BCD_BINARY          ENDP
;--------------------------------------------------------------------------------
;DISP:显示 BCD 码程序
;入口参数:DL
;出口参数:BCD 码在显示器上显示
```

```
;调用子程序:2 号功能调用
;所用寄存器:AH,DL
;------------------------------------------------------------------------------------
DISP    PROC    NEAR
        OR      DL,30H                  ;转换为 ASCII
        MOV     AH,2
        INT     21H
        RET
DISP    ENDP
CODE    ENDS
        END     START
```

6. 子程序嵌套与递归

子程序嵌套是指能在子程序中调用其他子程序。嵌套的层次称为嵌套深度，它仅受堆栈大小的限制。图 4-14 为子程序嵌套示意图。

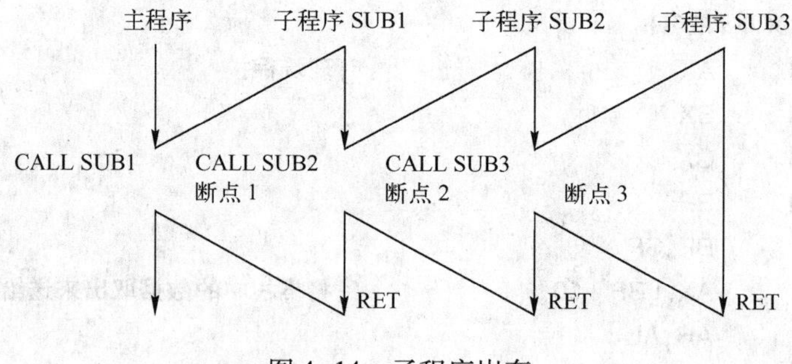

图 4-14　子程序嵌套

子程序递归调用是指子程序调用自身的过程，称为递归子程序。在递归调用中，是用堆栈来保存相关的中间结果和返回点的，退出递归时依次弹出保留的中间结果和返回点。递归调用程序结果简单，效率高，可完成复杂的计算。

【例 4-43】 计算 N 的阶乘 $N!$（$N \geqslant 0$）。

由阶乘定义，$N! = N \cdot (N-1)!, 0! = 1$，可知该程序可设计成一个递归子程序 FACT 每计算一次阶乘就调用它一次。但每次调用的入口参数不同，得到的中间结果也不同，它们都保存在堆栈中。

```
DATA   SEGMENT
       N            DW      2
       RESULT       DW      ?
DATA   ENDS
STACK SEGMENT       PARA    STACK    'STACK'
       DW     100 DUP(?)
       TOP    LABLE WORD
STACK    ENDS
CODE   SEGMENT
```

```
        ASSUME        CS: CODE,DS: DATA ,SS:STACK
START:
        MOV     AX,DATA
        MOV     DS,AX
        MOV     AX,STACK
        MOV     SS,AX
        MOV     SP,OFFSETTOP
        MOV     AX,N                    ;N 送 AX
        PUSH    AX                      ;用堆栈传递 N
        CALL    FACT                    ;调用阶乘子程序
        POP     RESULT                  ;存结果
        MOV     AH,4CH
        INT     21H
;----------------------------------------------------------------------------
;FACT:阶乘子程序
;入口参数:N 在堆栈中,0 <N <9
;出口参数:N!,存放在堆栈中,其值 <65535
;所用寄存器:AX,BP
;----------------------------------------------------------------------------
FACT    PROC    NEAR
        PUSH    BP
        MOV     BP,SP
        MOV     AX,[BP +4]
        CMP     AX,0                    ;AX 为 0 则返回
        JZ      DONE
        DECAX                           ;N =N -1
        PUSH    AX
        CALL    FACT
        POP     AX
        MUL     WORD PTR [BP +4]
        MOV     [BP +4],AX
        POP     BP
        RET
DONE:   MOV     AX,1
        MOV     [BP +4],AX
        POP     BP
        RET
FACT    ENDP
CODE    ENDS
        END     START
```

程序执行时，子程序 FACT 不断调用自己，每调用一次把 $N-1$ 入栈保存，直到为 0 时开始返回。返回过程中计算 $N\times(N-1)$。程序运行时对栈区的影响如图 4-15 所示。

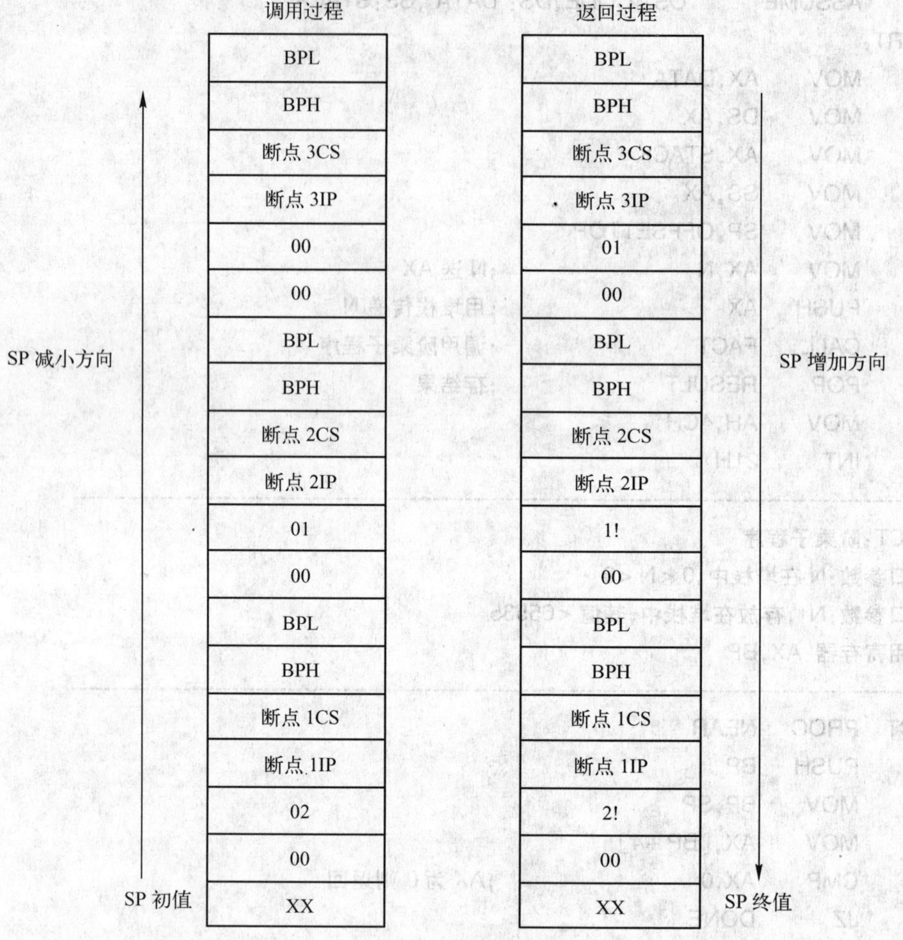

图 4-15　例 4-43 运行时对堆栈的影响

4.7　习题与思考题

1. 汇编语言程序生成可执行文件的步骤是什么？
2. 变量和标号的区别是什么？各有哪些属性？
3. 8086 伪指令中定义的变量类型有哪些？
4. 写出定义下列变量的伪指令语句：
   （1）为缓冲区 BUFF1 预留 200 B 的空间。
   （2）将缓冲区 BUFF2 的 200 B 初始化为 00H。
   （3）将变量 BUFF3 初始化为字符串“ABC”，“123”。
5. 设数据段定义了两个变量

```
     ORG      2000H
VAR1      DB 24H,'E',32H
VAR2      DW1234H,5678H
```

则执行完下列指令后，各目的操作数分别是多少：

```
MOV     AL,VAR1              ;AL =
MOV     BX,VAR2              ;BX =
MOV     CX,[BX +2]           ;CX =
MOV     DI,VAR2 +2           ;DI =
MOV     DX,WORD PTR VAR1 ;DX =
```

6. 某数据段定义为

```
DATA    SEGMENT
  S1        DB 0,1,2,3,4,5
  S2        DB '12345'
  COUNT  EQU  $ -S1
  S3        DB  COUNT DUP (2)
DATA    ENDS
```

画出该数据段在存储器中的存储形式。

7. 设数据段定义如下：

```
PNUM      DW      ?
PNAME     DB      20 DUP(?)
COUNT     DD      ?
PLEN      EQU     $ -PNUM
```

问 PLEN 的值为多少？它表示的含义？

8. 对下面的数据定义，各条 MOV 指令单独执行后，对应寄存器的内容是什么？

```
FLDB            DB?
TABA            DW20 DUP(?)
TABB            DB'ABCD'
```

(1) MOV　AX，TYPEFLDB
(2) MOV　AX，TYPETABA
(3) MOV　CX，LENGTH TABA
(4) MOV　DX，SIZETABA
(5) MOV　CX，LENGTH TABB

9. 已知数据和符号定义

```
A1    DB     ?
A2    DB     8
K1    EQU    100
```

判断下列指令的正误，并说明错误指令的原因。

(1) MOV　K1，AX
(2) MOV　A2，AH
(3) MOV　BX，K1

```
    MOV      [BX], DX
(4) CMP      A1, A2
(5) K1       EQU      200
```

10. 试写出一个完整的数据段 DATA_ SEG，它把整数 5 赋予一个字节，并把整数 10，30，50，20 和 40 放在 10 字数组 DATA_ LIST 的前 5 个单元中。编程实现：把 DATA_ LIST 中前 5 个数中的最大值和最小值分别存入 MAX 和 MIN 单元中。

11. 对下列程序进行注释，并说明程序功能。

```
DATA   SEGMENT
       A  DB  '123456'
DATA   ENDS
CODE   SEGMENT
       ASSUME    CS:CODE,DS:DATA
START:MOV    AX,DATA
       MOV    DS,AX
       LEA    BX,A
       MOV    CX,6
       MOV    AH,2
L1:    MOV    AL,[BX]
       XCHG   AL,DL
       INC    BX
       INT    21H
       LOOP   L1
       MOV    AH,4CH
       INT    21H
CODE   ENDS
       END    START
```

12. 分析下列程序，指出运行结果。

```
DATA   SEGMENT
       SUM    DB?
DATA   ENDS
CODE   SEGMENT
       ASSUME    CS:CODE,DS:DATA
START:MOV    AX,DATA
       MOV    DS,AX
       XOR    AX,AX
       MOV    CX,20
       MOV    BX,2
L1:    ADD    AX,BX
       INC    BX
       INC    BX
       LOOP   L1
```

```
        MOV     SUM,AX
        MOV     AH,4CH
        INT     21H
CODE    ENDS
        END     START
```

13. 试编写一程序，要求比较两个字符串 STRING1 和 STRING2 所含字符是否相同，若相同则显示 MATCH，若不相同则显示 NO MATCH。
14. 编写程序，将一个包含有 20 个数据的数组 M 分成两个数组：正数数组 P 和负数数组 N，并分别把这两个数组中数据的个数显示出来。
15. 编写程序，将字节变量 BVAR 中的压缩 BCD 数转换为二进制数，并存入原变量中。
16. 从键盘接收一个 4 位的十六进制数，编程转化为十进制数，显示转换后结果，程序以 '#' 结束。
17. 接收键盘输入字符，将其中的小写字母转成大写字母后显示。以〈ENTER〉键结束输入，以〈CTRL + C〉结束程序返回 DOS。
18. 将 DATA 区内 10 个数据按升序排列，结果存入 RESULT 区，将排序前后数据在屏幕上显示出来。
19. 从内存单元 BUF 开始的缓冲区中有 7 个 8 位无符号数，依次为 13H、0D8H、92H、2AH、66H、0E0H、3FH。编程找出它们的中间值并放入 RES 单元，且将结果以“(RES) = ?”的格式显示在屏幕上。
20. 有一个长度不超过 100 B 的字符串，以回车符结尾。编程统计其中非空格的字符个数，并将统计结果显示出来。

第5章

半导体存储器及其接口

存储器是计算机中用来存储信息的部件。它可以将计算机要执行的程序、数据处理，以及计算结果存储在计算机中，使计算机自动工作。本章主要介绍半导体存储器的分类、组成及主要技术指标；随机存取存储器（RAM）中静态随机存储器（SRAM）和动态随机存储器（DRAM）的结构和工作原理；只读存储器（ROM）中 EPROM、EEPROM 以及 Flash Memory 的结构和工作原理；存储器与 CPU 的接口技术；最后介绍了 IBM PC/XT 中的 DRAM 子系统。

5.1 半导体存储器概述

存储器是计算机的重要组成部分，用于存储计算机工作所必需的数据和程序。它由内存储器和外存储器组成。内存储器位于计算机主机内部，也称为内存或主存；磁盘、移动硬盘等存储设备属于外存储器，也称为外存或辅存。

在微机的存储体系中，内存通常用来存储当前执行的程序和数据，具有速度高、容量小的特点，主要采用的是半导体存储器。外存用来存放当前未执行的程序和数据，具有速度低、容量大的特点。内存和外存构成了二级存储系统。由于内存在速度上与 CPU 相差一个数量级，制约了 CPU 的速度性能发挥，现代计算机在 CPU 和内存之间增加了一级高速缓存（Cache），构成了 Cache－内存－外存的三级存储系统，极大解决了 CPU 与内存间的速度匹配问题。本章主要介绍作为内存的半导体存储器。

5.1.1 半导体存储器的分类

半导体存储器有多种分类方法。按制造工艺可分为双极型和 MOS 型存储器；按存储方式可分为只读存储器（ROM）和随机存储器（RAM）；按存储原理可分为静态存储器（SRAM）和动态存储器（DRAM）。近年来出现的闪速存储器（Flash Memory）既具有 RAM 速度快、易读写的优点，又具有 ROM 信息掉电不丢失的优点。

1. 按制造工艺分类

按制造工艺分类，半导体存储器主要可分为双极型和 MOS 型两类。

（1）双极型 RAM

双极型 RAM 用 TTL 型晶体管逻辑电路作为基本存储电路。其特点是存取速度快，但集成度低、功耗大、成本高。双极型 RAM 常用于高速的微型计算机和大型计算机中。

（2）MOS 型 RAM

MOS 型 RAM 的特点是制造工艺简单、集成度高、功耗低、价格便宜，但存取速度要比双极型存储器慢。MOS 型存储器有多种制造工艺，包括 NMOS（N 沟道 MOS）、HMOS（高密度 MOS）、CMOS（互补型 MOS）、CHMOS（高速 MOS）等，可用来制造多种半导体存储器件。微机的内存主要由 MOS 型半导体存储器构成。

2. 按存取方式分类

按存取方式可分为随机存取存储器（RAM）和只读存储器（ROM），如图 5-1 所示。

（1）随机存取存储器（RAM）

按照存储信息的电路原理不同，RAM 又可分为静态 RAM 和动态 RAM。

1）静态 RAM（Static Random Access Memory，SRAM）是以双稳态触发器作为基本的存

储单元保存信息，一个双稳态触发器存放一位二进制信息。在不断电的情况下，其保存的信息是不会丢失的。该类芯片的优点是：不需要动态刷新电路，速度快；缺点是：与动态 RAM 相比，集成度低，功耗大，价格高。

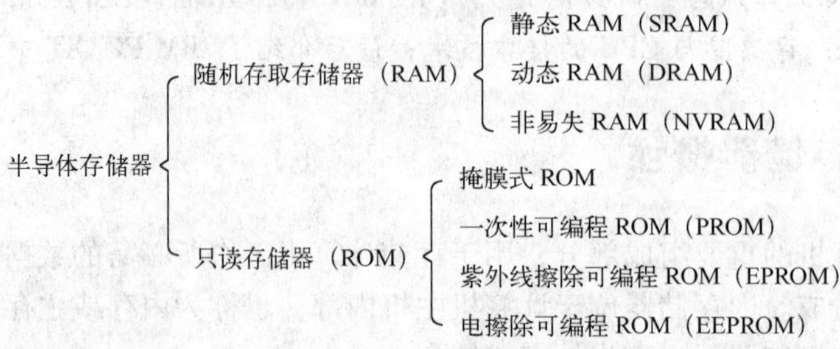

图 5-1 半导体存储器分类

2）动态 RAM（Dynamic Random Access Memory，DRAM）的基本存储单元是单管动态存储电路，依靠寄生电容存储电荷存储信息，存在漏电流，需要定时刷新以防止信息丢失，刷新时间间隔为 2 ms。DRAM 集成度高，价格低，多用于存储容量较大的微机系统中，如微机中的内存采用的就是 DRAM。

3）非易失性 RAM（Non Volatile Random Access Memory，NVRAM）是由 SRAM 和 EEPROM 共同构成的存储器。正常运行时与 SRAM 功能相同，作为 SRAM 来保存信息；在系统掉电或电源故障发生瞬间，SRAM 的信息可被写到 EEPROM 中，以保证信息不丢失。

（2）只读存储器（ROM）

ROM 是指在程序运行过程中，只能对存储单元进行读操作，而不能对其进行写操作的存储器，断电后 ROM 中的信息不丢失。与 RAM 相比，ROM 的集成度较高，价格较低。

1）掩膜型只读存储器（Masked ROM，MROM）是利用掩膜工艺制造的。一旦制造完成，信息无法改变，因此只适用于存储成熟的固定程序和数据。MROM 批量生产成本很低。

2）可编程只读存储器（Programmable ROM，PROM）在出厂时存储单元中的信息全为 1（或全为 0），采用编程器通过一次性编程写入程序或数据，信息一旦写入便无法更改。

3）可擦除可编程只读存储器（Erasable Programmable ROM，EPROM）中存储的信息可允许用户通过紫外线擦除，因此可实现多次写入、多次擦除。其擦除的方法为通过紫外线照射 20 min 以上即可擦除所存储的信息。EPROM 多用于系统实验阶段或需要改写程序和数据的场合。

4）电可擦除可编程只读存储器（Electrically Erasable Programmable ROM，EEPROM）EEPROM 既有 ROM 的非易失性，又具有类似于 RAM 的功能，是一种可用电气方法在线擦除和多次编程写入的只读存储器。目前，大多数 EEPROM 芯片内部都备有升压电路，因此，只需提供单电源，便可进行读、擦除/写操作。

5）闪存（Flash Memory）可以用电气方法整片或分块地擦除和写入，而不能按字擦除。其特点是既有 RAM 易读写、体积小、集成度高、速度快等优点，又有 ROM 断电后信息不丢失等优点。闪存芯片从结构上可分为串行传输和并行传输两大类。串行传输闪存可节约空间和成本，但存储容量小，速度慢；而并行传输闪存速度快，容量大。由于闪存具有擦写速度快、功耗低、容量大、成本低等特点，所以得到广泛应用。

5.1.2　半导体存储器技术指标

衡量半导体存储器的技术指标有多种，如可靠性、容量、存取速度、功耗、价格、电源种类等。下面介绍其中几种主要的技术指标。

1. 存储容量

存储容量是指存储器芯片所能存储的二进制信息的总位数，即存储容量 = 存储单元数 × 单元的位数。如果一个芯片上有 N 个存储单元，每个存储单元可存放 M 位二进制数，则该芯片的存储容量可用 $N \times M$ 表示，即可存储 $N \times M$ 个二进制位。例如，容量为 1024 ×2 位的芯片上有 1024 个存储单元，可以存储 1024 ×2 bit = 2048 bit 位的二进制信息。

存储芯片内的存储单元个数与芯片地址线数有关，单元的位数与芯片的数据线位数有关。例如 Intel 2114 芯片有 10 根地址线（$A_9 \sim A_0$）、4 根数据线（$D_3 \sim D_0$），其存储容量为 2^{10} 个存储单元，每个存储单元存储 4 位二进制数，故其存储容量为 $2^{10} \times 4$ bit = 4 kbit。

2. 存取时间

存取时间是衡量 CPU 工作速度的一个重要指标，是指从启动一次存储器操作（读或写）到完成该操作所需的时间。一般器件手册上给出的存取时间是最大存取时间。在芯片外壳上标注的型号往往也给出了该参数，例如，芯片 2732A-20 表示其存取时间为 20 ns。半导体存储器的存取时间一般在几十纳秒到几百纳秒之间。

3. 可靠性

为保证计算机正确运行，必然要求存储器能够长期稳定、可靠地运行。可靠性是指存储器对电磁场、湿度变化等因素的抗干扰能力，以及在高速运行下是否能正确地存取数据。通常以平均无故障工作时间（Mean Time Between Failures，MTBF）来衡量存储器的可靠性。MTBF 表示两次故障间的平均时间间隔。平均无故障工作时间一般都在几千小时以上。

4. 功耗

存储器功耗是指每个存储单元所耗的功率，单位为 μW/单元，也有用每块芯片的总功率来表示功耗的，单位为 mW/芯片。在用电池供电的系统（如嵌入式系统、便携式设备）中，实现低功耗运行不仅能减少对电源容量的要求，还可以提高存储系统的可靠性。

5.2　随机存取存储器结构及工作原理

随机存取存储器（RAM）可分为双极型 RAM 和 MOS 型 RAM，由于双极型 RAM 功耗较大，成本较高，因此通常使用的是 MOS 型 RAM。MOS 型 RAM 分为静态随机存储器（SRAM）和动态随机存储器（DRAM）两种。

5.2.1 静态随机存储器

1. SRAM 的工作原理

静态随机存储器（SRAM）的基本存储单元通常由 6 个 MOS 场效应晶体管构成的 RS 双稳态触发器组成。其基本存储单元电路如图 5-2 所示。

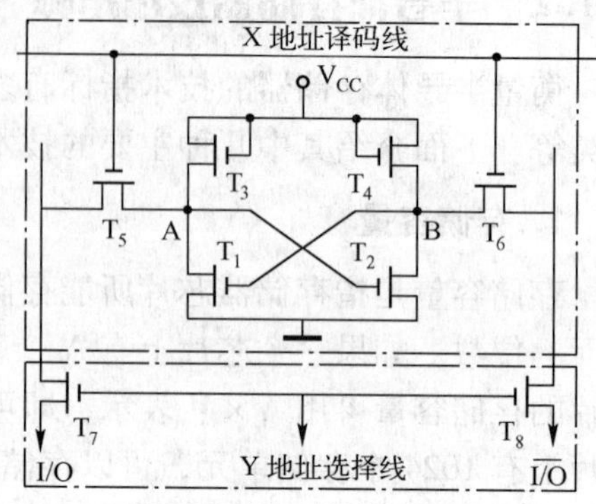

图 5-2 SRAM 的基本存储单元

在基本存储单元中，由 $T_1 \sim T_6$ 组成 RS 双稳态触发器。其中 T_1 和 T_2 为工作管；T_3 和 T_4 为负载管，T_5、T_6 为控制管。当 T_1 为导通时，由于 T_1、T_2 的交叉耦合作用，必将导致 T_2 截止，于是使得 A、B 两点的状态为 A = 0、B = 1，这是一种稳定状态；反之，当 T_1 截止，T_2 导通时，同样也是一种稳定状态。所以，可以用这两种不同的状态分别表示 0 或 1。

写入数据时，X 地址译码线为高电平，使该基本存储单元电路被选中，此时 T_5、T_6 导通；Y 地址译码线也为高电平，使得 T_7、T_8 导通，由此写信号从 I/O 线和$\overline{I/O}$线送入。如，向该单元写入“0”，I/O 线上的写信号为“0”，而$\overline{I/O}$线上为“1”，此时 T_1 导通、T_2 截止，只要不断电，该状态可以一直保持下去，直到写入新的数据。

读出数据时，同样 X 地址译码线为高电平，选中该单元，使得 T_5、T_6 导通，于是 A 点和 B 点的状态即送到 I/O 线和$\overline{I/O}$线上，再通过 Y 地址选择线使得 T_7、T_8 导通，即可读出该单元所存储的信息。数据从本单元读出后，原来存储的信息保持不变。

由于 SRAM 的基本存储单元所含的 MOS 管数量较多，故其集成度较低；同时，其双稳态触发电路总有一个处于导通状态，使得 SRAM 的功耗较大。其优点是工作速度快、稳定，不需要外加刷新电路，简化了外围电路。根据 SRAM 的特点，在实际中常用做 Cache 和小规模的存储器系统。

2. SRAM 芯片举例

SRAM 的芯片有多种规格，常用的有 2101（256B ×4 位）、2102（1KB ×1 位）、2114（1 KB ×4 位）、4118（1 KB ×8 位）、6116（2 KB ×8 位）、6264（8 KB ×8 位）和 62256（32 KB ×8 位）等。随着大规模集成电路的发展，SRAM 的集成度也在不断增大。下面以 Intel 6264 芯片为例，来说明 SRAM 的具体组成及工作过程。

（1）6264 芯片的内部结构

6264 芯片是采用 CMOS 工艺，容量为 8 KB ×8 位的高速、低功耗 SRAM 芯片。芯片的内部结构如图 5-3 所示。

1）存储阵列：6264 芯片共有 8192 个存储单元，形成 128 ×512 的存储阵列。

2）地址译码器：6264 芯片共有 13 根地址线，采用两级译码方式，其中 7 根用于行译码地址输入，6 根用于列译码地址输入，每条列线控制 8 位。

3）I/O 控制电路：分为输入数据控制电路和列 I/O 电路，用于对信息进行缓冲和控制。

4）片选及读/写控制电路：用于实现对芯片的选择及读/写控制。

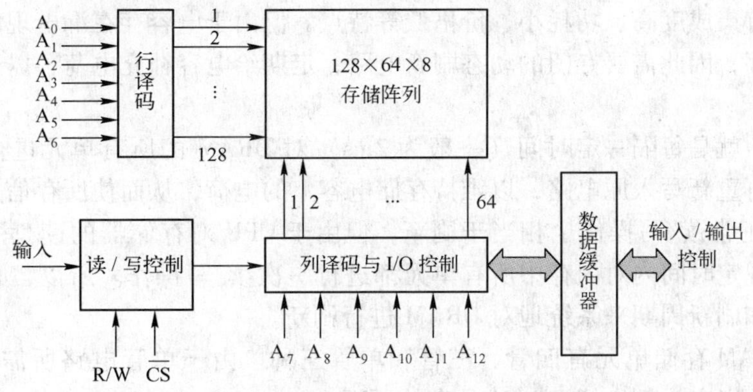

图 5-3　6264 芯片的内部结构图

（2）6264 芯片的外部引脚

6264 芯片是具有 28 个引脚封装的双列直插式集成电路芯片。引脚可分为地址、数据和控制 3 种类型。如图 5-4 所示。6264 芯片的工作方式选择如表 5-1 所示。

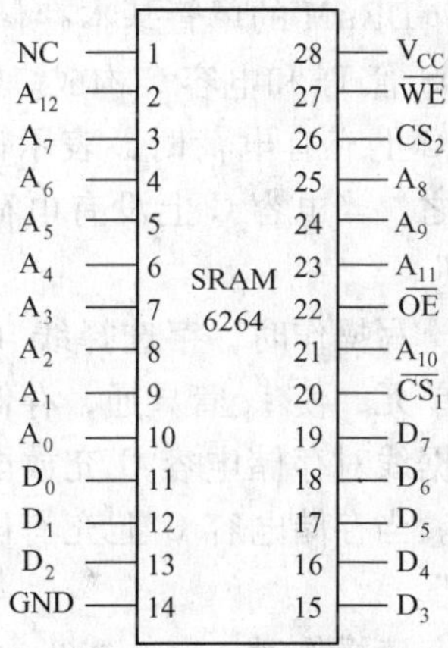

图 5-4　6264 芯片的外部引脚图

1）$A_0 \sim A_{12}$：13 根地址线。一个存储芯片上地址线的数量决定了该芯片有多少个存储单元。13 根地址线上的地址编码最大为 $2^{13}=8192$ 个与系统地址总线的低 13 位相连。

2）$D_0 \sim D_7$：8 根双向数据线。对 SRAM 芯片而言，数据线的数量决定了芯片上每个存储单元的二进制位数。

3）控制线：

$\overline{OE}$：输出允许信号。只有当$\overline{OE}$为低电平时，CPU 才能从芯片中读出数据。

$\overline{WE}$：写允许信号。当$\overline{WE}$为低电平时，允许数据写入芯片。当$\overline{WE}$为高电平，$\overline{OE}$为低电平时，允许数据从芯片中读出；

$\overline{CS_1}$、CS_2：片选控制端，仅当$\overline{CS_1}=0$，$CS_2=1$ 时，芯片才被选中，才能对芯片进行读写操作。

V_{CC}：+5 V 电源。GND：地。NC：未用引脚。

表 5-1　6264 芯片工作方式选择表

工 作 方 式	$\overline{CS_1}$	CS_2	$\overline{WE}$	$\overline{OE}$	数 据 线
读操作	0	1	1	0	数据输出
写操作	0	1	0	1	数据输入
禁止输出	0	1	1	1	高阻
未选中	1	×	×	×	高阻
未选中	×	0	×	×	高阻

5.2.2　动态随机存储器

动态随机存储器（DRAM）是利用 MOS 场效应晶体管栅极分布电容的充放电来保存数

据信息的，具有集成度高、功耗小、价格低等特点。但由于电容存在漏电现象，所存储的数据不能长久保存，因此需要专门的动态刷新电路，定期给电容补充电荷，以避免存储数据的丢失。

所谓刷新，就是每隔一定时间（一般为 2ms）对 DRAM 的所有单元进行读出，经读出放大器放大后再重新写入原电路，以维持存储电容上的电荷，从而使所存信息保持不变。虽然每次进行的正常读/写操作也相当于刷新，但由于 CPU 对存储器的读/写操作是随机的，并不能保证在规定时间内对内存中所有单元都进行一次读/写操作。所以，必须设置专门的外部控制电路和刷新周期来系统地对 DRAM 进行刷新。

常见的 DRAM 存储单元有四管、三管和单管三种。由于单管电路所需的元件数量少，集成度高，因此以它为例介绍 DRAM 的存储原理。

1. DRAM 的工作原理

DRAM 的单管基本存储单元如图 5-5 所示，它由 MOS 管 T_1 和电容 C 构成。信息存储在电容 C 上。当电容 C 上充有电荷时，表示该存储单元保存信息“1”。反之，当电容 C 上没有电荷时，表示该单元保存信息“0”。

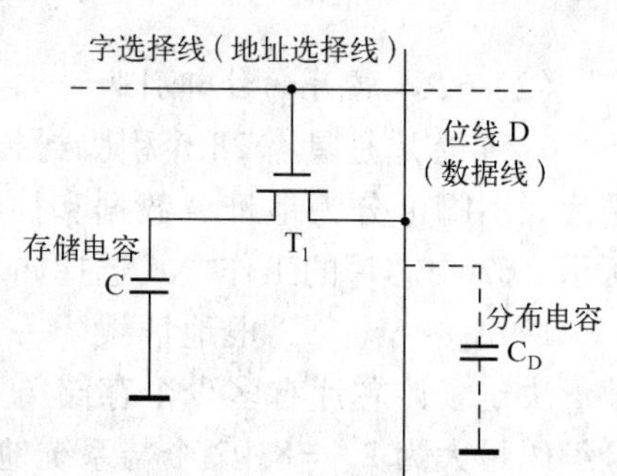

图 5-5 单管动态存储单元

写操作时，字选择线（地址选择线）有效，选中该单元，使 T_1 管导通，存储电容 C 与数据线连通，由数据线对存储电容 C 充放电，将信息存入存储电容 C 中。当存储电容 C 上充有电荷时，表示该存储单元写入信息“1”；反之，表示写入信息“0”。

读操作时，字选择线为高电平，存储在存储电容 C 上的电荷通过导通的 T_1 管输出到位线（数据线）上，对分布电容 C_D 充放电，改变分布电容 C_D 上的电压，即可读出所保存的信息。

刷新操作，DRAM 的单管基本存储单元实质上是依靠 T_1 管栅极与衬底之间存储电容 C 的充放电原理来保存信息的。尽管 MOS 管是高阻器件，漏电流小，但还是存在的，因此存储电容 C 上电荷经一段时间（一般 2 ms 左右）就会泄漏，造成信息丢失；另外，数据读出后，存储电容 C 上的信息也会被破坏。所以为维持动态存储单元所存储的信息，必须配备读出再生放大电路，及时对 DRAM 各存储单元的内容进行刷新。

单管动态存储单元电路的优点是结构简单、集成度较高且功耗小。缺点是列线对地间的寄生电容大，噪声干扰也大。因此，要求存储电容 C 的值较大，刷新放大器应有较高的灵敏度和放大倍数。

2. DRAM 芯片举例

下面以 Intel 2164 芯片为例，来说明 DRAM 的具体组成及工作过程。

(1) 2164 芯片的内部结构

2164 芯片是一种 64 K×1 位的 DRAM 芯片，其基本存储单元是采用单管动态存储电路，片内共有 65536 个基本存储单元，每个存储单元存放一位二进制信息。

图 5-6 是 2164 芯片的内部结构示意图。其中，64 K 位存储体由 4 个 128×128 的存储阵

列组成，每个 128×128 的存储阵列由 7 条行地址线和 7 条列地址线进行选择，在芯片内部经地址译码后可分别选择 128 行和 128 列。128 个读出放大器与 4 个 128×128 存储阵列相对应，它们能接收由行地址选通的 4×128 个存储单元的信息，经放大后，再写回原存储单元，是实现刷新操作的重要部分。

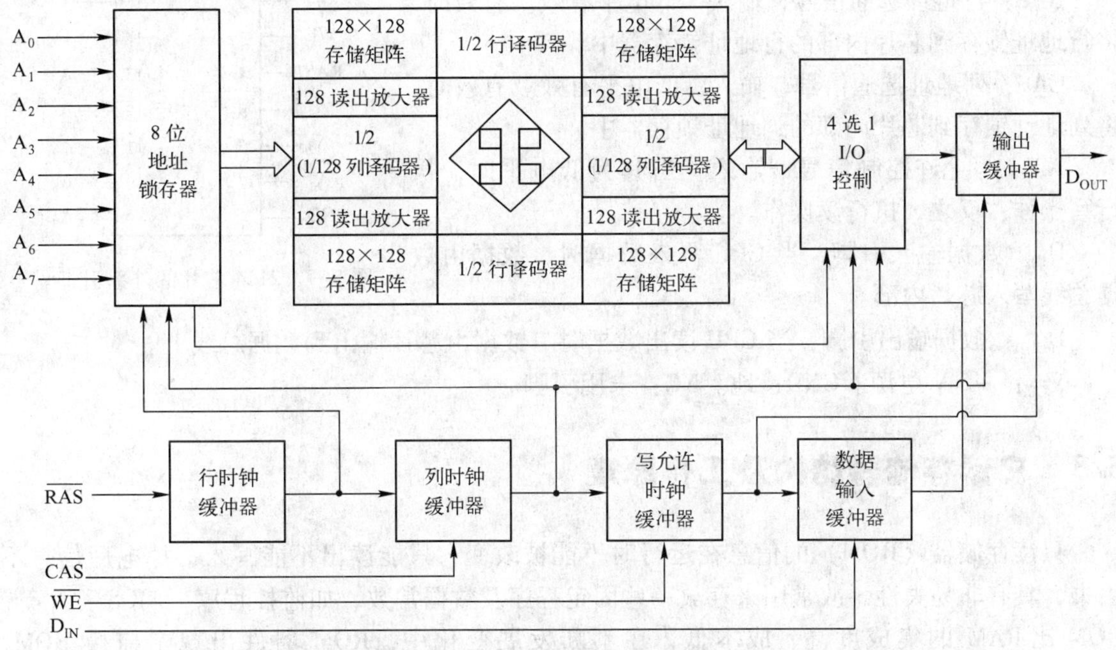

图 5-6　2164 芯片的内部结构图

从图中可看出，DRAM 与 SRAM 一样，都是由许多基本存储单元电路按照行、列排列组成二维存储阵列。为了降低芯片功耗，保证足够的集成度，减少芯片对外封装引脚的数目，便于刷新控制，DRAM 芯片都设计成位结构形式，即每个存储单元只有一位数据位，一个芯片上含有若干字，如 4 K×1 位、8 K×1 位、16 K×1 位等。这是 DRAM 芯片的结构特点之一。

2164 芯片是 64 K×1 位芯片，要寻址 64 K 位个基本存储单元，需要 16 条地址线。为了减少引脚数目，缩小封装面积，芯片只提供了 8 条地址线。因此，该芯片采用行地址线和列地址线分时工作的方式。外部地址分两次传送，第一次由行地址选通信号$\overline{RAS}$，把先送来的 8 位地址作为行地址，锁存在行地址锁存器中；第二次由列地址选通信号$\overline{CAS}$，将后送来的 8 位地址作为列地址，锁存在列地址锁存器中，再由读/写控制信号控制数据的读/写。所以，16 位的存储单元地址信号是分两次得到的。同样，访问 DRAM 时，访问地址需要分两次输入。这也是 DRAM 芯片的特点之一。行、列地址线的分时工作，可以使 DRAM 芯片的对外地址线引脚大大减少。

四选一 I/O 门电路由行、列地址信号的最高位控制，能从相应的 4 个存储阵列中选择一个进行输入/输出操作。数据输入/输出缓冲器用来暂存要输入/输出的数据。行、列时钟缓冲器用来协调行、列地址的选通信号。写允许时钟缓冲器用来控制芯片的数据传送方向。

(2) 2164 芯片的外部引脚

2164 芯片是具有 16 个引脚的双列直插式集成电路芯片，外部引脚如图 5-7 所示。

$A_7 \sim A_0$：8 根地址线，用来分时接收 CPU 送来的 8 位行、列地址。

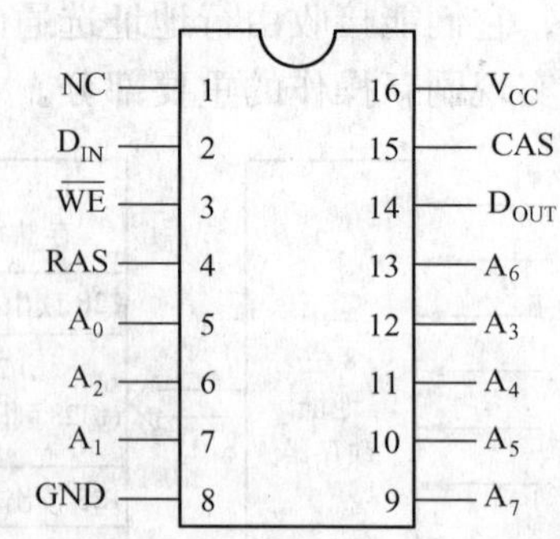

图 5-7 2164 芯片的外部引脚图

$\overline{RAS}$：行地址选通信号，输入，低电平有效。有效时，将行地址锁存到芯片内部的行地址锁存器中。

$\overline{CAS}$：列地址选通信号，输入，低电平有效。有效时，将列地址锁存到芯片内部的列地址锁存器中。

$\overline{WE}$：写允许控制信号，输入。当其为低电平时，执行写操作；反之，执行读操作。

D_{IN}：数据输入引脚，当 CPU 写入数据时，数据由数据总线写入芯片内部。

D_{OUT}：数据输出引脚，当 CPU 读出数据时，数据由芯片输出到数据总线上。

V_{CC}： +5 V 电源。GND：地。NC：未用引脚。

5.3 只读存储器结构及工作原理

只读存储器（ROM）的信息在运行时不能被改变，只能读出不能写入，掉电后信息不丢失，具有非易失性，故常用来存放一些固定程序及数据常数，如监控程序、BIOS 程序等。ROM 比 RAM 的集成度高、成本低，在不断发展变化中，ROM 器件出现了掩模 ROM、PROM、EPROM、EEPROM 和 Flash ROM 等多种类型。

5.3.1 可擦除可编程只读存储器

本节以紫外线擦除的只读存储器（UVEPROM）为例进行介绍，UVEPROM 采用紫外线擦去原先保存内容，再用专门的写入器改写内容。实际工程中，在其芯片顶部开有一个石英玻璃的窗口。当需要改变内容时，用 12 mW/cm^2 的紫外线灯，相距存储器芯片 3 cm，对窗口照射 10 ~ 20 min，就可将可擦除可编程只读存储器（EPROM）中的原有信息全部擦除，成为全“1”状态。然后根据用户程序，用加电压的手段使要存入“0”的那些存储位进行写“0”，而对那些要存入“1”的存储位不加电压，仍保持原有的“1”。

UVEPROM 芯片在编程后应在其照射窗口贴上不透光封条，以避免阳光或室内日光灯的直接照射而导致存储电路中的电荷缓慢泄漏。另外，MOS 场效应晶体管的防静电效应也是十分重要的。

1. 基本存储单元电路

UVEPROM 基本存储单元的结构和工作原理如图 5-8 所示。通常 UVEPROM 的基本存储单元采用 FAMOS 场效应晶体管（Floating gate avalanche injection metal-oxide-semiconductor，即浮栅雪崩注入 MOS 管）。该管是在 N 型的基底上做出两个高浓度的 P 型区，从中引出场效应管的源极 S 和漏极 D；在源极和漏极之间有一个由多晶硅做成的栅极，但它是浮空的，被一层绝缘的 SiO_2 包围，称为浮置栅极。芯片出厂时，所有 FAMOS 场效应晶体管的栅极上没有电子电荷，源极、漏极间无导电沟道形成，管子不导通，表示保存的原始信息为“1”；当浮置栅极被注入电荷后，源极与漏极之间感应出导电沟道，表示该存储单元保存的信息为“0”。由于浮置栅极悬浮在绝缘层中，所以一旦带电后，电子很难泄漏，从而使信息得以长期保存。

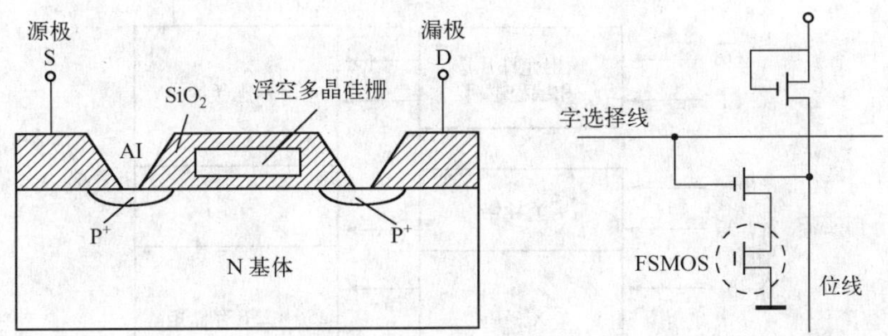

图 5-8 UVEPROM 基本存储单元的结构和工作原理

2. 编程和擦除

UVEPROM 的编程过程实际上就是对某些存储单元写入“0”的过程，即向浮置栅极注入电子的过程。方法是：在漏极和源极之间加上约 25 V 的反向电压，同时加上编程脉冲信号，则漏极和源极瞬时产生雪崩式击穿，一部分电子在强电场作用下通过绝缘层注入到浮栅中。当高电压撤除后，由于浮栅被 SiO_2 绝缘层包围，所以注入的电子无泄漏通道，负电荷仍保留在栅极上，从而使相应单元导通，表明将“0”写入了该单元。

擦除的原理与编程相反，通过向浮置栅极上的电子注入能量，使得它们逃逸。擦除信息时必须用一定波长的紫外光对准芯片窗口，在近距离内连续照射 10 ~ 20 min，使负电荷获取足够的能量，形成光电流流入基片，从而使浮栅恢复初态，不再有电荷，从而擦除了信息。

3. 典型的 UVEPROM 芯片

典型的 UVEPROM 芯片见表 5-2。这些芯片可采用 NMOS 或 CMOS 两种工艺制造，若芯片名称中有字母 C，表示该芯片是用 CMOS 工艺制造的，如 27C64。采用 NMOS 工艺制造的芯片功耗较低。本节以 2716 芯片为例介绍 UVEPROM 的性能和工作方式。

表 5-2 典型的 UVEPROM 芯片

UVEPROM	位 数	容 量
2716	16 Kbit	2 KB
2732	32 Kbit	4 KB
27C64	64 Kbit	8 KB
27C128	128 Kbit	16 KB
27C256	256 bit	32 KB
27C512	512 bit	64 KB
27C010	1 Mbit	128 KB

(1) 2716 芯片的内部结构

2716 芯片采用 NMOS 工艺，容量为 2 K×8 位。内部结构如图 5-9 所示。

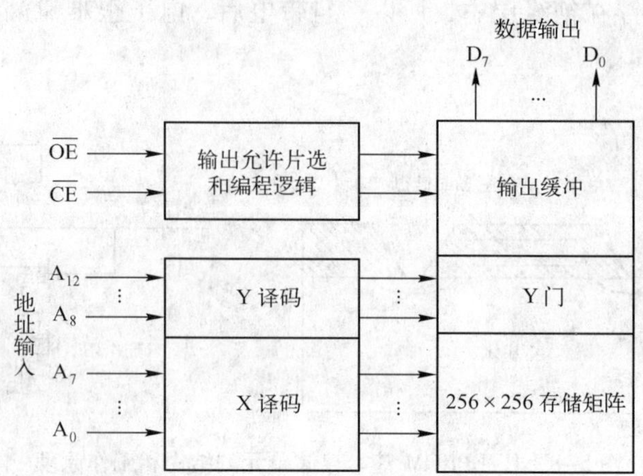

图 5-9 2716 芯片的内部结构图

1）存储阵列：2716 芯片是由 2 K×8 个带有浮栅的 MOS 管构成的 256×256 存储阵列，可保存 2 K×8 位二进制信息。

2）地址译码器：2716 芯片共有 11 根地址线，采用两级译码方式，其中 7 根用于行地址译码器，4 根用于列地址译码。

3）数据输出缓冲器：实现对输出数据的缓冲。

4）输出允许、片选和编程逻辑：用于实现片选及控制信息的读/写。

(2) 2716 芯片的外部引脚

2716 芯片是具有 24 个引脚封装的双列直插式集成电路芯片，其引脚如图 5-10 所示。

A_{10} ~ A_0：11 根地址线，输入，可寻址片内的 2 K 个存储单元。

D_7 ~ D_0：8 位数据线。正常工作时为数据输出线，编程时为数据输入线。

$\overline{CE}$：片选信号，输入，低电平有效。当 $\overline{CE}$ 为低电平时，表示选中该芯片。

$\overline{OE}$：数据输出允许信号，输入，低电平有效，允许数据输出。

V_{PP}：编程电压输入引脚。编程时在该引脚上加编程电压（+25 V）。

V_{CC}：+5 V 电源。GND：地。

信号	引脚	引脚	信号
A_7	1	24	V_{CC}
A_6	2	23	A_8
A_5	3	22	A_9
A_4	4	21	V_{PP}
A_3	5	20	$\overline{OE}$
A_2	6	19	A_{10}
A_1	7	18	$\overline{CE}$
A_0	8	17	D_7
D_0	9	16	D_6
D_1	10	15	D_5
D_2	11	14	D_4
GND	12	13	D_3

图 5-10 2716 芯片的外部引脚图

(3) 2716 芯片的工作方式和操作时序

2716 芯片有 6 种工作方式，如表 5-3 所示。前 3 种 V_{PP} 接 +5 V，为正常工作状态；后 3 种 V_{PP} 接 +25 V，为编程工作状态。

表5-3 2716芯片的工作方式

工作方式	$\overline{CE}$	$\overline{OE}$	V_{CC}	V_{PP}	$D_7 \sim D_0$
读出	0	0	+5 V	+5 V	输出
备用	1	×	+5 V	+5 V	高阻
读出禁止	0	1	+5 V	+5 V	高阻
编程写入	正脉冲	1	+5 V	+25 V	输入
编程校验	0	0	+5 V	+25 V	输出
编程禁止	0	1	+5 V	+25 V	高阻

5.3.2 电可擦除可编程只读存储器

电可擦除可编程只读存储器（EEPROM）是在EPROM的基础上开发出来的电可擦除可编程ROM。与EPROM不同的是，在擦除和编程写入时，不需要从系统中取下，可直接用电气方式在线编程和擦除，并且它是按字节进行编程和擦除。

1. 基本存储单元电路

EEPROM基本存储单元电路如图5-11所示。其工作原理与EPROM类似，也是采用浮栅技术的可编程存储器。当浮栅上没有电荷时，MOS管的漏极和源极之间不导电；若浮栅有电荷，则管子导通。在EEPROM中，浮栅延长区与漏区间的交叠处有一个厚度约为8 nm的薄绝缘层，当漏极接地，控制栅加上足够高的电压时，在交叠区产生的强电场作用下，电子通过绝缘层到达浮栅，使浮栅带负电荷，起编程作用。这一现象称为“隧道效应”，因此，该MOS管称为隧道MOS管。当控制栅接地漏极加一正电压时，则产生与上述相反的过程，即浮栅放电，起擦除作用。

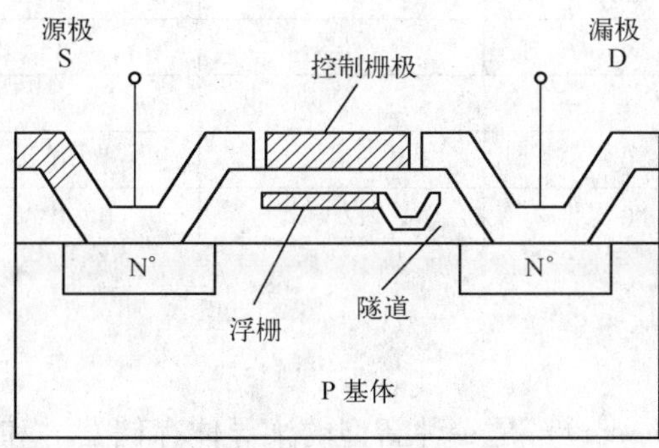

图5-11 EEPROM基本存储单元的结构示意图

与EPROM相比，EEPROM不需要紫外线激发放电，即擦除和编程只需加电就可完成，且写入的电流很小，擦除的速度要快得多。另外，它可以以字节为单位进行擦除，而不像EPROM需要整片擦除。EEPROM具有ROM的非易失性，又具备类似RAM的功能，可以随时改写。目前，大多数EEPROM芯片内部都备有升压电路。因此，只需提供单电源供电，便可进行读、擦除/写操作，为数字系统的设计和在线调试提供了极大的方便。

2. 典型 EEPROM 芯片

本节以 AT28C64 芯片为例介绍 EEPROM 的性能和工作方式。

(1) AT28C64 芯片的引脚功能

AT28C64 芯片是采用 CMOS 工艺制造的 8K×8 位的 28 引脚双列直插 EEPROM 芯片，其引脚如图 5-12 所示。

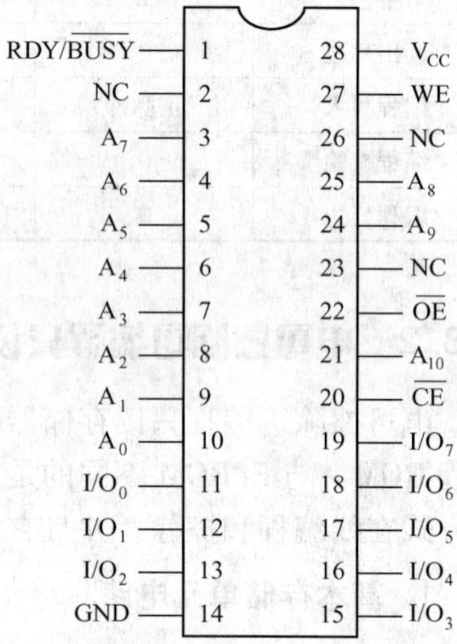

$A_{12} \sim A_0$：13 根地址线，输入，可寻址片内的 8 K 个存储单元。

$D_7 \sim D_0$：8 位数据线。正常工作时为数据输出线，编程时为数据输入线。

$\overline{CE}$：片选信号，输入，低电平有效。当 $\overline{CE}=0$ 时，表示选中该芯片，可进行读写操作。

$\overline{OE}$：数据输出允许信号，输入，低电平有效。当 $\overline{CE}=0$，$\overline{OE}=0$，$\overline{WE}=1$ 时，允许数据输出。

$\overline{WE}$：写允许信号，输入，低电平有效。当 $\overline{CE}=0$，$\overline{OE}=1$，$\overline{WE}=0$ 时，允许将数据写入指定的存储单元。

RDY/$\overline{BUSY}$：写结束状态信号，输出。写入数据时，该引脚为低电平，一旦写入完成，即变为高电平。

V_{CC}：+5 V 电源。GND：地。

图 5-12 AT28C64 芯片的外部引脚图

(2) AT28C64 芯片的工作方式

AT28C64 芯片的主要工作方式如表 5-4 所示。

表 5-4 AT28C64 芯片的工作方式

工作方式	$\overline{CE}$	$\overline{OE}$	$\overline{WE}$	$D_7 \sim D_0$
读出	0	0	1	输出
备用	1	×	×	高阻
写入	0	1	0	输入
擦除	0	12 V	0	高阻

5.3.3 Flash 存储器

Flash 存储器（Flash Memory）是一种新型的半导体存储器。和 EEPROM 相比，Flash 存储器可实现大规模快速电擦除，编程速度快，断电后具有可靠的非易失性，因此，一经问世就得到了广泛的应用。Flash 存储器可重复使用，可以被擦除和重新编程几十万次而不失效。在数据需要经常更新的可重复编程应用中，这一性能非常重要。

Flash 存储器展示了一种全新的 PC 存储器技术。作为一种高密度、非易失的读写半导体技术，它特别适合作固态磁盘驱动器；或以低成本和高可靠性替代电池支持的静态 RAM。由于便携式系统要求低功耗、小尺寸和耐用性，又要求保持高性能和功能的完整性，因而该技术的固有优势十分明显。它突破了传统的存储器体系，改善了现有存储器的特性。Flash 存储器的主要特点为：

1. 固有的非易失性

Flash 存储器不同于静态 RAM，不需要备用电池来确保数据保存，也不需要磁盘作为动态 RAM 的后备存储器。

2. 可直接执行

由于省去了从磁盘到 RAM 的加载步骤，查询或等待时间仅取决于 Flash 存储器，用户可充分享受程序和文件的高速存取以及系统的快速启动。

3. 经济的高密度

Intel 的 1M 位 Flash 存储器的成本按每位计低于静态 RAM 的一半。Flash 存储器的成本比容量相同的动态 RAM 稍高，但节省了辅助存储器的额外费用和空间。

4. 固态性能

Flash 存储器是一种低功耗、高密度且没有移动部分的半导体技术。便携式计算机不再需要消耗电池以维持磁盘驱动器运行，或由于磁盘组件而额外增加体积和重量。用户不必担心工作条件变坏时磁盘发生故障。

由于 Flash 存储器所具有的优点，Pentium II 以后的主板都采用了这种存储器存放 BIOS 程序。Flash 存储器的可擦可写特性，使 BIOS 程序可及时升级。Flash 存储器芯片与同容量的 EPROM 引脚完全兼容。典型的 Flash 芯片有 29C256（32 K×8）、29C512（64K×8）、29C010（128 K×8）、29C020（256 K×8）、29C040（512 K×8）、29C080（1024 K×8）等。

5.4 半导体存储器与 CPU 的接口技术

在微机系统中，半导体存储器通过总线与 CPU 相连。CPU 对半导体存储器进行读写操作时，首先由地址总线给出地址信号，选择要进行读/写操作的存储单元，然后通过控制总线发出相应的读/写控制信号，最后才能在数据总线上进行数据交换。所以，半导体存储器芯片与 CPU 之间的连接，实质上是其与数据总线、地址总线和控制总线这三种系统总线的连接。

5.4.1 存储芯片与 CPU 的接口设计

由于存储芯片的容量有限，在构成实际的存储器时，单个芯片往往不能满足存储器位数（数据线位数）或字数（存储单元的个数）的要求，需要用多个存储芯片进行组合，以满足对存储容量的要求。这种组合称为存储器的扩展，常有位扩展、字扩展和字位扩展 3 种方式。

1. 存储器的扩展方式

(1) 位扩展

在微型计算机中，存储器的大小通常是按字节来度量的。如果一个存储芯片不能同时提供 8 位数据，就必须把几块芯片组合起来使用，这就是存储器芯片的“位扩展”。现在的微机可以同时对存储器进行 64 位的存取，这就需要在 8 位的基础上再次进行“位扩展”。位扩展把多个存储芯片组成一个整体，使数据位数增加，但单元个数不变。经位扩展构成的存储器，每个单元的内容被存储在不同的存储芯片上。

以 SRAM Intel 2114 芯片为例，其容量为 1K ×4 位，数据线为 4 根，每次读写操作只能从一片芯片中访问到 4 位数据；而计算机的数据线是 8 位，所以，要用 2114 芯片构成 1KB 的内存空间，需要 2 片芯片，在位方向上进行扩充。在使用时，将这两片芯片看做一个整体，它们将同时被选中，共同组成容量为 1KB 的存储器模块，称之为芯片组。

位扩展的方法是：将每个存储芯片的数据线分别接到系统数据总线的不同位上，地址线和各类控制线（包括片选信号线、读/写信号线等）并联在一起。

（2）字扩展

字扩展是对存储器容量的扩展。存储器芯片的字长符合存储器系统的要求，但其容量太小，即存储单元的个数不够，需要增加存储单元的数量。

例如，用 2K ×8 位的 EPROM 2716 芯片组成 64K ×8 位的存储器系统。由于每个芯片的字长为 8 位，满足存储器系统的字长要求。但每个芯片只能提供 2KB 个存储单元，因此需用 32 片芯片构成，以满足存储器系统的容量要求。

字扩展的方法是：将每个存储芯片的数据线、地址线、读/写信号线等控制线与系统总线的同名线相连，仅将各个芯片的片选信号分别连到地址译码器的不同输出端，用片选信号来区分各个芯片的地址。

（3）字位扩展

字位扩展是从存储芯片的位数和容量两个方面进行扩展。在构成一个存储系统时，如果存储器芯片的字长和容量均不符合存储器系统的要求，就需要用多个芯片同时进行位扩展和字扩展，以满足系统的要求。进行字位扩展时，通常是先进行位扩展，按存储器字长要求构成芯片组，再对这样的芯片组进行字扩展，使总的存储容量满足要求。

存储器容量的扩展可遵循以下步骤：

1）根据存储器容量选择合适的芯片。

2）若芯片的位数不满足要求，则将芯片多片并联，构成满足字长要求的芯片组。

3）对芯片组进行字扩展，设计出满足要求的存储器。

2. 存储器的地址译码

存储器地址译码电路不同，CPU 访问的存储器地址也不同。当 CPU 对存储单元进行访问时，它发出的地址信号要实现两种选择，首先是对存储器芯片的选择，使相关芯片的片选端有效，称为片选；之后在选中的芯片内部再选择某一存储单元，称为字选。片选信号和字选信号均由 CPU 发出的地址信号经译码电路产生。而选择内部存储单元的字选信号则是 CPU 的低位地址线由存储器芯片的内部译码电路产生的，这部分译码电路不需用户设计。而片选信号是由 CPU 的高位地址线经外部译码器译码产生的，通常所说的译码电路也是用来产生片选信号的。片选信号的产生方法通常有线选法、部分译码法和全译码法 3 种。

（1）线选法

线选法是指用 CPU 地址总线中剩余的高位地址线作为存储器芯片的片选信号。采用线选法时，可将地址信号线分别连到各芯片的片选端，当某个芯片的片选端为低电平时，则选中该芯片。这些片选地址线每次寻址时只能有一位有效，不允许同时有多位有效，这样才能保证每次只选中一个芯片（或芯片组）。线选法产生片选信号的电路如图 5-13 所示。图中是用 4 片 2K×8 位芯片采用线选法构成的 8 K×8 位存储器芯片组。用 A_0 ~ A_{10} 11 根地址线作为片内寻址接到每块芯片上，并用 A_{11} ~ A_{14} 这 4 根高位地址线进行线选，即可确定各芯片的地址范围。各芯片的地址范围如表 5-5 所示。

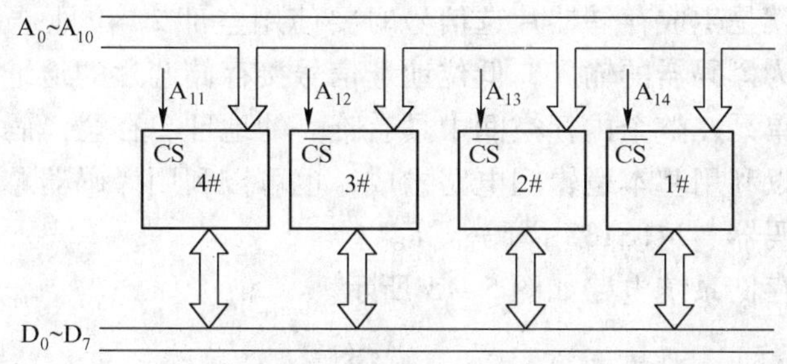

图 5-13　线选法产生片选信号

表 5-5　线选法的地址分配

芯片编号	A_{15} ~ A_{11}	A_{10} ~ A_0	地址范围
1#	10111	00…0 11…1	B800H BFFFH
2#	11011	00…0 11…1	D800H DFFFH
3#	11101	00…0 11…1	E800H EFFFH
4#	11110	00…0 11…1	F800H FFFFH

线选法的优点是结构简单，不需复杂的逻辑电路。缺点是地址空间浪费大。由于部分地址线未参与译码，必然会出现地址重叠。此外，当通过线选的芯片增多时，还有可能出现可用地址空间不连续的情况。

（2）部分译码法

部分地址译码就是把地址总线的一部分地址信号线与存储器连接，通常是高位地址信号的一部分（不是全部）作为译码器的输入，经译码产生片选信号。那些未参与译码的高位地址可以为 1 也可以为 0，因此，采用部分译码法虽然可以简化译码电路，但每个存储单元将对应多个地址，出现地址重叠现象，会造成系统地址空间资源的部分浪费。部分译码法产生片选信号的电路如图 5-14 所示。

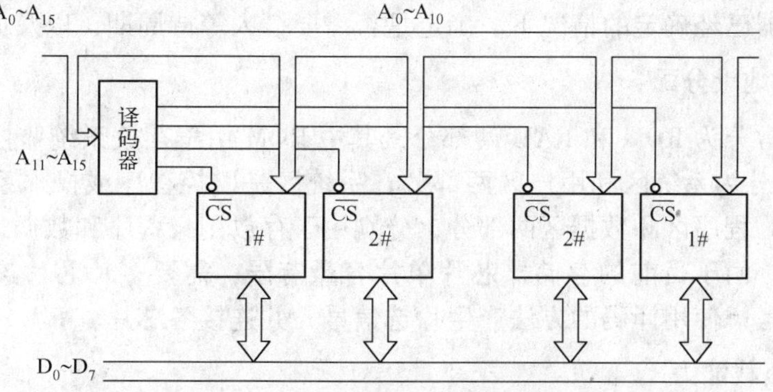

图 5-14　部分译码法产生片选信号

部分译码法可简化译码电路，但有地址重叠，一部分地址空间被浪费，在系统存储容量要求不大的情况下可采用该方法。

（3）全译码法

所谓全译码法，就是生成存储器片选信号时要使用全部 20 位地址总线信号，即所有的高位地址信号用来作为译码器的输入，低位地址信号接存储芯片的地址输入线，从而使得存储器芯片上的每一个单元在整个内存空间中具有唯一的地址。在全译码方式中，译码电路的构成不是唯一的，可以利用基本逻辑门电路构成，也可以利用译码器芯片构成。常用的译码器芯片有 74LS139 译码器、74LS138 译码器等。

采用全译码法的存储系统电路如图 5-15 所示。

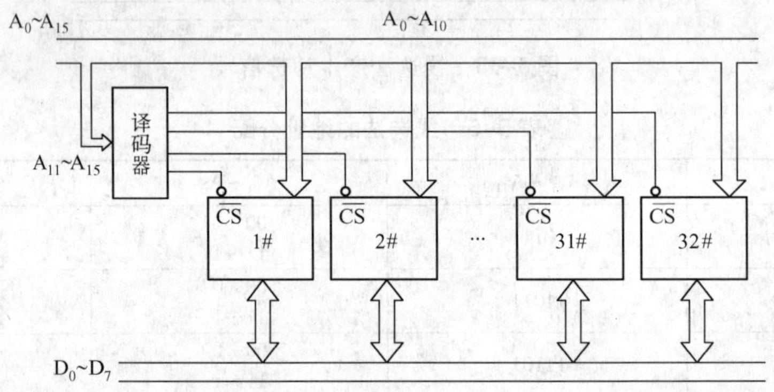

图 5-15　全译码法产生片选信号

5.4.2　存储芯片与 CPU 连接时需注意的问题

在存储器芯片与 CPU 的连接中，除需正确实现数据总线、地址总线、控制总线的连接以外，还需考虑以下几方面的问题，保证存储器系统可以正常工作。

1．芯片的选择

在微机的存储器系统中，由于使用的芯片单片容量有限，构成一定容量的存储器要选择多块芯片，在选片过程中，要考虑芯片容量、总存储容量、时序匹配等问题。

2．CPU 与存储器芯片的时序配合

CPU 在取指和存储器读/写操作时是有固定时序的，并由此来确定对存储器存取速度的要求。或在存储器已经确定的情况下，确定是否需要插入等待周期，以及如何实现。

3．存储器的地址分配

系统内存通常分为 ROM 和 RAM 两部分，其中 ROM 用于存放系统监控程序等固化程序及常数。RAM 可分为系统区和用户区两部分，系统区是监控程序或操作系统存放数据的区域；用户区又分为程序区和数据区两部分，分别用于存放用户程序和数据，所以，地址分配是一个重要问题。由于目前的存储器芯片单片容量有限，需要多片芯片连接组成存储器系统，因此，需要考虑使用译码的方法产生片选信号，并连接各芯片。

4．CPU 的负载能力

在 CPU 的设计中，一般输出线的直流负载能力为带一个 TTL 负载。而在连接中，CPU

的每一根地址线或数据线，都有可能连接多片存储器芯片。所以，在存储器芯片与 CPU 的连接过程中，要考虑 CPU 外接存储器芯片的数量以及 CPU 与存储器芯片的物理距离等因素。现在的存储器芯片多为 MOS 电路，直流负载都很小，主要的负载是电容负载，因此在小型系统中，CPU 可以与存储器芯片直接相连。在较大的系统中，要考虑 CPU 是否需要加缓冲器，由缓冲器来提高负载能力。

5.5　IBM PC/XT 的 DRAM 子系统

5.5.1　IBM PC/XT 存储空间的分配

在 IBM PC/XT 中，CPU 是 8088，有 20 根地址线，可寻址的物理地址范围为 00000 ~ FFFFFH，共 1MB。通常把这 1 MB 空间分为 3 个区，即 RAM 区、保留区和 ROM 区。其存储空间的分配如图 5-16 所示。

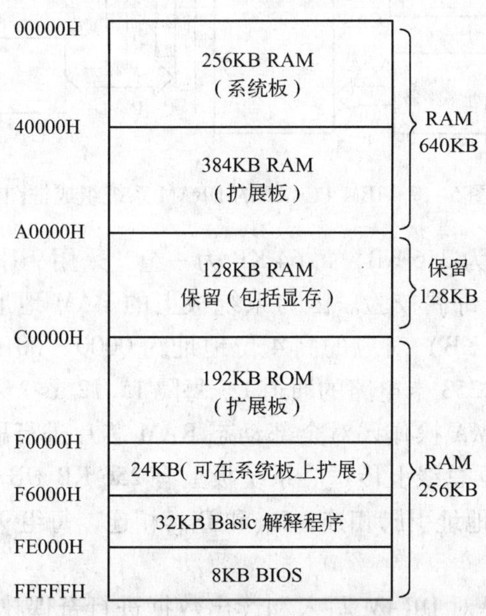

图 5-16　IBM PC/XT 的内存分配

RAM 区的地址范围为 00000H ~ 9FFFFH，即前 640 KB 空间，称为主存储器，是用户的主要工作区。

保留区的地址范围为 A0000H ~ EFFFFH，占 128 KB 空间，作为字符/图形显示缓冲区。单色显示缓冲区的显存容量为 4 KB，地址范围为 B0000H ~ B0FFFH；彩色图形显示缓冲区的显存容量为 16 KB，地址范围为 B8000H ~ BBFFFH。

ROM 区的地址范围为 C0000H ~ FFFFFH，是存储空间的最后 256 KB。其中前 192 KB 存放系统的控制 ROM，包括高分辨率显示适配器的控制 ROM，占 32 KB 空间，地址范围为 C0000H ~ C7FFFH；硬盘适配器的控制 ROM，占用 16 KB，地址范围为 C8000H ~ CBFFFH；用户要安装固化在 ROM 中的程序，可以使用 192KB ROM 中没有用到的空间。地址范围 F0000H ~ FFFFFH 是基本系统 ROM 区，其中 8KB 用来存放系统的 BIOS 程序，32KB 用来存放 ROM Basic 解释程序。

5.5.2 IBM PC/XT 的 DRAM 子系统

IBM PC/XT 的读写存储器子系统的组成框图如图 5-17 所示。它由 RAM 芯片组、片选译码电路、地址多路器、数据收发器、DRAM 刷新逻辑以及奇偶校验逻辑组成。片选译码电路用来产生$\overline{CAS}$和$\overline{RAS}$以及控制地址多路器的选通。

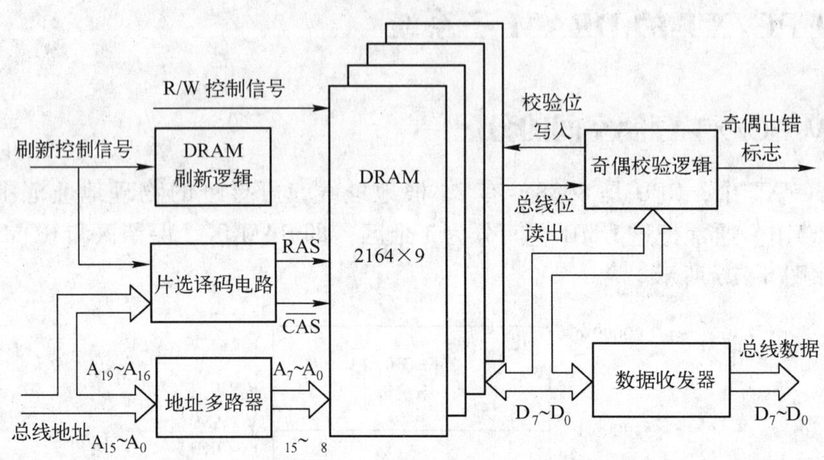

图 5-17 IBM PC/XT 的 DRAM 系统组成框图

系统板上 RAM 子系统为 256 KB，每 64 KB 为一组，采用 9 片 2164 DRAM 芯片，其中 8 片构成 64 KB，另一片用于奇偶校验。因为系统板上的 RAM 地址是最低 256 KB 的内存地址，故 4 组 RAM（每组 64 KB）对应的高 4 位地址为 0000 ~ 0010。为了实现动态 RAM 刷新，PC/XT 设置系统板上 8253 卡电路的通道 1，每隔 15.12 μs 产生一个信号，请求 DMA 控制器 8237 的通道 0 执行 DMA 操作，对全部动态 RAM 芯片进行刷新。刷新时，信号无效，在刷新瞬间信息不会在数据总线上传送。系统板上有 256 KB DRAM，采用 Intel 2164 芯片，共 36 片，所有芯片对应的地址引脚相连，D_{IN}和D_{OUT}相连，每组 9 个芯片，第 9 个芯片用于奇偶校验。

奇偶校验电路的功能是对 DRAM 写入和读出数据进行奇偶校验。写入时，给存储单元的奇偶校验写入一个奇校验码；读出时，对读取的 9 位数据进行校验，若检测到有偶数个“1”，表示数据出错，在电路中输出一个校验错标志，并产生不可屏蔽中断请求 NMI。

5.6 习题与思考题

1. 试说明 ROM 和 RAM 的特点，并比较 SRAM 和 DRAM 的优缺点。
2. 若某微机系统的 RAM 存储器由 4 个模块组成，每个模块的容量为 128 KB，且 4 个模块的地址是连续的，最低地址为 00000H，试指出每个模块的首末地址。
3. 若用以下芯片构成容量为 128 KB 的模块，试指出分别需要多少芯片。

   （1）Intel 2114（1 K ×4 位）

   （2）Intel 2113（16 K ×1 位）

（3）Intel 2128（2 K×8 位）

（4）Intel 2164（64 K×1 位）

（5）Intel 3148（4 K×8 位）

4. 试说明 8086 微机系统中的内存储器，为什么总是将 RAM 存储器置于低位存储器地址空间，而将 ROM 存储器置于高位存储器地址空间？

5. 利用 1024×1 位的 RAM 芯片组成 4 K×8 位的存储器系统，使用 A_{15} ~ A_{12} 地址线用线性法产生片选信号，指明各芯片的地址分配，并分析该地址分配有何特点？

6. 用 8 K×8 位的 EPROM2764 芯片、8 K×8 位的 RAM6164 芯片和译码器 74LS138 构成一个 16 KB ROM、16 KB RAM 的存储器子系统。8086 工作在最小模式，系统带有地址锁存器 8282、数据收发器 8286。画出存储器系统与 CPU 的连接图，写出各芯片的地址分配。

第6章

微型计算机输入/输出接口技术

输入/输出（I/O）接口技术是实现计算机与外部设备信息交换的技术，在微机系统中占有重要地位。本章将主要讨论 I/O 接口和系统中的数据传送机制，内容包括：I/O 接口的概念、主要功能、典型结构；I/O 端口的两种编址方式；I/O 端口的地址译码及 CPU 与外设之间的数据传输方式等。

6.1 I/O 接口概述

6.1.1 I/O 接口的概念

外部设备是微型计算机系统的重要组成部分，计算机与外部设备进行数据交换称为输入/输出，实现计算机与外部设备的连接，控制两者之间数据交换的电路称为输入/输出接口，简称 I/O 接口。因此，I/O 接口是连接微机与外部设备的桥梁，是 CPU 与外部设备进行数据交换的中转站。外设通过 I/O 接口把信息传送给 CPU 进行处理，CPU 将处理完的信息通过 I/O 接口传送给外设，可见，没有 I/O 接口，计算机就无法实现各种输入/输出功能。因此，I/O 接口是构成微机系统的重要组成部分，其功能的强弱直接影响着微机系统的总体性能。

I/O 接口技术采用的是软件和硬件相结合的方式，其中，接口电路属于微机的硬件系统，而软件是控制这些电路按要求工作的驱动程序。任何接口电路的应用，都离不开软件的驱动与配合。因此，接口技术的学习必须注意其软硬结合的特点。

6.1.2 I/O 接口的主要功能

外部设备种类繁多，功能各异，有的作为输入设备，有的作为输出设备，也有些外设既作为输入设备又作为输出设备，还有一些外设作为检测设备或控制设备。如，常见的输入设备有键盘、鼠标、扫描仪、麦克风等；输出设备有 CRT 显示器、打印机、绘图仪等；输入/输出设备有调制解调器、软/硬盘驱动器、光盘驱动器等。由于这些设备的工作原理、驱动方式、信息格式，以及工作速度等各不相同，其数据处理速度也各不相同，但都比 CPU 的处理速度要慢。所以，这些外设不能与 CPU 直接相连，而必须经过 I/O 接口连接到系统总线上。

1. 需要接口电路的原因

(1) 速度匹配问题

CPU 的速度很高，面外设的速度有高有低，而且不同的外设速度差异很大。这就要求接口电路能对输入/输出过程起到缓冲和联络的作用。

(2) 信号电平和驱动能力问题

CPU 的信号都是 TTL 电平（一般在 0 ~ 5 V 之间），而且提供的功率很小，而外设需要的电平比这个范围宽得多，需要的驱动功率也较大。因此需要接口进行驱动放大。

(3) 信号匹配问题

CPU 只能处理数字信号，而外设的信号形式多种多样，有数字量、开关量、模拟量，以及非电量，如压力、流量、温度、速度等，需要通过接口电路进行转换。

(4) 时序匹配问题

CPU 的各种操作都是在统一的时钟信号下完成的，各种操作都有自己的总线周期，而各种外设也有自己的定时逻辑和控制逻辑，大部分与 CPU 时序不一致。因此各种各样的外设不能直接与 CPU 的系统总线相连，必须通过接口电路。

2. 接口的功能

为了使多种外设在同一个微机系统中，有条不紊、谐调地工作，需要接口有以下功能：

(1) 地址译码功能

微机系统中通常有多个外设通过不同的 I/O 接口连接到系统总线上，而 CPU 在同一时间内只能对一台外设进行操作，为了区分不同的外设，I/O 接口需对 CPU 送来的地址信号进行译码，以决定该时刻哪个外设被选中，从而完成对该外设的操作。

(2) 控制与状态指示功能

I/O 接口处在 CPU 与外设之间，数据交换时起沟通联络作用。具体说，在进行数据输出操作时，CPU 需要向外设发出各种控制命令，这些控制命令需要通过 I/O 接口传送给外部设备。在进行数据输入操作时，CPU 需要了解外设的当前状态（“忙”、“准备好”、“出错”等），I/O 接口可以监视外设的状态，并供 CPU 查询。

(3) 速度匹配功能

外设种类繁多、速度差异很大，I/O 接口通过内部的数据缓冲器可以匹配 CPU 与外设之间的速度差异，以提高输入/输出效率。

(4) 转换信息格式功能

由于外设所需的控制信号和所能提供的状态信号往往同微机的总线信号不兼容，因而需要接口电路来完成信号的格式转换。如正负逻辑之间的转换，串行数据和并行数据之间的转换，模拟信号和数字信号之间的转换等。

(5) 中断管理功能

在 I/O 接口中设置中断管理逻辑，能对外设进行中断管理，如建立中断请求，进行中断排队，提供中断类型码等。

(6) 可编程功能

I/O 接口具有多种功能和工作方式，通过软件编程可以对 I/O 接口的功能和工作方式进行选择，从而提高接口的灵活性。

此外接口还具有复位功能和错误检测功能等。

6.1.3 I/O 接口的典型结构

1. CPU 与外设之间的接口信息

CPU 与外设之间主要传送 3 种类型的信息，即：数据信息、状态信息和控制信息。

(1) 数据信息

数据信息包括模拟量、数字量和开关量等。数字量一般以二进制形式表示，可直接被计算机处理。模拟量是指在时间上连续变化的量，如：温度、压力、流量等，需要经模/数或数/模转换。开关量是只有两个状态的信息量，如电路的通断，阀门的打开与关闭等，这些量只需要一位二进制数表示即可，一个字长为 8 位的计算机，一次输出可控制 8 个开关量。

在输入过程中，数据信息由外设经接口电路进入系统的数据总线到达 CPU；在输出过程中，数据信息由 CPU 送上数据总线，经 I/O 接口到达外设。

(2) 状态信息

状态信息是用来表示外设当前工作状态的信息。CPU 通过检查这些状态信息了解外设的工作状态，以便适时、准确地与外设进行数据交换。如，输入时，有输入设备是否准备好（Ready）的状态信息；输出时，有输出设备是否忙（Busy）的状态信息。

(3) 控制信息

控制信息是 CPU 向外设发出的控制命令。控制命令主要用于 I/O 接口的工作方式设置、外设的启动与停止等。

2. I/O 接口的典型结构

CPU 与外设之间传送的数据信息、状态信息和控制信息虽然类型不同，但其输入/输出过程是相同的。为了区分这 3 类信息，I/O 接口电路为它们分配了不同的端口地址。所谓端口是指 I/O 接口中被分配了地址的寄存器，一个 I/O 接口电路可以拥有多个相邻的端口地址。所以，CPU 正是通过对 I/O 接口中端口的访问或编程来实现对外设的控制。

一个典型的 I/O 接口结构如图 6-1 所示。根据信息的类型，I/O 接口电路包含 3 种端口：数据端口、状态端口和控制端口。

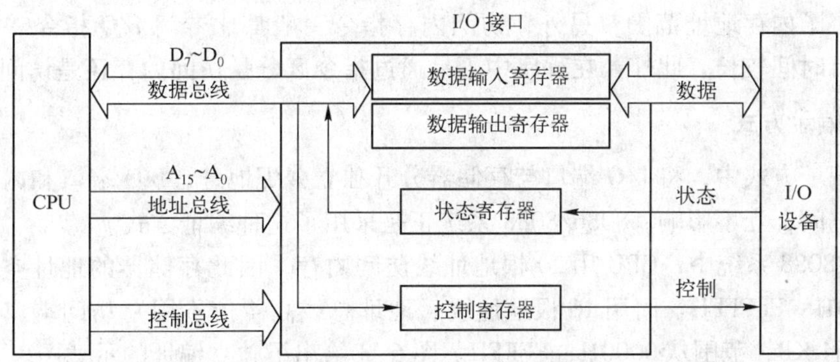

图 6-1　典型 I/O 接口结构

数据输入寄存器和数据输出寄存器统称为数据端口，由于这两类寄存器传送数据的方向不同，可以给它们分配同一个端口地址。读操作时，仅能读取数据输入寄存器的内容；写操作时，只能将内容写入到数据输出寄存器中。同理，由于状态寄存器和控制寄存器的输入/输出方向不同，也可分配同一端口地址，读操作时访问的是状态端口，写操作时访问的是控制端口。所以，一个端口地址可对应多个寄存器，而一个寄存器只能有一个端口地址。

6.2　I/O 端口的编址与访问

I/O 端口就是指 I/O 接口内部分配了地址的寄存器，能被 CPU 访问。通常情况下，一个微机系统中有多个 I/O 接口，每个接口内部又有多个 I/O 端口。为了让 CPU 能够正确地访问这些端口，系统为每个 I/O 端口分配了一个地址，这个地址就叫做 I/O 端口地址，CPU 正是通过端口地址去访问各个端口的。对于不同的接口，其内部的端口种类、数量和字长可能存在差异，但在本质上都是用于存放数据、控制和状态信息的，都是用于完成输入/输出操作的。

6.2.1 I/O 端口的编址

对 I/O 端口分配地址的方式称为 I/O 端口的编址方式。在微机系统中，常用两种编址方式：一种是将内存地址与 I/O 端口地址统一编在一个地址空间中，称为统一编址方式；另一种是将内存地址与 I/O 端口地址编在不同的地址空间中，称为独立编址方式。

1. 统一编址方式

在这种编址方式中，将 I/O 端口与存储器统一起来分配地址，即将 I/O 端口视为内存的一部分，把内存的一部分地址分配给 I/O 端口。用于 I/O 端口的地址，存储器就不能再使用。这样，微机系统的全部地址空间一部分留做端口地址使用，另一部分留做内存地址使用。图 6-2 给出了 I/O 端口与内存单元统一编址的示意图。图中，分配给 I/O 端口的地址范围为 F0000H ~ FFFFFH，共 64 K 个地址。

在 I/O 端口与内存统一编址的方式下，由于将 I/O 端口看做是内存单元的一部分。因此原则上说，指令系统中用于访问内存的指令都可以用于访问端口，不需要设置专门的访问端口的指令，这给使用者提供了极大的方便。但它也有不足，由于 I/O 端口地址占用了内存地址，因而缩小了内存地址范围；另外，访问内存指令一般都比专门 I/O 指令需要更多的字节，因而执行时间较长。此外，在程序中不易通过指令区分是访问内存还是访问端口。

2. 独立编址方式

在这种编址方式中，将 I/O 端口与存储器分开独立分配地址，I/O 端口和内存各自有其独立的地址空间，互不影响。8086/8088 系统正是采用了这种编址方式。

在 8086/8088 系统中，CPU 用 20 根地址线访问内存，因此存储器的地址空间为 1 MB，范围从 00000H ~ FFFFFH。而用 16 根地址线（地址总线高 4 位不用）访问端口，因此它的地址空间为 64 KB，范围从 0000H ~ FFFFH。图 6-3 给出了独立编址的示意图。

图 6-2 I/O 端口与内存统一编址　　图 6-3 I/O 端口与内存独立编址

这种编址方式，克服了统一编址的不足，但也存在着不能用访问内存的指令去访问端口，需要设置专门的输入/输出指令，对端口的访问指令少并且不够灵活的问题；另外，需要存储器和 I/O 两套控制逻辑，增加了控制逻辑的复杂性。

统一编址和独立编址方式各有优缺点，实际使用中，不同的系统采用不同的编址方式。

6.2.2　8086/8088 CPU I/O 端口的访问

8086/8088CPU 中采用专门的 I/O 指令（IN 指令和 OUT 指令）访问端口。当 CPU 访问内存或 I/O 端口时，会在硬件上会产生不同的控制信号。用 MOV 指令访问内存时，除使 $\overline{RD}$ 或 $\overline{WR}$ 为有效信号外，还使 $M/\overline{IO}$ 为高电平；用 IN 或 OUT 指令访问 I/O 端口时，除使 $\overline{RD}$ 或 $\overline{WR}$ 为有效信号外，还使 $M/\overline{IO}$ 为低电平。

对 I/O 指令中端口的寻址方式有两种，即直接寻址和间接寻址。当 I/O 端口地址在 00H ~ FFH 范围内时，I/O 指令中的端口可采用直接寻址，如要访问系统板上的 8259I/O 芯片：

```
MOV AL,20H          ;中断结束命令给 AL
OUT 20H,AL          ;AL 内容给 8259 的 20H 端口
```

当 I/O 端口地址在 0000H ~ FFFFH 范围内时，I/O 指令中的端口可采用间接寻址，如要访问扩展槽或自行设计的扩展系统时可采用间接寻址：

```
MOV DX,303H          ;8255 命令口地址给 DX
MOV AL,89H           ;8255 的命令字给 Al
OUT DX,AL            ;AL 中的命令字给 8255 的命令口
```

I/O 指令中的数据宽度是由指令中使用的累加器确定的，与 I/O 端口的寻址方式无关。如果要传送字节数据，则用 AL 累加器；传送字数据，则用 AX 累加器。

6.3　I/O 端口的地址译码

CPU 在执行输入/输出指令时，首先向地址总线发送 16 位的 I/O 端口地址，译码电路根据地址产生相应的选通信号，使相关端口被选中，然后通过数据总线进行数据、命令或状态信息的传输，完成一次 I/O 操作。由于一个微机系统中通常有多个接口，每个接口内部又有多个端口，所以一般 16 位地址码分为两部分：高位地址码用于对接口的选择，低位地址码用来选择接口内的不同端口。系统中使用 AEN 信号区分是 DMA 操作还是 CPU 发出的信号，当 AEN 为高电平时，为 DMA 控制器操作，否则为 CPU 操作。图 6-4 是一般的地址译码电路结构。

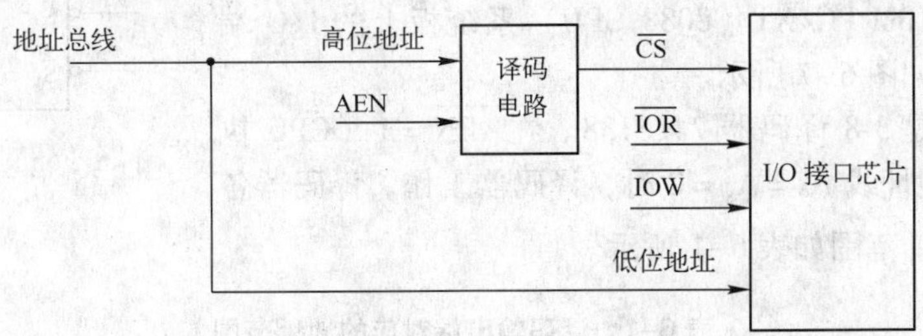

图 6-4　一般的地址译码电路结构

一般来说，在 8088 系统中，外部的数据总线为 8 位，与接口的 8 位数据线直接相连，此时，只要将接口的地址线与系统地址总线的低位对应相连即可。而在 8086 系统中，外部的数据总线为 16 位，在进行数据交换时，CPU 总是将低 8 位数据与偶地址端口交换；高 8 位数据

与奇地址端口交换。而接口的8位数据线通常接在系统数据总线的低8位上，因此CPU要求接口中的端口地址必须全为偶地址，即CPU对端口进行读写操作时，地址总线的 A_0 位总是为0。为了满足上述要求，需要将接口的地址线与系统地址总线除 A_0 外的低位相连。

地址译码电路可以采用基本门电路、专用译码器、开关式译码器以及可编程逻辑器件等实现。

6.3.1 门电路构成的地址译码电路

在比较简单的I/O接口电路中，常采用标准的与门、或门、与非门等基本门电路来构成译码电路。

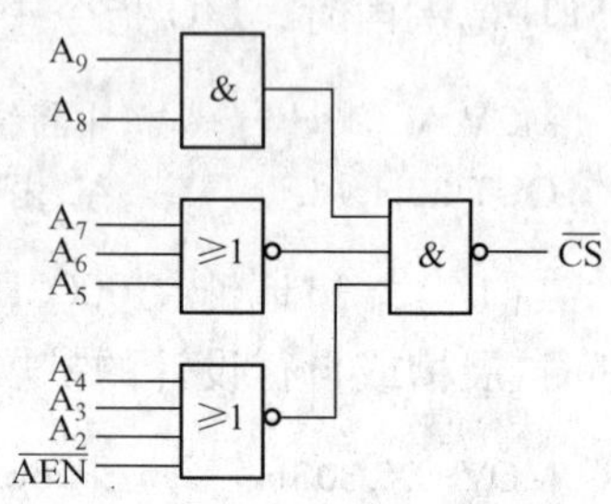

图6-5 门电路构成的地址译码电路

【例6-1】 某8088最小系统中，某I/O接口芯片的译码电路如图6-5所示。

该系统用地址总线的 $A_9\sim A_0$ 选择端口，当 $A_9\sim A_2$ 经译码电路使 $\overline{CS}$ 为低电平时，该接口芯片被选中，而 A_1、A_0 的4种组合，决定了接口中的4个端口地址。各端口的地址码为：

A_9	A_8	A_7	A_6	A_5	A_4	A_3	A_2	A_1	A_0		
1	1	0	0	0	0	0	0	0	0	=	300H
1	1	0	0	0	0	0	0	0	1	=	301H
1	1	0	0	0	0	0	0	1	0	=	302H
1	1	0	0	0	0	0	0	1	1	=	303H

6.3.2 译码器构成的地址译码电路

用译码器构成地址译码电路时，可同时提供多个端口地址。常用的译码器有2-4译码器（如双2-4译码器74LS139）、3-8译码器（如带锁存的74LS131和不带锁存的74LS138）、4-16译码器（如高电平输出有效的4514和低电平输出有效的4515）等。

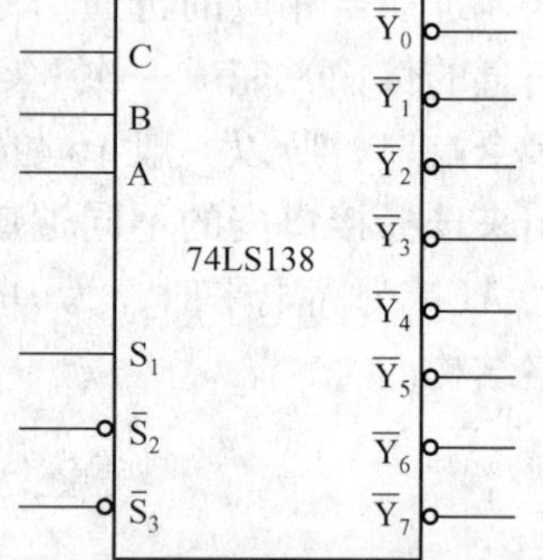

图6-6 3-8译码器74LS138

74LS138译码器的引脚图如图6-6所示。该译码器只有当控制信号 $S_1=1$，$\overline{S}_2=0$，$\overline{S}_3=0$ 时，才有译码信号输出，否则输出全部为高电平。

【例6-2】 IBM PC/XT（8088 CPU）系统板上的I/O端口地址译码电路如图6-7所示。

其核心电路是3-8译码器74LS138。在 $\overline{AEN}=1$（CPU执行指令时），且地址线 $A_9=A_8=0$ 时，译码器工作。译码器各输出端对应的地址范围如表6-1所示。

表6-1 译码输出端对应的地址范围

地址总线										译码输出	地址范围
A_9	A_8	A_7	A_6	A_5	A_4	A_3	A_2	A_1	A_0		
0	0	0	0	0	×	×	×	×	×	$\overline{Y}_0$	000H~01FH
0	0	0	0	1	×	×	×	×	×	$\overline{Y}_1$	020H~03FH

（续）

地址总线										译码输出	地址范围
A_9	A_8	A_7	A_6	A_5	A_4	A_3	A_2	A_1	A_0		
0	0	0	1	0	×	×	×	×	×	$\overline{Y}_2$	040H～05FH
0	0	0	1	1	×	×	×	×	×	$\overline{Y}_3$	060H～07FH
0	0	1	0	0	×	×	×	×	×	$\overline{Y}_4$	080H～09FH
0	0	1	0	1	×	×	×	×	×	$\overline{Y}_5$	0A0H～0BFH
0	0	1	1	0	×	×	×	×	×	$\overline{Y}_6$	0C0H～0DFH
0	0	1	1	1	×	×	×	×	×	$\overline{Y}_7$	0E0H～0FFH

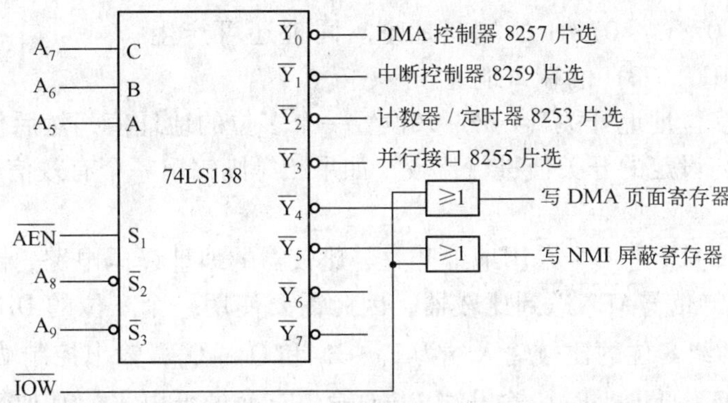

图 6-7　IBM PC/XT 系统板 I/O 端口地址译码电路

由于低 5 位地址线 $A_4 \sim A_0$ 没有参加译码，所以译码器每个输出（$\overline{Y}_0 \sim \overline{Y}_7$）还包含 2^5 = 32 个重叠的地址区，相当于为每个输出端上的接口芯片提供了 32 个端口地址。

【例 6-3】　利用图 6-7 的译码电路设计一电路，使一片 8255A 并行接口芯片的地址范围为 060H～063H。

由于 8255A 内有 4 个端口，因此可由地址线 A_1 和 A_0 直接寻址。为了满足 8255A 的 4 个端口地址为 060H～063H，应设定地址码高 8 位为 00011000。此代码的高 5 位便是 74LS138 的输出信号 $\overline{Y}_3$，因此只要将地址信号 A_4、A_3、A_2 反向与 $\overline{Y}_3$ 一起作为与非门的输入，该与非门的输出信号便是 8255A 的片选信号 $\overline{CS}$。端口译码电路如图 6-8 所示。

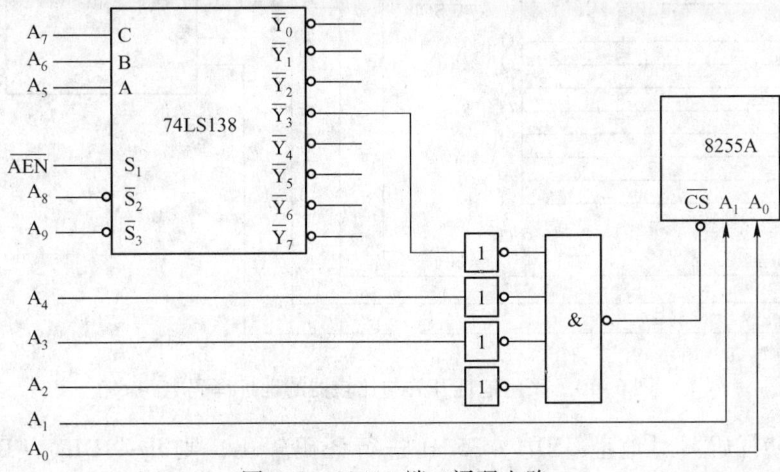

图 6-8　8255A 端口译码电路

6.3.3 开关式地址译码电路

设定端口地址时，为了不和已有设备的端口地址重复，许多接口电路允许用跳线器（jumper）改变端口地址。图 6-9 给出了一个跳线器的例子。异或门的一个输入引脚来自跳线器的中间引脚，它可以由使用者选择连接 1（+5 V）或 0（接地），另一个引脚接地址线。如果将图 6-8 中 A_4 和 A_3 的非门换成图 6-9 的异或门，则两个跳线引脚均接 1 时，上面译码电路仍然产生 060H ~ 063H 的端口地址；而两个跳线引脚均接地时，上面译码电路会产生 078H ~ 07BH 的端口地址。同理还可产生 068H ~ 06BH 和 070H ~ 073H 的端口地址。

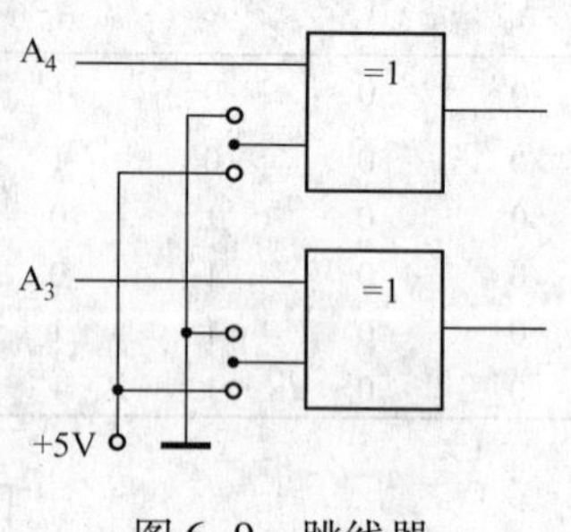

图 6-9 跳线器

还可以用一个多位地址开关（DIP）来设置一个多位的地址值，然后使用一个比较器将地址线上的地址值与设定的开关值进行比较，如果相等则输出一个有效信号，该信号可作为片选信号。

【例 6-4】 图 6-10 是一个采用地址开关与比较器的地址译码电路，图中将高位地址线 A_9 ~ A_3 以及地址允许信号 $\overline{AEN}$ 送到比较器，因此需要使用一个 8 位的 DIP 开关。数值比较器选用 74LS688，两组 8 位的比较输入端为 P_0 ~ P_7 和 Q_0 ~ Q_7，输出控制端为 $\overline{G}$。当所有的 P 和 Q 对应相等，且 $\overline{G}$ 为低电平时，输出端 $\overline{P=Q}$ 输出有效的低电平，其他情况输出都为高电平。这样通过对 8 位 DIP 开关的不同设置就可实现不同地址值的译码。

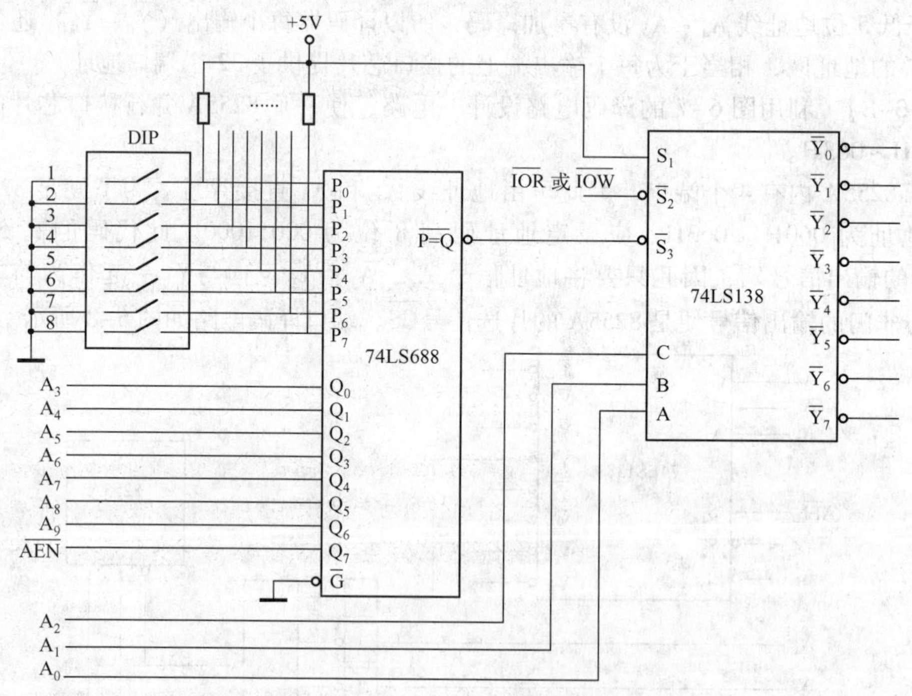

图 6-10 采用地址开关与比较器的地址译码电路

例如，要使译码器对地址 350H ~ 353H 进行译码输出，则开关 DIP_8 ~ DIP_1 的设置为

10010101，其中“1”表示闭合，“0”表示断开。注意开关的值与输入端 P 的值相反。

6.4　CPU 和外设间的数据传输方式

CPU 与外设之间最基本的操作是数据传送。但是各种外设的工作速度相差很大，有些外设的工作速度相当高，如磁盘机的传输速度达到 0.2 ~ 6 Mbit/s；而有些外设的工作速度却相当低，如，键盘是人工输入数据的，通常速度为几十毫秒输入 1 个字节。这样，CPU 与外设之间如何高效准确地进行数据传送，是个很重要的问题。通常 CPU 与外设之间数据传送的控制方式有程序控制方式、中断控制方式和直接存储器存取 DMA 方式 3 种。

6.4.1　程序控制方式

程序控制方式是指在程序中安排相应的 I/O 指令来控制数据的输入和输出，完成 CPU 和外设之间数据交换的工作方式。根据程序控制方式的不同，可分为无条件传输方式及条件（查询）传输方式两种。

1. 无条件传输方式

该方式主要用于外设的各种动作时间是固定且已知的情况，针对的是一些简单的、随时“准备好”的外设。如数码管，只要 CPU 将数据的显示代码传送给它，就可立即显示相应的数据；又如开关的状态，只要 CPU 需要，可随时读取其状态。这些情况下，CPU 不查询外设的工作状态，而默认外设始终处于准备好或空闲状态。在 CPU 认为需要时，随时与外设交换数据，这种传输方式就是无条件传输方式。如图 6-11 所示是无条件传输方式的接口电路。

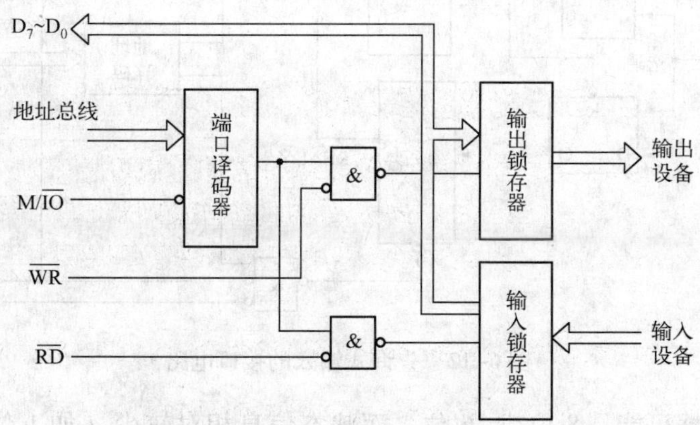

图 6-11　无条件传输方式的接口电路

输入时，认为来自外设的数据已送至输入缓冲器中，CPU 执行相应的 IN 指令，使读信号 $\overline{RD}$ 有效，选通信号 M/$\overline{IO}$ 处于低电平，因而数据输入缓冲器被选通，从而使其中早已准备好的数据经数据总线到达 CPU。

输出时，CPU 执行 OUT 指令，使 $\overline{WR}$ 和 M/$\overline{IO}$ 为低电平，数据输出锁存器被选通，使 CPU 输出的数据经数据总线送至输出锁存器，输出锁存器保持这个数据，直到外设取走。这样做的条件是 CPU 在执行 OUT 指令时，前面的数据已由外设处理完毕。

2. 条件传输方式

条件传输也称为查询方式传输。该方式下，CPU 要通过状态端口查询外设的状态。如果外设处于“准备好”状态（输入设备）或者“空闲”状态（输出设备），则 CPU 执行输入指令或输出指令与外设交换信息。因此，接口电路中除了有传输数据的数据端口之外，还必须有传输状态的状态端口。对于条件传输来说，一个数据的传输过程一般由 3 个环节组成：

1）CPU 从状态端口中读取状态字。

2）CPU 检测状态字的相应位是否满足“就绪”条件，如果不满足，则转到环节 1)，再读取状态字。

3）如状态位表明外设已处于“就绪”状态，则传输数据。

（1）查询式输入

图 6-12 是一种采用查询方式输入数据的接口电路。当输入设备将数据准备好后，发出一个选通信号。此信号一边将数据送入数据锁存器中，一边使 D 触发器输出 1，从而使接口中的三态缓冲器的 READY 位值 1。数据信息和状态信息从不同的端口经数据总线送到 CPU。按数据传送的 3 个步骤，CPU 首先读取状态端口，并检测 READY 位是否为 1，当 READY 有效时，才通过数据口读取数据，同时使 D 触发器置零，清除状态端口信息，为下一数据输入做准备。

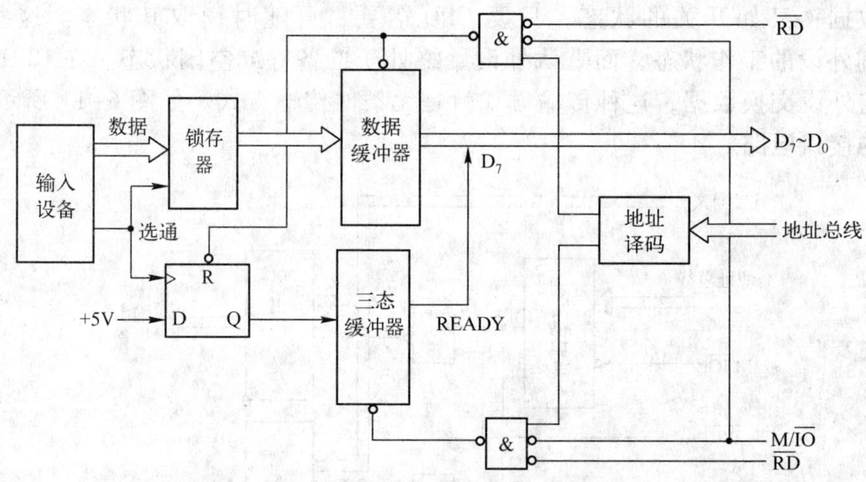

图 6-12　查询式输入的接口电路

通常外设的数据可能是 8 位或 16 位，而状态信息相对较少（如 1 位或 2 位），故 CPU 在与某一外设交换数据时一般需占有数据端口 1 至 2 个，而不同外设的状态信息可以合用一个状态端口，分别使用状态端口的不同位来反映各自的状态信息。

采用查询式输入的工作流程如图 6-13 所示，相应的输入程序如下：

```
         MOV   BX ,OFFSET STORE        ;BX 指向数据缓冲区首址
IN_TEST: IN    AL,状态口地址            ;读入状态信息
         TEST  AL,80H                  ;设状态口的最高位为 READY,检查是否为 1
         JZ    IN_TEST                 ;条件不满足,继续查询
```

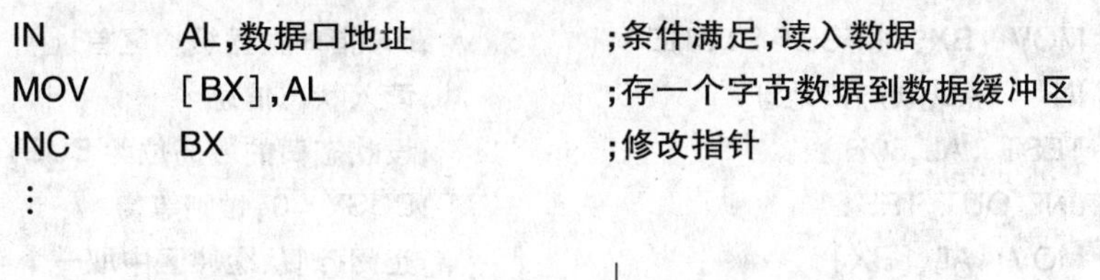

```
IN      AL,数据口地址          ;条件满足,读入数据
MOV     [BX],AL               ;存一个字节数据到数据缓冲区
INC     BX                    ;修改指针
⋮
```

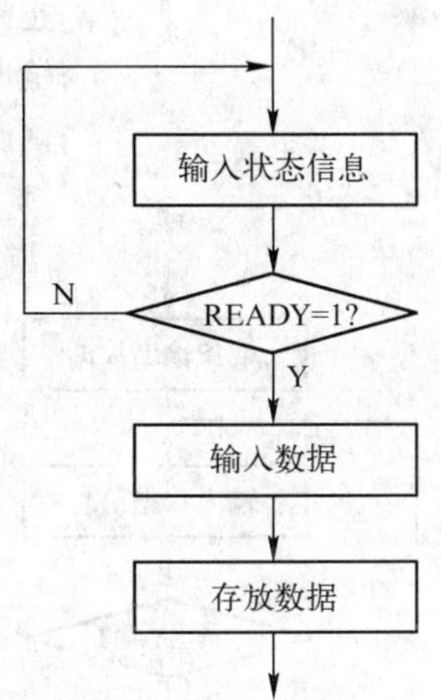

图6-13 查询式输入工作流程

(2) 查询式输出

查询式输出时也是首先查询状态端口，了解外设的工作状态，在其为“空闲”时则通过数据端口输出数据，否则就继续查询。图6-14是一种采用查询式输出的接口电路，其中有一个数据输出端口，一个状态输入端口。

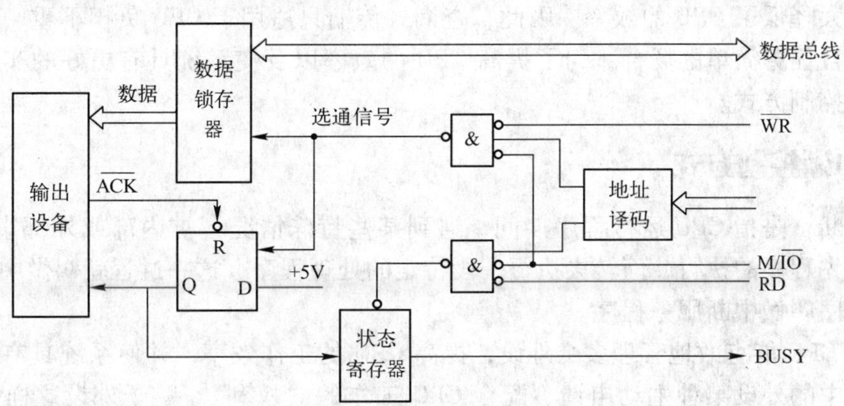

图6-14 查询式输出的接口电路

CPU首先通过状态端口查询BUSY是否忙，忙则一直查询；不忙则执行输出指令，由$\overline{WR}$和M/$\overline{IO}$产生的选通信号将数据总线上的数据送至输出锁存器，同时使D触发器输出为1。D触发器的输出信号一方面为外设提供一个联络信号，告诉外设现在接口中有一数据可供提取；另一方面，使状态寄存器的对应标志BUSY为1，告诉CPU当前外设处于“忙”状态，从而阻止CPU输出新的数据。当输出设备取走数据后，通常会送一个应答信号$\overline{ACK}$，使D触发器置0，表示再次进入空闲状态，可以开始下一个输出过程。

采用查询式输出的工作流程如图6-15所示，相应的输出程序如下：

```
          MOV   BX,OFFSET STORE         ;BX 指向数据缓冲区首址
OUT_TEST: IN    AL,状态口地址             ;读入状态信息
          TEST  AL,80H                  ;设状态口的最高位为 BUSY,检查是否为 0
          JNZ OUT_TEST                  ;BUSY =0,忙则等待
          MOV   AL,[BX]                 ;空闲,则从缓冲区中取一个字节数据
          OUT   数据口地址,AL             ;输出数据
          INC BX                        ;修改指针
          ⋮
```

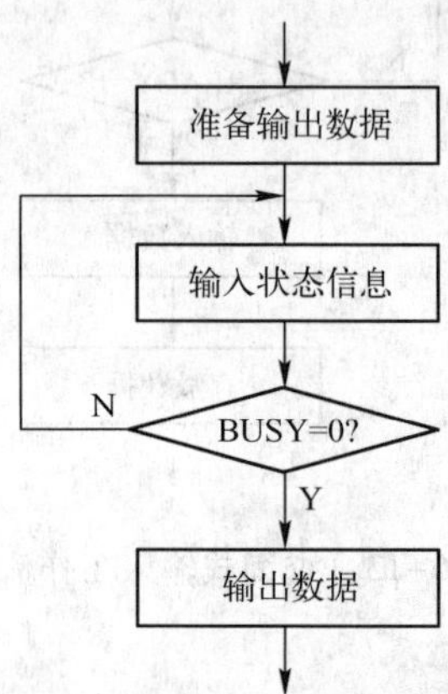

图 6-15　查询式输出工作流程

可见，用查询方式进行数据的输入输出时，在整个查询过程中，CPU 都不能再做别的事，这就大大降低了 CPU 的效率。因此，查询式传输只适用于 CPU 负担不重、要求服务的外设不多，且任务简单的场合。为了提高 CPU 的效率以及使系统具有更好的实时性能，通常采用中断控制方式。

6.4.2　中断控制方式

所谓中断，是指 CPU 运行程序期间，遇到某些特殊情况（被内部或外部事件所打断）暂时中止原先程序的执行，而转去执行一段特定的处理程序，这一过程就叫做中断。这段特定的处理程序叫做中断服务程序。

为了使 CPU 能有效地管理多个外设，提高 CPU 的工作效率，并使系统具有实时性，可以赋予系统中的外设某种主动申请、配合 CPU 工作的“权利”。赋予外设这样一种“主动权”之后，CPU 可以不必反复查询外设的状态，而是正常地处理系统任务，仅当外设有“请求”时才去“服务”。CPU 与外设处于这种“并行工作”状态，提高了 CPU 的工作效率。这就是用中断控制方式传输数据。

在中断控制方式下，当输入设备将输入数据准备好或者输出设备可以接收数据时，便可以向 CPU 发出中断请求，使 CPU 暂时停止当前正在执行的程序，而去执行一个数据输入或输出的中断服务子程序，与外设进行数据传输操作。中断子程序执行完后，CPU 又转回继续执行原来的程序。中断控制方式的数据传输适合于中、慢速外部设备的数据传输。

图 6-16 是采用中断传送方式输入数据的一种接口电路。

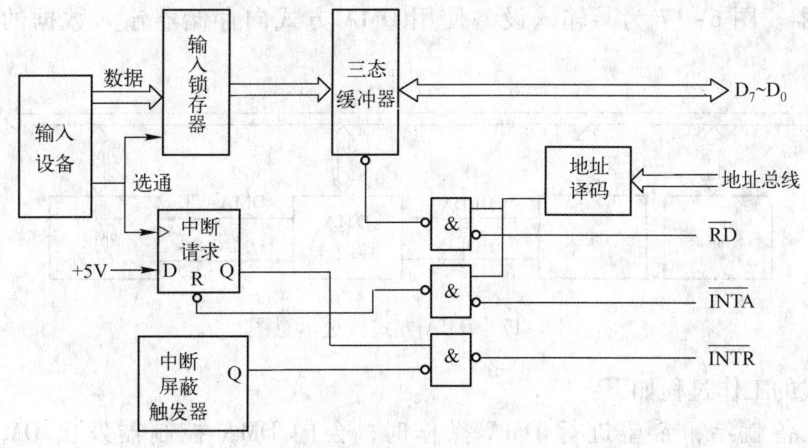

图 6-16　采用中断传输方式输入数据的接口电路

当输入设备准备好一个输入数据时，就发出一个选通信号，该信号一边把数据存入输入锁存器，一边使 D 触发器置 1。此时，如果中断屏蔽触发器的值为 0，则产生一个向 CPU 的中断请求信号 $\overline{\text{INTR}}$。中断屏蔽触发器的状态为 1 还是为 0 决定了中断请求是否能够发出。

CPU 接收到中断请求信号后，若中断是开放的，就在现行指令执行完后，暂停正在执行的程序，发出中断响应信号 $\overline{\text{INTA}}$，由外设将一个中断类型码放到数据总线上，CPU 依据该中断类型码转入中断服务程序，通过数据端口读取数据，同时清除中断请求标志。当中断处理完毕后，CPU 返回被中断的程序继续执行。

和查询方式相比，中断控制方式提高了 CPU 的工作效率，系统具有更好的实时性。

6.4.3　DMA 方式

对于程序控制方式，当主机与外设交换一批数据时，每交换一个数据都要经过 CPU 转存一下。例如，主机读入外设数据时，先将外设数据读到 CPU 内部的寄存器，然后再将寄存器的数据存到存储器中，接着还需修改存储器的地址以便存放读入的下一个数据。对于查询方式还要不停地查询外设的状态，看外设是否准备好数据，如未准备好，还要等待。所以程序控制方式的数据传输，主机与外设交换数据的速度较慢。

与程序控制方式相比，中断控制方式虽然大大提高了 CPU 的工作效率，但在中断方式下，CPU 仍然是通过执行中断服务程序来实现数据的传输。而每执行一次中断服务程序，CPU 都要保护断点和标志；此外，在中断服务程序中，通常有一系列保护寄存器和恢复寄存器的指令，这些指令显然和数据传输没有直接关系，但在执行时，却要占用 CPU 不少时间，大大降低了数据传输的效率。

直接存储器存取（Direct Memory Access，DMA）方式适用于存储器与高速外设间的批量数据传送，例如磁盘与内存之间的信息交换。在外设与内存之间直接进行数据交换，而不通过 CPU 执行指令进行，这样数据传输的速度主要取决于存储器和外设的工作速度。对 PC/XT 来说，完成一次高速传送只需 1.05 μs。

在利用 DMA 方式进行数据传输时，仍然要利用系统的地址总线、数据总线和控制总线。但这三组线原本是由 CPU 或总线控制器管理的，现在要求 CPU 让出三总线，而由一种特殊的接口电路来管理，并控制数据在存储器与外设之间直接存取，这种特殊的接口电路就是 DMA 控制器。图 6-17 为某输入设备使用 DMA 方式向存储器输入数据的接口电路示意图。

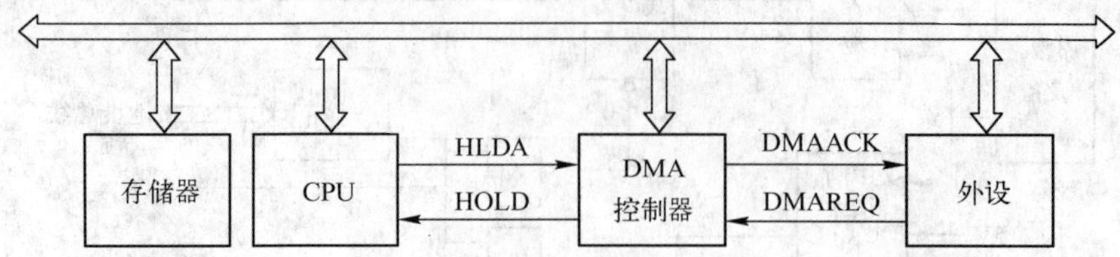

图 6-17 DMA 方式传送示意图

DMA 方式的工作过程如下：

当外设准备就绪，希望进行 DMA 操作时，会向 DMA 控制器发出 DMA 请求信号 DMAREQ，DMA 控制器收到请求后，会向 CPU 发出总线请求信号 HOLD。CPU 接到总线请求信号后，会在当前总线周期结束后发出响应信号 HLDA，并放弃对总线的控制。这时 DMA 控制器接管对总线的控制，并再向外设发回 DMA 响应信号 DMAACK，该信号清除 DMA 请求信号，同时开始 DMA 传送。

传送开始，DMA 控制器向输入设备送读控制信号（$\overline{\text{IOR}}$），同时向存储器送单元地址和写控制命令（$\overline{\text{MEMW}}$），完成一个字节的传送。

每传送一个字节，DMA 控制器就会自动增减内部地址寄存器的值和计数器的值，并以此判断数据传输是否完成，如果未完成，则重复上一步继续进行传输；如果完成，则结束 DMA 传送，同时使发送给 CPU 的总线请求信号 HOLD 无效，CPU 重新接管总线。

DMA 控制器作为控制外设与存储器之间直接高速传输数据的硬件，它一方面是一个接口电路，因此具有 I/O 端口地址，CPU 可以通过端口对 DMA 控制器进行读写操作，以便对 DMA 控制器写入控制命令或读取状态。另一方面，DMA 控制器在得到总线控制权后，能够控制系统总线，提供一系列控制信号，像 CPU 一样控制外设与存储器之间的数据传送，所以，DMA 控制器又不同于一般的接口电路。

通常 DMA 控制器应具有如下功能：

1）能接收外设的请求，向 CPU 发出 DMA 请求信号。

2）当 CPU 发出 DMA 响应信号后，接管总线，进入 DMA 控制。

3）能输出地址信息并修改地址。

4）能向存储器和外设发出相应的读/写控制信号。

5）能控制传送的字节数，判断 DMA 传送是否结束。

6）在 DMA 传送结束后，能结束 DMA 请求信号，释放总线。

6.5 习题与思考题

1. 外设为什么要通过接口电路与主机系统相连？存储器需要接口电路和总线相连吗？
2. 什么是 I/O 接口？它有哪些主要功能？
3. CPU 与外设之间主要传输的接口信息有哪些？
4. I/O 接口的基本结构包括哪几部分？各部分起什么作用？

5. 什么是 I/O 端口？有哪几种编址方式？在 8086/8088 系统中，采用哪种编址方式？
6. 采用独立编址方式时，CPU 采用什么指令来访问端口？
7. CPU 与外设交换数据的方式有几种？各有什么特点？
8. 简述 CPU 与外设以查询方式传输数据的过程。
9. 简述中断传输的特点。
10. 什么是 DMA？为什么要引入 DMA 方式？DMA 一般用在哪些场合？
11. 简述 DMA 传输数据的工作过程及 DMA 控制器的主要功能。

第 7 章

8086 中断系统与中断控制器

中断是计算机控制数据传输的一种非常重要的方式。本章主要学习中断的基本概念、8086/8088 的中断系统、中断响应过程、可编程中断控制器 8259A，以及中断服务程序的编写。

7.1　中断概述

中断最初是作为处理器与外部设备交换信息的一种控制方式提出的。因此，最初的中断全部是对外部设备而言的，称为外部中断或硬件中断。随着计算机技术的发展，中断的范围也随之扩大，出现了内部/软件中断的概念，它是为解决机器内部运行时出现的异常以及为编程方便而提出的。中断系统已成为计算机系统必不可少的组成部分。

7.1.1　中断的基本概念

1. 中断的概念

中断是一个过程，是指当某个内部或外部事件发生时，为了对该事件进行处理，CPU 暂停当前程序，转去执行该事件的程序（称为中断处理程序或中断服务程序），待中断服务程序执行完毕，再返回断点处继续执行原来的程序。其过程如图 7-1 所示。

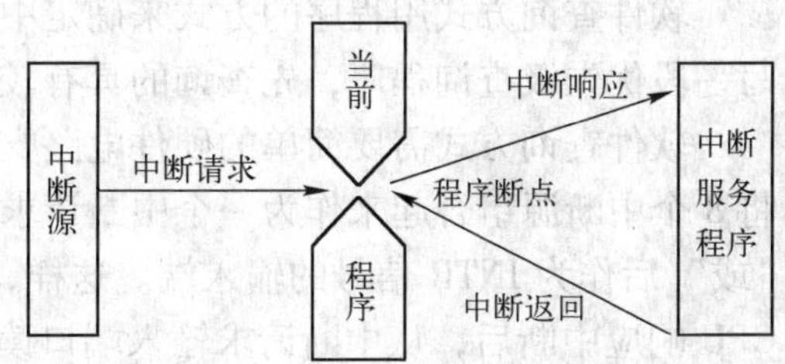

图 7-1　中断过程示意图

以外设提出数据交换为例，当 CPU 执行主程序到第 K 条指令时，外设如果提出数据交换的请求，当条件满足时 CPU 响应外设数据交换的请求，转入中断状态，执行中断服务程序。在完成数据交换中断服务后恢复原来程序，即从第 $K+1$ 条指令（断点处）继续执行。

2. 中断源

任何能够引发中断的事件都称为中断源，分为硬件中断源和软件中断源两类。硬件中断源主要包括外设（如键盘、打印机等）、时钟电路（如定时计数器 8253）、故障源（如电源掉电、内存出错等）；软件中断源主要包括 CPU 内部事件（如除法错、运算溢出、设置单步或断点运行方式等）、软中断指令（如 INT 21H 等）。

3. 中断的功能

从上述中断过程的描述中可知，要完成一个中断处理，需经历中断请求、中断优先级判定、中断响应、中断服务和中断返回等步骤。中断系统在完成这些步骤时需要具有以下功能：

（1）中断响应

当有中断请求发生时，应能判定是否响应该请求。

（2）断点保护及中断服务

在中断响应发生后，应能保护断点（当前 CS：IP 值），以便中断服务程序结束后能正确返回到断点处继续执行。

（3）中断优先级判定

当有多个中断请求同时发生时，应能对这多个中断请求进行优先级排队，使高优先级的中断能优先得到执行。

(4) 中断嵌套

在中断服务程序执行的过程中，又有新的中断请求发生，应能判定是否实现中断嵌套。所谓中断嵌套是指低优先级的中断服务程序能被高优先级的中断源中断，转而执行高优先级的中断服务程序，完毕后，再继续执行低优先级中断服务程序的过程。

7.1.2 中断优先级管理

通常，系统会有多个中断源，因此需要考虑其优先级的问题。中断优先级是指按照任务的轻重缓急，对中断请求从高到低进行排队，这种高低级别就是中断优先级。当有多个中断请求同时发生时，优先级别高的中断优先得到响应。通常，当 CPU 正在处理某个中断时，该中断能被更高级的中断嵌套，并能屏蔽低级或同级中断。

对中断源排队以确定其优先级主要有三种解决方式：软件查询方式、简单硬件方式和专用硬件方式。

1. 软件查询方式

软件查询方式用程序的方式来确定中断的优先级，方法是在中断服务程序的开始部分编写一段优先级查询程序，先查询的具有较高优先级，最后查询的优先级最低。

软件查询方式需要简单的硬件电路支持。例如，某系统有 8 个中断源，如图 7-2 所示。将 8 个中断源组合起来作为一个中断请求输入端口，并赋予端口号；同时，将 8 个中断源相“或”后作为 INTR 信号的输入端。这样，只要有中断请求发生，就会向 CPU 发 INTR 信号，CPU 响应中断后，从中断请求输入端口读入 8 个中断源的状态，逐位检测并转到相应的中断服务程序去执行。设中断请求输入端口的地址为 20H，查询程序如下：

```
IN      AL,20H      ;读中断请求输入端口状态字
TEST    AL,80H      ;检查中断源 7 是否有请求,中断源 7 优先级最高
JNZ     INTER7      ;有则转到中断源 7 的中断服务程序,没有则顺序执行
TEST    AL, 40H     ;检查中断源 6 是否有请求,中断源 6 优先级第二
JNZ     INTER6      ;有则转到中断源 6 的中断服务程序,没有则顺序执行
TEST    AL, 20H     ;检查中断源 5 是否有请求,中断源 6 优先级第三
JNZ     INTER5      ;有则转到中断源 5 的中断服务程序,没有则顺序执行
...
```

软件查询方式的优点是所需硬件电路简单，不需要硬件判优电路；缺点是效率较低，当中断源较多时软件查询时间较长。

2. 简单硬件方式

简单硬件方式也称为菊花链电路或链式优先级排队电路，如图 7-3 所示。

各中断源的优先级是由硬件电路确定的，越靠近 CPU 的中断源优先级越高。当有中断请求发生时，如果 CPU 允许中断，就会发出 $\overline{\text{INTA}}$ 中断应答信号。如果某个外设发出了中断请求信号，那么本级中断逻辑电路就会对后面的中断逻辑电路实行阻塞，$\overline{\text{INTA}}$ 就不会传到后面的接口；如果前面的中断源没有发出中断请求信号，则该级中断逻辑电路就会允许 $\overline{\text{INTA}}$ 信号往后传递，直到到达发出中断请求的接口。

用菊花链方式来确定中断优先级的优点是电路较简单，由于采用的是硬件方式，中断响应快；缺点是中断源的优先级不能改变。

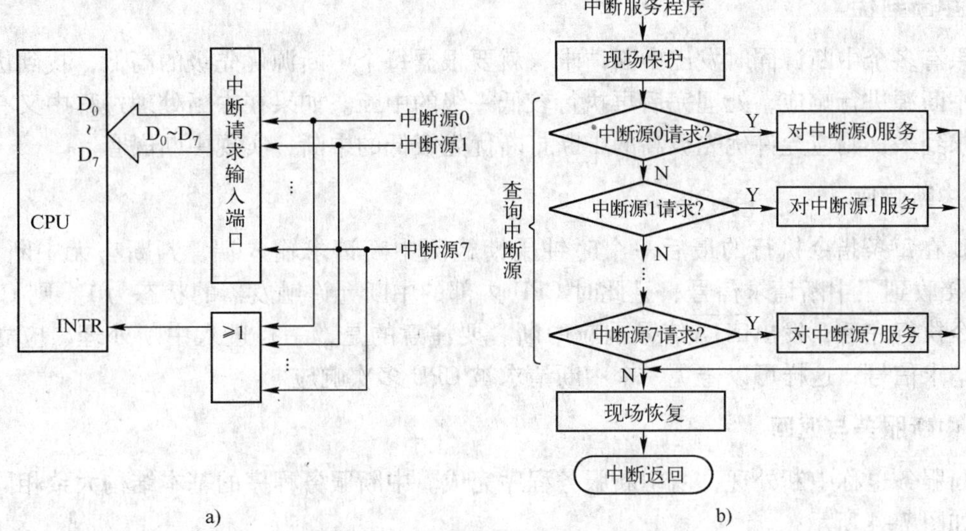

图 7-2　中断优先级的软件查询方式
a）硬件接口电路　b）软件查询流程

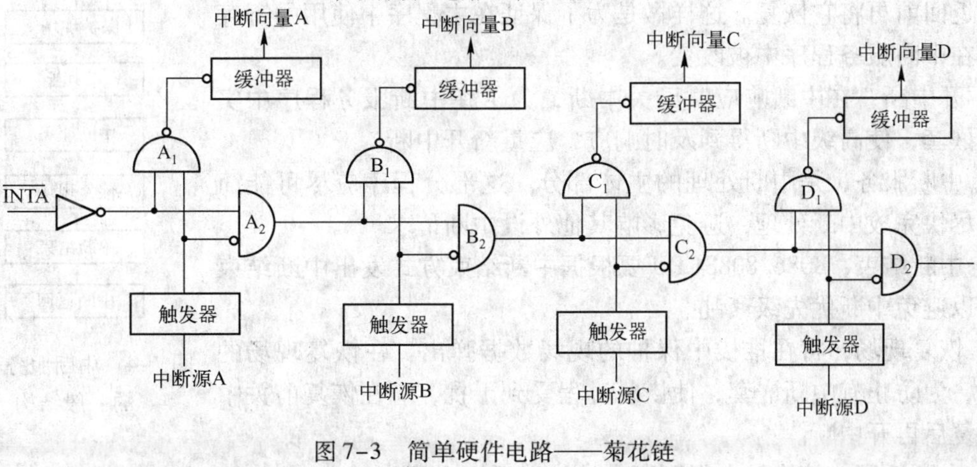

图 7-3　简单硬件电路——菊花链

3. 专用硬件方式

专用硬件方式采用的是可编程中断控制器，该方式是微机中解决中断优先级管理最常用的方法，将在 7.4 节中详细介绍。

7.1.3　中断处理过程

一个完整的中断处理过程包括：中断请求、中断判优、中断响应、中断服务和中断返回等步骤。

1. 中断请求

中断请求是中断源向 CPU 发出的请求中断的要求。软件中断源是在 CPU 内部由中断指令或程序出错直接引发中断；而硬件中断源必须通过专门的电路将中断请求信号传送给

CPU，8086/8088 CPU 用 INTR 引脚（可屏蔽中断请求）和 NMI 引脚（非屏蔽中断请求）接收硬件中断请求信号。一般外设发出的都是可屏蔽中断请求。

2. 中断判优

如果有多个中断源同时发出中断请求，就要根据每个中断源优先级的高低，找到优先级最高的中断源进行响应，处理完后再执行较低一级的中断。如果在中断处理过程中又有新的中断请求到来，则应允许优先级高的中断打断优先级低的中断，实现中断嵌套。

3. 中断响应

CPU 在每条指令执行的最后一个时钟周期检测中断请求输入端，判断有无中断请求，若 CPU 接收到了中断请求信号，且此时 CPU 内部的中断允许触发器的状态为 1，则 CPU 在现行指令执行完后，发出$\overline{\text{INTA}}$信号响应中断。要注意的是，一旦进入中断处理，应立即清除中断请求信号，这样可以避免一个中断请求被 CPU 多次响应。

4. 中断服务与返回

中断服务也称中断处理，由中断服务程序完成。中断服务程序的基本结构大致相同，其流程图如图 7-4 所示。

1）保护现场，是将中断服务程序要使用的寄存器压入堆栈保存，在中断返回前再将它恢复。这样做是为了保证在主程序中使用的寄存器不会在中断服务程序中被改变。

2）开中断，在中断响应时已关中断，为了在中断服务程序中实现中断嵌套，使高级中断得到及时响应，应重新开中断。

3）中断服务，是中断处理的主体部分。这部分程序应尽可能简短，以尽快完成中断处理，避免影响其他外设中断请求。

4）中断结束，8086/8088CPU 要根据中断结束方式发出中断结束命令，以避免中断优先级紊乱。

5）恢复现场，将在堆栈中保护的现场数据弹出。在恢复现场的过程中，为防止有中断嵌套，使恢复过程受到干扰，应在恢复前关中断，恢复后再开中断。

6）中断返回，从堆栈中得到断点地址以返回主程序。

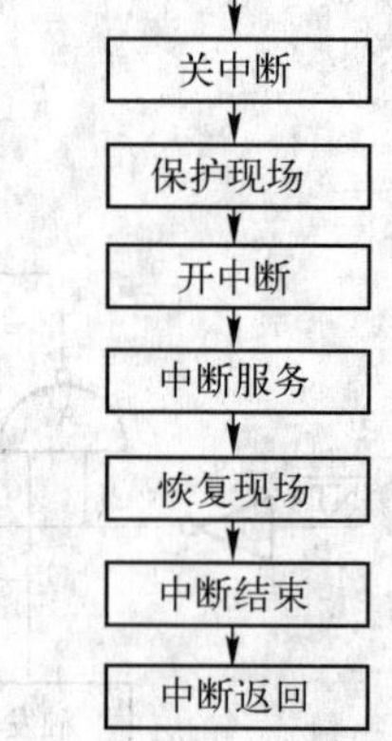

图 7-4　中断服务程序的一般结构

7.2　8086/8088 中断系统

7.2.1　8086/8088 中断类型

8086/8088CPU 中断系统能处理 256 种不同类型的中断，为了能识别每一类中断源，对这 256 种中断分别编号，从 0～255（00H～0FFH），称为中断类型号。

8086/8088CPU 的中断可分为两大类：内部中断和外部中断，如图 7-5 所示。外部中断也称硬件中断，由外部硬件引起，分为非屏蔽中断（NMI）和可屏蔽中断（INTR）两类。内部中断也称软件中断，是 CPU 根据软件中的某条指令或者软件对标志寄存器中某个标志的设置而产生的，与硬件电路无关。

1. 内部中断

内部中断常分为两大类，一类是专用中断，一类是由中断指令引发的软中断。内部中断的中断类型号由指令提供或是固定的，所以不需要中断响应周期来传递中断类型号。

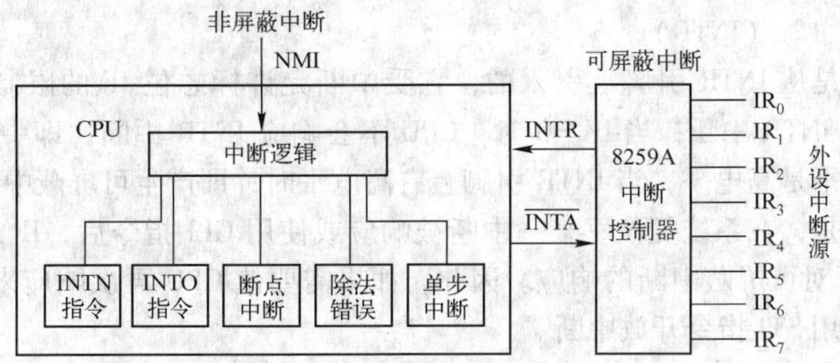

图 7-5　8086/8088 系统的中断类型

（1）专用中断

专用中断是 CPU 执行某些指令时出现错误或对标志寄存器的标志位进行设置而引发的中断。包括以下 5 种：

1）除法错中断。中断类型号为 0。当 CPU 执行除法指令时，若除数为 0 或商超过规定范围溢出时，由 CPU 自动产生 0 号类型中断，转到除法错的中断服务程序入口地址处执行。

2）单步执行中断。中断类型号为 1。如果标志寄存器中 TF 为 1，则指令结束后产生该中断。当 1 号中断发生时，CPU 在进入单步中断服务程序前，会将 TF 清 0，中断服务结束时会从堆栈中弹出标志寄存器，恢复 TF＝1，在下一条指令执行后又引起中断。该中断实现程序调试过程中的单步跟踪调试。

3）断点中断。中断类型号为 3。执行 INT 3 指令可产生该中断。该中断在调试程序过程中为程序设置断点，用于调试程序。

4）溢出中断。中断类型号为 4。在执行溢出中断指令 INTO 时，若此时溢出标志 OF 为 1，则产生一个中断类型号为 4 的内部中断，被称为溢出中断。若执行 INTO 指令时，OF 为 0，则不会产生溢出中断。所以 INTO 指令只有在 OF＝1 时才会引起溢出中断。INTO 常用在算术运算类指令后，以对溢出进行处理。

（2）软中断

由执行中断指令 INT n 而产生的中断称为软中断，n 为中断向量号。软中断主要用来实现 BIOS 中断、DOS 中断和用户自定义的中断。在 8086/8088 系统中，当中断类型号 n 为 0 ~7 时，为专用中断，是不可屏蔽中断；当中断类型号 n 为 08H ~ 0FH 时，是由 INTR 引起的外中断；当中断类型号 n 为 10H ~ 1AH 时，是 BIOS 中断；当中断类型号 n 为 20H ~ 2FH 时，是 DOS 系统功能调用中断；用户可自定义的中断类型号的范围通常为 60H ~ 67H。

2. 外部中断

8086/8088CPU 提供了两个引脚 NMI、INTR 以接收外部设备发来的中断请求信号，接到 NMI 引脚的中断为非屏蔽中断，接到 INTR 引脚的中断为可屏蔽中断。

（1）非屏蔽中断（NMI）

非屏蔽中断的中断类型号为 2，它不受 CPU 中断允许标志位 IF 的影响，所以称为非屏蔽中断。一旦 NMI 引脚上有上升沿的中断请求，CPU 将立即响应。NMI 中断优先级较高，可用来处理微机系统的紧急状态，如用来处理存储器奇偶校验错和 I/O 通道奇偶校验错等事件。当 NMI 被响应后，CPU 清除 IF 标志位，禁止一切可屏蔽中断（INTR）；当在处理 NMI 的过程中又有 NMI 产生，则后一个 NMI 被锁存，直到前一个 NMI 处理完才被响应。

（2）可屏蔽中断（INTR）

可屏蔽中断是从 INTR 引脚上引入的，它受中断允许标志位 IF 的限制，只有当 IF = 1 时，CPU 才响应 INTR 中断；当 IF = 0 时，CPU 不会响应 INTR 中断，即中断被屏蔽。可屏蔽中断的有效电平是高电平，当 INTR 引脚上有高电平时，即产生可屏蔽中断。

需要注意的是，在系统复位、某一中断被响应或使用 CLI 指令后，IF 就被置“0”，从而使 CPU 关闭了对可屏蔽中断的响应。因此，如果需要使 CPU 再次响应来自于 INTR 的中断请求，就必须用 STI 指令开放中断。

由于 8086/8088CPU 只有一个 INTR 引脚可以接收外部可屏蔽中断请求，为了管理众多的外部中断源，微机系统中采用可编程中断控制器 8259A。外部设备发送中断请求信号到中断控制器 8259A，再由 8259A 将中断请求信号发送到 CPU 的 INTR 端。

3. 8086/8088 中断优先权

8086/8088 中断源的优先级顺序由高到低依次为：内部中断（除单步中断外）、非屏蔽中断、可屏蔽中断、单步中断。

在 PC 系统中，外设的中断请求通过中断控制器 8259A 连接到 CPU 的 INTR 引脚，外设中断源的优先级别由 8259A 进行管理。

7.2.2 中断向量和中断向量表

当有中断发生时，CPU 要暂停当前程序转而执行中断服务程序，那么 CPU 是如何定位中断服务程序的呢？在 8086/8088 的中断系统中，CPU 是通过中断类型号在中断向量表中找到相应的中断服务程序入口地址（中断向量）来实现的。

1. 中断向量

中断服务程序的入口地址称为中断向量，所以中断向量是一个地址的概念。每个中断向量占 4 字节：低地址的两个单元存放中断服务程序入口地址的偏移量（IP）；高地址的两个单元存放中断服务程序入口地址的段地址（CS）。

由于有 256 个中断类型号，每个中断类型号都对应着一个中断服务程序，所以应有 256 个中断向量，这 256 个中断向量要占 256 × 4B = 1024 个字节单元。为了中断管理的方便，PC 将 256 个中断向量集中存放在内存的一个连续区域内，该区域称为中断向量表。

2. 中断向量表

中断向量表是存放中断向量的一个特定的内存区域。对于 8086/8088 系统，所有中断服务程序的入口地址都存放在中断向量表中。8086/8088 系统的中断向量表放在内存最低端的 1 KB 空间，其地址为 00000 ~ 003FFH，中断向量按中断类型号从小到大顺序排列在中断向量表中，如图 7-6 所示。

中断向量表中类型 0 ~ 类型 4 是 5 个专用中断；类型 5 ~ 类型 31 是 27 个系统保留的中

断，不允许用户自行定义；类型 32～类型 255 是 224 个用户自定义中断，这些中断类型号可供软中断（INT n）或可屏蔽中断（INTR）使用，其中有些中断类型已经有了固定用途，如类型 21H 的中断已用做 DOS 的系统功能调用。当使用的是用户自定义中断时，中断服务程序入口地址要通过程序的方式装入中断向量表中。

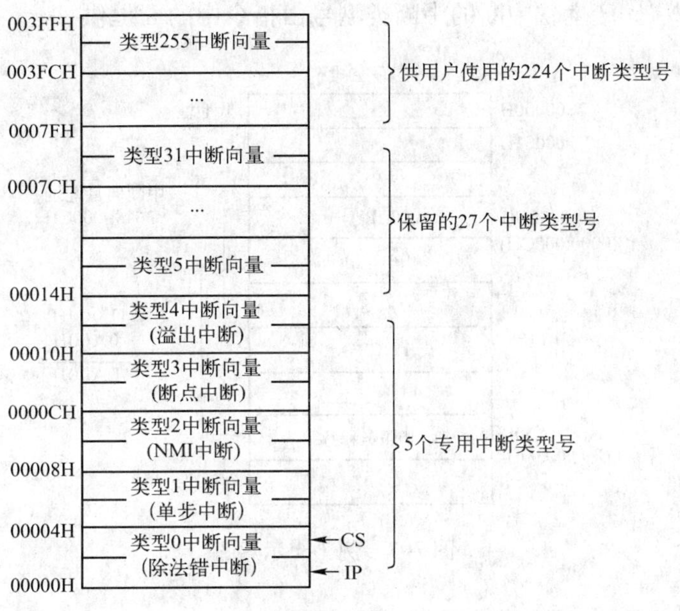

图 7-6　中断向量表

3. 中断向量的定位

有了中断向量和中断向量表的概念，就可解决 CPU 如何定位中断向量的问题，即 CPU 是如何由当前程序转到中断服务程序的问题。由于中断向量在中断向量表中是按中断类型号顺序存放的，而每个中断向量占 4 字节，因此每个中断服务程序入口地址在中断向量表中的位置可由下面的公式计算出来：

$$\text{中断向量在中断向量表中的地址} = \text{中断类型号} \times 4$$

CPU 响应中断时，把中断类型号 N 乘以 4，得到该中断服务程序入口地址所占 4 个单元的第一个单元的地址，然后把由此地址开始的两个低字节单元（$4N$，$4N+1$）的内容装入 *IP* 寄存器，再把两个高字节单元（$4N+2$，$4N+3$）的内容装入 *CS* 寄存器，于是 *CPU* 转入中断类型号为 N 的中断服务程序。

【例 7-1】　设中断类型号为 3，由中断类型号取得中断服务入口地址的过程如图 7-7 所示。

4. 中断类型号的获取

由上述讨论可知，当 CPU 处理一个中断时，首先要获得中断类型号。这是因为 CPU 执行中断服务程序时，必须获得中断向量，即中断服务程序的入口地址，而该入口地址是存放在中断向量表中的，所以要事先知道中断向量在中断向量表中的位置（地址），这一位置可由中断类型号确定。中断类型号乘以 4 可得到中断向量在中断向量表中的位置。不同类型的中断获取中断类型号的方式是不同的。

(1) 非屏蔽中断和专用中断

它们的中断类型号是这些中断发生时由系统内部电路自动提供的，CPU 自动转向相应的中断服务程序去执行。

(2) 软中断

由中断指令 INT n 产生软中断的中断类型号由指令中的 n 提供。

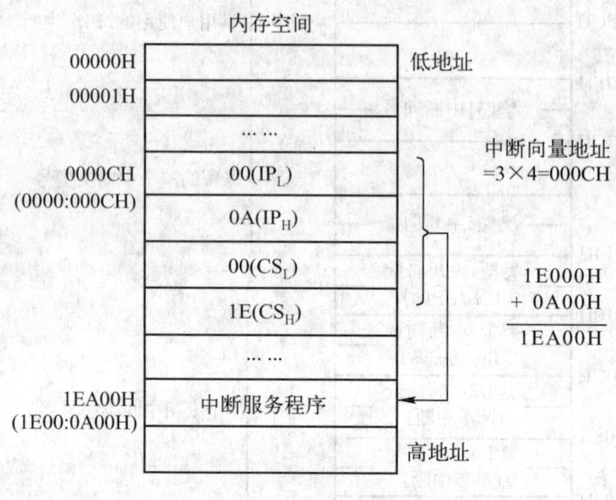

图 7-7 例 7-1 示意图

(3) 可屏蔽中断

INTR 的中断类型号通常由中断控制器 8259A 来提供，这部分内容将在 7.4 节介绍。

7.3 8086 中断响应过程

7.3.1 可屏蔽中断响应过程

通过前面知识的学习，我们现在已经知道当有中断发生时，CPU 是根据中断类型号到中断向量表中找到中断向量，从而转向中断服务程序去执行的。那么，对于可屏蔽中断而言，CPU 是如何完成这个响应过程的呢？本节学习可屏蔽中断的响应条件和响应过程。

1. CPU 响应可屏蔽中断的条件

可屏蔽中断在具有以下条件时，才能得到 CPU 的响应：

1）IF =1，且该中断未被屏蔽。

2）是当前优先级最高的中断。

3）系统无总线请求信号。

4）CPU 当前指令执行完。

2. 可屏蔽中断响应过程

对于可屏蔽中断，CPU 在每条指令执行结束时采样中断请求输入信号。如果有可屏蔽中断请求，且 IF =1（开中断），则 CPU 连续运行两个中断响应周期，在第二个中断响应周期中，采样数据线获取由外设输入的中断类型码。CPU 取得中断类型号后，就开始进行中断服务。其处理过程如下：

1）执行两个中断响应周期，将中断类型号乘 4，将其作为中断向量表的指针，使其指向中断服务程序的入口地址。

2）保存 CPU 状态，即把标志寄存器的内容入栈。

3）清除 IF 和 TF 的状态标志位，屏蔽新的 INTR 和单步中断。

4）保存断点，即把 CS 和 IP 内容入栈。

5）从中断向量表中获取 CS、IP，转入中断处理子程序入口地址。

6）现场保护，开中断以允许中断嵌套，执行中断处理子程序，进行中断服务。当中断处理程序结束时，恢复现场，最后执行中断返回指令 IRET。IRET 指令将从堆栈中弹出 IP、CS 和标志寄存器的内容，此时，CPU 结束中断处理子程序的运行，返回到被中断的主程序断点处继续执行。

8086/8088 的中断处理过程可用图 7-8 所示的流程图表示。

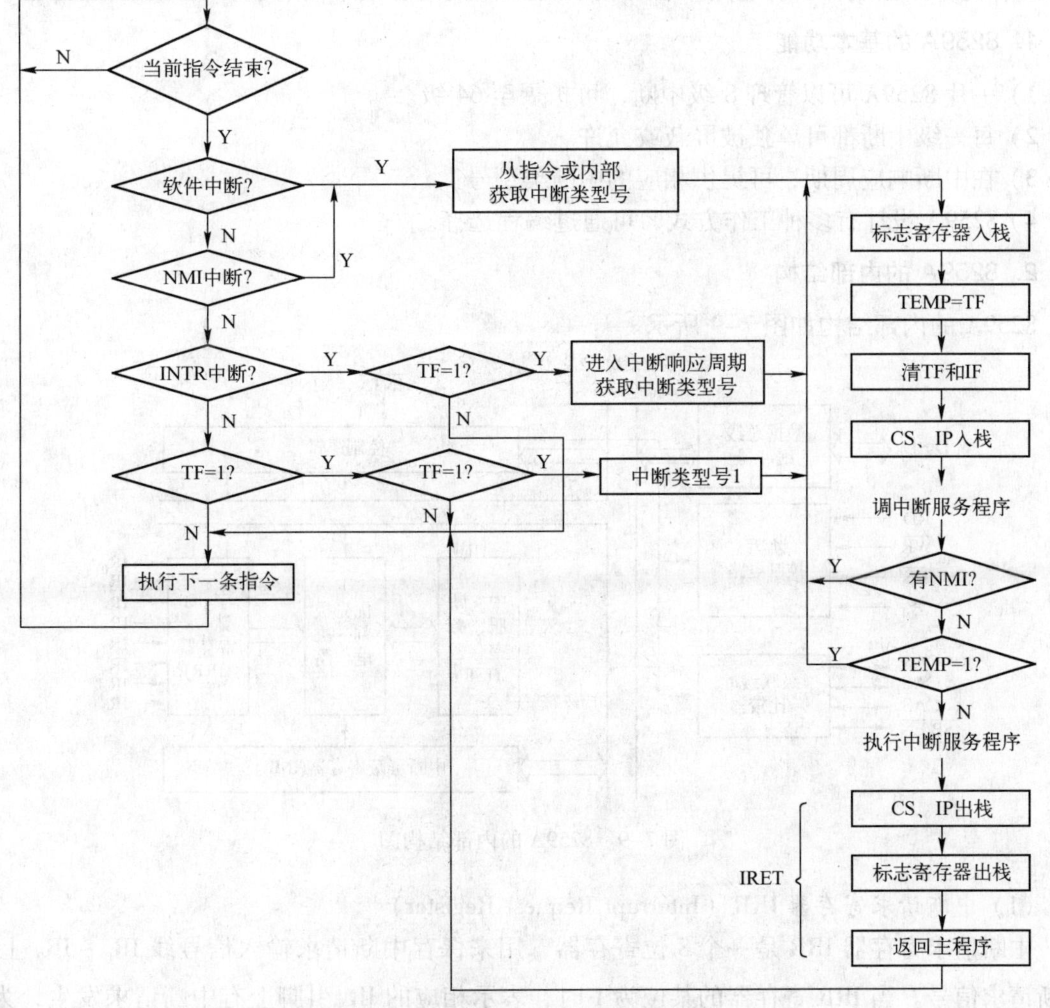

图 7-8　8086/8088 中断响应过程

7.3.2 非屏蔽中断与软件中断的响应过程

非屏蔽中断和软件中断中断响应过程的特点是：

1）中断类型号是固定的或由指令给出。

2）不需要执行中断响应周期，不从数据总线获取中断类型号。

3）不受 IF 标志的影响。

当 CPU 获得非屏蔽/软件中断的中断类型号后，其后的响应过程与可屏蔽中断相同。

7.4 8259A 可编程中断控制器

7.4.1 8259A 内部结构和引脚

Intel 8259A 是被广泛使用的可编程中断控制器，在 IBM-PC/XT 机中，就是使用 Intel 8259A 作为中断控制器的。它用来管理输入到 CPU 的可屏蔽中断请求。

1. 8259A 的基本功能

1）一片 8259A 可以管理 8 级中断，可扩展至 64 级。

2）每一级中断都可单独被屏蔽或允许。

3）在中断响应周期，可提供相应的中断类型号。

4）8259A 设计有多种工作方式，可通过编程选择。

2. 8259A 的内部结构

8259A 的内部结构如图 7-9 所示。

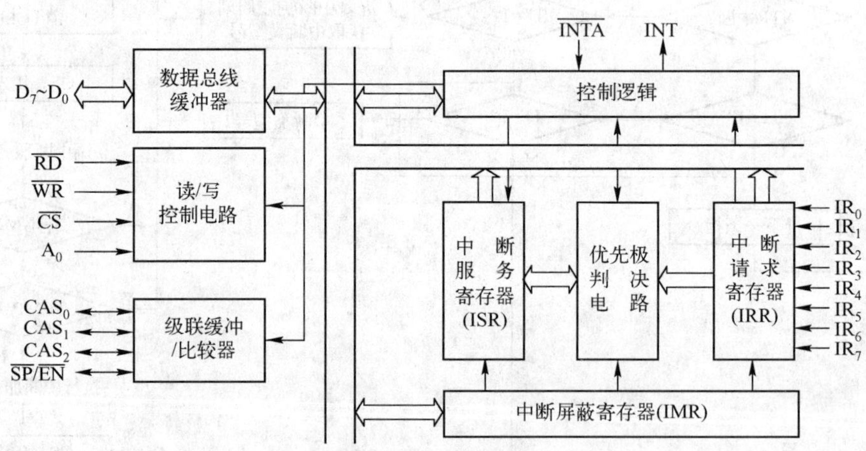

图 7-9 8259A 的内部结构图

（1）中断请求寄存器 IRR（Interrupt Request Register）

中断请求寄存器 IRR 是一个 8 位寄存器，用来保存中断请求输入信号线 IR_0 ~ IR_7 上的中断请求信号。当 IRR 寄存器的某位为 1 时，表示相应的 IR_i 引脚上有中断请求发生，为 0 则表示对应引脚没有中断请求。IRR 寄存器可编程设定两种中断请求方式，一种是边沿触发方式，它利用脉冲上升沿的跳变，并一直保持高电平直到中断被响应为止；另一种是电平触发方式，它通过输入并保持高电平来实现中断请求。

（2）中断屏蔽寄存器 IMR（Interrupt Mask Register）

中断屏蔽寄存器 IMR 是一个 8 位寄存器，与 $IR_0 \sim IR_7$ 对应，用来存放屏蔽信息。当 IMR 寄存器的某位为 1 时，表示相应的 IR_i 引脚上中断请求被屏蔽，不能参与优先级判优；为 0 则表示对应引脚没有被屏蔽，可以进入优先级判别电路进行判优。所以，可以通过设定屏蔽字来动态改变可屏蔽中断优先级。

（3）中断服务寄存器 ISR（Interrupt Service Register）

中断服务寄存器 ISR 也是一个 8 位寄存器，与 IRR 相对应，用来存放当前正在被服务的所有中断。ISR 中相应位的置位是在中断响应的 $\overline{INTA}$ 脉冲期间，由优先权判决电路根据 IRR 中各请求位的优先权级别和 IMR 中屏蔽位的状态，将中断的最高优先级请求位选通到 ISR 中，使 ISR 的对应位为 1；中断处理结束时，对应位清 0。

（4）优先权判决电路

优先权判决电路是对 IRR 中未被屏蔽的中断和 ISR 中正在服务的中断进行优先级判别，根据在初始化时设定的优先级方式来确定出优先级最高的中断。如果选出的优先级最高者是 IRR 中某个未被屏蔽的中断，则通过控制电路向 CPU 发出中断请求信号 INT；如果选出的优先级最高者是正在被服务的中断，则不向 CPU 发请求信号。

（5）控制逻辑

控制逻辑根据优先权判决电路的判定，如果有新的最高优先级中断，则通过控制逻辑向 CPU 发中断请求 INT，向 CPU 申请中断。当 CPU 允许中断时，发出中断响应信号 $\overline{INTA}$。控制逻辑电路中还有一组初始化命令字寄存器和一组操作命令字寄存器，可利用它们通过编程设置方式来管理 8259A 的工作方式。

（6）数据总线缓冲器

数据总线缓冲器是 8 位双向三态缓冲器，用做 8259A 与数据总线的接口，传输命令控制字、状态字和中断向量。

（7）读/写控制电路

该部件接收来自 CPU 的读/写命令，实现对 8259A 的读/写操作。

（8）级联缓冲器/比较器

级联线 $CAS_0 \sim CAS_2$ 是 8259A 相互间连接用的专用总线，用来构成 8259A 的主 - 从式级联控制结构。当 8259A 作为主设备时，$CAS_0 \sim CAS_2$ 是输出信号；当 8259A 作为从设备时，它们是输入线。一片 8259A 可接收 8 级中断，多片级联可扩展中断至 64 级。

3. 8259A 的引脚

8259A 的引脚如图 7-10 所示。

信号	引脚	8259A	引脚	信号
$\overline{CS}$	1		28	V_{CC}
$\overline{WR}$	2		27	A_0
$\overline{RD}$	3		26	$\overline{INTA}$
D_7	4		25	IR_7
D_6	5		24	IR_6
D_5	6		23	IR_5
D_4	7		22	IR_4
D_3	8		21	IR_3
D_2	9		20	IR_2
D_1	10		19	IR_1
D_0	11		18	IR_0
CAS_0	12		17	INT
CAS_1	13		16	$\overline{SP}/\overline{EN}$
GND	14		15	CAS_2

图 7-10　8259A 引脚图

$D_7 \sim D_0$：双向、三态数据线，接系统数据总线的 $D_7 \sim D_0$，用来传送控制字、状态字和中断类型号等。

$\overline{WR}$：写信号，输入，低电平有效，通知 8259A 接收从数据总线上送来的命令字。

$\overline{RD}$：读信号，输入，低电平有效，将8259A内部寄存器的内容（如IMR、ISR或IRR）读到数据总线上。

$\overline{CS}$：片选信号，输入，低电平有效。只有该信号有效时，CPU才能对8259A进行读/写操作。它一般接到地址译码器电路的输出端。

A_0：地址输入信号，用于对8259A内部寄存器端口的寻址。每片8259A占有两个端口地址，一个为偶地址，一个为奇地址，且偶地址小于奇地址。如PC/XT中8259A的端口地址为20H和21H。在与8088系统相连时，可直接将该引脚与地址总线的A_0连接；与8086系统连接时，应将该引脚与地址总线的A_1连接。

与8086系统连接时要特别注意，因为8259A只有8根数据线，8086有16根，8086与8259A的所有数据传输都用16位数据总线的低8位进行。要保证所有传输都用总线的低8位，最简单的方法是将8086地址总线的A_1和8259A的A_0端相连，这样，就可以用两个相邻的偶地址作为8259A的端口地址，从而保证用数据总线的低8位和8259A交换数据。

IR_7 ~ IR_0：中断请求信号，输入，从I/O接口或其他8259A（从控制器）上接收中断请求信号。有效电平可为边沿触发或电平触发。若为边沿触发方式，则IR输入应由低到高，此后保持为高，直到被响应。若为电平触发方式，则IR输入应保持高电平。

INT：8259A向CPU发出的中断请求信号，输出，高电平有效。主片的INT接CPU的INTR引脚，从片的INT接主片的IR_i引脚。

$\overline{INTA}$：中断响应信号，输入，接收CPU发来的中断响应脉冲以通知8259A中断请求已被响应，使其将中断类型号送到数据总线上。中断响应周期如图7-11所示。由图可见，$\overline{INTA}$响应信号占用了两个总线周期。第一个$\overline{INTA}$脉冲到时，8259A完成3个动作：IRR锁存功能失效，禁止接收新的信号；当前中断信号进入ISR，相应位置1；清除IRR相应位。第二个$\overline{INTA}$脉冲到时，8259A完成3个动作：使IRR锁存功能恢复；将中断类型码送D_7 ~ D_0；若为自动中断结束（AEOI）方式，则将第一个INTA时的相应ISR位清零。

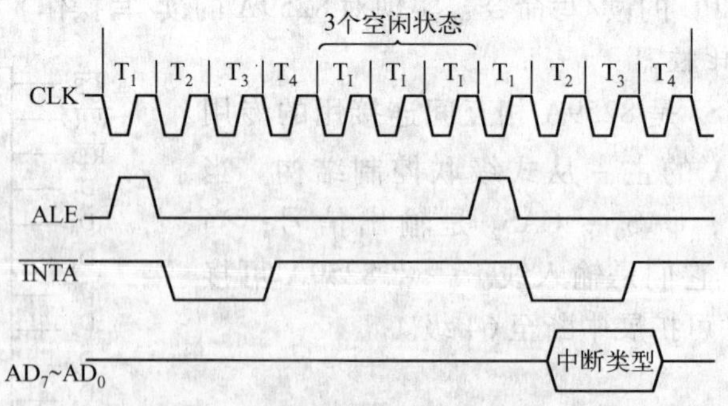

图7-11　可屏蔽中断响应周期

CAS_0 ~ CAS_2：级联总线，输入或输出。8259A作为主片时，该总线为输出，作为从片时，为输入。级连时，主8259A的三条级连线CAS_0 ~ CAS_2连至每个从8259A的CAS_0 ~ CAS_2。8259A的级联方式如图7-12所示。

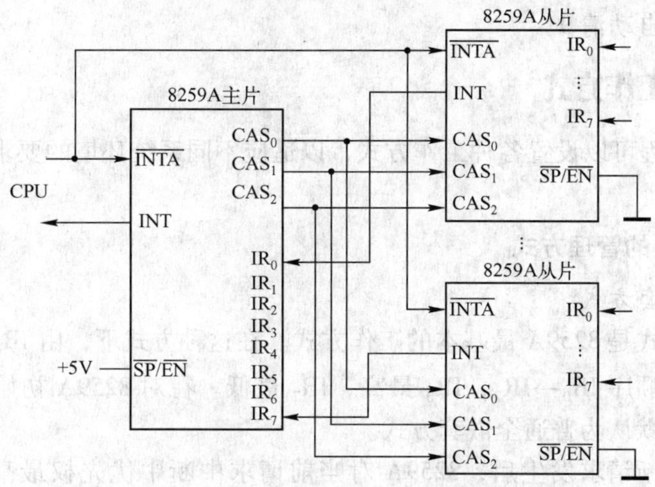

图 7-12　8259A 的级联

$\overline{SP/EN}$：从片/允许缓冲信号，双向。该引脚有两个功能。当作为输入时，用来决定是主片还是从片：当$\overline{SP/EN}$=1 时，8259A 是主片；当$\overline{SP/EN}$=0 时，8259A 是从片。当作为输出时，$\overline{SP/EN}$作为系统数据总线驱动器的启动信号。$\overline{SP/EN}$是输入还是输出取决于 8259A 是否采用缓冲方式。如果采用缓冲方式，$\overline{SP/EN}$作为输出引脚，如果采用非缓冲方式，$\overline{SP/EN}$作为输入引脚。

7.4.2　8259A 中断过程

系统上电后，首先要对 8259A 初始化，即通过编程的方式设定 8259A 的命令字。初始化完成后，8259A 处于准备就绪状态，随时准备接收外设传来的中断请求信号。当有中断请求发生时，8259A 对外部硬件中断请求的处理过程如下：

1）当有一个或多个中断源申请中断时，通过 IR_0 ~ IR_7 引脚置位中断请求寄存器 IRR，使 IRR 相应位置 1。

2）IRR 寄存器内容与 IMR 寄存器按位相“与”，将未被屏蔽的中断请求送给优先权判决电路。

3）优先权判决电路从未被屏蔽的 IRR 中检测出优先级最高的中断请求位，将它与 ISR 中正在被 CPU 服务的中断进行优先级比较，如果它的中断优先级高于正在服务的中断优先级，优先权判决电路就通过控制逻辑的 INT 线向 CPU 申请中断。

4）若 CPU 处于开中断状态，即 IF=1，则在当前指令执行完后，进入中断服务程序，并用占用两个中断响应周期的$\overline{INTA}$信号作为中断应答信号。

5）8259A 接收到$\overline{INTA}$的第一个总线周期后，使中断服务寄存器 ISR 相应位置 1，使中断请求寄存器 IRR 的相应位置 0，以避免该中断源再次发生中断申请。如果是级联方式，则主片 8259A 送出级联地址 CAS_0 ~ CAS_2，加载至从片 8259A 上。

6）CPU 启动另一个中断响应周期，输出第二个$\overline{INTA}$脉冲。这时 8259A 通过数据总线向 CPU 输出当前优先级最高的中断类型号，以便 CPU 转入中断服务程序。

7）中断结束时，通过在中断处理程序中向 8259A 发送一条 EOI 中断结束命令，使 ISR 相应位复位。若 8259A 工作在 AEOI 模式，则在第二个$\overline{INTA}$脉冲结束时，会使中断服务寄存器 ISR 中的相应位自动清 0。

7.4.3 8259A 工作方式

8259A 通过编程可以设置各种工作方式，以适应不同系统环境的要求。工作方式的分类如图 7-13 所示。

1. 中断优先级的管理方式

(1) 普通全嵌套方式

普通全嵌套方式是 8259A 最基本的工作方式。在这种方式下，由 IR_i 端引入的中断请求具有固定的优先级顺序 $IR_0 \rightarrow IR_7$，IR_0 最高，IR_7 最低。在对 8259A 初始化后若没有设置其他优先级方式，则默认为普通全嵌套方式。

该方式下，中断请求发生后，8259A 对当前请求中断中优先权最高的中断 IRi 予以响应，将其中断类型号送上数据总线，ISR 中的对应位置位，然后进入中断服务程序。在 ISR 置位期间，禁止再发生同级和低级优先权的中断响应，但允许响应更高级优先权的中断请求，以实现中断嵌套。

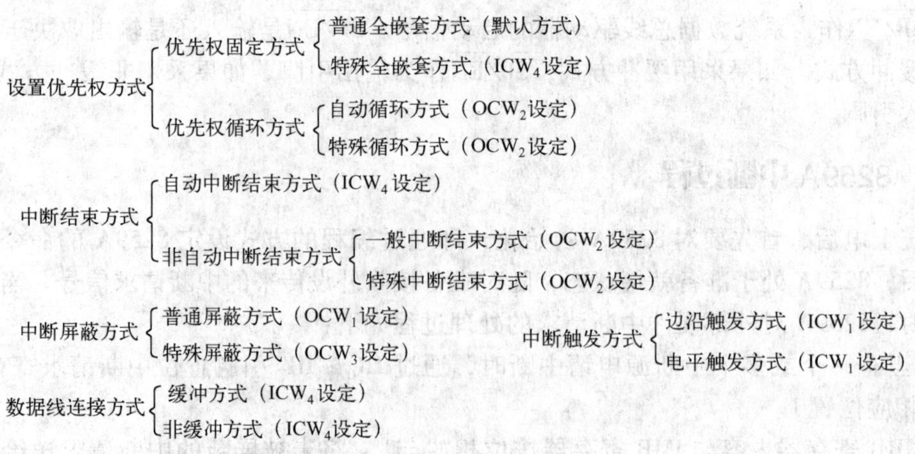

图 7-13 8259A 的工作方式分类

(2) 特殊全嵌套方式

特殊全嵌套方式与普通全嵌套方式类似，也是固定优先级 $IR_0 \rightarrow IR_7$，但特殊全嵌套方式允许同级中断嵌套，用于主从结构的中断系统中。在主从结构的 8259A 系统中，将主片设置为特殊全嵌套方式，可以在处理某一级中断时，不但允许优先级更高的中断请求进入，也允许同级的中断请求进入。同级中断嵌套如图 7-14 所示。

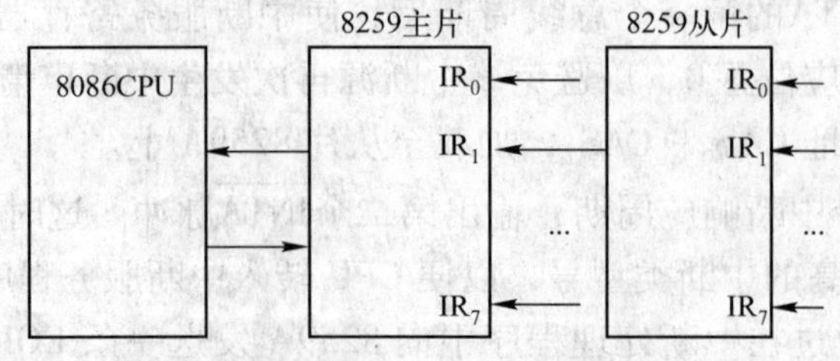

图 7-14 8259A 同级中断嵌套

图中有两片 8259A，其中从片 8259A 挂接在主片的 IR_1 引脚上。对主片而言，从片的 8 级中断是同级的；而对于从片，它自身的 8 级中断还是有优先级的区别，所谓的同级中断嵌套是针对主片而言的。特殊全嵌套方式一般适用于 8259A 级联时的主片，从片采用除了特殊全嵌套的其他优先级方式，以实现从片各级的中断嵌套。

(3) 优先级自动循环方式

采用这种方式，IR_0 ~ IR_7 优先级是循环变化的，适合各中断源优先级相同的场合。当某个中断源的中断服务完成后，其优先级自动降为最低，而原先比它低一级的中断源升为最高。该方式的初始优先级顺序是 $IR_0 \rightarrow IR_7$。例如，优先级初始队列是 $IR_0 \rightarrow IR_7$，IR_0 最高，IR_7 最低，当有 IR_5 请求时，处理完 IR_5 后，队列变为 IR_6，IR_7，IR_0，IR_1，IR_2，IR_3，IR_4，IR_5，IR_6 变为最高优先级，IR_5 变为最低优先级。

(4) 优先级特殊循环方式

优先级特殊循环方式与自动循环方式的区别在于，特殊循环方式下优先级初始队列中的最低优先级是指定的，而自动循环的优先级初始队列是固定的。例如，设定 IR_4 为最低优先级，那么 IR_5 就是最高优先级，而优先级自动循环方式中，最初的最高优先级一定是 IR_0。

2. 中断屏蔽方式

在实际系统中，往往有多个中断源。为了能动态改变中断系统的优先级结构，增加控制的灵活性，在 8259A 中断控制器中，有一个 8 位的中断屏蔽寄存器，只有当该屏蔽寄存器的对应位为 0 时，相应的中断请求才会被送往优先级判别电路；如果为 1，则对应的中断请求被屏蔽，不会得到响应。8259A 有两种形式的屏蔽方式：普通屏蔽方式和特殊屏蔽方式。

(1) 普通屏蔽方式

将 IMR 屏蔽寄存器的某一位或某几位置 1，则对应的中断请求被屏蔽，该中断不能由 8259A 送到 CPU；如果 IMR 的对应位为 0，则取消屏蔽，开放该中断。在普通屏蔽方式下，当一个中断请求被响应时，8259A 将禁止同级和较低优先级的中断请求。

(2) 特殊屏蔽方式

特殊屏蔽方式是指系统在执行一个中断时，不仅允许响应较高级的中断请求，也可响应较低级的中断请求的屏蔽方式，即特殊屏蔽方式与普通屏蔽方式的区别在于特殊屏蔽方式允许低级中断嵌套高级中断。

对特殊屏蔽方式的设定是在中断服务程序中完成的。在较高级中断服务程序中，对正在被服务的中断设置特殊屏蔽方式，这不仅屏蔽了当前正在被服务的中断，同时也使 ISR 中该中断的对应位清 0，从 8259A 的角度看，ISR 的某位为 0，就意味着该级别中断结束（虽然此时该中断服务程序仍在被执行），从而比该级别低的中断请求就能得到响应。由于特殊屏蔽方式动态更改了中断系统优先级结构，在退出较高级中断服务程序前，要对其进行恢复，撤销特殊屏蔽方式以避免中断系统优先级的混乱。

3. 中断结束方式

当中断服务程序结束后，在退出它之前，要用中断结束命令来通知 8259A，以清除 ISR 中的相应位。所以，8259A 根据 ISR 寄存器中相应位的状态来判断一个中断是否结束。当 ISR 的某位为 1 时，表示正在对该级别中断进行服务；为 0 时，表示该级别中断结束。8259A 有 3 种结束中断的方式。

(1) 自动中断结束方式 AEOI (Auto End of Interrupt)

这种方式不需要中断结束命令。对 8086/8088 系统，8259A 在第 2 个脉冲的后沿自动使 ISR 的相应位复位。由于该方式是在中断响应时就将 ISR 位清 0，所以，在中断处理过程中，由于 ISR 的相应位为 0，8259A 的 ISR 中就没有该中断“正在处理”的标识。此时，若有中断请求出现，且 IF=1，则无论其优先级如何，都将得到响应。因此该方式不适合有中断嵌套的情况。通常不推荐使用该方式。

(2) 普通中断结束方式 EOI (End of Interrupt)

该方式用于普通全嵌套方式下的中断结束。在中断服务程序用 IRET 指令返回前，必须向 8259A 发出普通中断结束命令 EOI，将 ISR 中优先级最高的位清 0。在普通全嵌套方式下，8259A 总是响应优先级最高的中断，所以 ISR 中优先级最高位所对应的中断一定是当前正在被处理的中断，将其清 0 就相当于结束了当前正在处理的中断。

(3) 特殊中断结束方式 SEOI (Special End of Interrupt)

在非普通全嵌套方式下，根据 ISR 的内容无法确定最后所响应和处理的是哪一级中断。这种情况下，就必须用特殊中断结束方式，即在中断服务程序中要发出一条特殊中断结束命令，该命令指出了要清除 ISR 中的哪一位。

需要注意的是，在级联方式下，一般不用自动中断结束方式，而是用普通结束方式或特殊结束方式。在中断处理程序结束时，必须发两次中断结束命令，一次是发往主片，另一次发往从片。

4. 中断请求触发方式

8259A 支持两种触发方式：电平触发和边沿触发。在 8259A 初始化时，应设置触发方式。

(1) 电平触发方式

该方式以中断请求输入引脚 IR_i 上出现的高电平作为中断请求信号。请求一旦被响应，该高电平信号应及时撤销，以免触发第二次中断。

(2) 边沿触发方式

该方式以 IR_i 引脚上出现由低电平向高电平的跳变作为中断请求信号，跳变后高电平一直保持，直到被响应。

5. 总线连接方式

8259A 的数据线与系统总线的连接有缓冲和非缓冲两种方式。

(1) 缓冲方式

缓冲方式是指 8259A 通过总线驱动器（如 8286）和数据总线相连，适合于多片级联的大系统。该方式下，主片 8259A 的 $\overline{SP}/\overline{EN}$ 作为输出启动总线驱动器，和总线驱动器的 $\overline{OE}$ 端相连。

(2) 非缓冲方式

非缓冲方式是指 8259A 直接与数据总线相连，8259A 的 $\overline{SP}/\overline{EN}$ 作为输入，主要用于单片 8259A 或片数不多的 8259A 级联的系统中。该方式下，当只有单片 8259A 时，$\overline{SP}/\overline{EN}$ 端必须接高电平；有多片 8259A 时，主片的 $\overline{SP}/\overline{EN}$ 端接高电平，从片的 $\overline{SP}/\overline{EN}$ 引脚接低电平。

6. 中断查询方式

中断查询方式是 CPU 关闭中断，即 IF =0，外设虽然通过 IR_i 引脚向 8259A 发出中断请求信号，但 8259A 并不向 CPU 发 INT 请求信号，CPU 是通过查询 8259A 的状态来确定中断源的，当查询到有中断请求时，就根据它提供的信息转到相应的中断服务程序。

7.4.4 8259A 控制字与编程

8259A 的控制字分为两类：初始化控制字（ICW_1 ~ ICW_4）和操作命令字（OCW_1 ~ OCW_3），分别用来对 8259A 进行初始化设置和工作方式设置。相应地，对 8259A 的编程也分为两类：初始化编程和工作方式编程。初始化编程通过初始化控制字实现对 8259A 初始状态的设定，初始化编程必须在系统上电时完成，以使 8259A 准备好以进入工作状态；工作方式编程通过操作命令字来控制 8259A 的工作方式，操作命令字可在 8259A 初始化后的任何时间写入。

8259A 有两个端口地址，用地址线 A_0 区分。下面每个控制字的格式中都给出了 A_0 的值，当 A_0 =0，表示偶地址端口；当 A_0 =1，表示奇地址端口。由于 8259A 只有两个端口地址，但控制字却多达 7 个，所以 8259A 是通过控制字的写入顺序和控制字的特征位来区别它们的。

8259A 控制字的编程结构如图 7-15 所示。

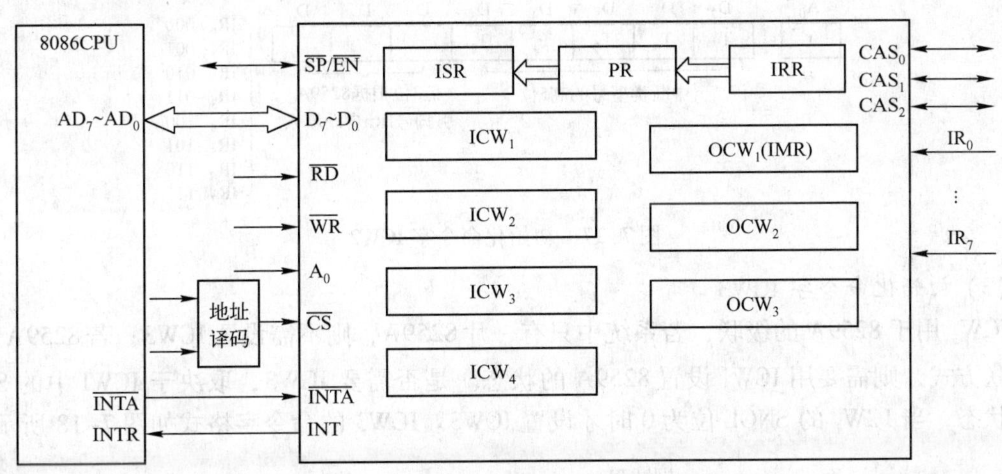

图 7-15　8259A 控制字的编程结构

1. 初始化命令字 ICW（Initialization Control Word）

(1) 初始化命令字 ICW1

A_0 =0：ICW1 写入偶地址口。

D_4 =1 是 ICW1 的标志位。当 CPU 向 8259A 的偶地址端口发送的命令中 D_4 =1 时，这条命令就被译码为 ICW1 的操作。

LTIM：设置中断触发方式。0：上升沿触发；1：高电平触发。

ADI：对 8086/8088 系统不起作用，常设为 0。

SNGL：指明系统是否级联。0：级联；1：单片 8259A。

IC_4：指明是否要设置 ICW4，在 8086/8088 系统中必须为 1 以设置 ICW_4。

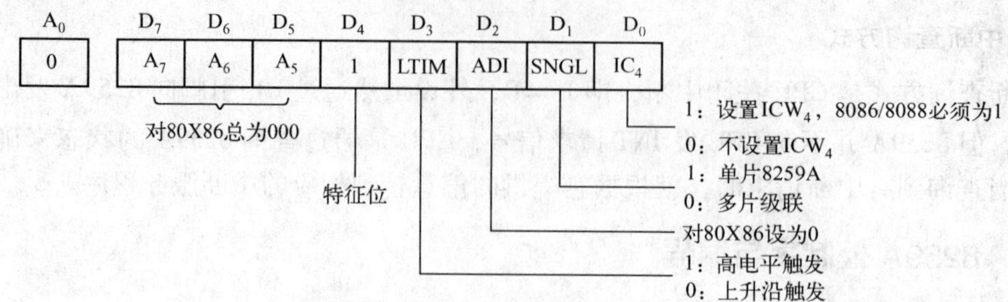

图 7-16　初始化命令字 ICW1

（2）初始化命令字 ICW2

ICW2 用来设置中断类型码，ICW2 的命令字格式如图 7-17 所示。

$A_0=1$，ICW_2 写入奇地址口。在 8086/8088 系统中，ICW2 在初始化编程时只须设置 $D_7\sim D_3$，即只需设置中断类型号的高 5 位，$D_2\sim D_0$ 的值通常设为 0，$D_2\sim D_0$ 的实际内容由 8259A 根据中断请求来自 $IR_0\sim IR_7$ 的哪一个输入端，自动填充为 000～111 中的某一组编码，与高 5 位一同构成 8 位的中断类型号。例如，在 PC/XT 中 ICW2 为 00001000B，则对于从 IR_0、IR_1、IR_2、IR_3、IR_4、IR_5、IR_6 和 IR_7 上引入的各中断请求，其相应的中断类型号为 08H、09H、0AH、0BH、0CH、0DH、0EH 和 0FH。

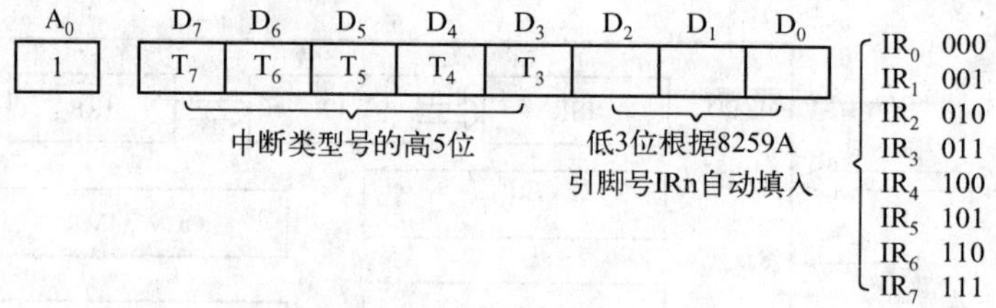

图 7-17　初始化命令字 ICW2

（3）初始化命令字 ICW3

ICW_3 用于 8259A 的级联，若系统中只有一片 8259A，则不需设置 ICW3；若 8259A 工作于级联方式，则需要用 ICW_3 设置 8259A 的状态。是否需要 ICW3，取决于 ICW1 中的 SNGL 位的状态，当 ICW_1 的 SNGL 位为 0 时才设置 ICW3。ICW3 的命令字格式如图 7-18 所示。

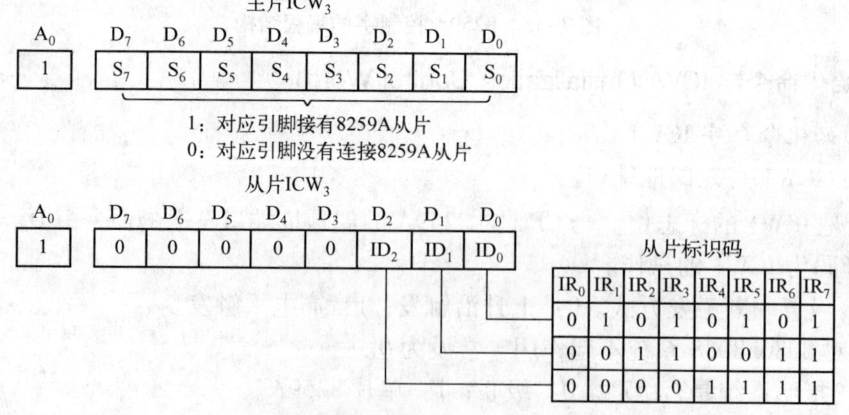

图 7-18　初始化命令字 ICW3

$A_0=1$，ICW_3 写入奇地址口。主片的 ICW_3 指明了 IR0 ~ IR7 各引脚连接从片的情况，ICW_3 中置 1 的位表示对应的引脚有从片级联。例如，若主片 ICW_3 的内容为 06H，00000110B 时，说明主片的 IR_1、IR_2 上连有从片。从片 ICW_3 的 $D_7 \sim D_3$ 不用，置 0 即可，$D_2 \sim D_0$ 表示与主片的对应引脚级联，例如，若某从片 ICW_3 的内容为 02H，说明该从片的 INT 引脚与主片的 IR_2 相连。

(4) 初始化命令字 ICW4

ICW4 用于设置 8259A 的工作方式，当 ICW_1 的 IC_4 位为 1 时，才写入 ICW_4。ICW4 的命令字格式如图 7-19 所示。

$A_0=1$，ICW_4 写入奇地址口。

D7 ~ D5：ICW_4 的标志位。

SFNM：设定嵌套方式。SFNM = 1，特殊全嵌套方式；SFNM = 0，普通全嵌套方式。在特殊全嵌套方式系统中，一般采用了多片 8259A。

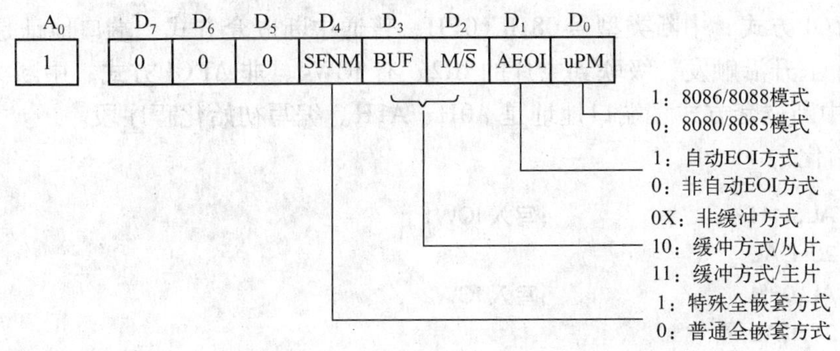

图 7-19　初始化命令字 ICW_4

BUF：缓冲方式选择。BUF = 1，缓冲方式；BUF = 0，非缓冲方式。

M/S：决定 8259A 是主片还是从片，仅在 BUF = 1 时有效。当 BUF = 1 和 M/S = 1 时，表示 8259A 为主片；当 BUF = 1 和 M/S = 0 时，表示 8259A 为从片。如果 BUF = 0，则 M/S 位不起作用。

AEOI：设置中断自动结束方式。AEOI = 1，中断自动结束方式；AEOI = 0，非自动结束方式，此时必须在中断服务程序中使用 EOI 命令，使 ISR 中的对应位复位。

μPM：设置 CPU 类型，1 表示采用 8086/8088 系统，0 表示采用 8080/8085 系统。

2. 初始化编程

中断系统在正常工作前，系统中的每一片 8259A 都必须初始化。初始化是对 8259A 的 4 个初始化命令字按一定顺序写入相应端口中。8259A 初始化流程如图 7-20 所示。

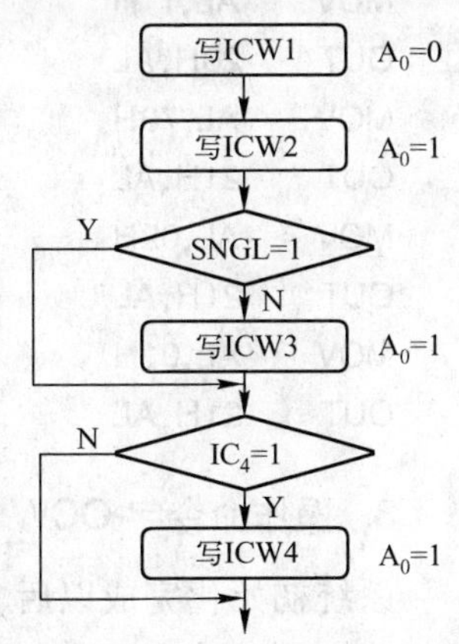

图 7-20　8259A 初始化流程

8259A 初始化时应注意：①初始化前应保证 CPU 关中断，初始化完成后再开中断；②系统中的每片 8259A 都要初始化；③

初始化顺序是固定的，不可颠倒。④确保每个初始化命令字写入正确的端口地址；⑤级联系统中，主从片的 ICW3 须分别写入；⑥初始化以后，若要改变某个 ICW，则必须重新进行初始化编程，不能只是写入单独的一个 ICW。

【例 7-2】 设某 8086 系统中，8259A 的端口地址为 20H、21H，电平触发方式，单片 8259A，中断类型号为 60H ~ 67H，普通全嵌套方式，一般结束方式，非缓冲方式。编写初始化程序段。

```
MOV     AL,1BH              ;写入 ICW1
OUT     20H,AL
MOV     AL,60H              ;写入 ICW2
OUT     21H,AL
MOV     AL,1H               ;写入 ICW4
OUT     21H,AL
```

【例 7-3】 PC/AT 机中 8259A 的主片定义为：上升沿触发、在 IR2 级联从片、有 ICW4、非 AEOI 方式、中断类型号 08H (0FH、普通中断嵌套方式、端口地址是 20H、21H；从片定义为：上升沿触发、级联到主片的 IR2、有 ICW4、非 AEOI 方式、中断类型号为 70H (78H、普通中断嵌套方式、端口地址是 A0H、A1H。编写初始化程序段。

主片初始化：

```
MOV     AL,11H              ;写入 ICW1
OUT     20H,AL
MOV     AL,08H              ;写入 ICW2
OUT     21H,AL
MOV     AL,04H              ;写入 ICW3
OUT     21H,AL
MOV     AL,01H              ;写入 ICW4
OUT     21H,AL
```

从片初始化：

```
MOV     AL,11H              ;写入 ICW1
OUT     20H,AL
MOV     AL,70H              ;写入 ICW2
OUT     21H,AL
MOV     AL,02H              ;写入 ICW3
OUT     21H,AL
MOV     AL,01H              ;写入 ICW4
OUT     21H,AL
```

3. 操作命令字 OCW (Operating Command Word)

系统初始化完成以后，可以在应用程序中随时向 8259A 送操作命令字，以改变 8259A 的工作方式，读出 8259A 内部寄存器的值等。操作命令字有 3 个：OCW1 ~ OCW3，写入时没有顺序要求，可单独使用。

（1）操作命令字 OCW1

OCW1 用来设置 8259A 的屏蔽字，使 IMR 中的对应位置 1 或清 0。如图 7-21 所示。

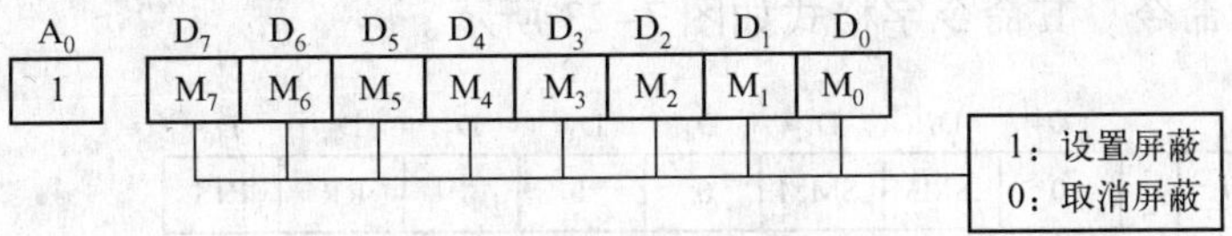

图 7-21　OCW1 控制字

$A_0=1$，OCW1 写入奇地址口。OCW1 的每一位对应中断屏蔽寄存器 IMR 的相应位，用 OCW1 命令实现对 IMR 的置位和复位。如果 $M_i=1$，就屏蔽对应的 IR 中断请求；如果 $M_i=0$，则清除屏蔽状态，允许对应 IR 引脚上的中断请求。例如，若 OCW1 = 05H，说明 IR0 和 IR2 上的中断请求被屏蔽。

（2）操作命令字 OCW2

OCW2 用于设置优先级循环方式和中断结束方式，其命令字格式如图 7-22 所示。

A_0	D_7	D_6	D_5	D_4	D_3	D_2	D_1	D_0
0	R	SL	EOI	0	0	L_2	L_1	L_0

3位编码指定有效的IR引脚

	0	1	2	3	4	5	6	7
L_0	0	1	0	1	0	1	0	1
L_1	0	0	1	1	0	0	1	1
L_2	0	0	0	0	1	1	1	1

R	SL	EOI	
0	0	1	一般EOI结束命令
0	1	1	特殊EOI结束命令，由L2~L0指定要结束的中断
1	0	1	优先级自动循环的结束命令
1	1	1	优先级特殊循环的结束命令
0	0	0	自动EOI方式下清除优先级循环方式
1	0	0	自动EOI方式下设置优先级循环方式
1	1	0	设置特殊优先级循环方式，由L2~L0指定最低优先级
0	1	0	无操作

图 7-22　OCW2 命令字

$A_0=0$，OCW2 写入偶地址口。

D_4 和 D_3 位是特征位，均为 0。

R：表示优先级是否循环。R = 1，优先级循环方式；R = 0，固定优先级方式。

SL：表示 $L_2\sim L_0$ 是否有效。SL = 1，$L_2\sim L_0$ 有效，指明某个中断级；SL = 0，$L_2\sim L_0$ 无效。

EOI：中断结束命令位。EOI = 1，OCW2 作为中断结束命令；EOI = 0，OCW2 不作为中断结束命令。

$L_2\sim L_0$：只有 SL 位为 1 时，这三位才有意义。$L_2\sim L_0$ 位有三个作用：①当 OCW2 给出特殊中断结束命令时，L_2、L_1 和 L_0 三位的编码指出了要清除中断服务寄存器 ISR 中的哪一位；②当 OCW2 给出优先级特殊循环命令时，由 L_2、L_1 和 L_0 的编码指定循环开始的最低优先级；③当 OCW2 给出结束中断且指定新的最低优先级命令时，将 ISR 中与 L_2、L_1 和 L_0 编码值对应的位清 0，并将当前系统最低优先级设为 L_2、L_1 和 L_0 指定的值。

（3）操作命令字 OCW3

OCW3 有三个功能：设置和撤销特殊屏蔽方式、设置中断查询方式，以及设置对 8259A 内部寄存器的读出命令。其命令字格式如图 7-23 所示。

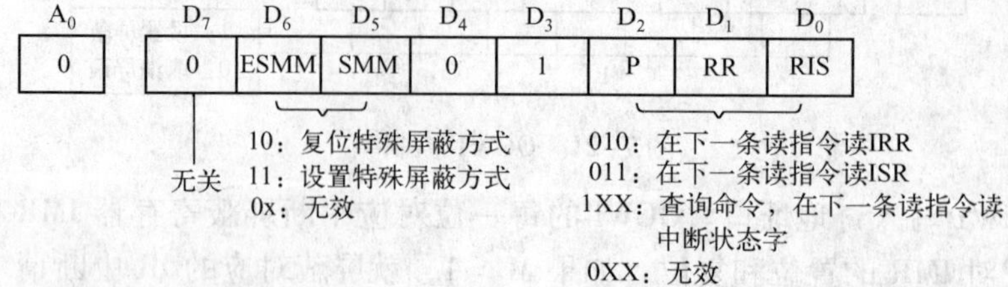

图 7-23　OCW3 命令字

$A_0=0$，OCW3 写入偶地址口。

D_4 和 D_3 位是特征位，D4D3 = 01。

D_7，无关位，可设为任意值，通常设为 0。

ESMM：允许特殊屏蔽方式位。该位为 1 时 SMM 位才有意义。

SMM：特殊屏蔽方式位。SMM = 1，设置特殊屏蔽方式；SMM = 0，清除特殊屏蔽方式。

P：查询命令位。P = 1，表示该 OCW3 用做查询命令；P = 0，非查询方式。查询方式的具体操作是：先发查询命令字，紧跟一条读指令以得到优先级最高的中断请求 IR 引脚值。查询状态字的格式如图 7-24 所示。

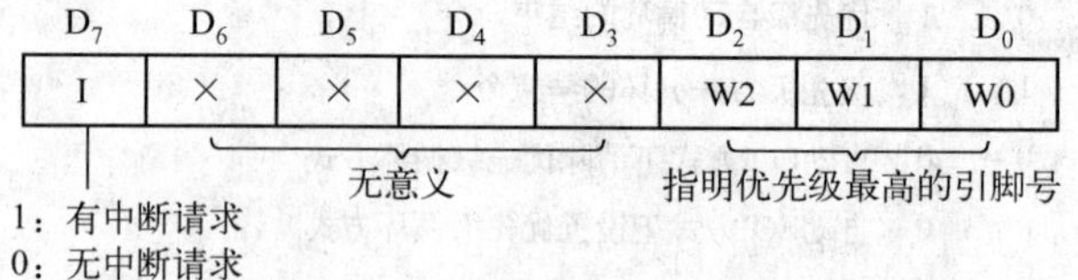

图 7-24　8259A 查询状态字

RR：读寄存器命令位。RR = 1，允许读 IRR 或 ISR；RR = 0，禁止读这两个寄存器。

RIS：读 IRR 或 ISR 的选择位。D1D0 = 10 时，表明读出 IRR 的值；D1D0 = 11 时，表明读出 ISR 的值。

（4）对 8259A 的读操作

8259A 可读出的状态字有：IRR、ISR、IMR 和查询字。8259A 的端口地址为 20H 和 21H。

1）读 IRR。先写入 OCW3（RR = 1，RIS = 0），再读偶地址端口内容。程序段如下：

```
MOV    AL,0AH              ;OCW3 =0AH
OUT    20H,AL              ;OCW3 写入 8259A
IN     AL,20H              ;读出 IRR 内容
```

2）读 ISR。先写入 OCW3（RR = 1，RIS = 1），再读偶地址端口内容。程序段如下：

```
MOV    AL,0BH              ;OCW3 =0BH
OUT    20H,AL              ;OCW3 写入 8259A
```

```
IN      AL,20H                ;读出 IRR 内容
```

3）读 IMR。随时可用奇地址读 IMR 的值，并对其作修改。程序段如下：

```
IN      AL,21H                ;读 IMR
AND     AL,7FH                ;开放 IR7 中断
OUT     21H,AL                ;回写,修改 IMR
```

4）读查询字。先写入 OCW3（P＝1），再读偶地址端口内容。程序段如下：

```
MOV     AL,0CH                ;OCW3 =0CH
OUT     20H,AL                ;OCW3 写入 8259A
IN      AL,20H                ;读出查询字内容
```

7.4.5 8259A 编程举例

1. 中断向量的装载

CPU 在得到中断类型号后，到中断向量表中去找相应的中断向量以转到中断服务程序执行。所以，在程序设计时需要事先把中断向量装入中断向量表。装载中断向量的方式有两种：直接装载和系统功能调用装载。

（1）直接装载

假定中断服务程序为 INT-SUB，中断类型号为 0AH，则中断向量在中断向量表中的地址为 0AH ×4 ＝28H 开始的 4 个单元。直接装载程序段为：

```
SUB AX,AX
MOV ES,AX                     ;中断向量表的段地址为 0
MOV AX,OFFSET INT-SUB         ;取中断服务程序的偏移地址
MOV ES:28H,AX                 ;将偏移地址装入中断向量表的低地址
MOV AX,SEG INT-SUB            ;将段地址装入中断向量表的高地址
MOV ES:2AH,AX
```

（2）系统功能调用装载

功能调用号为 25H；入口参数为 AL，置中断类型码，DS：DX 置入口地址。装入程序段如下：

```
MOV AX,SEG INT-SUB            ;将段地址送 DS 寄存器
MOV DS,AX
MOV DX,OFFSET INT-SUB         ;将偏移地址 DX 寄存器
MOV AX,250AH                  ;装入中断类型号为 0AH 的中断向量
INT 21H
```

2. 编程举例

【例 7-4】 图 7-25 是 8259A 在 PC/XT 机中的中断控制电路，要求编程实现 CPU 每次响应外中断 IR2 时，显示字符串 “This is interrupt 2!”，中断 10 次后退出。

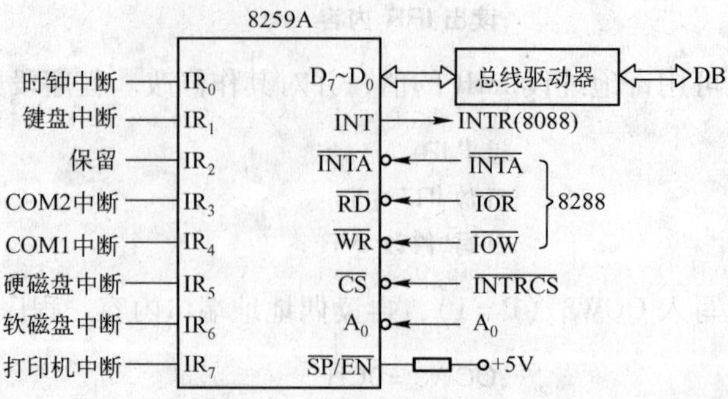

图 7-25　8259A 在 PC/XT 机中的连接

编程说明：已知主机启动时已对 8259A 进行了初始化编程：中断类型号的高 5 位初始化为 00001，故 IR2 的类型号为 0AH；8259A 的中断结束方式初始化为普通中断结束方式；8259A 的端口地址为 20H 和 21H。所以在使用主机内部的 8259A 时，不必再初始化，只需中断向量的装载并按要求对操作命令字进行编程。程序如下：

```
DATA    SEGMENT
        MESS    DB 'This is interrupt 2！',0AH,0DH,'$'
        CSREG   DW ?
        IPREG   DW ?
DATA    ENDS
CODE    SEGMENT
            ASSUME CS:CODE,DS:DATA
START:      MOV     AX,SEG INT2
            MOV     DS,AX
            MOV     AX,350AH            ;取出原来的 0AH 号中断向量
            INT     21H                 ;中断调用的返回值为(ES,BX)
            MOV     AX,ES               ;暂存取出的中断向量
            MOV     CSREG,AX
            MOV     IPREG,BX
            PUSH    DS                  ;保存现行的 DS
            MOV     AX,SEG INT2         ;新中断矢量装载
            MOV     DS,AX
            MOV     DX,OFFSET INT2
            MOV     AX,250AH
            INT     21H
            POP     DS                  ;恢复 DS
            IN      AL,21H              ;读中断屏蔽寄存器
            MOV     BP,AX               ;暂存中断屏蔽寄存器内容
            AND     AL,0FBH             ;开放 IR2 中断
            OUT     21H,AL
            MOV     CX,10               ;中断次数
LL:         STI                         ;开中断
```

```
        HLT                             ;等待中断
        LOOP    LL
        MOV     AX,BP                   ;恢复中断屏蔽寄存器内容
        OUT     21H,AL
        PUSH    DS
        MOV     DX,IPREG                ;恢复原中断向量
        MOV     AX,CSREG
        MOV     DS,AX
        MOV     AX,250AH
        INT     21H
        POP     DS
        MOV     4C00H                   ;返回 DOS
        INT     21H
INT2    PROC    NEAR                    ;中断服务程序
        MOV     DX,OFFSET MESS          ;取字符串
        MOV     AH,09
        INT     21H                     ;显示每次中断的提示信息
        MOV     AL,20H                  ;发出 EOI 结束中断
        OUT     20H,AL
        IRET
INT2    ENDP
   CODE    ENDS
        END     START
```

7.5 习题与思考题

1. 8086 中断分为哪几类？它们的特点是什么？优先顺序如何？
2. 为什么要设置中断优先级？实现优先级管理的方式有哪些？
3. CPU 响应中断的条件是什么？中断处理过程的步骤有哪些？
4. 中断向量表的作用是什么？在内存中的什么位置？占多大的空间？
5. 什么是中断向量？中断类型号、中断向量和中断向量表之间的关系是什么？设某个可屏蔽中断的类型号为 08H，它的中断向量为 2050H：0080H，请编程实现将该中断向量装入中断向量表中。
6. 对不同的中断源，8086/8088CPU 是如何获取中断类型号的？
7. 当中断服务程序返回时，若用 RET 代替 IRET 指令，能否返回到主程序？这种取代存在什么问题？
8. 8259A 中断屏蔽寄存器 IMR 和 8086/8088CPU 的中断允许标志 IF 功能上有何区别？在中断响应过程中，它们如何配合工作？
9. 单片 8259A 能管理几级可屏蔽中断？2 片级联能管理多少级？
10. 8259A 有哪几种中断结束方式？分别适用于什么场合？
11. 8259A 有哪几种中断优先级方式？各有何特点？

12. 8259A 初始化命令字有哪些？初始化编程有何要求？
13. CPU 响应 8259A 的 INT 请求后，发送的$\overline{INTA}$应答信号占几个总线周期？分别完成哪些操作？
14. 如果要求某个中断能被低级中断嵌套，8259A 应进入什么方式？如何进入该方式？
15. 8086 系统采用级联方式，主 8259A 的中断类型号为 40H，端口地址为 20H，21H。从 8259A 的 INT 接主片的 IR_6，从片的中断类型号为 50H，端口地址为 80H，81H。主、从片均采用边沿触发，非缓冲，固定优先级方式，编写初始化程序。
16. 某系统采用单片 8259A，设中断由 IR_2 引入，电平触发、普通全嵌套、一般 EOI 结束方式，中断类型号为 82H，端口地址为 20H 和 21H，画出 8259A 和 8086/8088CPU 的硬件连线图，并编写初始化程序。

第 8 章

常用可编程接口芯片

可编程是指芯片的功能是可选择的，通过向芯片内部的寄存器写入不同的控制字，可以使芯片工作在不同的模式，实现不同的功能。本章主要介绍可编程并行接口 Intel 8255A、串行接口 Intel 8251A 和计数器/定时器 8253 的引脚、内部结构和编程特点。

8.1 可编程并行接口 8255A

8.1.1 并行通信与并行接口概述

1. 并行通信

计算机与外部设备之间或计算机与计算机之间的信息交换被称为通信。通信的基本方式可分为并行通信和串行通信两种。

并行通信是指数据以字节或字为单位在多根传输线上同时进行传输，即 n 位数据用 n 条线同时传输的机制。串行通信是指在一根传输线上一位一位地进行数据传输的机制。和串行通信相比，并行通信具有速度快、传输效率高的特点。因此，并行通信常用于速度要求高、传输距离短的场合，如 PC 系统总线、高速外设 I/O 总线、芯片内部总线等。

并行通信只能局限于短距离数据的原因有以下几点：首先，并行通信需要信号线的数量较多，所以在长距离通信中，信号电缆的造价会成为突出的问题。其次，并行通信要实现长距离数据传输会遇到诸多问题，如信号的扭曲、失真、干扰、丢失等，要解决这些问题，是非常困难或需要大代价的。此外，要解决多根数据线传输的各个信号位同步到达接收方也是很困难的。总之，在长距离范围实现高可靠性的并行通信是非常困难和得不偿失的。

2. 并行接口

并行接口就是能够进行并行数据传输、位于 CPU 和外部设备之间、起到数据缓冲和匹配作用的接口电路。并行通信接口与外设之间的数据传输是并行的，它与系统总线之间的数据传输也是并行的。一个通用的并行通信接口可以根据需要设计为输入接口，也可以设计为输出接口，还可以设计为输入输出双向接口。例如，在计算机系统中连接键盘的接口是单向输入接口，连接打印机的接口是单向输出接口，连接磁盘驱动器的接口就是双向接口。

一个典型的并行接口和外设连接的示意图如图 8-1 所示。从图中可以看出，在并行接口内部有三类信息在流动，即数据信息、状态信息和控制信息。这些信息分别放在不同端口的寄存器中。其中输入缓冲寄存器用来接收从外设来的数据以供 CPU 读取；输出缓冲寄存器用来接收从 CPU 来的数据以供外设读取；控制寄存器接收从 CPU 来的各类控制命令，以控制外设的运行；状态寄存器用来存放外设的状态供 CPU 查询。

通用的可编程并行接口芯片有 Intel 8255A、Zilog PIO 等，本节以 Intel 8255A 为例，介绍可编程并行接口芯片的结构、工作原理及应用。

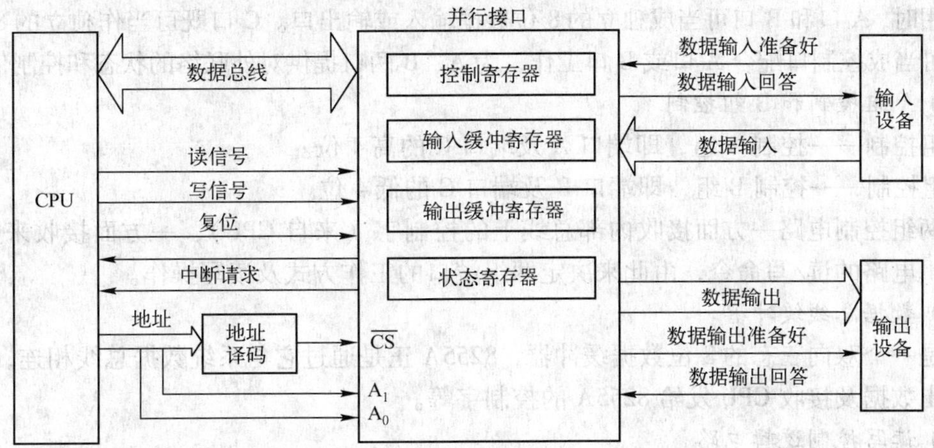

图 8-1　并行接口与外设连接的示意图

8.1.2　8255A 内部结构及引脚

Intel 8255A 是 Intel 公司生产的一种可编程并行接口芯片。它采用单一 +5V 电源供电，40 个引脚，双列直插式封装。它的全部输入输出与 TTL 电平兼容，有多种工作方式可以通过编程来设定，使用灵活，是最常用的接口电路之一。

1. 8255A 内部结构

8255A 的内部结构如图 8-2 所示，主要包括以下几个部分：

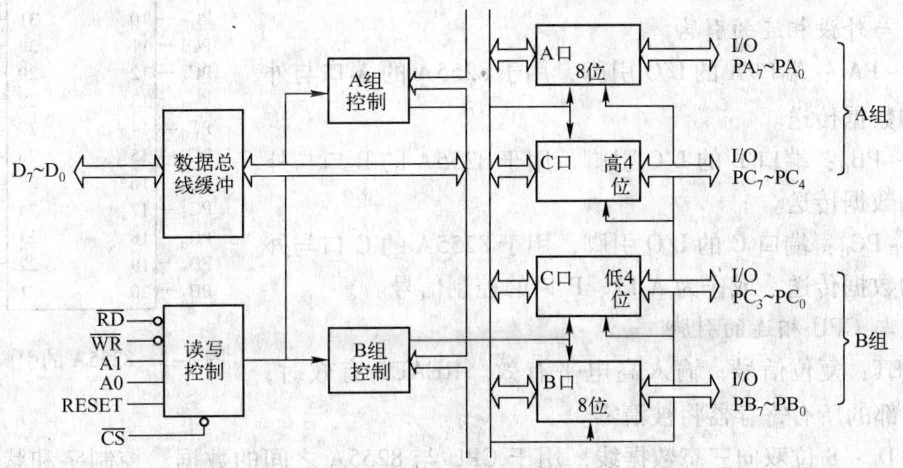

图 8-2　8255A 内部结构

（1）数据端口 A、B、C

这 3 个数据端口都可看成是 I/O 口，可与外设相连。各端口可分别编程设定为输入或输出端口，其中 C 口的高 4 位和低 4 位可单独设定。

端口 A 和端口 B 都有一个 8 位数据输入锁存器和一个 8 位数据输出锁存器/缓冲器。所以，用端口 A 或端口 B 作为输入口或输出口时，都有数据锁存的功能。

端口 C 有一个 8 位数据输入缓冲器和一个 8 位数据输出锁存器/缓冲器。因此，当端口 C 作为输入口时，对数据不作锁存；而作为输出口时，对数据进行锁存。

使用时，A 口和 B 口可当成独立的 8 位数据输入或输出口。C 口既可当作独立的 8 位数据口，也可当成控制口配合 A 口或 B 口工作，为 A、B 两口提供对外联络的状态和控制信号。

（2）A 组控制和 B 组控制

A 组控制——控制 A 组，即端口 A 及端口 C 的高 4 位。

B 组控制——控制 B 组，即端口 B 及端口 C 的低 4 位。

这两组控制电路一方面接收内部总线上的控制字（来自 CPU），一方面接收来自读/写控制逻辑电路的读/写命令，由此来决定两组端口的工作方式及读写操作。

（3）数据总线缓冲器

这是一个双向三态的 8 位数据缓冲器，8255A 正是通过它与系统数据总线相连，输入数据、输出数据及接收 CPU 发给 8255A 的控制字等。

（4）读写控制逻辑电路

读写控制逻辑电路负责管理 8255A 的数据传输过程。它接收片选信号$\overline{CS}$及来自系统地址总线的信号 A_1、A_0（在 8086 系统中为 A_2、A_1）和控制总线的信号 RESET、$\overline{RD}$、$\overline{WR}$，将这些信号进行组合后，得到对 A 组控制和 B 组控制的控制命令，以完成对数据、状态信息和控制信息的传输。

2. 8255A 引脚

8255A 的 40 条引脚，除电源 V_{CC}和地线 GND 外，可分为两类：一类是与外设相连的引脚，另一类是与 CPU 相连的引脚。8255A 的引脚分配如图 8-3 所示。

信号	引脚	引脚	信号
PA_3	1	40	PA_4
PA_2	2	39	PA_5
PA_1	3	38	PA_6
PA_0	4	37	PA_7
$\overline{RD}$	5	36	$\overline{WR}$
$\overline{CS}$	6	35	RESET
GND	7	34	D_0
A_1	8	33	D_1
A_0	9	32	D_2
PC_7	10	31	D_3
PC_6	11	30	D_4
PC_5	12	29	D_5
PC_4	13	28	D_6
PC_0	14	27	D_7
PC_1	15	26	V_{CC}
PC_2	16	25	PB_7
PC_3	17	24	PB_6
PB_0	18	23	PB_5
PB_1	19	22	PB_4
PB_2	20	21	PB_3

8255A

图 8-3 8255A 的引脚分配图

（1）与外设相连的引脚

$PA_7 \sim PA_0$：端口 A 的 I/O 引脚，用于 8255A 的 A 口与外设之间的数据传送。

$PB_7 \sim PB_0$：端口 B 的 I/O 引脚，用于 8255A 的 B 口与外设之间的数据传送。

$PC_7 \sim PC_0$：端口 C 的 I/O 引脚，用于 8255A 的 C 口与外设之间的数据传送，或作为 A 口、B 口的控制信号。

（2）与 CPU 相连的引脚

RESET：复位信号，输入高电平有效。REAET 有效时，8255A 内部的所有寄存器将被清零。

$D_7 \sim D_0$：8 位双向三态数据线，用于 CPU 与 8255A 之间的数据、控制字和状态信息的传输。在 8088 系统中，$D_7 \sim D_0$ 与系统的 8 位数据总线直接相连；在 8086 系统中，$D_7 \sim D_0$ 通常是接在 16 位系统数据总线的低 8 位上。

$\overline{CS}$：片选信号线，输入低电平有效。该信号来自地址译码器的输出，$\overline{CS}$有效时，表示该片 8255A 被选中，CPU 可以对其进行读写操作。

$\overline{RD}$：读信号线，输入低电平有效。$\overline{RD}$有效时，表示 CPU 正在对该片 8255A 进行读操作，输入数据或状态信息。

$\overline{WR}$：写信号线，输入低电平有效。$\overline{WR}$有效时，表示 CPU 正在对该片 8255A 进行写操作，输入数据或控制字。

A_1、A_0：端口选择信号。用于对 8255A 内部的 3 个数据端口和 1 个控制端口的选择。规定当 A_1A_0 为 00、01、10、11 时，分别选中端口 A、端口 B、端口 C 和控制端口。

在 8088 系统中，外部的数据总线为 8 位，只要将 8255A 的 A_1、A_0 分别与系统地址总线的 A_1、A_0 相连即可，CPU 用 4 个连续的地址来分别访问 8255A 的 4 个端口。而在 8086 系统中，外部的数据总线为 16 位，在进行数据交换时，CPU 总是将低 8 位数据与偶地址端口交换；高 8 位数据与奇地址端口交换。而 8255A 的 8 位数据线通常接在系统数据总线的低 8 位上，因此 CPU 要求 8255A 的 4 个端口地址必须全为偶地址。为了既满足上述要求，又满足 8255A 本身规定的 4 个端口地址应为 00、01、10 和 11 的要求，在 8086 系统中，将 8255A 的 A_1、A_0 分别接到系统地址总线的 A_2、A_1 上，并且当 CPU 对 8255A 的端口进行读写操作时，地址总线的 A_0 位总是为 0。此时，CPU 用 4 个连续的偶地址分别访问 8255A 的 4 个端口。

上述读/写控制信号和地址信号的组合，决定了 CPU 对 8255A 的不同端口的读写操作。如表 8-1 所示。

表 8-1　8255A 的端口选择和基本操作

$\overline{CS}$	A_1	A_0	$\overline{RD}$	$\overline{WR}$	操作说明
0	0	0	0	1	CPU 从 8255A 的端口 A 读入数据
0	0	1	0	1	CPU 从 8255A 的端口 B 读入数据
0	1	0	0	1	CPU 从 8255A 的端口 C 读入数据
0	0	0	1	0	CPU 从 8251A 的端口 A 输出数据
0	0	1	1	0	CPU 从 8251A 的端口 B 输出数据
0	1	0	1	0	CPU 从 8251A 的端口 C 输出数据
0	1	1	1	0	CPU 向 8251A 的控制口写入控制字
0	1	1	0	1	非法的信号组合

8.1.3　8255A 控制字

8255A 可工作在 3 种工作方式下，其工作方式的设定可通过对 8255A 编程来实现。8255A 有两种控制字：方式选择控制字和 C 口按位置位/复位控制字。

1. 方式选择控制字

方式选择控制字的格式如图 8-4 所示。可以分别选择端口 A、端口 B 和端口 C 上下两部分的工作方式。端口 A 有方式 0、方式 1 和方式 2 三种工作方式，端口 B 只能工作于方式 0 和方式 1，而端口 C 仅工作于方式 0。可以分别设定 A 口、B 口的输入输出方向。方式选择控制字的最高位 D_7 为特征位，必须为 1。

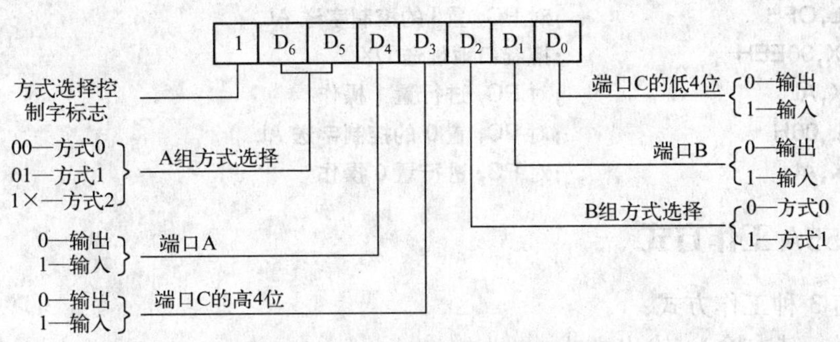

图 8-4　8255A 方式选择控制字

8255A 控制字的编程一般是在 8255A 的初始化程序中完成的，CPU 通过 OUT 指令将方式控制字写入控制端口。

【例 8-1】 某 8255A 的控制端口地址为 237H，要求将其 3 个数据端口设置为方式 0，其中端口 A 和端口 C 的低 4 位为输出，端口 B 和端口 C 的高 4 位为输入。则对应的方式选择控制字为 10001010B = 8AH。其初始化程序段为：

```
MOV  AL,8AH          ;方式选择控制字送 AL
MOV  DX,237H         ;控制口地址送 DX
OUT  DX,AL           ;控制字送控制口
```

2. C 口按位置位/复位控制字

8255A 的 C 口具有位控功能，即端口 C 的 8 位中的任一位都可通过 CPU 向 8255A 的控制寄存器写入一个按位置位/复位控制字来置 1 或清 0，而 C 口中其他位的状态不变。C 口按位置位/复位控制字的格式如图 8-5 所示。C 口位控制字每次只能对 C 口中的一位进行置 1 或置 0 操作，要想对多位进行操作，必须反复写入控制字。

应注意的是，C 口的按位置位/复位控制字必须跟在方式选择控制字之后写入控制字寄存器，即使仅使用该功能，也应先选送一个方式控制字。同时，C 口位控字必须写入控制口，而不能写入 C 口。

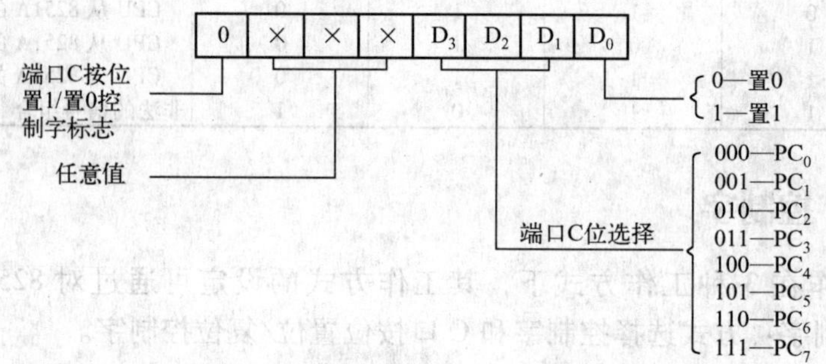

图 8-5 8255A 端口 C 按位置位/复位控制字

【例 8-2】 要求对端口 C 的 PC_7 位置 1，则控制字为 00001111B = 0FH，而端口 C 的 PC_3 位置 0，则控制字为 00000110B = 06H。设 8255A 的控制口地址为 00EEH，其对应的程序段为：

```
MOV  AL,OFH          ;对 PC7 置 l 的控制字送 AL
MOV  DX,00EEH        ;控制口地址送 DX
OUT  DX,AL           ;对 PC7 进行置 1 操作
MOV  AL,06H          ;对 PC3 置 0 的控制字送 AL
OUT  DX,AL           ;对 PC3 进行置 0 操作
```

8.1.4 8255A 工作方式

8255A 有 3 种工作方式：

方式 0——基本输入/输出方式。

方式 1——选通输入/输出方式。

方式2——双向输入/输出方式。

各端口的工作方式由方式选择控制字决定，下面具体说明3种工作方式的含义。

1. 方式0——基本输入/输出方式

方式0称为基本输入/输出方式，无需联络应答信号，A口、B口、C口的高4位和低4位均可设置为方式0，每个口都可单独设为输入或输出口，各端口之间没有规定必然的联系。

方式0可用于无条件传输，CPU和外部设备之间不使用联络信号，即CPU不查询外设的状态，随时可对外设进行读写操作。

方式0也可用于查询式传输。此时，A口和B口作为数据的输入或输出口，C口的若干位用做联络信号。例如，可把C口中的4位（高4位或低4位均可）设置为输出口，用来输出控制信号，把C口中的另外4位设置为输入口，用来输入外设的状态。这样，利用C口的配合，可实现A口和B口的查询式数据传输。

2. 方式1——选通输入/输出方式

方式1是一种选通的输入输出方式。在这种工作方式下，端口A、B和C被分为两组。端口A和端口B作为8位数据的输入口或输出口，同时各指定端口C的3个引脚作为联络信号，这些联络信号在C口中各引脚的位置是固定的，不能用程序加以改变。

(1) *方式1输入*

当端口A和端口B工作在方式1输入时，其相应的C口控制信号定义如图8-6所示。

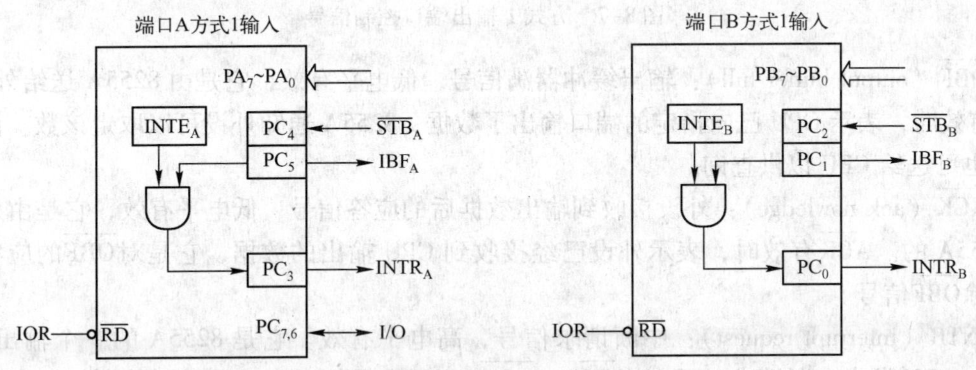

图8-6 方式1输入端口C控制信号

$\overline{STB}$（strobe）：数据输入选通信号，低电平有效，它是由外设送给8255A的。该信号有效表示外设已将输入数据准备好，并放入8255A的输入数据缓冲器中。

IBF（input buffer full）：输入缓冲器满信号，高电平有效，它是8255A输出的一个状态信号。IBF有效时表示8255A的相应端口已经接收到输入数据，但尚未被CPU取走，输入缓冲器已满。该信号一方面可供CPU查询用，另一方面送给外设，阻止外设发送新的数据。IBF由$\overline{STB}$信号置位，由读信号的后沿将其复位。即当CPU已读取数据，输入缓冲器变空时，$\overline{STB}$输出低电平。

INTR（interrupt request）：中断请求信号，高电平有效。它是8255A的一个输出信号，用于向CPU发出中断请求。只有当$\overline{STB}$为1、IBF为1且INTE也为1（中断允许）时，INTR

才有效。也就是说，当选通信号结束（$\overline{STB}=1$），已将一个数据送进输入缓冲器（IBF = 1），并且处于中断允许状态（INTE = 1）时，8255A 才向 CPU 发出中断请求信号。当 CPU 响应中断并读取输入缓冲器中的数据时，由读信号的下降沿将 INTR 置为低电平。

INTE（interrupt enable）：中断允许信号，没有外部引脚，它是控制中断允许或中断屏蔽的信号。通过软件对端口 C 相应位置 1 或置 0，实现对端口 A 或端口 B 中断请求信号的控制。具体地说，当 PC_4 被置 1 或置 0 时，端口 A 的中断请求被允许或屏蔽，PC_2 被置 1 或置 0 时，端口 B 的中断请求被允许或屏蔽。

（2）方式 1 输出

当端口 A 和端口 B 工作在方式 1 输出时，其相应的端口 C 的控制信号定义如图 8-7 所示。

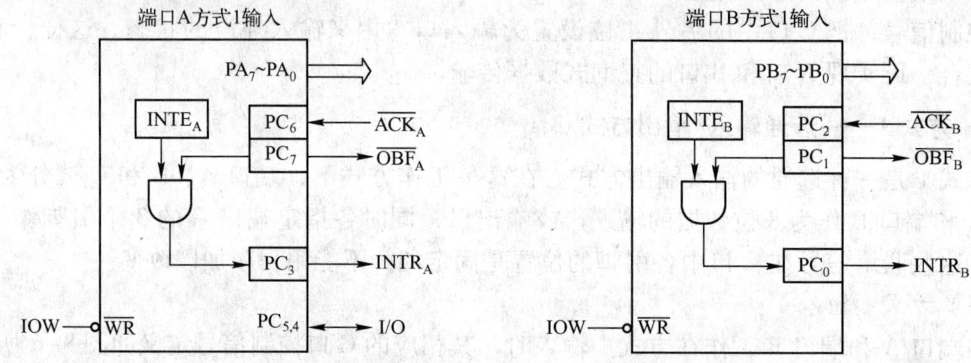

图 8-7　方式 1 输出端口控制信号

$\overline{OBF}$（output buffer full）：输出缓冲器满信号，低电平有效，它是由 8255A 送给外设的。$\overline{OBF}$有效时，表示 CPU 已向指定的端口输出了数据，8255A 通知外设可以取走该数。同时该信号也可送给 CPU 以供查询。

$\overline{ACK}$（ack nowledge）：外设接收到输出数据后的应答信号，低电平有效，它是由外设送给 8255A 的。$\overline{ACK}$有效时，表示外设已经接收到 CPU 输出的数据，它是对$\overline{OBF}$的应答，同时清除$\overline{OBF}$信号。

INTR（interrupt request）：中断请求信号，高电平有效。它是 8255A 的一个输出信号，用于向 CPU 发出中断请求。只有当$\overline{OBF}$、$\overline{ACK}$、INTE 都为 1 时，INTR 才有效。8255A 才向 CPU 发出中断请求。当 CPU 响应中断并输出新的数据到缓冲器中时，由写信号的下降沿将 INTR 置为低电平。

INTE（interrupt enable）：中断允许信号，没有外部引脚，它是控制中断允许或屏蔽的信号。通过软件对端口 C 相应位置 1 或置 0，实现对端口 A 或端口 B 中断请求信号的控制。具体地说，当 PC_6 被置 1 或置 0 时，端口 A 的中断请求被允许或屏蔽，PC2 被置 1 或置 0 时，端口 B 的中断请求被允许或屏蔽。

综上所述，方式 1 的工作特点可归纳如下：

1）端口 A 和端口 B 均可工作在方式 1 的输入或输出方式。

2）若端口 A 和端口 B 中只有一个工作在方式 1，而另一个工作在方式 0 时，端口 C 中有 3 位作为方式 1 的联络信号，其余 5 位均可工作在方式 0 的输入或输出方式。

3）若端口 A 和端口 B 都工作在方式 1，则需 C 口中有 6 位作为其联络信号，剩下的 2 位还可工作在方式 0 的输入或输出方式。

方式 1 常用在两种场合进行数据的传输：一种是中断方式，一种是查询方式。

中断方式时，将 INTE 置为 1，A 组和 B 组可以使用各自的 INTR 信号申请中断。CPU 接到中断请求后即可进行数据的传输。

查询方式时，CPU 通过读 C 口，可以查询 IBF、$\overline{OBF}$信号的当前状态，决定是否进行数据的传输。此时，C 口的内容相当于 8255A 的状态字。但要注意，C 口的状态字与 C 口各位外部引脚的状态不完全一样，如图 8-8 所示。例如，在方式 1 输入时，PC_4 与 PC_2 分别表示 $INTE_A$ 和 $INTE_B$ 的状态，而不是$\overline{STB}$的状态；在输出时，PC_6 和 PC_2 表示的也是 $INTE_A$ 和 $INTE_B$，而不是$\overline{ACK}$的状态。

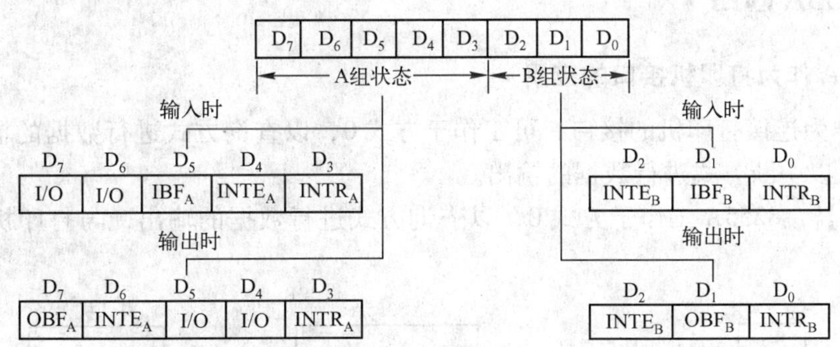

图 8-8　8255A 方式 1 读 C 口状态字

3. 方式 2——双向输入/输出方式

方式 2 是一种双向的输入/输出传输方式，只适用于端口 A。在这种方式下，CPU 可以通过 A 口的 8 位数据线向外设发送数据或从外设接收数据，但不能同时进行。该方式需占用 C 口的 5 个引脚作为联络信号。A 口工作于方式 2 时，B 口及 C 口的其他引脚仍可工作在方式 0 或方式 1。

方式 2 类似于 A 口在方式 1 下输入和输出的组合。因此，各引脚的定义也与方式 1 的相同，只不过 INTR 信号既可在输入时向 CPU 请求中断，也可在输出时向 CPU 请求中断。各控制信号定义如图 8-9 所示。

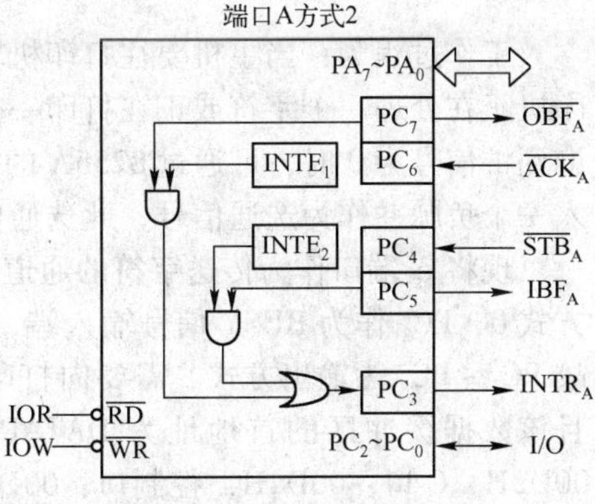

图 8-9　方式 2 控制信号

$INTE_1$：输出中断允许信号。$INTE_1$ 为 1 时，8255_A 输出缓冲器空，通过 $INTR_A$ 向 CPU 发出输出中断请求信号；$INTE_1$ 为 0 时，屏蔽该中断请求。

$INTE_2$：输入中断允许信号。$INTE_2$ 为 1 时，8255A 输入缓冲器满，通过 $INTR_A$ 向 CPU 发出输入中断请求信号；$INTE_2$ 为 0 时，屏蔽该中断请求。

方式 2 的状态字含义也是 A 口在方式 1 下输入和输出状态位的组合，其状态字也是从 C 口读出。状态字如图 8-10 所示。

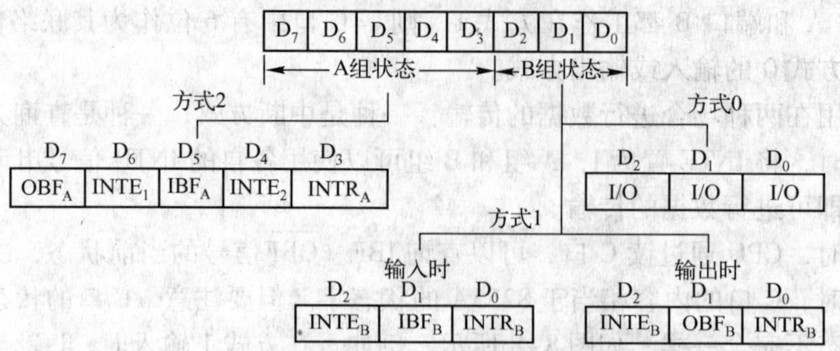

图 8-10 方式 2 读 C 口状态字

8.1.5 8255A 应用

1. 8255A 作为打印机接口的应用

8255A 作为连接打印机的接口，可工作于方式 0，以查询方式进行数据的输出；也可工作于方式 1，以中断方式进行数据的输出。

【例 8-3】 8255A 工作于方式 0，以查询方式进行数据的输出，与打印机的连接如图 8-11所示。

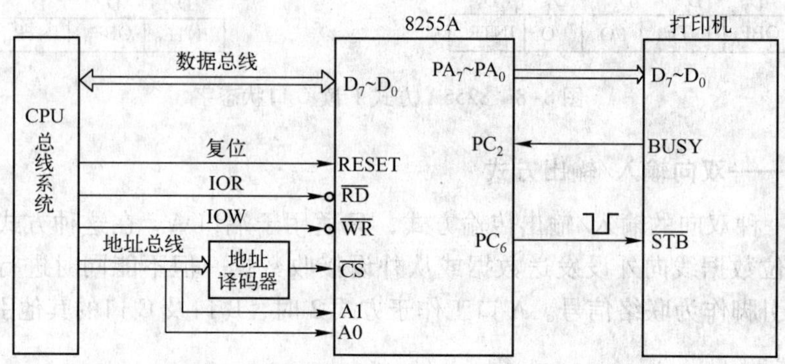

图 8-11 查询方式 8255A 与打印机的连接

工作过程为：当主机要往打印机输出字符时，先查询打印机忙（BUSY）信号，如果打印机正在处理一个字符或正在打印一行字符，忙信号为 1，反之，忙信号为 0。因此，当查询到忙信号为 0 时，可通过 8255A 的数据口向打印机输出一个字符。同时，要在$\overline{STB}$引脚输入一个负脉冲作为选通信号，此选通信号将字符送到打印机输入缓冲器。

现将 A 端口作为传送字符的通道，工作于方式 0，输出方式；B 口未用；C 口也工作于方式 0，PC_2 作为 BUSY 信号输入端，故 PC_3 ~ PC_0 为输入方式，PC_6 作为$\overline{STB}$信号输出端，故 PC_7 ~ PC_4 为输出方式。需要向打印机输出的 100 个字符已经存放在输出数据缓冲区中，且该数据缓冲区的首地址为 DATAPTR。设 8255A 的端口地址为：A 口：00D0H，B 口：00D2H，C 口：00D4H，控制口：00D6H。

相应程序段如下：

```
PP:     MOV  AL,81H          ;设控制字
        OUT  0D6H,AL
```

```
          MOV   AL,0DH          ;用置 1/置 0 方式使 PC6 为 1,即STB为高电平
          OUT   0D6H,AL
          MOV   CX,100          ;传送字符个数
          LEA   DI,DATAPTR      ;取输出数据首址
LPST:     IN    AL,0D4H         ;读 C 口的值
          AND   AL,04H          ;查 BUSY 信号
          JNZ   LPST            ;如忙,等待
          MOV   AL,[DI]         ;如不忙,取一个输出字符
          OUT   0D0H,AL         ;输出一个字符
          MOV   AL,0CH          ;用置 1/置 0 方式使 PC6 为 0
          OUT   0D6H,AL         ;使STB为 0
          INC   AL
          OUT   0D6H,AL         ;再使STB为 1
          INC   DI              ;修改地址指针
          LOOP  LPST            ;继续输出下一个字符
            ⋮
```

【例 8-4】　8255A 工作于方式 1，以中断方式输出数据。与打印机的连接如图 8-12 所示。

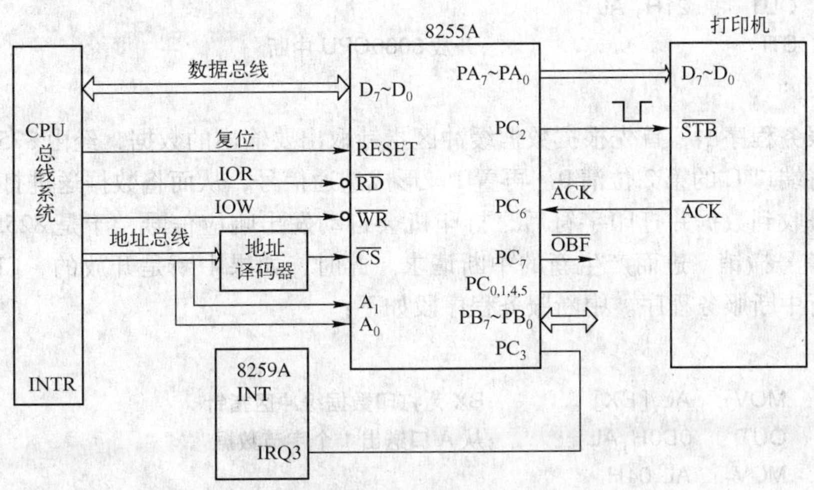

图 8-12　中断方式 8255A 与打印机连接图

将 8255A 端口 A 置于方式 1 的输出数据通道时，PC_7 自动作为$\overline{OBF}$信号输出端，PC_6 自动作为$\overline{ACK}$信号输入端，PC_3 自动作为 INTR 信号输出端。本例中，用 PC_2 来产生打印机要求的数据选通信号，$\overline{OBF}$此处不用。$\overline{ACK}$连接打印机的$\overline{ACK}$端。将 PC_3 连到 8259A 的中断请求信号输入端 IRQ_3，其对应的中断类型号为 0BH，由于 0BH × 4 = 002CH，所以应将中断向量写入 0000：002CH 开始的 4 个单元中。

本系统软件设计中，由中断服务子程序完成向打印机输出，而主程序仅完成对 8255A 设置方式控制字和开放中断等初始化工作，之后主程序可以执行其他操作。需要注意的是，这里的开放中断不仅是执行开中断指令 STI、使 CPU 的中断允许标志 IF = 1，还要使 8255A 的 $INTE_A$ 为 1，即让 8255A 中的端口 A 也处于中断允许状态。

假设8259A在系统程序中已经完成初始化，中断服务子程序入口地址为3200：0100H；8255A的4个端口地址为：00D0H～00D6H；需要向打印机输出的字符已经存放在输出数据缓冲区中，且该数据缓冲区的首地址存放在DS段DATAPTR变量名下。

主程序中有关8255A初始化及设置中断矢量程序段如下：

```
MAIN:   MOV     AL,0A0H
        OUT     0D6H,AL         ;设置8255A方式控制字,A组方式1,A口输出
        MOV     AL,05H
        OUT     0D6H,AL         ;置PC2=1,使选通无效
        MOV     AX,0
        MOV     DS,AX           ;DS为0,指向中断向量表
        MOV     AX,0100H        ;取中断服务程序入口地址偏移量
        MOV     [002CH],AX
        MOV     AX,3200H        ;取中断服务程序入口地址段值
        MOV     [002EH],AX
        MOV     AL,0DH
        OUT     0D6H,AL         ;置PC6(INTEA)=1,允许端口A中断
        IN      AL, 21H         ;
        AND     AL, 0F7H        ;开放8259A IRQ3中断
        OUT     21H, AL
        STI                     ;开放8086CPU中断
        ⋮
```

在中断服务程序中，首先根据数据缓冲区指针取出要输出的数据，经由8255A的端口A输出，之后将端口C的第2位清0、再置1，形成选通信号，从而将数据送进打印机。

当打印机收到数据并打印字符后，打印机会自动发出响应信号，于是8255A自动将端口A的指示信号撤销，进而产生新的中断请求。此时，如果中断是开放的，CPU将再次响应中断、执行中断服务程序。中断服务程序段如下：

```
PRINT:  ⋮
        MOV     AL,[BX]         ;BX为打印数据缓冲区指针
        OUT     0D0H,AL         ;从A口送出1个字节数据
        MOV     AL,04H
        OUT     0D6H,AL         ;使PC2为0,产生选通信号
        INC     AL
        OUT     0D6H,AL         ;使PC2为1,撤销选通信号
        ⋮                       ;后续处理
        IRET                    ;中断返回
```

2. 8255A作为键盘接口的应用

在微机系统中，键盘是不可缺少的I/O设备，8255A可作为键盘的输入/输出接口。

键盘在硬件上通常采用矩阵式结构。倘若键盘具有$m \times n$个键，那么键盘矩阵应有m行n列，每个按键占据行列的一个交叉点，其中m行由一个输出端口控制，n列由一个输入端口控制。当某一行输出为低电平时，如果在某一列上有键按下，则该列的输入也为低电子，

这个低电平通过列输入端口读入 CPU。通过识别行和列线上的电平状态，即可识别键是否按下。

【例 8-5】　图 8-13 为一个 3×4 矩阵键盘及其接口电路。图 8-14 是实现键处理工作的程序流程。从该工作流程可以看出，键盘接口处理的主要任务如下：

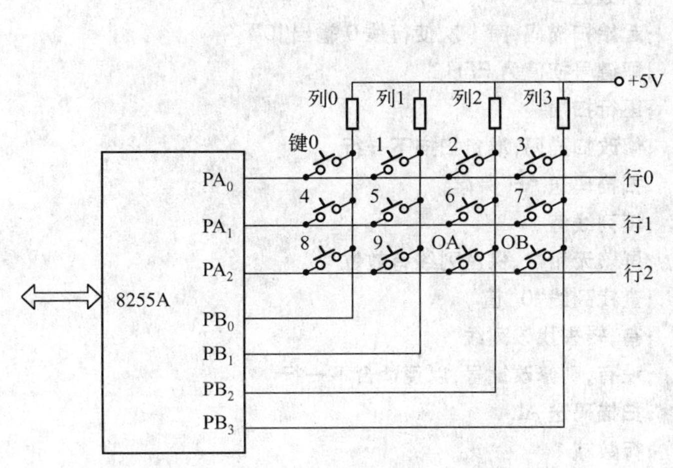

图 8-13　3×4 矩阵键盘及其接口电路

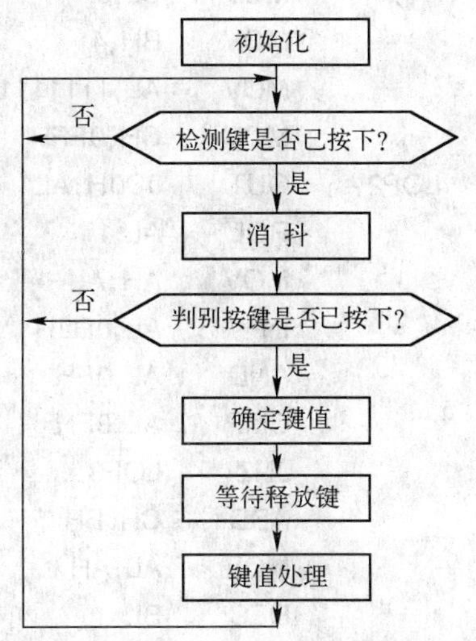

图 8-14　键处理程序流程

(1) 检测键是否已按下

将键盘的所有行线全部接“0”，读入列线的值，若所得的列线值全为“1”，说明无键按下；若不全为“1”，说明已有键按下。因为按下的键已将所连的行线与列线接通，使相应的列线变为“0”。

(2) 去除键的机械抖动

在判别到键盘上有键闭合后，延时一段时间再判别键盘的状态。若仍有键闭合，认为键盘上有一个键处于稳定的闭合状态，否则认为是键的抖动。

(3) 确定被按下的键所在的行与列的位置

已有键按下时，为找出按下的键所在的行值与列值，可采用逐行扫描法，先将键盘的行线 0 接“0”，读入列线的值，判断是否有键按下。若有键按下，找出列线中为“0”的列线，即为按下的键所在的列。由相应的行、列值可得到闭合键的键值。如果行线 0 无键按下，则依次扫描行线 1 和 2，判断哪一个键闭合并读取相应的键值。

确定键值的方法是：N = 行首键号 + 列号。在图 8-13 中，每行的首键号自上而下依次为 0、4、8，列号依列线顺序（自左而右）依次为 0 ~ 3。

设图 8-13 中 8255A 的 4 个端口地址为：端口 A：D0H，端口 B：D2H，端口 C：D4H，控制口：D6H。则相应键处理的程序如下：

```
        MOV    AL,82H          ;设置方式选择控制字，A 口工作于方式 0 输出，B 口工作于
                               方式 0 输入
        OUT    0D6H,AL
        MOV    AL,0            ;使各行线输出“0”
        OUT    0D0H,AL
```

```
LOP1:   IN      AL,0D2H        ;读列线值
        AND     AL,0FH         ;屏蔽无用位,保留列线有效位
        CMP     AL,0FH         ;查找列线是否有“0”值
        JZ      LOP1           ;没有则继续查列线值,等待键按下,识别按下的键
        MOV     BL,3           ;行数送 BL
        MOV     BH,4           ;列数送 BH
        MOV     AL,11111110B   ;起始扫描码,第 1 次使行线 0 输出“0”
        MOV     CH,0FFH        ;取键号初值为 FFH
LOP2:   OUT     0D0H,AL        ;逐行扫描
        ROL     AL,1           ;修改扫描码,准备扫描下一行
        MOV     AH,AL          ;扫描码送 AH 保存
        IN      AL,0D2H        ;读列线值
        AND     AL,0FH         ;屏蔽无用位,保留列线有效位
        CMP     AL,0FH         ;查找列线“0”值
        JNZ     LOP3           ;有,转去找该列线
        ADD     CH,BH          ;没有,则修改键号,以便适合下一行
        MOV     AL,AH          ;扫描码送 AL
        DEC     BL             ;行数减 1
        JNZ     LOP2           ;未扫描完,转下一行
        JMP     DONE           ;扫描完毕转其他处理程序
LOP3:   INC CH
        ROR     AL,1
        JC      LOP3           ;C =1,说明该列值不为“0”,转去检查下一列线
        MOV     AL,CH          ;列值是“0”,键号送 AL
        CMP     AL,0           ;查找 0 号列键
        JZ      KEY0           ;转 0 号键处理程序
        CMP     AL,1           ;查找 1 号键
        JZ      KEY1           ;转 1 号键处理程序
        ⋮
        CMP     AL,0BH         ;查找 B 号键
        JZ      KEYB           ;转 B 号键处理程序
KEY0:   …                      ;0 号键处理程序
KEY1:   …                      ;1 号键处理程序
  ⋮
KEYB:   …                      ;B 号键处理程序
DONE:   …                      ;其他处理程序
```

3. 8255A 作为 LED 数码显示管接口的应用

在微机系统中，数码显示管 LED 常常作为重要的显示手段，显示系统的状态以及数字和字符。由于 LED 显示器的驱动电路简单，易于实现且价格低廉，因此应用非常广泛。

(1) LED 的工作原理

LED 的主要部分是七段发光管，如图 8-15a 所示。七个字段分别称为 a、b、c、d、e、f、g 段，通常还有一个小数点段 DP。通过七段的亮与灭的组合，可以显示 0 ~ 9、A ~ F 等

字符，从而实现十六进制数的显示。例如，控制 a、b、c、d、e、f 段亮而 g 段灭，就显示出数字 0。LED 有共阳极和共阴极两种结构，如图 8-15b、c 所示。

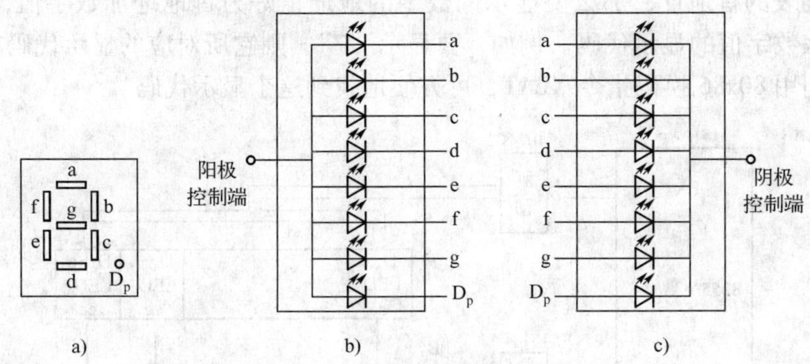

图 8-15　七段显示数码管 LED

a）LED　b）共阳极接法　c）共阴极接法

当使用共阳极结构的 LED 时，各字段阳极控制端共接高电平，各字段阴极控制端凡接低电平者亮。例如，要显示 b 字母，只要使 c、d、e、f、g 段的阴极接低电平即可。

使用共阴极结构的 LED 时，各字段阴极控制端共接低电平，凡阳极接高电平的字段亮。

在多个 LED 显示电路中，通常把阴（阳）极控制端接至一个输出端口，称为位控制端口；而把数据显示代码接至另一个输出端口，称为字形控制端口。程序应向字形控制端口输出一个十六进制数的七段 LED 显示代码。表 8-2 列出了七段 LED 显示代码表。

表 8-2　七段 LED 显示代码表

	共阴极接法									共阳极接法								
	D_7	D_6	D_5	D_4	D_3	D_2	D_1	D_0	七段代码	D_7	D_6	D_5	D_4	D_3	D_2	D_1	D_0	七段代码
	D_p	g	f	e	d	c	b	a		D_p	g	f	e	d	c	b	a	
0	0	0	1	1	1	1	1	1	3FH	1	1	0	0	0	0	0	0	C0H
1	0	0	0	0	0	1	1	0	06H	1	1	1	1	1	0	0	1	F9H
2	0	1	0	1	1	0	1	1	5BH	1	0	1	0	0	1	0	0	A4H
3	0	1	0	0	1	1	1	1	4FH	1	0	1	1	0	0	0	0	B0H
4	0	1	1	0	0	1	1	0	66H	1	0	0	1	1	0	0	1	99H
5	0	1	1	0	1	1	0	1	6DH	1	0	0	1	0	0	1	0	92H
6	0	1	1	1	1	1	0	1	7DH	1	0	0	0	0	0	1	0	82H
7	0	0	0	0	0	1	1	1	07H	1	1	1	1	1	0	0	0	F8H
8	0	1	1	1	1	1	1	1	7FH	1	0	0	0	0	0	0	0	80H
9	0	1	1	0	1	1	1	1	6FH	1	0	0	1	0	0	0	0	90H
a	0	1	1	1	0	1	1	1	77H	1	0	0	0	1	0	0	0	88H
b	0	1	1	1	1	1	0	0	7CH	1	0	0	0	0	0	1	1	83H
c	0	0	1	1	1	0	0	1	39H	1	1	0	0	0	1	1	0	C6H
d	0	1	0	1	1	1	1	0	5EH	1	0	1	0	0	0	0	1	A1H
E	0	1	1	1	0	0	0	1	79H	1	0	0	0	0	1	1	0	86H
F	0	1	1	1	0	0	0	1	71H	1	0	0	0	1	1	1	0	8EH
P	0	1	1	1	0	0	1	1	73H	1	0	0	0	1	1	0	0	8CH

(2) LED 显示器接口

LED 显示器接口电路如图 8-16 所示，8255A 的端口 A 用来输出显示代码。设 TAB 为 LED 显示代码表的首地址，那么要显示的数字的地址正好为首地址加数字值，其地址中存放着对应于该数字值的显示代码。例如，要显示“7”，则它所对应的显示代码在 TAB +7 这个单元中，利用 80x86 换码指令 XLAT，可方便地找到这个显示代码。

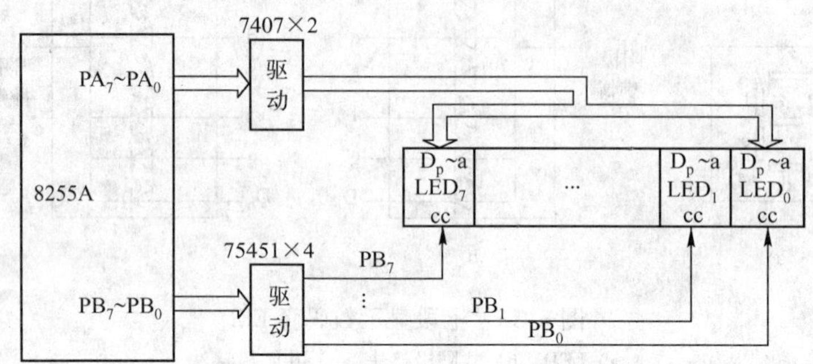

图 8-16 8255A 用于 LED 显示器接口

8255A 的端口 B 用来控制 LED 的位控制端口。在软件的设计上，通过扫描法逐个接通 8 个 LED。用端口 A 输出字形显示代码送到 LED 相应的 a ~ g 段上去显示。这时，尽管各个 LED 都收到了 8255A 端口 A 送出的一个字形代码，但由于端口 B 只有一位输出低电平，所以只有一个 LED 的相应段能够导通而显示数字，其他 LED 并不亮。这样，端口 A 依次输出显示代码，端口 B 依次选中一位 LED，就可以在 8 个 LED 上显示不同的数据。利用眼睛的视觉惯性，当采用一定的频率循环地往 8 个 LED 输送显示代码和位控制代码时，就可见到稳定的数字显示。

【例 8-6】 参考图 8-16，设从 TAB 开始存放着 LED 的显示代码，从 DATABUF 开始存放着 8 位需要显示的数字。其中 DATABUF 开始的第一个数送最左边的 LED，下一个数送左边第二个 LED，依次进行直到最后一个数据送最右边的 LED。程序框图如图 8-17 所示。

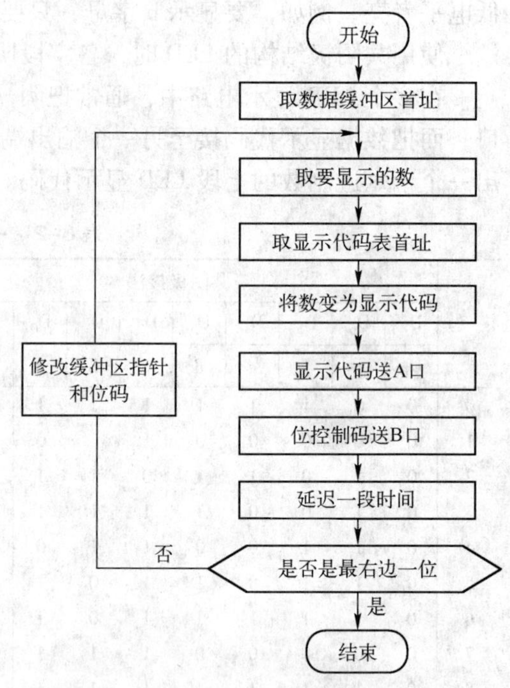

图 8-17 多位 LED 动态扫描程序框图

设 8255A 的端口地址为：端口 A——D0H，端口 B——D1H，端口 C——D2H，控制口——D3H。则相应的控制程序如下。

```
TAB        DB   3FH,06H,…,71H                ;共阴极 LED 显示代码表
DATABUF    DB   8DUP(?)                      ;显示缓冲区
LED   PROC   FAR
           MOV   DI,OFFSET DATABUF           ;DI 指向数据缓冲区首址
```

```
        MOV   CL,7FH              ;位控制码送 CL
DISI:   MOV   AL,[DI]             ;要显示的数送 AL
        MOV   BX,OFFSET TABLE     ;BX 指向 LED 显示代码表首址
        XLAT                      ;显示代码取到 AL
        OUT   0D0H,AL             ;字形码从 8255 的 A 口输出
        MOV   AL,CL               ;位控制码送 AL
        OUT   0D1H,AL             ;位码从端口 B 输出
        PUSH  CX                  ;延时程序段
        MOV   CX,30H
DELAY:  LOOP  DELAY
        POP   CX
        CMP   CL,0FEH             ;显示扫描到最右一位 LED 吗?
        JZ    QUIT                ;已经显示到最右一位,退出
        INC   DI                  ;修改指针
        ROR   CL,1                ;位控制码右移一位,指向下一位
        JMP   DISI
QUIT:   RET
```

8.2　可编程串行接口 8251A

8.2.1　串行通信与串行接口概述

1. 串行通信与串行接口

串行通信是指在一根传输线上一位一位地进行数据传输来实现通信。与并行通信相比，串行通信所用的传输线少，并且可以借助现有的电话网、电缆、光缆等进行信息传输，因此，特别适合远距离数据传输。缺点是传输速度慢，若并行传送 n 位数据需要时间 T，则串行传送的时间最少为 nT。串行数据传输主要出现在接口与外部设备之间，如显示器、打印机、键盘、逻辑分析仪等。在实时控制和管理方面，采用多台微机组成的控制系统中，各台微机之间的通信一般也采用串行通信方式。因此串行通信是微机应用系统中常用的通信方式。

能够实现串行通信的接口即为串行接口，一个典型的串行接口内部结构如图 8-18 所示，其中包括 4 个主要寄存器：控制寄存器、状态寄存器、数据输入寄存器和数据输出寄存器。

控制寄存器用来接收 CPU 送来的，决定接口工作方式的控制信息。状态寄存器中的每一位用来指示传输过程中的某一种错误或者当前传输状态。数据输入寄存器总是和串行输入并行输出移位寄存器配对使用。在输入过程中，数据一位一位地从外部设备进入接口的移位寄存器，当接收完一个字符以后，数据就从移位寄存器送到数据输入寄存器，等待 CPU 取走。在输出过程中，数据输出寄存器和并行输入串行输出移位寄存器配对使用，当 CPU 往数据输出寄存器中输出一个数据后，数据便传输到移位寄存器，然后一位一位地通过输出线送到外设。

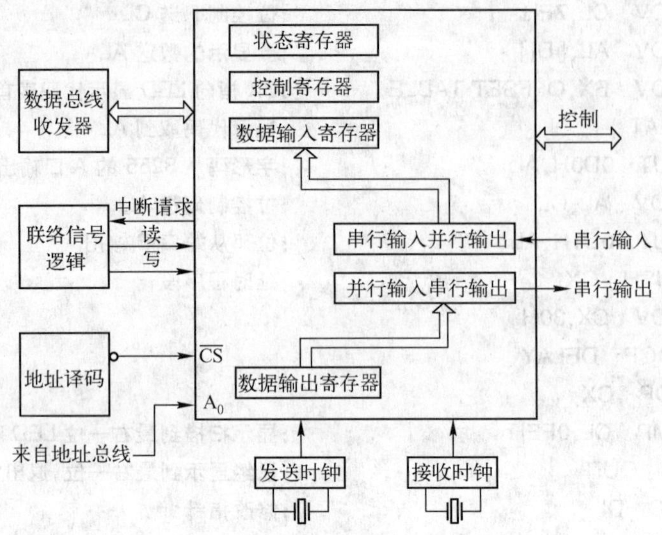

图 8-18 典型串行接口内部结构

通用的可编程串行接口芯片有 Motorola 6850/6952/8654，Intel 8250、8351、16550 及 Zilog SIO 等，本节以 Intel 8251A 为例，介绍可编程串行接口芯片的结构、工作原理及应用。为更好地理解串行通信及串行接口的应用，首先介绍几个在串行通信中的基本概念。

2. 串行通信的基本概念

(1) 发送时钟和接收时钟

把二进制数据序列称为比特组，由发送器发送到传输线上，再由接收器从传输线上接收。二进制数据序列在传输线上是以数字信号形式出现的，即用高电平表示二进制数 1，低电平表示二进制数 0。而且每一位持续的时间是固定的，在发送时以发送时钟作为数据位的划分界限，在接收时以接收时钟作为数据位的检测标准。

1）发送时钟：串行数据的发送由发送时钟控制，数据发送过程是把并行的数据序列送入移位寄存器，然后通过移位寄存器由发送时钟触发进行移位输出，数据位的时间间隔可由发送时钟周期来划分。

2）接收时钟：串行数据的接收是由接收时钟来检测的，数据接收过程传输线上送来的串行数据序列由接收时钟作为移位寄存器的触发脉冲，逐位进入移位寄存器。

(2) 串行通信中数据的传送方式

串行通信时，数据在两个站 A 与 B 之间传送，按传送方向可分为单工、半双工和全双工 3 种方式，如图 8-19 所示。

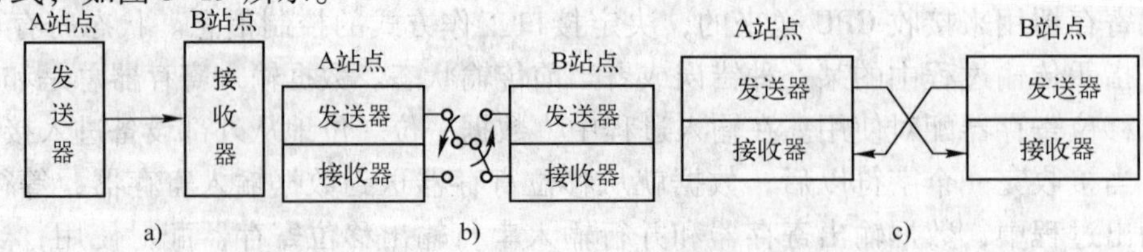

图 8-19 串行通信工作方式

a) 单工方式 b) 半双工方式 c) 全双工方式

1）单工工作方式。在这种方式下，传输的线路用一根线连接，通信的一方连接发送器，另一方连接接收器，即形成单向连接，只允许数据按照一个固定的方向传送，如图 8-19a 所示。也就是说，数据只能从 A 站点传送到 B 站点，而不能由 B 站点传送到 A 站点。单工通信类似于无线电广播，电台发送信号，收音机接收信号，收音机永远不能发送信号。

2）半双工工作方式。如果在传输的过程中依然用一根线连接，但通信的双方都连有发送器和接收器，因此在某一个时刻，只能进行发送或只能进行接收，发送和接收不能同时进行，这种传输方式称为半双工工作方式，如图 8-19b 所示。半双工通信工作方式类似于对讲机，某时刻 A 方发送 B 方接收，另一时刻 B 方发送 A 方接收，双方不能同时进行发送和接收。

3）全双工工作方式。通信的双方都连有发送器和接收器，分别用两根独立的传输线（一般是双绞线或同轴电缆）来连接发送信号和接收信号，发送方和接收方可同时进行工作，称为全双工的工作方式，如图 8-19c 所示。全双工通信工作方式类似于电话机，双方可以同时进行发送和接收。

（3）同步通信和异步通信

串行通信可以分为两种类型，一种是同步通信，另一种是异步通信。

异步通信方式是指通信的发送设备与接收设备使用各自的时钟控制数据的发送和接收，要求双方的时钟尽量一致，但接收端的时钟完全独立于发送端的时钟，都由各自内部的时钟发生器产生，即使设定在同一频率下工作，由于频率准确度和稳定度总有一定的限度，所以实际频率总是有差异的，但这种偏差是有一定范围的。同步通信是指通信的双方使用同一个时钟控制数据的发送和接收，发送端与接收端的时钟必须严格一致。无论采用何种通信方式，通信双方必须遵守通信协议，所谓通信协议是指通信双方的一种约定。约定中包括对数据格式、同步方式、传送速度、传送步骤、纠错方式以及控制字符定义等问题做出的统一规定，通信双方必须共同遵守。

1）异步通信的数据格式。异步通信方式是计算机通信中最常用的数据信息传输方式。它是以字符为单位进行数据传输的，字符之间没有固定的时间间隔要求。收、发双方取得同步的方法是采用在字符格式中设置起始位和停止位。在一个有效字符正式发送前，发送器先发送一个起始位，然后发送有效字符位，在字符结束时再发送一个停止位，起始位至停止位构成一帧。异步传输时的数据帧格式如图 8-20 所示。

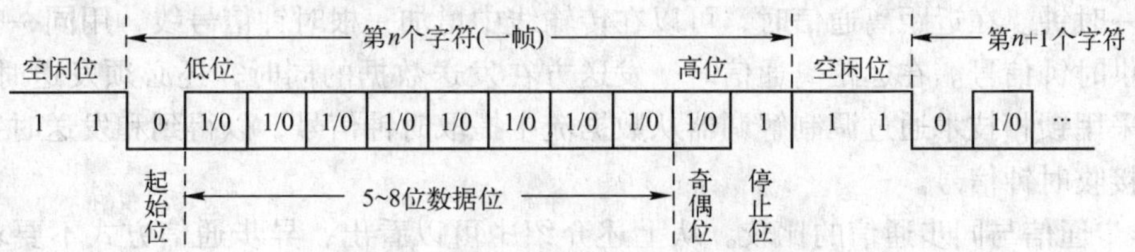

图 8-20　异步传输时的数据帧格式

起始位：起始位为 1 位，必须是一个逻辑“0”电平，标志传送一个字符的开始。

数据位：数据位为 5～8 位，它紧跟在起始位之后，是被传输字符的有效数据位。传输时先传输字符的低位，后传输字符的高位。数据位究竟是几位，可由硬件或软件来设定。

奇偶校验位：奇偶校验位仅占一位，用于进行奇校验或偶校验，也可以不设奇偶校验位。

停止位：停止位为1位、1.5位或2位，可由软件设定。它一定是逻辑“1”电平，标志着传送一个字符的结束。

空闲位：空闲位表示线路处于空闲状态，此时线路上为逻辑“1”电平。空闲位可以没有，此时传送的效率为最高。

2）同步通信的数据格式。同步方式传输的字符没有起始位和停止位，它不是用起始位表示字符的开始。收发双方的同步方法可分为外同步法和内同步法，内同步法又有单同步（只有一个同步字符）和双同步（有二个同步字符）之分。

同步通信的一般数据格式是：将若干字符（如100个字符）组成一个数据块，在数据块的前面置有1~2个同步字符作为传输起始标志，在数据块的末尾用两个CRC字符（循环冗余校验字符）作为传输结束标志。在同步传输的数据块中，字符要一个接一个传输，不允许有间隙。同步通信的数据格式如图8-21所示。

单同步数据格式

同步字符	字符1	2	3	…	n	CRC字符1	CRC字符2

双同步数据格式

同步字符1	同步字符2	字符1	2	3	…	n	CRC字符1	CRC字符2

外同步数据格式

字符1	2	3	…	n	CRC字符1	CRC字符2

图8-21　同步传输数据格式

单同步和双同步数据格式中的同步字符是由用户自己确定的。可以选择一个特殊的8位二进制码作为同步字符（单同步），或选择两个特殊的8位二进制码作为同步字符（双同步），以免与数据块中其他字符混淆。开始传输前，收发双方要约定同步字符的编码及个数。传输开始后，接收方首先检测同步字符，并与事先约定的同步字符进行比较，若比较结果相同，则说明同步字符已到，接受方就开始接收数据，直至整个数据块接收完毕，经校验无传送错误则一次传输结束。

外同步数据格式中，数据块前面没有同步字符，即不是从传送的信息中提取同步信号，而是用传送信息之外的同步信号来表示数据传送开始。

在同步串行通信进行数据传输时，发送和接收设备要保持完全的同步，因此要求两者必须使用同一时钟。在近距离通信时，可以在传输线中增加一根时钟信号线，用同一时钟为收发设备提供时钟信号。在远距离通信时，发送方在发送数据的同时，还必须发送时钟信号，接收方可采用锁相技术通过调制解调器从数据流中提取时钟信号，以得到和发送时钟频率完全相同的接收时钟信号。

3）异步通信与同步通信的比较。从上述介绍中可以看出，异步通信方式不要求发送和接收双方使用同一时钟，故容易实现，但它要求在每个字符前后附加起始位、停止位，就有约20%的附加数据，因此传输效率不高。同步方式只需在每个数据块（往往包含很多字符）前附加1~2个同步字符，其附加信息少，因而传输效率高，但收发时钟频率要求一致，使硬件较复杂。所以，一般在高速通信时采用同步方式，而在低速通信时采用异步方式。

（4）串行通信的传输率

所谓传输率是指单位时间内通信线路上传输的信息量，可用比特率或波特率来表示。比特率是每秒传输二进制数码的位数，以 bit/s 为单位。波特率是每秒传输离散状态的数量，以 Baud/s 为单位，当采用调幅标准时，由于任一时刻只能出现两种状态中的一种，并且在计算机中，它们分别用 0 和 1 表示，因此此时比特率和波特率是一致的，是衡量传输速度的指标。

尽管波特率在理论上可以是任意的，但考虑到接口的标准性，国际上还是规定了一个标准波特率系列，常用的波特率为 110 Baud/s、300 Baud/s、600 Baud/s、1200 Baud/s、1800 Baud/s、2400 Baud/s、4800 Baud/s、9600 Baud/s 和 19200 Baud/s。大多数接口的接收波特率（由接收时钟控制）和发送波特率（由发送时钟控制）可以分别设置，而且可以通过编程来指定。当然在同一个通信系统中发送方和接收方的波特率应相同。

波特率和接口内的发送/接收时钟频率并不一定相等。发送/接收时钟频率可选为波特率的 16 倍、32 倍或 64 倍，这个倍数称为波特率因子。由于异步通信双方各自使用自己的时钟信号，若时钟频率等于波特率，则双方的时钟频率稍有偏差或初始相位不同就容易产生接收错误。采用较高频率的发送/接收时钟，在一位数据内有 16 个或 64 个时钟，捕捉信号的正确性就容易得到保证。例如，取波特率因子为 16，通信时，接收端在检测到电平由高到低变化以后，便开始计数，计数时钟就是接收时钟。当计到 8 个时钟以后，就对输入信号进行采样，若仍为低电平，则确认这是起始位，而不是干扰信号。此后，接收端每隔 16 个脉冲对输入进行一次采样，直到各个信息位以及停止位都输入以后，采样才停止。当下一次出现由 1 到 0 的跳变时，接收端重新开始采样。

作为例子，我们可以考虑这样一个异步传输过程：设每个字符对应 1 个起始位、7 个数据位、1 个奇偶校验位和 1 个停止位，如果每秒传输 120 个这样的字符，则数据传输的波特率为 120 × 10 Baud/s = 1200 Baud/s。

3. 串行接口标准 RS-232C

随着串行通信技术在计算机领域的广泛应用，电子工业协会（EIA）在 1969 年公布了一个 RS-232C 串行通信接口标准。这个标准对串行接口电路中所使用信号的名称和功能、信号电平等作了统一的规定。标准的提出为串行接口部件的互联提供了统一的规范。

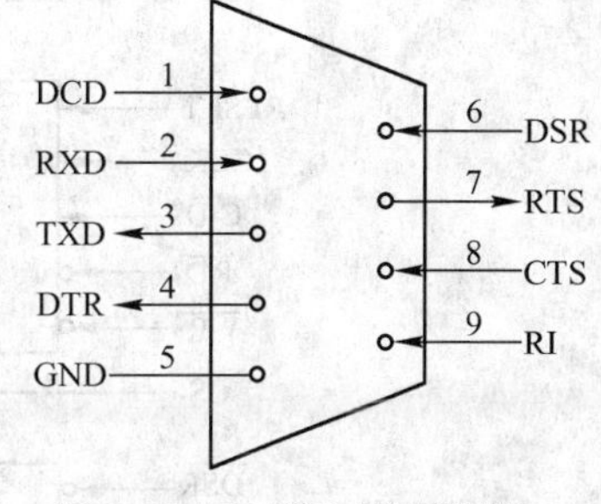

图 8-22　D 型 9 针连接器

RS-232C 接口连接器有 D 型 25 针和 D 型 9 针连接器。在微机通信中一般采用 9 针连接器进行连接，如图 8-22 所示。

表 8-3 给出了 RS-232C 引脚的信号。这里的“输入”、“输出”是从微型计算机的立场来定义的。

表 8-3　RS-232C 引脚定义

引 脚 号	功能符号	信号方向	功　能
3	TXD	输出	发送数据
2	RXD	输入	接收数据
7	RTS	输出	请求发送
8	CTS	输入	发送允许
6	DSR	输入	数据设备就绪

（续）

引 脚 号	功能符号	信号方向	功 能
5	GND		信号地
1	DCD	输入	载波检测
4	DTR	输出	数据终端就绪
9	RI	输入	响铃指示

RS-232C 采用负逻辑，将 -5 V ~ -15 V 规定为逻辑“1”，+5 V ~ +15 V 规定为逻辑“0”。其电平与通常的 TTL 电平不兼容，所以两者之间必须加电平转换电路。通常使用的转换电路芯片是 MC1488 和 MC1489，前者将 TTL 电平转换成 RS-232C 电平，后者将 RS-232C 电平转换成 TTL 电平。也可用 MAX232 来完成 TTL 和 RS-232C 电平的双向转换。

8.2.2 8251A 内部结构及引脚

8251A 是 Intel 公司生产的一种可编程串行接口芯片。单一 +5 V 电源供电，28 个引脚，双列直插式封装。具有多种工作方式，可进行同步通信、异步通信的接收和发送。

1. 8251A 内部结构

8251A 的内部结构如图 8-23 所示。它由 7 个部分构成：接收缓冲器、接收控制电路、发送缓冲器、发送控制电路、调制/解调控制电路、读/写控制逻辑和数据总线缓冲器。

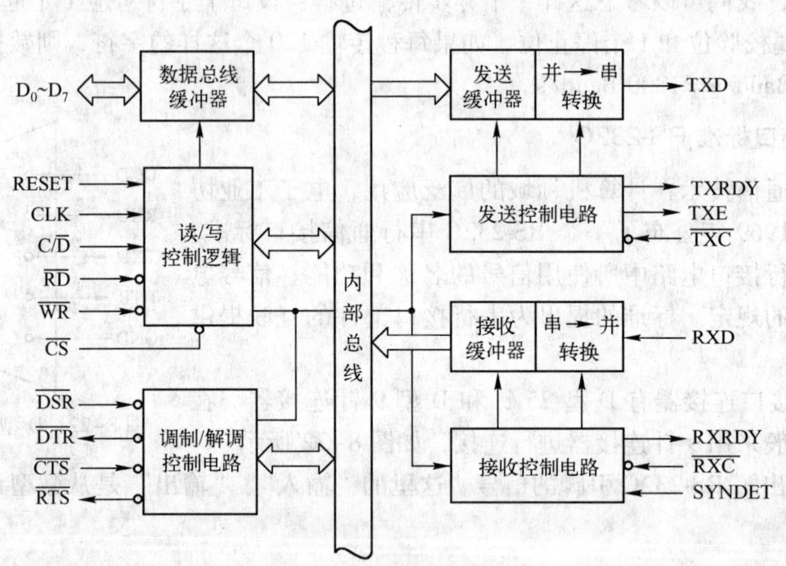

图 8-23 8251A 的内部结构

(1) 数据总线缓冲器

数据总线缓冲器是三态双向 8 位缓冲器，它使 8251A 与系统数据总线连接起来，CPU 通过数据总线缓冲器，向 8251A 写入控制命令、同步字符和待发送的数据，8251A 通过数据总线缓冲器，向 CPU 传输状态信息和接收到的数据。

(2) 读/写控制逻辑电路

读/写控制逻辑电路用于接收来自 CPU 的片选信号$\overline{CS}$、地址信号 $C/\overline{D}$、读信号$\overline{RD}$、写信号$\overline{WR}$等各种控制信息，并将这些信号进行组合，从而确定 8251A 的操作方式。

(3) 调制/解调控制电路

当计算机进行远程通信时，需要用到调制/解调器。8251A 的调制/解调控制电路提供一组通用的控制信号，使 8251A 可直接与调制/解调器相连。

(4) 发送缓冲器

发送缓冲器由数据发送缓冲器和并→串移位寄存器组成。发送数据时，将来自 CPU 的并行数据加上相应的控制信息，然后转换成串行数据经 TXD 引脚发送出去。

(5) 发送控制电路

发送控制电路用于协调发送缓冲器工作，为同步方式或异步方式发送提供必要的识别控制位信息，如同步字符、起始位、停止位等。

(6) 接收缓冲器

接收缓冲器由数据接收缓冲器和串→并移位寄存器组成。从 RXD 引脚接收串行数据，并按相应的格式将其转换成并行数据。

(7) 接收控制电路

接收控制电路用于协调接收缓冲器工作，为同步方式或异步方式接收检测必要的识别控制位信息，如同步字符、起始位、停止位等，并对接收的数据进行相应的校验。

2. 8251A 内部引脚

8251A 对外的引脚可分为两部分，一部分是 8251A 与 CPU 之间的引脚，一部分是 8251A 与外设之间的引脚。图 8-24 是 8251A 与 CPU 及外设之间连接关系示意图。

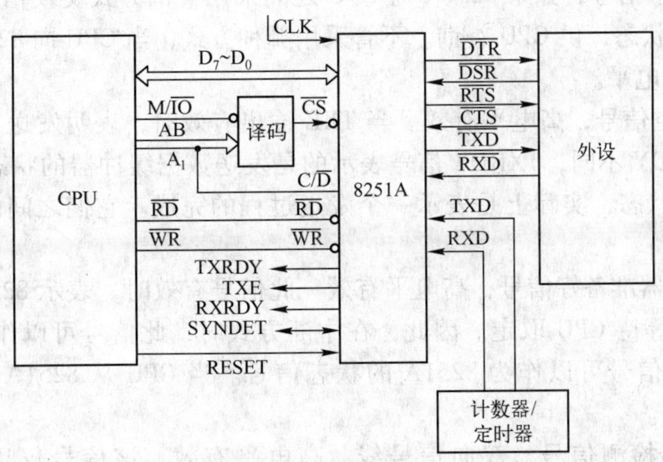

图 8-24 8251A 与 CPU 及外设之间的连接关系

(1) 与 CPU 相连的引脚信号

$D_7 \sim D_0$：双向数据线，与 CPU 数据线 $D_7 \sim D_0$ 相连，传输命令字、状态信息和收/发数据。

RESET：复位信号，当 RESET 有效时，清除内部寄存器和控制逻辑。

$\overline{CS}$：片选信号，来自 CPU 的地址译码器输出，$\overline{CS}=0$ 表示该片 8251A 被选中。

$\overline{RD}$：读信号，有效时，表示 CPU 正在对该片 8251A 进行读操作。

$\overline{WR}$：写信号，有效时，表示 CPU 正在对该片 8251A 进行写操作。

C/$\overline{D}$：控制/数据信号。用来区分当前读写的是数据还是控制或状态信息。这实际上是 8251A 的一根地址线，由此决定 8251A 的两个端口地址：奇地址（C/$\overline{D}$=1）端口用于控制/状态口，偶地址（C/$\overline{D}$=0）端口用于数据输入/输出口，命令的写入还是状态的读出、数据的输入还是数据的输出是由$\overline{RD}$和$\overline{WR}$信号决定的。具体地说，当 CPU 进行读操作时，若读偶地址端口，则读入的是数据；若读奇地址端口，则读入的是状态信息。当 CPU 进行写操作时，若写入偶地址端口，则写入的是数据；若写入奇地址端口，则写入的是控制命令。在 8086 系统中，C/$\overline{D}$通常与 CPU 地址线的 A_1 相连。

$\overline{CS}=0$ 时，C/$\overline{D}$、$\overline{RD}$、$\overline{WR}$共同决定了 CPU 对 8251A 的具体操作，如表 8-4 所示。

表 8-4 CPU 对 8251A 的具体操作

C/$\overline{D}$	$\overline{RD}$	$\overline{WR}$	具体操作
0	0	1	CPU 从 8251A 输入数据
0	1	0	CPU 向 8251A 输出数据
1	0	1	CPU 读取 8251A 的状态信息
1	1	0	CPU 向 8251A 写入控制命令

TXRDY：发送器准备好信号，高电平有效。此信号用来告诉 CPU，8251A 已做好发送数据的准备。TXRDY 有效的条件是：$\overline{CTS}$引脚为低电平，TXEN 为高电平（允许发送），并且发送缓冲器为空。实际使用时，如果 8251A 与 CPU 之间采用中断方式交换信息，则此信号可以作为中断请求信号；如果 8251A 与 CPU 之间采用查询方式交换信息，则此信号可以作为 8251A 当前的状态，供 CPU 查询。不管采用哪种方式，当 CPU 向 8251A 写入一个字符后，TXRDY 变为低电平。

TXE：发送器空信号，高电平有效。当 TXE 输出有效时，表明发送器中并→串转换器已空。TXE 与 TXRDY 不同，TXRDY 信号表示的是发送数据缓冲器的状态，而 TXE 表示的是并→串转换器的状态，实际上是表示一个发送过程的完成。它们之间的关系是：TXRDY 较 TXE 之前有效。

RXRDY：接收器准备好信号，高电平有效。此信号有效时，表示 8251A 已经从外设接收到了一个字符，等待 CPU 取走。因此，在中断方式时，此信号可以作为中断请求信号；在查询方式时，此信号可以作为 8251A 的状态信号。当 CPU 从 8251A 读取一个字符后，RXRDY 变为低电平。

SYNDET：同步检测信号，双向信号线，高电平有效。该信号仅用于同步方式。当 8251A 工作在内同步方式时，SYNDET 为输出端，如果 8251A 检测到所要求的同步字符时，该信号输出高电平，表示此时接收端、发送端已达到同步。若为双字符同步方式，SYNDET 信号在第 2 个同步字符的最后一位中间变为高电子，表明已达到同步。

当 8251A 工作在外同步方式时，SYNDET 作为输入端，从此端输入的一个上升沿，使 8251A 从下一个$\overline{RXC}$的下降沿开始接收数据。SYNDET 输入的高电平至少应维持一个$\overline{RXC}$周期，直到$\overline{RXC}$出现又一个下降沿时方可变为低电平。

(2) 与外设相连的引脚信号

8251A 与外设相连的引脚包括 4 个收发联络信号和 2 个数据信号。

$\overline{DSR}$：数据终端准备好信号。该信号是由 8251A 送往外设的。CPU 可以通过命令使$\overline{DTR}$变为低电平，从而通知外设，CPU 已做好接收数据的准备，对方可以发送数据了。

$\overline{DSR}$：数据设备准备好信号。该信号是由外设送往 8251A 的，是对$\overline{DTR}$信号的响应。CPU 可通过对状态寄存器的查询，得到该信号的值，当$\overline{DSR}=0$时，表示外设发送准备完毕。

$\overline{RTS}$：请求发送信号。该信号是由 8251A 送往外设的。CPU 可以通过编程使$\overline{RTS}$变为低电平，从而通知外设，CPU 已做好发送数据的准备，请对方做好接收准备。

$\overline{CTS}$：发送允许信号。该信号是由外设送往 8251A 的，是对$\overline{RTS}$信号的响应。$\overline{CTS}=0$，表示外设接收准备完毕，8251A 可以发送数据。

实际上，这 4 个信号提供了 CPU 和外设之间的收发联络信息。但是，由于 CPU 和外设不能直接相连，所以 CPU 对外设的控制信号和外设给 CPU 的状态信号都不能在 CPU 和外设之间直接传输，而只能通过接口来传递，8251A 正是这样的接口，它通过上述 4 个信号在 CPU 与外设之间起联络作用。其中，$\overline{DTR}$和$\overline{RTS}$是 CPU 通过 8251A 送给外设的，CPU 可以通过编程使这两个引脚输出有效电平，从而实现对外设的控制。$\overline{DSR}$和$\overline{CTS}$是外设通过 8251A 传递给 CPU 的状态信号，CPU 可通过对状态寄存器中 DSR 位的检测直接得到$\overline{DSR}$引脚的状态，对状态寄存器中 TXRDY 位的检测而间接得到$\overline{CTS}$引脚的状态。

由此可见，这 4 个信号确实可以在 CPU 和外设之间起联络作用，不过，这种作用是通过 8251A 传递之后得到的。在形式上，这些信号都接在 8251A 和外设之间。

使用中，当外设不要求有联络信号时，这些信号可悬空不用，但$\overline{CTS}$应该接地。因为只有$\overline{CTS}$有效，才能使 TXRDY 为高电平，CPU 才能往 8251A 发送数据。当外设只要一对联络信号时，可选其中任何一对，既可用$\overline{DTR}$和$\overline{DSR}$，也可用$\overline{RTS}$和$\overline{CTS}$，不过，仍要使$\overline{CTS}$在某个时候得到低电平。只有当某个外设所要求的联络信号比较多的时候，才有必要将 4 个信号都用上，这时，可以构成两个层次的联络，每两个信号组成一对。在实际使用时，还可以用其中 1 个信号或 3 个信号进行联络。

TXD：数据发送引脚。CPU 送往 8251A 的并行数据在 8251 内部被转换为串行数据后，通过 TXD 引脚逐位发送给外设。

RXD：数据接收引脚。外设通过 RXD 引脚送来的串行数据，进入 8251A 后被转换为并行数据，被 CPU 读取。

(3) 时钟引脚信号

8251A 除了有与 CPU 及外设的连接信号外，还有电源、地引脚和 3 个时钟信号引脚。

CLK：系统时钟信号，产生 8251A 内部的时序信号。

$\overline{TXC}$：发送器时钟，控制 8251A 发送字符的速度。

$\overline{RXC}$：接收器时钟，控制 8251A 接收字符的速度。

在同步方式下，TXC 和 RXC 的频率等于字符传输的波特率；在异步方式下，TXC 和 RXC 的频率可以是波特率的 16 倍或 64 倍，具体倍数取决于 8251A 编程时指定的波特率因子。

8251A 没有内置的波特率发生器，在实际使用时，RXC 和 TXC 往往连在一起，由同一个外部时钟来提供，CLK 则由另一个外部时钟来提供。

3. 8251A 的工作原理

(1) 异步接收方式

在异步方式下，当允许接收且准备好接收数据时，8251A 监测 RXD。在没有数据信息时，RXD 为高电平，一旦 8251A 检测到 RXD 为低电平，即认为是起始位，便启动内部计数器开始计数，当计数到一个数据位宽度的一半（若时钟频率为波特率的 16 倍时，则计数到第 8 个脉冲）时，再一次采样 RXD，若其仍为低电平，则确认一个起始位的到来。此后，每隔一位的时间，在接收时钟$\overline{RXC}$的上升沿采样一次 RXD 作为输入信号，送至串→并移位寄存器。在移位寄存器中，进行奇偶校验，去掉停止位，数据被转换成并行，经 8251A 内部数据总线送至接收缓冲器，同时发出 RXRDY 信号，表示一个字符接收完成。

(2) 异步发送方式

异步发送的条件是：初始化编程时工作命令字中的发送允许位 TXEN 置 1 和外部输入引脚$\overline{CTS}$为 0。发送时，发送器为每个字符自动加上一位起始位，并根据程序的要求，加上适当的校验位和停止位，在发送时钟$\overline{TXC}$的下降沿的作用下，经发送移位寄存器从 TXD 端发出。

(3) 同步接收方式

在同步接收方式下，8251A 首先搜索同步字符。

在单同步方式下，8251A 监视 RXD，每出现一个数据位就把它移入接收寄存器，然后把接收寄存器与同步字符（由程序给定）寄存器的内容相比较。如果相同，表示接收方和发送方已经同步，接收方使 SYNDET 信号输出为高，如果不同，则接收下一位数据，并重新进行比较。

在实现同步后，通信双方开始进行数据传输。8251A 利用接收时钟采样和移位 RXD 上的数据位，且按规定的位数装配成并行数据，把它送至数据总线缓冲器，同时发出 RXRDY 信号，告知 CPU，8251A 已接收到一个有效的数据。

(4) 同步发送方式

同步发送方式是在发送允许 TXEN 和$\overline{CTS}$有效后才开始的。

发送器在准备发送的数据前加入由程序设定的一个或两个同步字符，在数据中加入奇偶校验位，然后在发送时钟$\overline{TXC}$的作用下，将数据逐位地从 TXD 引脚发送出去。

在发送过程中，可能会出现 CPU 来不及将新的数据输出给 8251A 的情况。此时，8251A 会自动地在 TXD 线上插入同步字符，从而使数据之间没有间隙存在。

8.2.3 8251A 控制字

8251A 是可编程的串行通信接口，在应用时，程序员必须对 8251A 进行初始化编程，即向控制口写入方式选择控制字、操作命令控制字及同步字符，这样 8251A 才能按设定的工作方式进行收发通信。在 8251A 工作期间，可通过读取状态寄存器的内容来了解 8251A 当前的工作状态。

1. 方式选择控制字

方式选择控制字用于决定 8251A 的工作方式，其格式如图 8-25 所示。

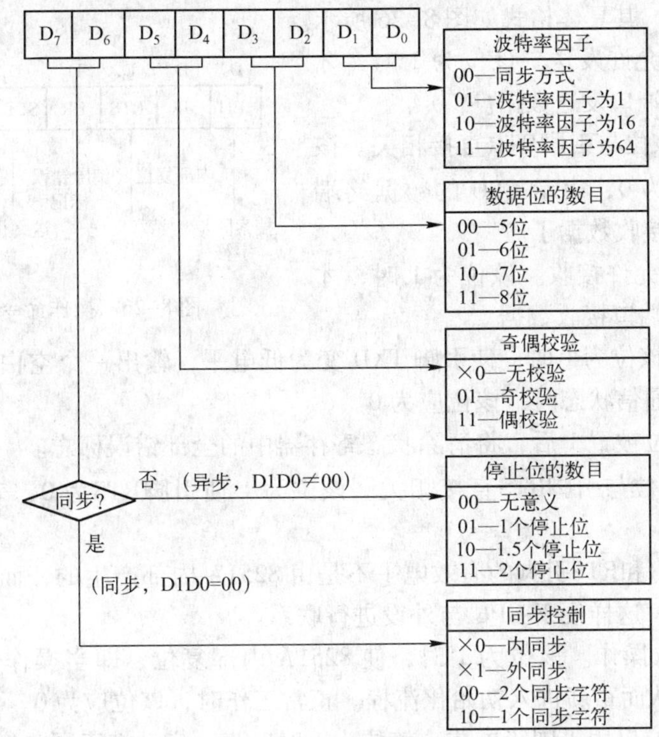

图 8-25　方式选择控制字格式

D_1D_0：用于决定是同步工作方式还是异步工作方式。当 $D_1D_0=00$ 时，表示工作于同步方式，此时，最高两位 D_7 和 D_6 决定同步字符的个数。当 $D_1D_0\neq00$ 时，表示工作于异步方式，此时，D_1D_0 的 3 种组合用于决定异步方式下的波特率因子（即波特率系数）。

在同步方式下，发送和接收的波特率分别和 $\overline{TXC}$ 引脚、$\overline{RXC}$ 引脚的输入时钟频率相等。但在异步方式下，$\overline{TXC}$ 和 $\overline{RXC}$ 引脚的频率、波特率因子及波特率之间关系如下：

$$f_{\overline{TXC},\overline{RXC}}=\text{波特率因子}\times\text{波特率}$$

D_3D_2：用于决定传送数据时每个字符的位数，当 D_3D_2 分别为 00、01、10、11 时，对应传输字符的位数是 5、6、7、8 位。

D_5D_4：用于决定在传输数据时是否需要校验及校验的类型。当 D_4 为 1 时表示需要校验；当 D_4 为 0 时表示不要校验。当 D_5 为 1 时表示是偶校验；当 D_5 为 0 时表示是奇校验。

D_7D_6：在同步和异步方式下具有不同的含义：

在同步方式下，该两位用于决定是内同步还是外同步，以及同步字符的个数。D_6 为 1 时是外同步；D_6 为 0 时是内同步。D_7 为 1 时为 1 个同步字符；D_7 为 0 时为 2 个同步字符。

在异步方式下，该两位为 00 时无意义，在其他编码时决定了停止位的位数。D_7D_6 分别为 01、10、11 时，对应停止位的位数为 1 位、1.5 位、2 位。

例如，要求 8251A 工作在异步方式，波特率因子为 64，字符长度为 8 位，奇校验，2 个停止位，则其方式选择控制字为：11011111B = DFH。

2. 操作命令控制字

操作命令控制字也是一个 8 位的控制字，用于决定 8251A 的工作状态——启动串行通信开始工作或复位。其具体格式如图 8-26 所示。

D_0（TXEN）：允许发送。该位为 1 时，才允许 8251A 从发送端口发送数据。

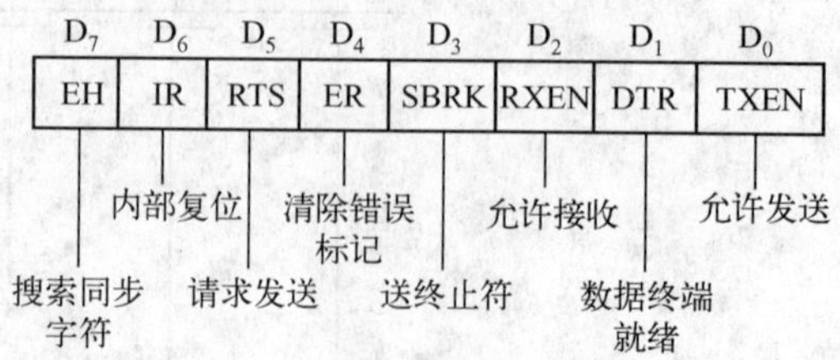

图 8-26 操作命令控制字格式

D_1（DTR）：该位与引脚$\overline{DTR}$直接相关。该位为 1 使引脚$\overline{DTR}$为 0，表示 CPU 的数据终端已经准备好，可以接收数据了。

D_2（RXEN）：允许接收。该位为 1 时，才允许 8251A 从接收端口接收数据。

D_3（SBRK）：该位为 1 时，使引脚 TXD 变为低电平，输出一个空白字符，表示数据断缺，而当处于正常通信状态时，该位应为 0。

D_4（ER）：该位被置 1 后，将清除状态寄存器中的全部错误标志。

D_5（RTS）：该位与引脚$\overline{RTS}$直接相关。该位为 1 使引脚$\overline{RTS}$为 0，表示 CPU 将要通过 8251A 发送数据。

由此可见，$\overline{DTR}$和$\overline{RTS}$引脚的有效电平不是由 8251A 内部产生的，而是通过对操作命令字的编程来设置的，这样便于 CPU 与外设进行联系。

D_6（IR）：复位操作。该位为 1 时，使 8251A 内部复位，即当操作命令控制字为 40H 时，8251A 复位，从而重新进入初始化流程。正常工作时，该位应为 0。

D_7（EH）：该位仅用于同步方式。该位为 1 时，表示启动搜索同步字符。

3. 状态字

8251A 内部设有状态寄存器，CPU 可以通过 IN 指令读取状态寄存器的内容，了解 8251A 当前的工作状态。其具体格式如图 8-27 所示。

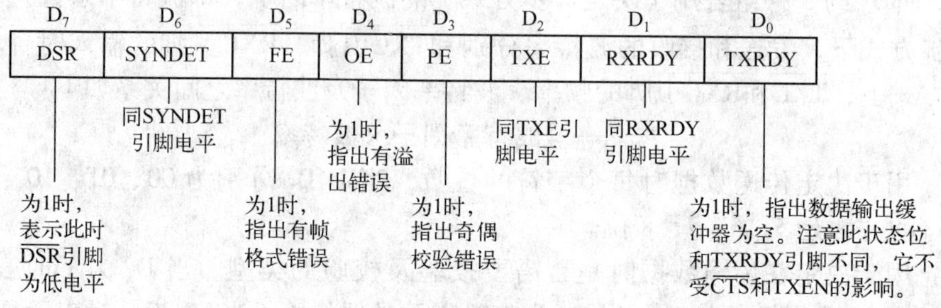

图 8-27 8251A 状态字格式

D_1、D_2、D_6 位的状态与 8251A 芯片的同名引脚的状态完全相同，反映这些引脚当前的工作状态。

D_0 位，RXRDY 的含义与芯片引脚 RXRDY 的定义不同。对于状态寄存器的状态位 RXRDY 来说，只要发送缓冲器为空就置 1；而芯片引脚 RXRDY 除发送缓冲器为空外，还要满足引脚$\overline{CTS}$=0 和命令字中 TXEN 位为 1，即满足 3 个条件才置 1。

D_3、D_4、D_5 位分别作为奇偶错误、溢出错误和帧格式错误的指示，当数据传输中产生其中某种类型的错误时，相应的出错指示位被置 1。

D_7（DSR）位，为数据终端准备好标志，当外设（调制解调器）已准备好发送数据时，就使$\overline{DSR}$引脚输出低电平，使$\overline{DSR}$有效。此时 DSR 位被置 1。

8.2.4　8251A 初始化

8251A 是一个可编程逻辑器件，要使其正常工作，必须首先对它进行初始化编程。8251A 初始化编程的流程图如图 8-28 所示。

8251A 复位后，首先应向奇地址端口（$C/\overline{D}=1$）写入方式选择控制字，以确定 8251A 是工作在同步方式还是异步方式。

如果 8251A 工作在同步方式，则应根据方式字中确定的同步字符个数，向其奇地址端口（$C/\overline{D}=1$）写入 1 个或 2 个同步字符。如果是异步方式，这一步可省略。

不论是同步方式还是异步方式，接下来均应向奇地址端口（$C/\overline{D}=1$）写入操作命令控制字。如果操作命令字是复位命令（40H），则 8251A 将恢复到初始化状态，重新开始接收方式选择控制字；如果不是复位命令，则 8251A 便可开始执行数据的传输。

特别要注意以下问题：

1）由于 8251A 的方式选择控制字、同步字符及操作命令控制字都是写入相同的地址端口，即$\overline{CS}=0$ 且 $C/\overline{D}=1$ 的端口地址，为了避免混淆，写入时必须严格按顺序进行。

2）方式控制字必须在复位后首先写入，而且只能写入一次，若要改变 8251A 的工作方式，则必须先通过复位命令使 8251A 复位，才能再次写入方式控制字。

3）同步字符和操作命令字在方式控制字之后写入，并且可多次写入。

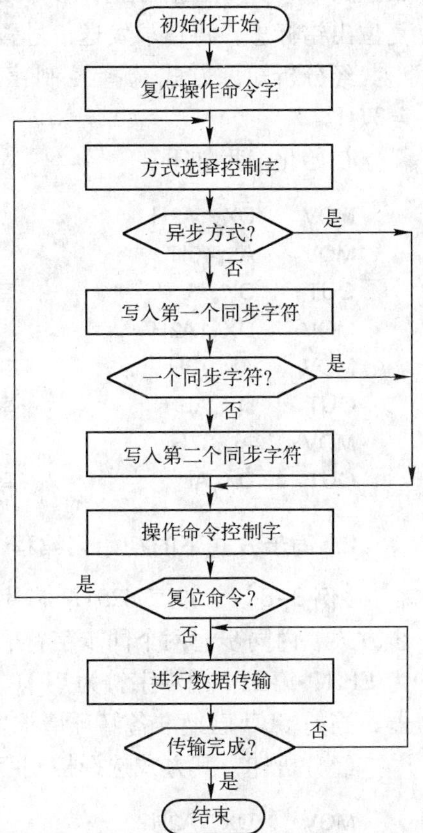

图 8-28　8251A 初始化编程的流程图

4）状态寄存器的值（状态字）可通过奇地址端口随时读取，没有顺序的要求。

8.2.5　8251A 应用

在实际使用 8251A 时，有两个值得注意的问题：

1）电平转换问题。在远距离串行通信时，发送方要使用调制器，接收方要使用解调器。8251A 的信号为 TTL 电平，而调制解调器是 RS-232C 标准规定的电平，所以收、发双方均要加上电平转换器。将 8251A 输出的 TTL 电平信号变换为 RS-232C 标准要求的电平信号，将调制解调器送来的 RS-232C 标准电平信号变换为 TTL 电平信号。

2）同步方式下对同步字符的检测问题。如果采用内同步方式，则由 8251A 自身来检测同步字符。当检测到同步字符后，8251A 会从 SYNDET 引脚输出一个高电平，用来通知调制解调器当前已经检测到同步字符，已经实现同步。如果采用外同步方式，则由调制解调器和有关设备完成对同步字符的检测。检测到同步字符后，调制解调器通过 SYNDET 引脚给 8251A 一个信号，通知 8251A 当前实现同步。

1. 异步方式下的初始化编程

【例 8-7】 设在某 8086 系统中有一片 8251A，端口地址分别为 1A0H 和 1A2H，要求其工作方式选择为：异步通信，字符用 7 位二进制数表示，奇校验，1.5 个停止位，波特率因子为 64。对其工作状态的要求是：使发送允许，接收允许，使数据终端准备好信号有效，复位出错标志，将请求发送信号置于有效电平。

经分析知，方式选择控制字为：10011011B = 9BH，操作命令控制字为：00110111B = 37H。

初始化编程如下：

```
MOV     DX,1A2H
MOV     AL,40H
OUT     DX,AL                    ;写入复位命令
MOV     DX,1A2H
MOV     AL,9BH
OUT     DX,AL                    ;写入方式选择控制字,设置工作方式
MOV     AL,37H
OUT     DX,AL                    ;写入操作命令控制字,设置工作状态
```

2. 同步方式下的初始化编程

【例 8-8】 设某 8251A 芯片端口地址分别为 1A0H 和 1A2H。要求其工作方式为：同步方式、内同步、两个同步字符、字符用 7 位二进制数表示，奇校验。并设第一个同步字符为 EFH，第二个同步字符为 7EH。要求其工作状态是：复位出错标志，启动发送器和接收器，当前 CPU 已经准备好且请求发送。

经分析知，其方式选择控制字为 18H，其操作命令控制字为 B7H。初始化程序段如下：

```
MOV     DX,1A2H
MOV     AL,40H
OUT     DX,AL                    ;写入复位命令
MOV     AL,18H
OUT     DX,AL                    ;写入方式选择控制字,设置工作方式
MOV     AL,0EFH
OUT     DX,AL                    ;写入第一个同步字符
MOV     AL,7EH
OUT     DX,AL                    ;写入第二个同步字符
MOV     AL,0B7H
OUT     DX,AL                    ;写入操作命令控制字,设置工作状态
```

3. 利用 8251A 实现双机通信

【例 8-9】 利用 8251A 实现相距较近（不超过 15 m）的两台微机通信，其硬件连接如图 8-29 所示。由于是近距离通信，因此不用调制/解调器，两台微机直接通过 RS-232C 相连即可，由于采用 RS-232C 接口标准，所以需要加接电平转换电路。此外，通信时认为对方已准备好，所以可不使用 4 根联络信号，仅使 8251A 的 $\overline{\text{CTS}}$ 引脚接地即可。

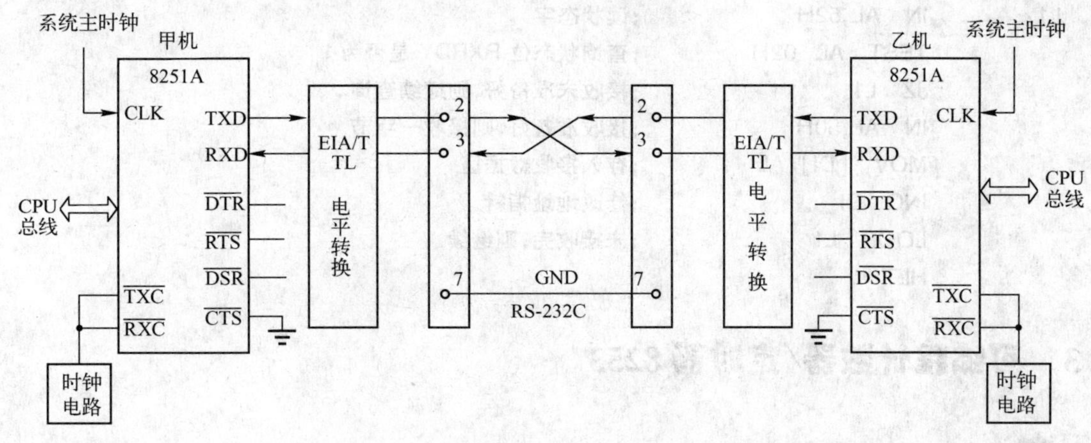

图 8-29　利用 8251A 进行双机通信的硬件连接图

甲乙两机可进行半双工或全双工通信，CPU 与接口之间可按查询方式或中断方式进行数据传输。设本例中采用半双工通信，查询方式。要求甲机向乙机传输 100 个字符，异步传输，7 个数据位，1.5 个停止位，奇校验，波特率因子为 64。双方的端口地址均为 50H 和 52H。

1）甲机（发送端）初始化程序及控制程序如下（设在此之前已对 8251A 进行了复位操作）：

```
START:  MOV  AL,9BH        ;写入方式选择控制字
        OUT  52H,AL
        MOV  AL,33H        ;操作命令字,发送器允许,错误标志复位
        OUT  52H,AL
        LEA  SI,BUFA       ;设发送数据块首地址为 DS 段的 BUFA
        MOV  CX,100        ;设置发送数据块字节数
NEXT:   IN   AL,52H        ;读入状态字
        TEST AL,01H        ;查询状态位 TXRDY 是否为 1
        JZ   NEXT          ;未准备好,则继续查询
        MOV  AL,[SI]       ;发送准备好,则从发送区取一字节数据发送
        OUT  50H,AL
        INC  SI            ;修改地址指针
        LOOP NEXT          ;未发送完,继续
        HLT
```

2）乙机（接收端）初始化及控制程序如下（设在此之前已对 8251A 进行了复位操作）：

```
BEGIN:  MOV  AL,9BH        ;写入方式选择控制字
        OUT  52H,AL
        MOV  AL,16H        ;操作命令字,接收器允许,错误标志复位
        OUT  52H,AL
        LEA  DI,BUFB       ;设接收数据块存放在首地址为 DS 段的 BUFB 中
        MOV  CX,100        ;接收数据块字节数
```

```
L1:     IN   AL,52H          ;读状态字
        TEST  AL,02H         ;查询状态位 RXRDY 是否为 1
        JZ   L1              ;接收未准备好,则继续查询
        IN   AL,50H          ;接收准备好,则接收一字节
        MOV  [DI],AL         ;存入接收数据区
        INC  DI              ;修改地址指针
        LOOP  L1             ;未接收完,则继续
        HLT
```

8.3 可编程计数器/定时器 8253

8.3.1 计数器/定时器概述

在微机系统中经常用到定时信号，如：系统日历时钟的定时，动态存储器的定时刷新，以及蜂鸣器的发声等，都是由定时信号产生的。一般来说，定时信号可由 3 种方法获得：软件定时、不可编程的硬件定时及可编程的硬件定时。

（1）软件定时

一般是通过编制延时子程序来完成用软件定时的，延时子程序中包含的指令不同，循环次数不同，所得到的延时时间也不同，通过调整循环次数及循环体内的指令可得到各种延时时间。这种方法的优点是无需或需要少许硬件。主要缺点是执行延时程序时，CPU 被占用，降低了 CPU 的利用率；另外，编制延时程序时需要根据延时时间去拼凑所需指令，因此比较麻烦。这种方法一般用于延时时间较短而重复次数又较少的场合。

（2）不可编程的硬件定

该种方式主要指用元器件搭成的延时电路来完成。如，用小规模集成电路 555，外接电阻和电容构成的定时器。这种电路结构简单，只要改变电阻电容的大小，就可以在一定范围内改变定时时间。但这种电路在硬件连接好后，定时时间不能随意改变，用起来不能得心应手。

（3）可编程的硬件定时

该种方式就是用可编程计数器/定时器来产生定时信号，实际上这是一种软、硬件相结合的定时方法。即由软件编程设置定时时间并启动计数器/定时器，由硬件电路自动完成定时。计数器/定时器被启动后，就自动开始工作，直到计数/定时时间到，便产生一个输出信号，在这个过程中，CPU 不必去管它，可以去完成其他的工作，这样就大大提高了 CPU 的利用率。这种方法的主要优点是，计数/定时时不占用 CPU 的时间；另外，由软件设置定时时间，使用起来方便灵活。

可编程计数器/定时器的功能体现在两个方面。一是作为计数器，即在设置好计数初值后，便开始减 1 计数，减到 0 时，输出一个信号；二是作为定时器，即在设置好定时常数后，便进行减 1 计数，并按定时常数不断输出时钟周期整倍数的时间间隔。两者的差别是，作为计数器时，在减到 0 时，输出一个信号便结束；而作为定时器时，则不断产生信号。从计数器/定时器内部来说，这两种情况的工作过程没有根本差别，都是基于计数器的减 1 工作。

常用的可编程计数器/定时器芯片有 Intel 8253、Intel 8254、Zilog CTC 等，本节以 Intel 8253 为例，介绍可编程计数器/定时器芯片的结构、工作原理及应用。

8.3.2　8253A 内部结构及引脚

1. 8253A 的特点

作为可编程计数器/定时器，8253 有如下特点：

1）有 3 个独立的计数器（又称计数通道）。

2）每个计数器均可单独作为计数或定时使用，可按二进制或十进制（BCD 码）计数。

3）每个计数器都有 6 种不同的工作方式，可由程序设置或改变。

4）NMOS 工艺制造，24 引脚，双列直插式，单一 +5V 电源供电，所有输入/输出电平都与 TTL 兼容。

5）最高计数频率为 2.6 MHz。

2. 8253A 内部结构及引脚

8253 的内部结构如图 8-30 所示。它由 6 个部分构成：数据总线缓冲器、读/写控制逻辑、控制字寄存器及 3 个独立的计数器。

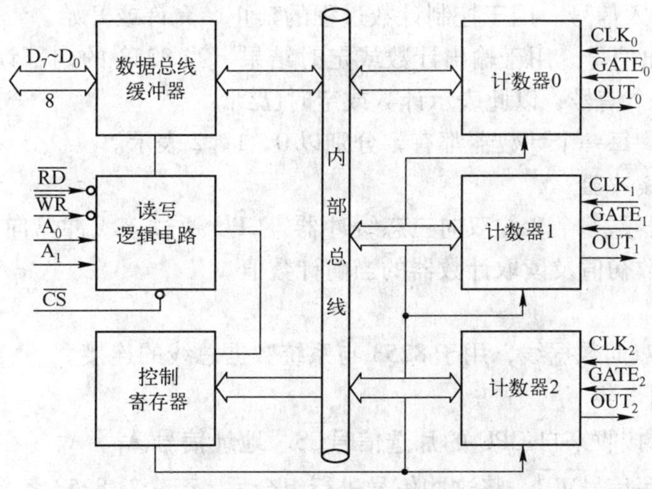

图 8-30　8253 内部结构框图

（1）计数器

8253 内部有 3 个独立的计数器：计数器 0、计数器 1 和计数器 2，每个计数器的内部结构完全相同，如图 8-31 所示。每个计数器都由 1 个 16 位的初值寄存器、1 个 16 位的减 1 计数器（计数执行部件）和 1 个 16 位的输出锁存寄存器组成。每个 16 位寄存器都可以当做 2 个 8 位寄存器使用，并且它们都可以被 CPU 直接访问，其中初值寄存器是只写端口，输出锁存寄存器是只读端口，所以两个寄存器可共用一个端口地址。

工作时，计数执行部件首先从初值寄存器中获得计数初值，然后进行减 1 计数，直至计数值减到 0，输出 OUT 信号。计数过程中，输出锁存寄存器的内容随计数执行部件的内容而变化，当要读取当前计数值时，需先发锁存命令，将当前输出锁存器的值锁存，然后才能从锁存器中读出，不能直接从减 1 计数器中读取当前计数值，计数值被读走后，锁存命令自动失效，锁存器又跟随计数器动作。

相关引脚：

CLK：计数时钟输入信号。用于 8253 在定时或计数时，每输入一个时钟脉冲，使计数器的值减 1。它是计量的基本时钟，决定了计数频率。

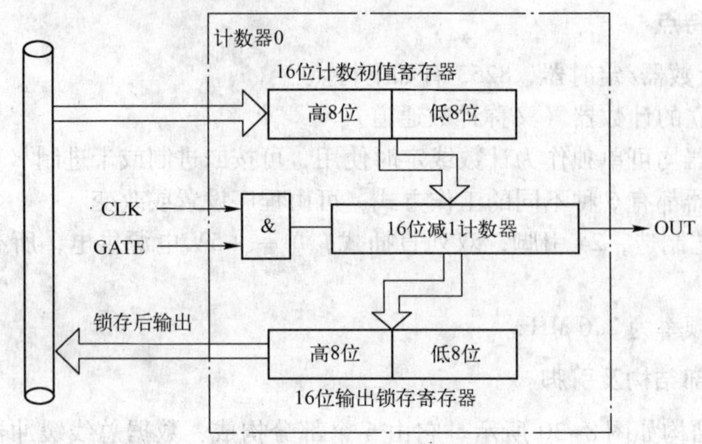

图 8-31 计数器内部结构图

GATE：门控输入信号。用于控制计数过程的禁止、允许或开始。

OUT：计数输出信号。用于输出计数或定时结果。当 8253 的内部计数器减到 0 时，即在 OUT 线上输出一个信号，以此表示计数或定时已到。

上述 3 个信号，每一个计数器都有，分别以 0、1、2 表示。

(2) 数据总线缓冲器

数据总线缓冲器是一个 8 位双向三态缓冲器，CPU 通过该缓冲器向 8253 写入决定工作方式的控制字、计数初值及读取计数器的当前计数值。

相关引脚：

$D_7 \sim D_0$：三态双向数据线，用于 8253 与系统数据总线的连接。

(3) 读/写控制逻辑

读/写控制逻辑接收来自 CPU 的片选信号$\overline{CS}$、地址信号 A_1、A_0（在 8086 系统中为 A_2、A_1）、读信号$\overline{RD}$和写信号$\overline{WR}$，将这些信号进行组合后，产生对 8253 各部分的控制。

相关引脚：

$\overline{CS}$：片选输入信号，低电平有效。$\overline{CS}$有效时，表示 8253 被选中，CPU 可以对 8253 进行读写操作。

$\overline{RD}$：读输入信号。该信号低电平有效时，表示 CPU 正在对 8253 进行读操作。

$\overline{WR}$：写输入信号。该信号低电平有效时，表示 CPU 正在对 8253 进行写操作。

A_1、A_0：地址输入信号。用于 8253 的 3 个计数器和 1 个控制字寄存器的选择。

A_1、A_0 与读、写信号的配合，反应了 CPU 对 8253 的各种操作，如表 8-5 所示。

表 8-5 8253 端口选择与读/写操作

$\overline{CS}$	$\overline{RD}$	$\overline{WR}$	A_1 A_0	操作
0	1	0	0 0	对计数器 0 设置计数初值
0	1	0	0 1	对计数器 1 设置计数初值
0	1	0	1 0	对计数器 2 设置计数初值
0	1	0	1 1	设置控制字或发锁存命令

（续）

$\overline{CS}$	$\overline{RD}$	$\overline{WR}$	A_1　A_0	操　作
0	0	1	0　0	从计数器 0 读取当前计数值
0	0	1	0　1	从计数器 1 读取当前计数值
0	0	1	1　0	从计数器 2 读取当前计数值
0	0	1	1　1	无效操作

（4）控制寄存器

控制寄存器接收来自 CPU 的控制字。该控制字用于选择 8253 的计数器及相应的工作方式。该寄存器只能写入，不能读出。无对外引脚。

8.3.3　8253 控制字及编程命令

1. 8253 控制字

8253 的控制字格式如图 8-32 所示。

D_7	D_6	D_5	D_4	D_3	D_2	D_1	D_0
SC1	SC0	RW1	RW0	M2	M1	M0	BCD

图 8-32　8253 控制字格式

BCD：计数方式选择位，用于选择计数方式。

BCD＝0——按二进制方式计数。

BCD＝1——按十进制（BCD 码）方式计数。

M2、M1、M0：工作方式选择位，用于选择计数器的工作方式。

M2	M1	M0	方式选择
0	0	0	方式 0
0	0	1	方式 1
×	1	0	方式 2
×	1	1	方式 3
1	0	0	方式 4
1	0	1	方式 5

RW1、RW0 读/写指示位。用于指示计数器读或写操作及读/写的字节数。

RW1	RW0	操作
0	0	发锁存命令，使当前计数输出锁存器的值被锁定，以便读取。
0	1	只读/写低 8 位字节。
1	0	只读/写高 8 位字节。
1	1	读/写 1 个字，先读/写低 8 位字节，再读/写高 8 位字节。

SC1、SC0 计数器选择位。用于指示对 8253 的 3 个计数器中哪个计数器进行操作。

SC1	SC0	选择
0	0	计数器 0
0	1	计数器 1

1	0	计数器 2
1	1	无意义

2. 8253 编程命令

8253 的编程命令可以分为两类：一类是写命令，包括写控制字、写计数初值和写锁存命令。另一类是读命令，用于读取当前计数值。

(1) 8253 的初始化编程

因为 8253 的 3 个计数器和控制寄存器都有各自的端口地址，且控制字指明了所选择的计数器，所以 8253 初始化编程没有严格的顺序规定。但编程时必须注意以下两点：

1）编程时必须先写控制字，再写计数初值。控制字要写入控制端口，初值要写入相应计数器端口。

2）初值设置时要符合控制字中的格式规定。是只写低 8 位，还是只写高 8 位，或是写 1 个字，先写低 8 位、后写高 8 位。

【例 8-10】 写出 8253 的初始化程序段。要求选择计数器 2，工作在方式 2，计数初值为 1000（03E8H），采用二进制计数，8253 的端口地址为 40H～43H。

```
MOV  AL,10110100B          ;计数器 2 的方式控制字
OUT  43H,AL                ;写入控制端口
MOV  AL,0E8H               ;先取低位字节
OUT  42H,AL                ;写入计数器 2
MOV  AL,03H                ;后取高位字节
OUT  42H,AL                ;写入计数器 2
```

(2) 读当前计数值

读取当前计数值前，必须先发锁存命令，将当前输出锁存寄存器的内容锁定，然后执行读操作，读取当前计数值。值得注意的是，锁存命令锁存的是输出锁存寄存器的内容，不是计数器的内容，所以，在锁存和读出计数值的过程中，计数器仍在不停地作减 1 计数。当 CPU 将锁定值读走后，锁存命令自动失效，锁存器又会跟随计数器变化。

【例 8-11】 要求读出并检测计数器 1 的当前计数值是否全“1”（假设计数值为两字节）。8253 的端口地址为 40H～43H。

```
LP:  MOV  AL,01000000B          ;计数器 1 的锁存命令
     OUT  43H,AL                ;写入控制端口
     IN   AL,41H                ;读计数器 1 的当前计数值(低字节)
     MOV  BL,AL                 ;暂存
     IN   AL,41H                ;读计数器 1 的当前计数值(高字节)
     MOV  BH,AL
     CMP  BX,0FFFFH             ;比较
     JNZ  LP                    ;非全“1”,再读
     HLT                        ;是全“1”,暂停
```

8.3.4 8253 工作方式

8253 芯片的每个计数器都有 6 种工作方式，可通过编程设定。区分这 6 种工作方式的

主要标志有 3 点：

1）启动计数器的触发方式不同。

2）计数过程中，门控信号 GATE 对计数操作的影响不同。

3）输出波形不同。

6 种工作方式的共同点如下：

1）控制字写入计数器时，所有的控制逻辑电路立即复位，输出端 OUT 进入初始状态（高电平或低电平）。

2）初值写入后，要经过一个时钟周期，计数器才开始减 1 计数。

3）门控信号 GATE 在时钟信号的上升沿被采样，对于不同工作方式，GATE 信号起作用的方式不同，可以是电平有效，也可以是边沿有效。在电平有效的情况下，GATE 由时钟脉冲的上升沿采样；而在边沿有效的情况下，要用到 8253 内部的一个边沿触发器，由这个边沿触发器来检测 GATE 的上升沿。GATE 的上升沿使边沿触发器置位，随后的时钟脉冲上升沿采样边沿触发器，采样之后对其复位。也就是说，边沿触发器将 GATE 的上升沿转化为电平信号供时钟脉冲采样，因此，在边沿有效的情况下，GATE 可以是窄脉冲信号，而在电平有效情况下，GATE 必须维持较长时间的高电平。

4）在时钟脉冲的下降沿，计数器减 1 计数。0 是计数器所能容纳的最大初值，用二进制计数时，0 相当于 2^{16}，用 BCD 码计数时，0 相当于 104。

下面，逐一介绍 8253 的 6 种工作方式。

1. 方式 0——计数结束产生中断

方式 0 的波形如图 8-33 所示，其特点是：

1）写入控制字之后，输出端 OUT 进入初始电平低电平。写入计数初值后，下一个时钟脉冲的下降沿，计数器开始减 1 计数。在计数过程中 OUT 一直保持低电平，直到计数为 0 时，OUT 变为高电平。此信号可以作为向 CPU 发出的中断请求信号。

2）计数器只计数一遍。当计数到 0 时，不恢复计数初值，不重新开始计数，且输出一直保持高电平。只有再写入新的计数初值时，OUT 才变为低电平，并重新开始计数。这种每写入一次计数初值，启动一次计数过程的方式，称为软件触发方式。

3）GATE 是门控信号，GATE =1 时允许计数，GATE =0 时禁止计数。在计数过程中，如果 GATE 变为低电平，则计数暂停，直至 GATE 变为高电平后接着计数。如图 8-34 所示。

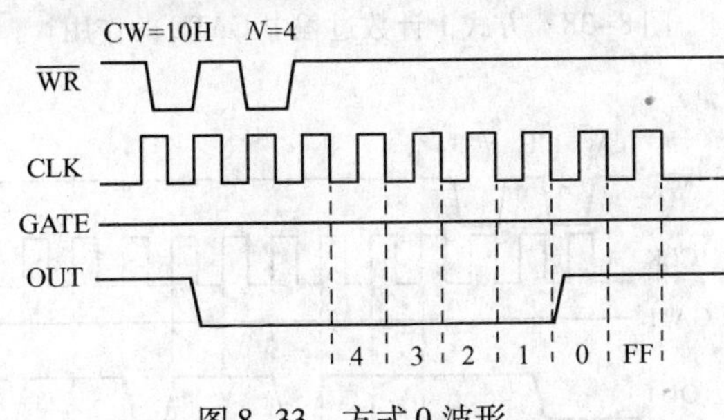

图 8-33　方式 0 波形

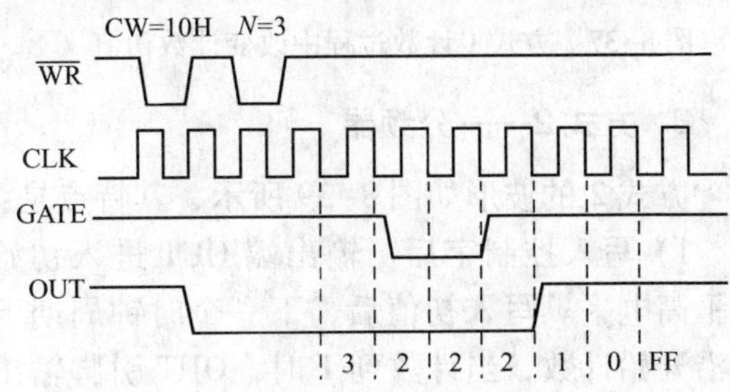

图 8-34　方式 0 计数过程中 GATE 的作用

4）计数过程中可以改变计数初值。若为 8 位计数值，在写入新的计数值后，计数器按新的计数值重新开始计数。如果是 16 位计数值，在写入第一个字节后，计数器停止工作，写入第二个字节后，计数器按新的计数值开始计数。如图 8-35 所示。

2. 方式 1——可重复触发的单稳态触发器

方式 1 的波形如图 8-36 所示，其特点是：

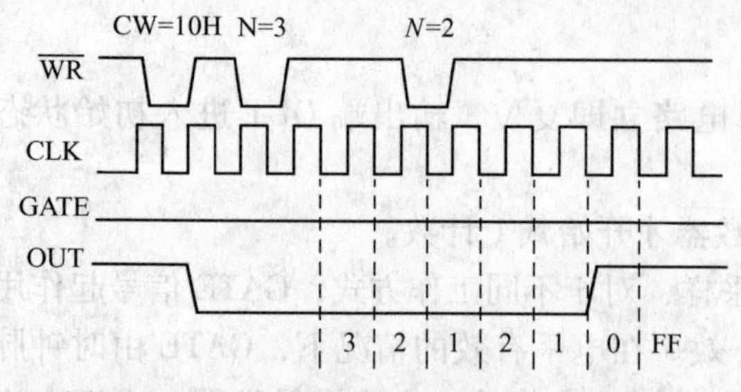

图 8-35 方式 0 计数过程中改变计数初值

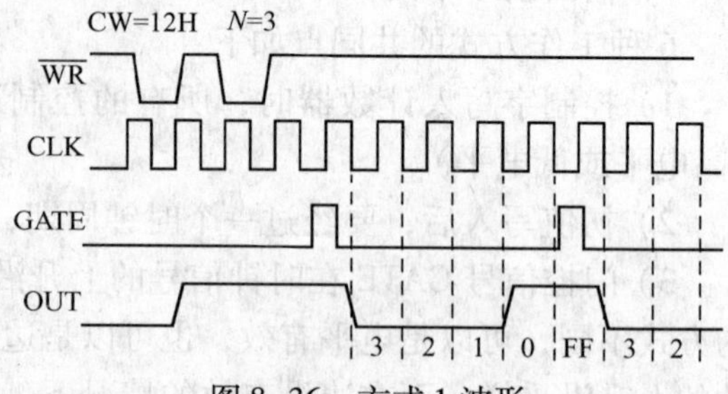

图 8-36 方式 1 波形

1）写入控制字之后，输出端 OUT 进入初始电平高电平。然后写入计数初值，但能否开始计数，由 GATE 引脚控制，只有当 GATE 引脚产生一个上升沿时，下一个时钟脉冲下降沿开始计数。同时，OUT 输出低电平，直至计数到 0 时，OUT 变为高电平。从而在 OUT 端输出一个负脉冲，负脉冲的宽度为 *N* 个（计数初值）CLK 的脉冲周期。

2）可重复触发。当计数到 0 后，不用再次送入计数初值，只要再次由 GATE 脉冲启动，即可按原计数初值重复计数过程，在输出端得到同样宽度的单稳脉冲。这种由 GATE 上升沿启动计数过程的方式，称为硬件触发方式。

3）计数过程中，重新写入初值不影响计数过程。只有再次触发启动后，计数器才按新的计数初值开始计数。如图 8-37 所示。

4）在计数未到 0 时，如果 GATE 再次启动，则计数初值将重新装入计数器，并重新开始计数。这将使输出的负脉冲宽度增加。如图 8-38 所示。

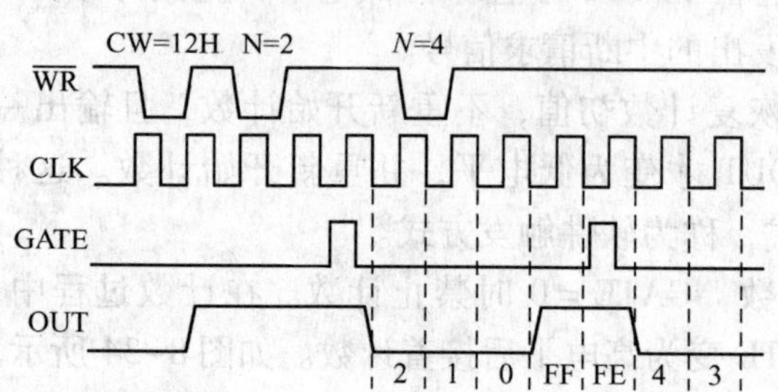

图 8-37 方式 1 计数过程中改变计数初值

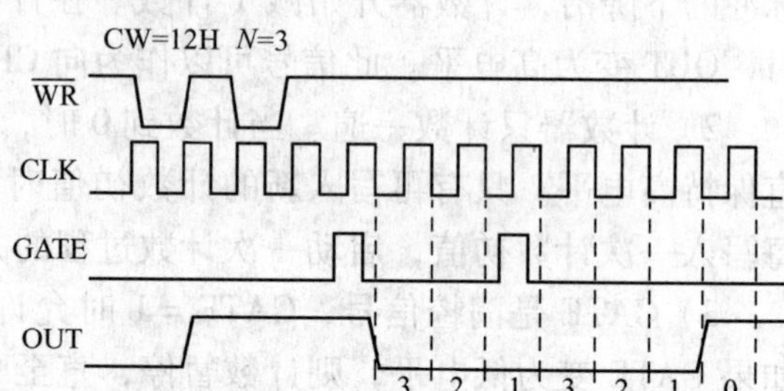

图 8-38 方式 1 计数过程中 GATE 的作用

3. 方式 2——分频器

方式 2 的波形如图 8-39 所示，其特点是：

1）写入控制字后，输出端 OUT 进入初始电平高电平。写入初值后，下一个时钟周期下降沿开始计数，当计数到 1 时，OUT 引脚输出一个 CLK 周期的负脉冲。同时，计数初值自动重新装入，计数过程重新开始。因此，它能连续工作，输出固定频率的脉冲。

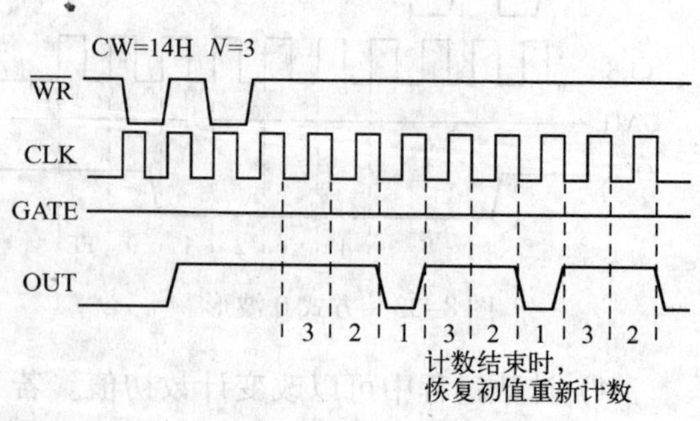

图 8-39 方式 2 波形

2）如果计数初值为 N，则每个计数过程中，OUT 引脚输出高电平的宽度为 $N-1$ 个 CLK 周期，输出低电平的宽度为 1 个 CLK 周期，因此 OUT 引脚输出信号的周期为 N 个 CLK 脉冲周期，所以频率为 CLK 信号的 $1/N$，实现了对 CLK 信号的 N 分频。

3）启动计数过程的方法可以是软件触发也可以是硬件触发。但在两种情况下，计数过程中均要求 GATE 引脚为高电平，只要 GATE 引脚变为低电平，则计数过程停止。

如果是软件触发，即在计数期间，送入新的初值，而 GATE 一直维持高电平，那么输出端 OUT 将不受影响。但在下一个输出周期中，将按新的计数值进行计数。如图 8-40 所示。

如果是硬件触发，即在计数期间，GATE 引脚输入一个上升沿，则下一个 CLK 周期的下降沿计数器按原计数初值重新开始计数。如图 8-41 所示。

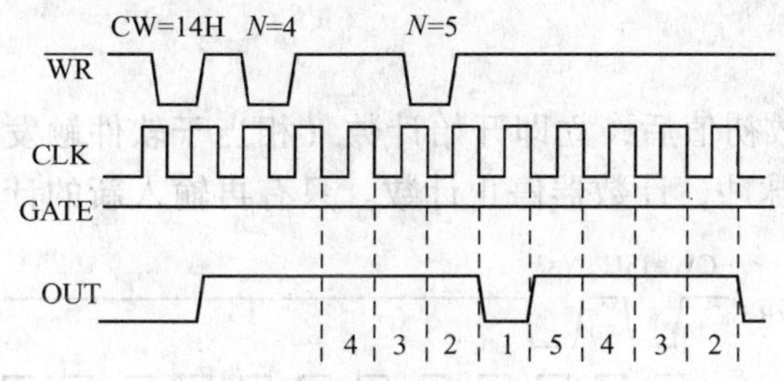

图 8-40　方式 2 计数过程中改变计数初值

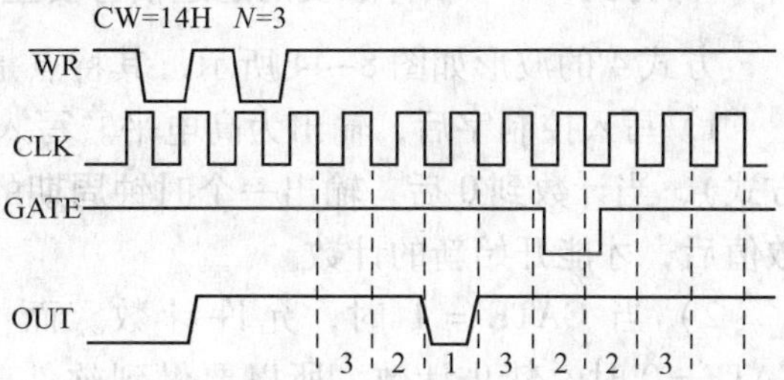

图 8-41　方式 2 计数过程中 GATE 的作用

4. 方式 3——方波发生器

方式 3 与方式 2 的工作类似，但输出为周期性变化的方波。波形如图 8-42 所示，其特点是：

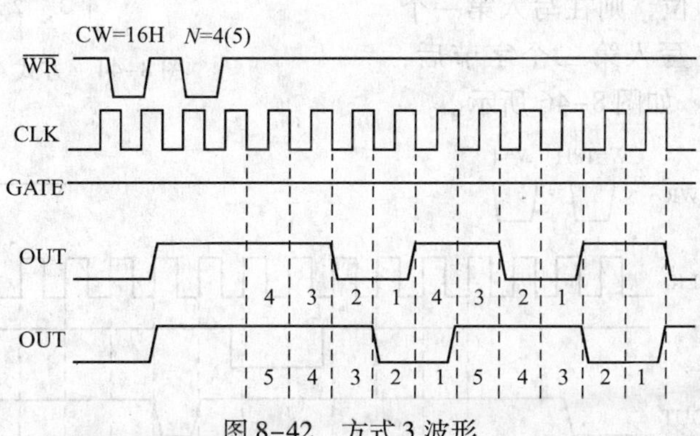

图 8-42　方式 3 波形

1）写入控制字后，输出端 OUT 为高电平。写入初值后自动开始计数，输出保持为高电平，当计数到一半计数值时，输出变为低电平，直至计数到 0，输出又变为高电平，重新从计数初值开始计数。

2）若计数值为偶数，则输出对称方波。若计数值为奇数，则前 $(N+1)/2$ 个 CLK 周期输出高电平，后 $(N-1)/2$ 个 CLK 周期输出低电平。

3）GATE 信号能使计数过程重新开始。原则上，GATE = 1 允许计数，GATE = 0 停止计数。如果在 OUT 为低电平期间，GATE = 0，则 OUT 立即变为高，停止计数。当 GATE 变为高之后，计数器将重新装入初值，重新开始计数。如图 8-43 所示。

4）计数过程中写入一个新的初值，不影响现行计数过程。下一个计数过程按新的初值开始计数。

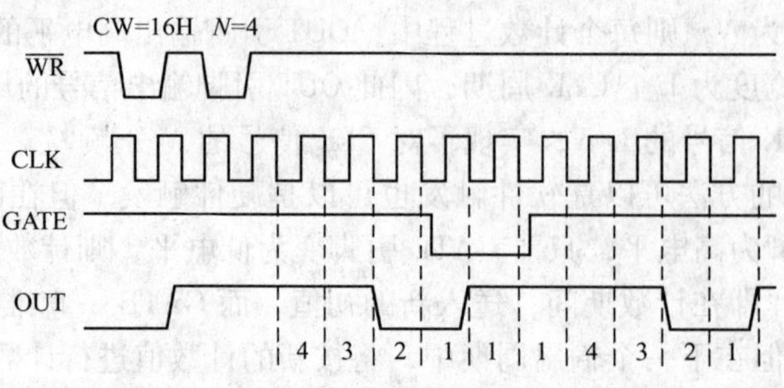

图 8-43 方式 3 计数过程中 GATE 的作用

5. 方式 4——软件触发的选通信号发生器

方式 4 的波形如图 8-44 所示，其特点是：

1）写入控制字后，输出为高电平。写入计数初值后，立即开始计数（相当于软件触发方式），当计数到 0 后，输出一个时钟周期的负脉冲，计数器停止计数。只有再输入新的计数值后，才能开始新的计数。

2）当 GATE = 1 时，允许计数。而 GATE = 0 时，禁止计数。所以要做到软件触发，GATE 应保持为 1。如图 8-45 所示。

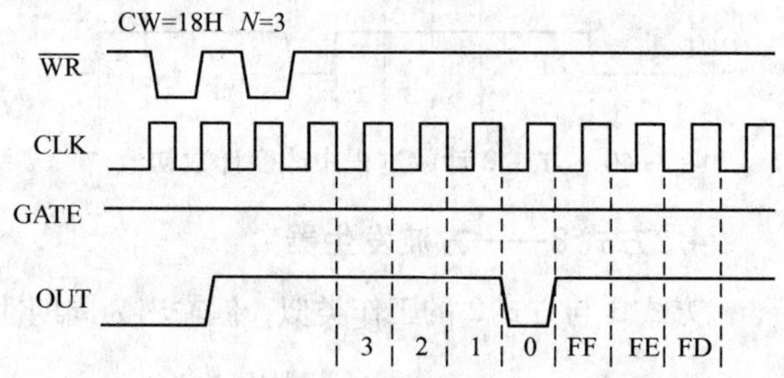

图 8-44 方式 4 波形

3）计数过程中，如果改变计数初值，则下一个时钟周期开始按新的计数值开始计数。若计数值为 16 位，则在写入第一个字节时停止计数，在写入第二个字节后，按新计数值开始计数。如图 8-46 所示。

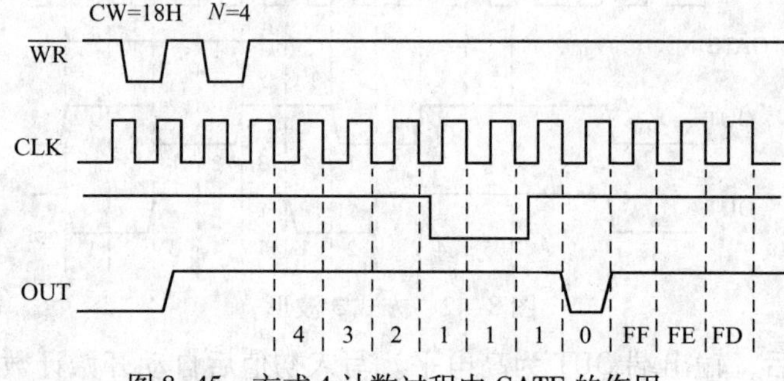

图 8-45 方式 4 计数过程中 GATE 的作用

6. 方式 5——硬件触发的选通信号发生器

方式 5 的波形如图 8-47 所示，其特点是：

1）写入控制字后，输出为高电平。写入计数初值后，计数器并不立即开始计数，而是由 GATE 信号的上升沿触发启动。当计数到 0 后，OUT 输出一个时钟周期的负脉冲，同时计数器停止计数。只有门控信号再次触

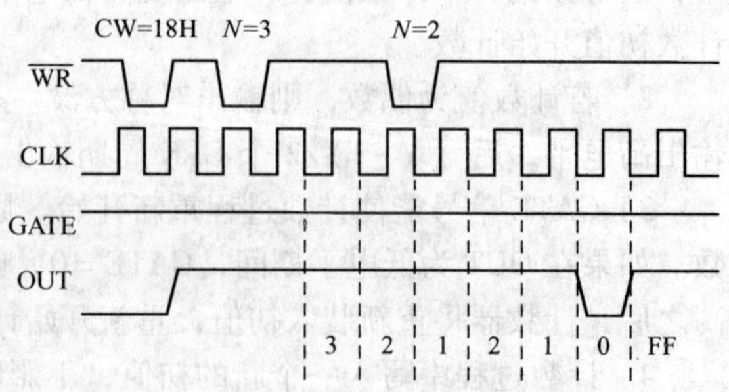

图 8-46 方式 4 计数过程中改变计数初值

发后，才能重新开始计数。

2）在计数过程中如果再次用门控信号去触发，则使计数器重新开始计数，此时输出还保持高电平，直到计数到 0，才输出负脉冲。如图 8-48 所示。

3）如果在计数过程中改变计数值，只要没有门控信号的触发，不影响计数过程。当有新的门控信号触发时，不管是否计数到 0，都按新的计数值计数。如图 8-49 所示。

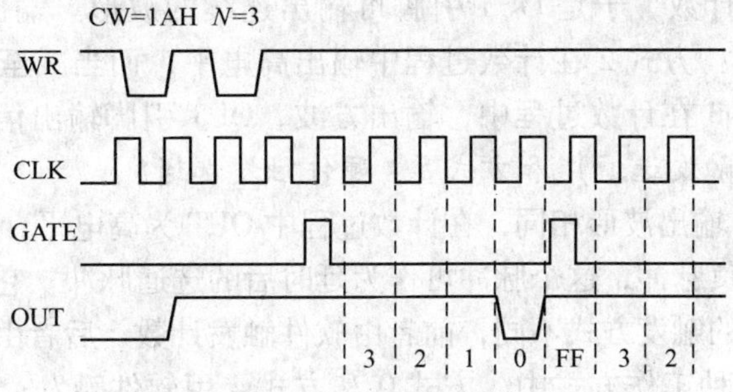

图 8-47　方式 5 波形

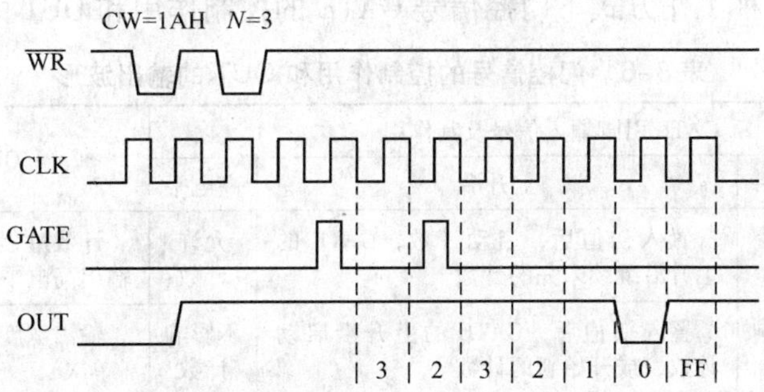

图 8-48　方式 4 计数过程中 GATE 的作用

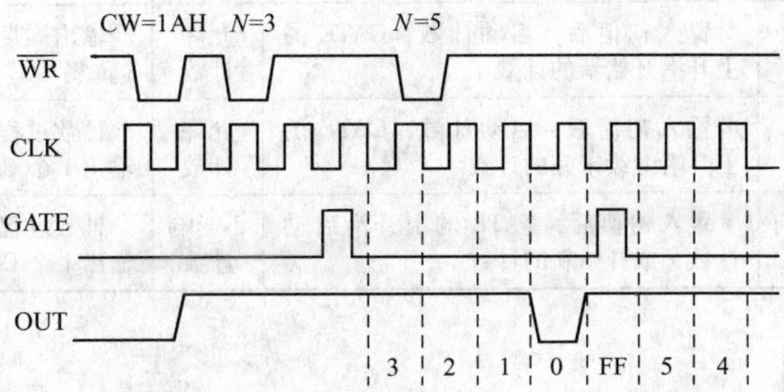

图 8-49　方式 4 计数过程中改变计数初值

7. 6 种工作方式的比较

上面分别说明了 8253 的 6 种方式的工作过程，下面分析这 6 种方式的特点和差别，以便具体应用时，有针对性地加以选择。

(1) 方式 0（计数结束中断）和方式 1（可重复触发的单稳）

这两种方式的输出波形类似，它们的 OUT 输出在计数开始时变为低电平，在计数过程中保持低电平，计数结束立即变为高电平，此输出作为计数结束的中断请求信号，或作为单稳延时，两者均无自动重装能力。它们的不同点主要在于启动计数器的触发信号，方式 0 由软件触发，即写信号的 $\overline{WR}$ 上升沿触发；方式 1 由硬件触发，即门控信号 GATE 的上升沿触发。

(2) 方式 2（分频器）和方式 3（方波发生器）

这两种方式共同的特点是具有自动重装能力，即计数器回零时初值寄存器的内容又被自动装入减 1 计数器继续计数，于是 OUT 引脚可输出连续的波形。输出信号的频率都是 f_{CLK}/初值。两者的区别在于：方式 2 在计数过程中输出高电平，而当减至 1 时输出脉宽为 1 个时钟周期的负脉冲；方式 3 在计数过程中，输出方波，OUT 引脚输出信号占空比近似为 1: 1。

(3) 方式 4（软件触发选通）和方式 5（硬件触发选通）

这两种方式的 OUT 输出波形相同，在计数过程中 OUT 为高电平，在计数结束后 OUT 输出脉宽为 1 个时钟周期的负脉冲，这个脉冲可作为延时后的选通脉冲。它们无自动重装能力。两者的区别是计数器启动的触发方式不同，前者由软件触发计数，后者由硬件触发计数。

概括起来，上述 6 种工作方式中，方式 0 和方式 4 用软件触发；方式 1 和方式 5 用硬件触发；方式 2 和方式 3 既可用软件触发，也可用硬件触发。

表 8-6 列出了各种工作方式下门控信号 GATE 的控制作用和 OUT 的输出波形。

表 8-6 门控信号的控制作用和 OUT 的输出波形

工作方式	GATE 引脚输入信号及其作用				OUT 引脚输出波形
	低电平	下降沿	上升沿	高电平	
0	禁止计数	暂停计数	置入初值后，启动计数，GATE 的上升沿继续未完的计数	允许计数	计数过程中输出低电平。计数至 0 输出高电平（单次）
1	不影响计数	不影响计数	置入初值后，GATE 的上升沿启动计数，或开始新的计数	不影响计数	输出宽度为 N 个 CLK 周期的低电平（单次）
2	禁止计数	停止计数	置入初值后，启动计数，GATE 的上升沿开始新的计数	允许计数	输出周期为 N 个 CLK 周期，脉宽为 1 个 CLK 周期的负脉冲（重复）
3	禁止计数	停止计数	置入初值后，启动计数，GATE 的上升沿开始新的计数	允许计数	输出周期为 N 个 CLK 周期的方波（重复）
4	禁止计数	暂停计数	置入初值后，启动计数，GATE 的上升沿继续未完的计数	允许计数	计数过程中输出高电平。计数至 0 输出 1 个 CLK 周期的负脉冲（单次）
5	不影响计数	不影响计数	置入初值后，GATE 的上升沿启动计数，或开始新的计数	不影响计数	计数过程中输出高电平。计数至 0 输出 1 个 CLK 周期的负脉冲（单次）

8.3.5 8253 应用

1. 8253 在数据采集系统中的应用

【例 8-12】 某数据采集系统中，用一片 8255A 的端口 A 作为现场数据的输入口。要求以 2s 为周期进行数据采集，使用一片 8253 提供采样定时，其主要接线如图 8-50 所示。

设 8255A 的端口地址为：C0H、C2H、C4H、C6H。8253 端口地址为：E0H、E2H、E4H、E6H。

根据应用要求，8253 应工作于方式 2，使其每隔 2s 产生一次中断请求。由图中可知，8253 的计数脉冲频率为 2MHz，而 $2\text{MHz} \div 0.5\text{Hz} = 4 \times 10^6$，即需要进行 4×10^6 的分频。如用通道 0 在方式 2 下工作，其最多分频 65536 次，这样仅用通道 0 不能满足定时要求。于是将通道 0 的输出，接至通道 1 的 CLK_1 端，进行再次分频，用通道 1 的输出去申请中断。

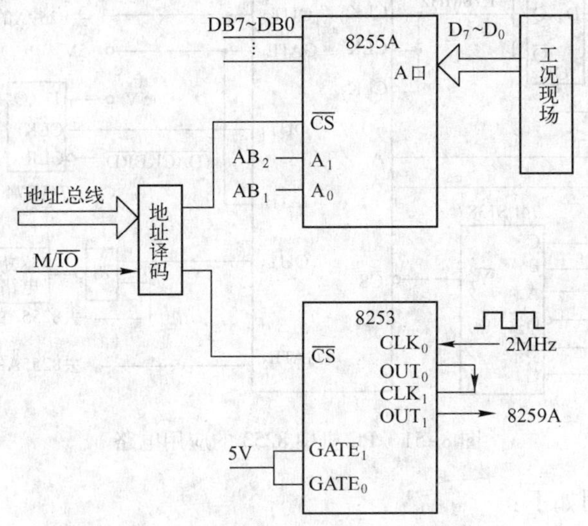

图 8-50　8253 在数据采集系统中的应用

依据以上分析，通道 0 工作在方式 2，设计数初值为 50000（C350H）；通道 1 工作在方式 2，计数初值为 80。8255A 端口 A 工作于方式 0，输入，端口 B 工作于方式 0，输出。其方式控制字为 90H。

初始化程序如下：

```
MOV     AL,90H          ;对 8255A 初始化,写入方式控制字
OUT     0C6H,AL
MOV     AL,54H          ;初始化 8253,通道 1 方式 2 只写低字节
OUT     0E6H,AL
MOV     AL,80           ;通道 1 的 8 位计数初值
OUT     0E2H,AL         ;写入通道 1
MOV     AL,34H          ;初始化 8253,通道 0 方式 2 写 16 位
OUT     0E6H,AL
MOV     AL,50H          ;通道 0 计数初值低 8 位
OUT     0E0H,AL
MOV     AL,0C3H         ;通道 0 计数初值高 8 位
OUT     0E0H,AL
```

中断服务程序中，用一条 IN AL，0C0H 指令，即可从 8255A 的端口 A 输入数据。

2. 8253 在 IBM PC/XT 机上的应用

在 IBM PC/XT 机中，8253 主要提供系统的时钟中断、动态 RAM 的刷新及喇叭发声控制等功能。8253 的初始化是在计算机启动时由 BIOS 完成的。图 8-51 是 8253 在 IBM PC/XT 机的应用示意图。时钟电路 8284 的 PCLK 引脚提供的 2.383 MHz 的时钟信号，经过 D 触发器 74LS175 二分频后作为 3 个定时器/计数器的时钟输入信号。

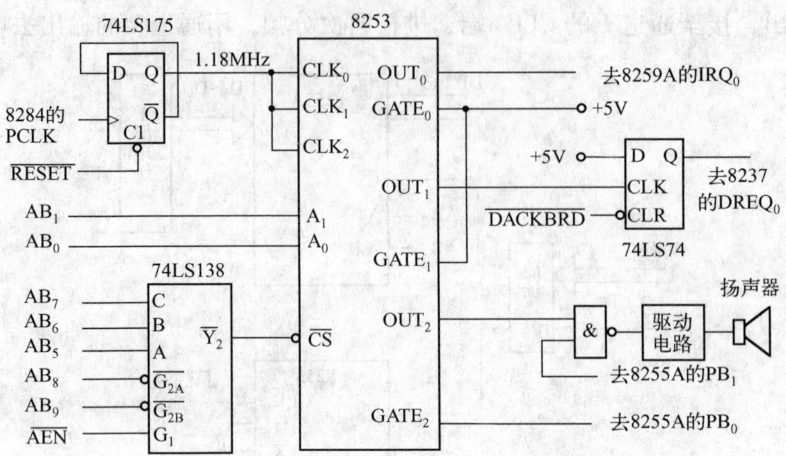

图 8-51　PC 机中 8253 的应用电路

三个计数器的作用如下：

计数器 0 用于产生日期时钟信号，工作在方式 3，计数初值为 0，二进制计数方式。输出信号 OUT_0 作为 8259A 的中断请求信号 IRQ_0，产生的方波频率为 1.19 MHz ÷ 65536 = 18.2 Hz，周期约为 55 ms，即每隔约 55 ms 产生一次中断请求。在中断服务程序中用一个 16 位变量作为计数器，初值为 0000H，每执行一次中断服务程序就执行一次加 1 操作。当其值由 0000H 变为 FFFFH 时，则意味着已经产生了 65536 次中断请求，经历的时间为65536 × 55ms = 3600 s。

计数器 1 用于产生动态存储器的刷新定时信号，工作在方式 2，计数初值为 18，二进制计数方式。输出信号 OUT_1 通过 74LS74 驱动后，作为 8237A 通道 0 的 DMA 请求信号 $DREQ_0$，所产生的负脉冲周期为 18 ÷ 1.19 MHz = 15.08 μs，控制 8237A 通道 0 每隔 15.08 μs 刷新动态存储器的一行。

计数器 2 产生方波信号，使系统中的扬声器发声，工作在方式 3，计数初值为 0533H，二进制计数。OUT_2 引脚输出的方波频率为 1.19 MHz ÷ 1331 = 896 Hz，通过驱动电路送给扬声器，能否发声还需要由 8255A 的 PB_1 和 PB_0 控制。

8253 的 I/O 端口地址为 40H ~ 43H，下面的程序段完成对 8253 的初始化：

```
MOV     AL,00110110B            ;对计数器 0 初始化
OUT     43H,AL                  ;双字节读写,方式 3,二进制计数
MOV     AL,0
OUT     40H,AL                  ;写入计数初值的低字节
OUT     40H,AL                  ;写入计数初值的高字节
MOV     AL,01010100B            ;对计数器 1 初始化
OUT     43H,AL                  ;只读写低字节,方式 2,二进制计数
MOV     AL,18
OUT     41H,AL                  ;写入计数初值的低字节
MOV     AL,10110110B            ;对计数器 2 初始化
OUT     43H,AL                  ;双字节读写,方式 3,二进制计数
MOV     AL,33H                  ;写入计数初值的低字节
```

```
OUT     42H,AL
MOV     AL,05H                          ;写入计数初值的高字节
OUT     42H,AL
```

3. 用 8253 测量连续脉冲信号的周期

【例 8-13】 图 8-52 给出了测量连续脉冲信号的原理图。图中 8253 计数器 1 作为测量计数器，工作方式 0。触发器 D_1 与 D_2 组成测量控制电路。当 $PC_1=0$ 时，D_1 触发器输出 $Q_1=0$，$GATE_1=0$ 使 8253 不计数。当 $PC_1=1$ 时，只要被测输入脉冲信号有一个上升沿，D_1 触发器翻转使输出 $Q_1=1$，8253 开始计数，这时 D_2 触发器输出 Q_2 仍然为 0。当输入信号出现第二个上升沿时，D_1 触发器翻转使 Q_1 为 0，8253 停止计数，D_2 触发器翻转使输出 Q_2 变为 1，测量过程结束。测量结果在计数器 1 中，读入该值，将其乘以时钟脉冲周期即为被测信号周期。

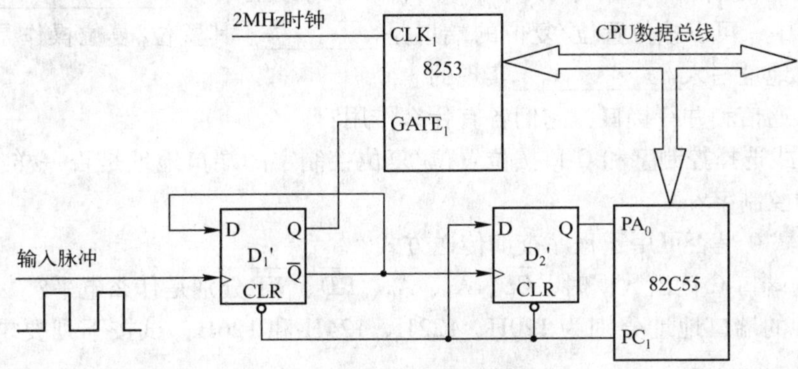

图 8-52 8253 测量脉冲周期

设 8253 口地址为 40H ~ 43H，82C55 口地址为 60H ~ 63H。程序段如下：

```
        MOV  AL,01110000B               ;8253 计数器 1 方式 0 控制字
        OUT  43H,AL
        MOV  AL,00000010B               ;82C55 按位置位/复位控制字
        OUT  63H,AL                     ;准备测量(PC1 =0)
        MOV  AL, 0                      ;计数初值设置为 0
        OUT  42H,AL                     ;写入计数初值的低字节
        OUT  42H,AL                     ;写入计数初值的高字节
        MOV  AL,00000011B               ;82C55 按位置位/复位控制字
        OUT  63H,AL                     ;允许计数(PC1 =1)
LOOP:   IN   AL,60H                     ;从 82C55 端口 A 输入
        TEST AL,01H
        JNZ  LOOP                       ;等待一次计数结束
        MOV  AL,01000000B               ;锁存后读操作命令
        OUT  43H,AL
        IN   AL, 41H                    ;读低字节
        MOV  BL, AL
        IN   AL, 41H                    ;读高字节
```

```
MOV  BH,AL                    ;测量结果保存在 BX 寄存器中
```

8.4　习题与思考题

1. 填空题

(1) 8255A 的内部有两组控制电路，其中 A 组控制________的工作方式和读写操作，B 组控制________的工作方式和读写操作。

(2) 8255A 的端口 A 工作于方式 2 时，使用端口 C 的________位作为与 CPU 和外部设备的联络信号。

(3) 当 8255A 的端口 A 和端口 B 均工作于方式 1 输出时，端口 C 的 PC4 和 PC5 可以作为________使用。

(4) 当 8255A 的端口 A 工作于方式 2 时，端口 B 可以工作于________。

(5) 8255A 中，可以按位置位/复位的端口是________，其置位/复位操作是通过向________口地址写入________实现的。

2. 什么是并行通信和并行接口？它们各有什么作用？

3. 8255A 的方式选择控制字和 C 口按位置位/复位控制字的端口地址是否一样？8255A 怎样区分这两种控制字？

4. 8255A 的方式 0 是否可用于程序查询传送方式？

5. 从 8255A 的端口 C 读出数据时，$\overline{CS}$、A_1、A_0、$\overline{RD}$、$\overline{WR}$分别是什么电平？

6. 已知 8255A 的端口地址分别为 120H、122H、124H 和 126H，试按下列要求设计初始化程序：

(1) 将端口 A 和端口 B 设置为方式 0，端口 A、端口 C 作为输出口，端口 B 作为输入口。

(2) 将端口 A 设置为方式 2，端口 B 设置为方式 1，端口 B 作为输出口。

(3) 将端口 A 和端口 B 均设置为方式 1 的输入状态，且 PC_6 和 PC_7 设置为输出位。

7. 若设 8255A 的控制端口地址为 63H。试编写一段程序，使 C 口输出一个负脉冲。另编写一段程序，禁止 B 口中断。

8. 某一外部输入设备，当它准备好一个数据时，能够发出一个数据准备好的状态信号 READY（高电平有效）。当 CPU 把数据取走后，要求 CPU 通过$\overline{ACK}$线向外设发一负脉冲，以便外设清除 READY 信号。试用 8255A 作为接口芯片，分别用查询方式和中断方式从外设读入 100 个数据，将其存入从 DAT_ BEG 开始的内存区。要求：画出 8255A 与外设之间的连线，并进行编程。

9. 现有一片 8255A 如图 8-53 所示，设端口地址为 200H ~ 203H，开关 K_0 ~ K_3 闭合，其余打开。执行完下列程序后，请指出：

(1) A 口和 B 口各工作于什么方式？各是输入还是输出？

(2) 指出各个发光二极管 LED 的发光状态？

```
MOV    AL,99H
MOV    DX,203H
OUT    DX,AL
MOV    DX,200H
```

```
IN   AL,DX
XOR    AL,0FH
MOV     DX,201H
OUT     DX,AL
```

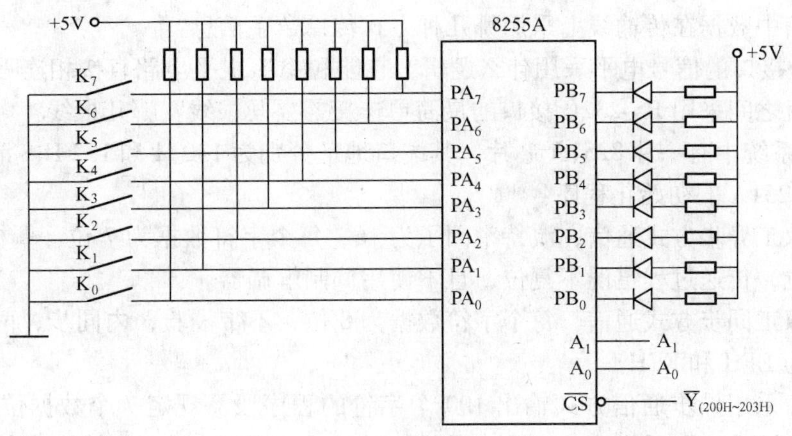

图 8-53

10. 图 8-54 是一个检测开关状态并控制相应的继电器通断的电路。要求当开关 $S_0 \sim S_7$ 之一闭合时，使相应的继电器 $K_0 \sim K_7$ 之一吸合（也即让驱动电流流过继电器线圈）；若开关处于断开状态，则使相应继电器释放。系统每隔 20 ms 应检测一次开关状态，并对继电器作相应控制。设图中 8255 $\overline{A}$的片选信号 CS 由 $A_9 \sim A_2 = 10000000$ 确定。试完成：

（1）8255A 的初始化编程（初始状态所有继电器的线圈均无电流流过）。

（2）设系统另有一片 8253 来实现 20 ms 的定时，每当 20 ms 到时自动向 CPU 申请中断。编写中断服务程序，并在其中完成开关的检测和继电器的控制。

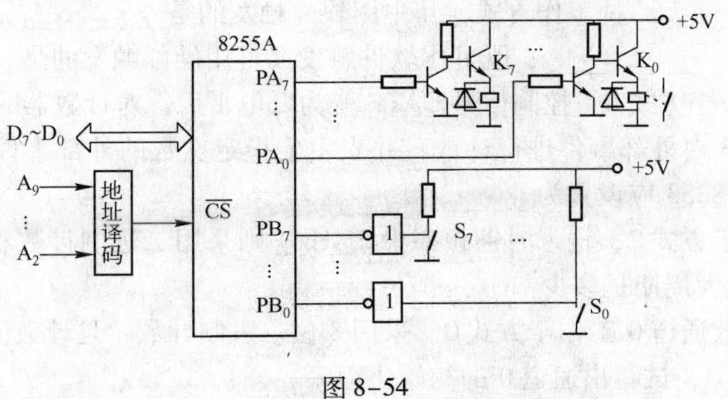

图 8-54

11. 填空题

（1）8251A 工作在异步方式时，每个字符的数据长度可以是________，停止位长度可以是________。

（2）8251A 工作在同步方式时，同步检测引脚 SYNDET 可以作为输入或输出信号使用。若工作在外同步方式，该引脚作为________。若工作在内同步方式，该引脚作为________。

(3) 8251A 从串行输入线上收到一个字符后，将信号________置位有效。

(4) 若 8251A 的波特率因子为 16，波特率为 1200 Baud/s，则时钟频率是________。

12. 串行通信的主要特点是什么?

13. 什么是串行接口? 它的主要作用是什么?

14. 串行通信中数据在传输线上采用哪几种方式传输数字信息?

15. RS-232C 接口的信号电平采用什么逻辑? 它能和 TTL 电平电路直接相连吗?

16. 两台微机之间采用 RS-232C 接口的最简单连接需要几根线? 哪几根线?

17. 设 8086 系统中有一片 8251A 芯片，其端口地址分别为 130 H 和 132 H。请按以下要求分别编出 8251A 的初始化程序:

(1) 全双工异步方式通信，波特率因子为 16，每个字符数据为 7 位，偶校验，1.5 个停止位，传送过程错误不复位，且不使用调制解调器。

(2) 全双工同步方式通信，每个字符数据为 8 位，不带校验，内同步，两个同步字符分别为 EFH 和 FEH。

18. 设计一个采用异步通信方式输出 100 个字符的程序段。规定 7 个数据位，1 个停止位，偶校验，波特率因子为 64。8251A 的端口地址为 40 H 和 42 H，输出字符缓冲区地址为 2000 H：3000 H。

19. 设 8251A 的端口地址为 240H 和 241H，采用异步方式，7 位数据位，奇校验，1 位停止位，波特率因子为 16，试编写一段程序，采用查询方式输入 100 个字符，将字符存放在 BUF 开始的缓冲区中。

20. 两台计算机均利用 8251A 进行串行通信，通信规则为：一方进行发送、另一方进行接收的半双工异步通信方式，波特率因子取 16，每个字符传送 7 位，奇校验，2 个停止位。试用查询方式实现串行通信，设计出逻辑电路图，并编写通信程序。

21. 填空题

(1) 8253 有________种工作方式，其中用软件触发的是______________；用硬件触发的是______________；既可用软件触发又可用硬件触发的是______________。

(2) 8253 工作于方式 0，控制信号 GATE 变为低电平后，对计数器的影响是________。

(3) 若用 8253 对外部事件进行计数，并当发生指定次数的外部事件时由计算机进行专门处理，8253 应设置为________。

22. 若 8253 工作于方式 2，输入时钟频率为 2MHz，则采用二进制计数和采用 BCD 计数时，输出信号的最大周期是多少?

23. 若 8253 的计数通道 0 工作于方式 0，采用 8 位二进制计数，且计数值为 1FH，其端口地址为 40H ~43H，试写出通道 0 的初始化程序。

24. 若 8253 的计数通道 1 的计数值为 16 位，采用读前送锁存命令的方法，试编写读通道 1 计数值的程序段。端口地址为 40H ~43H。

25. 设 8253 的端口地址为 240H ~243H，通道 0 的输入 CLK 频率为 1MHz，为使通道 0 输出 1kHz 的方波，编写初始化程序。如果让通道 0 和通道 1 级联（即 OUT0 接 CLK1）实现 1s 定时，则初始化程序如何编制。

26. 一个 8253 的应用电路如图 8-55 所示，3 个计数通道的工作方式分别为:

通道 0 为方式 2，计数初值为 1000;

通道 1 为方式 1，计数初值为 500；

通道 2 为方式 3，计数初值为 2000；

设时钟源的频率为 2.5MHz，当 GATE2 输入 +5V 后，试画出 3 个计数通道的 CLK、GATE、OUT 信号的波形和持续时间，并写出初始化程序。

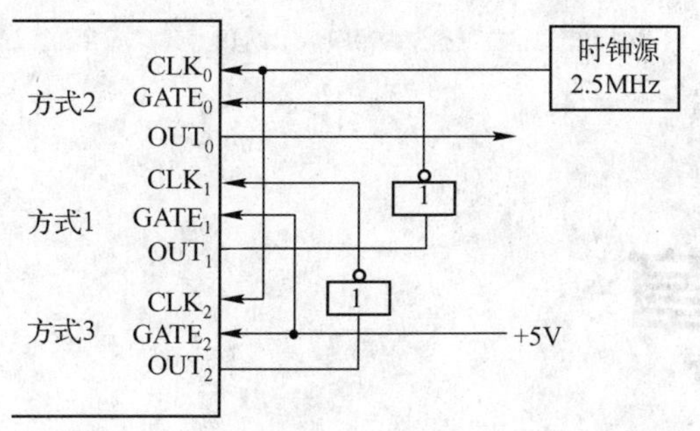

图 8-55

27. 一个 8253 的应用电路如图 8-56 所示，请说明计数通道 2 的工作方式和计数初值，并写出初始化程序。

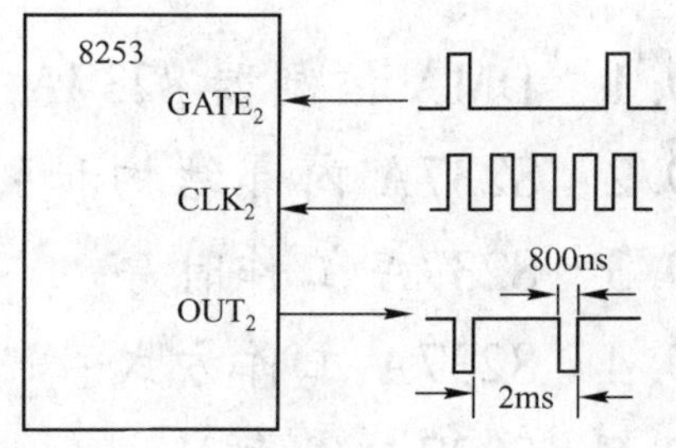

图 8-56

28. 利用 8253 实现下述功能：

每按动一次按键开关则产生持续时间为 5s、频率为 1kHz 的脉冲信号给蜂鸣器电路，设外部时钟电路的频率为 10kHz，8253 的端口地址为 40H ~ 43H。要求：

（1）画出连线简图；

（2）编写初始化程序。

第 9 章

DMA 控制器 8237A

直接存储器存取（DMA）传输方式是 CPU 与外部设备之间进行数据交换的 3 种基本方式之一。在 DMA 控制方式下，外设与存储器的数据传输不需要 CPU 中转，由专门的 DMA 控制器来完成。8237A 是 Intel 公司生产的高性能可编程 DMA 控制器，它是微型计算机系统中实现 DMA 功能的大规模、可编程集成电路芯片，直接应用于 8086/8088、80386 及 80486 系统中。

9.1　DMA 控制器 8237A 功能

Intel 8237A 是一种高性能的 DMA 控制器，具有很高的数据传输率，当系统时钟为 5 MHz时，其数据传输率可达到 1.6 MB/s。每片 8237A 有 4 个独立的 DMA 通道，可实现 4 路 DMA 传输，每个通道具有不同的优先级，可分别进行禁止和允许。每个 DMA 通道有 4 种工作方式，一次可传输的最大数据长度可达 64 KB。它的主要功能如下：

1）具有 4 个独立的通道。可以采用级联方式扩充用户所需要的通道，每个通道都具有 16 位地址寄存器和 16 位字节计数器。每个通道的 DMA 请求都可以分别被允许和禁止。

2）具有 4 种传输方式：单字节传输、数据块传输、请求传输和级联传输方式。

3）每个通道具有固定优先权和循环优先权两种优先权排序的优先权控制逻辑。

4）有增 1 和减 1 自动修改地址的能力。

5）每个通道都有软件的 DMA 请求。还各有一对联络信号线（通道请求信号 DREQ 和响应信号 DACK），而且 DREQ 和 DACK 信号的有效电平可以通过编程来设定。

6）具有终止 DMA 传送的外部信号输入引脚$\overline{\text{EOP}}$，外部通过此引脚输入有效低电平，可以终止正在执行的 DMA 操作。每个通道在结束 DMA 传送后，会产生过程终止信号$\overline{\text{EOP}}$输出，可以用它作为中断请求信号输出。

DMA 控制器既可作为主控设备，又可作为 CPU 的从设备。当 DMA 控制器接管总线使用权，直接在存储器和其他 I/O 接口间进行数据传递时，就成为和 CPU 一样的总线主控设备；当 CPU 用 I/O 指令对 DMA 控制器进行初始化编程时，DMA 控制器就和其他 I/O 设备一样成为总线的从设备。

9.2　8237A 内部结构和引脚

9.2.1　8237A 内部结构

8237A 内部主要包括时序和控制逻辑、优先级编码逻辑、命令控制逻辑、数据和地址缓冲器组，以及内部寄存器组，如图 9-1 所示。

时序和控制逻辑在输入时钟和定时控制下，产生 8237A 的内部定时信号和外部控制信号，其中内部定时信号包括 DMA 请求、DMA 传输及 DMA 结束等。优先级编码逻辑对多个通道 DMA 请求进行优先级排序，具有固定优先权和循环优先权两种方式。固定优先权方式规定 0 通道优先级最高，3 通道最低；循环优先权方式规定当前服务通道的优先级在结束服务之后变为最低级，其他通道的优先级依次发生变化。命令控制逻辑对 CPU 送来的地址信号进行译码，通过译码来确定要读/写的内部寄存器。数据和地址缓冲器组包括两个 I/O 缓冲器和一个输出缓冲器，其数据线和地址线通过这些缓冲器与系统总线连接，可以接管和释放总线。内部寄存器组分为两大类，一类是通道寄存器，每个通道单独具有；另一类是4个通道公用的寄存器，如图9-2所示。

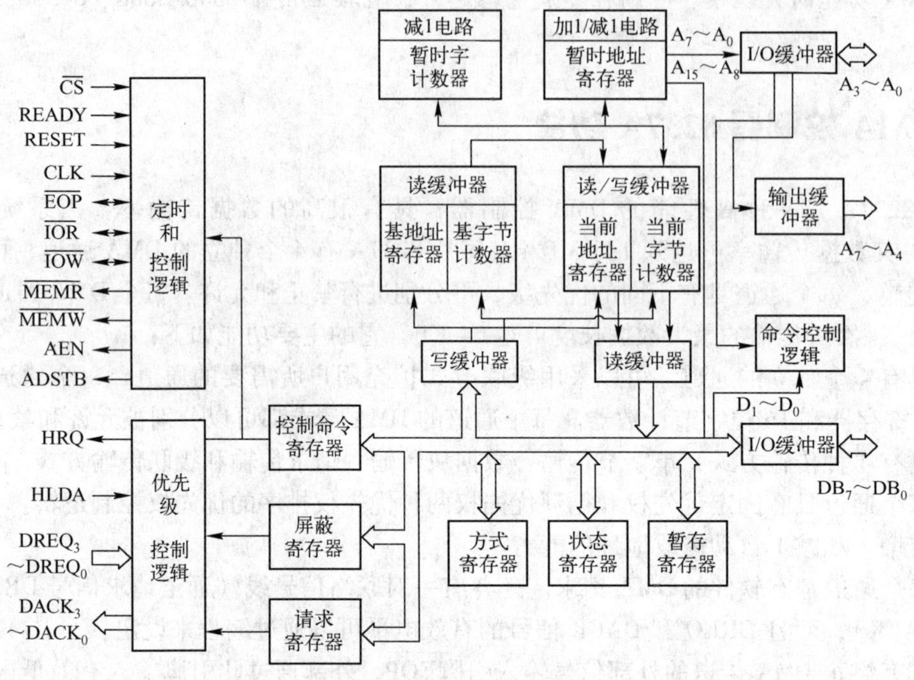

图9-1　8237A内部结构图

9.2.2　8237A引脚

8237A是一个具有40个引脚的双列直插式芯片。其外部引脚信号如图9-3所示。

1. 控制信号

CLK：时钟信号，输入，低电平有效。用于控制8237A芯片内部操作和DMA传输时的传输速率，时钟频率为3 MHz。

$\overline{CS}$：片选信号，输入，低电平有效。当8237A处于被动态时，若$\overline{CS}$有效，则选中8237A，此时DMA控制器作为一个I/O接口设备，允许CPU对8237A输出工作方式控制字、命令控制字或读入状态寄存器的内容。

RESET：复位信号，输入，高电平有效。当该信号有效时，屏蔽寄存器被置1，其他寄存器被置0。复位后的8237A处于空闲周期，并禁止4个通道的DMA操作。要重新进行DMA操作必须对8237A重新初始化。

READY：准备就绪信号，高电平有效。当所使用的存储器或I/O设备的速度较慢时，需要延长传输周期，此时使READY处于低电平，8237A就处于等待状态。当传送完毕时，READY变为高电平表示存储器或I/O设备已准备好。该信号用来扩展8237A的读/写脉冲，以适应慢速存储器或外设。

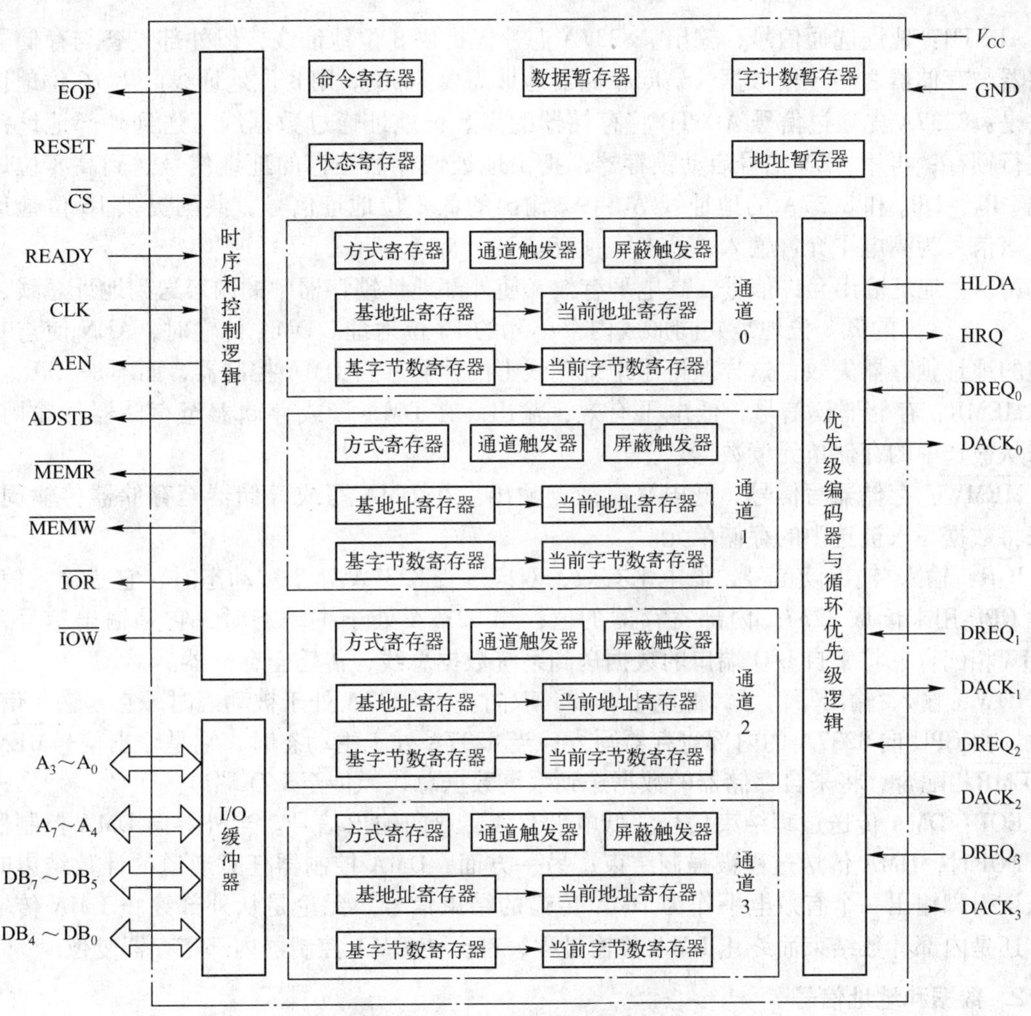

图 9-2　8237A 通道结构示意图

引脚名	引脚号	8237A	引脚号	引脚名
$\overline{IOR}$	1		40	A_7
$\overline{IOW}$	2		39	A_6
$\overline{MEMR}$	3		38	A_5
$\overline{MEMW}$	4		37	EOP
NC	5		36	A_4
READY	6		35	A_3
HLDA	7		34	A_2
ADSTB	8		33	A_1
AEN	9		32	A_0
HRQ	10		31	V_{CC}
$\overline{CS}$	11		30	DB_0
CLK	12		29	DB_1
RESET	13		28	DB_2
$DACK_2$	14		27	DB_3
$DACK_3$	15		26	DB_4
$DREQ_3$	16		25	$DACK_0$
$DREQ_2$	17		24	$DACK_1$
$DREQ_1$	18		23	DB_5
$DREQ_0$	19		22	DB_6
GND	20		21	DB_7

图 9-3　8237A 引脚结构图

ADSTB：地址选通信号，输出。8237A 芯片仅提供 8 位地址线，但外部设备与存储器或存储器与存储器之间传输数据，访问存储器地址需要 16 位。用 8 位地址线产生 16 位地址的方法是：8237A 先通过信号 ADSTB 将存储器的高 8 位地址通过数据线，送到外部地址锁存器进行锁存；再用 AEN 信号启动锁存器，把由地址锁存器锁存的地址信号送到高 8 位地址总线 $DB_7 \sim DB_0$ 和 8237A 的地址线 $A_7 \sim A_0$ 输出的低 8 位地址信号，共同提供 16 位地址信息。该信号为高电平允许输入，低电平锁存。

AEN：地址输出允许信号，高电平有效。使外部地址锁存器中的内容送到地址总线，与经 $A_7 \sim A_0$ 输出的低 8 位地址共同形成内存单元的 16 位地址。DMA 传输时，AEN 使与 CPU 相连的地址锁存器失效，这样保证了地址总线上的信号来自 DMA 控制器，而不是 CPU。

$\overline{MEMR}$：存储器读信号，低电平有效，输出。在 DMA 读或存储器至存储器传输周期，用来从被选中的存储单元读数据。

$\overline{MEMW}$：存储器写信号，低电平有效，输出。在 DMA 写或存储器至存储器传输周期，用来将数据写入被选中的存储单元。

$\overline{IOR}$：输入/输出读信号，低电平有效，双向。当 8237A 处于被动态时，它是输入信号，此时 CPU 用来读取 8237A 内部寄存器的值；当 8237A 处于主动态时，它是输出信号，与 $\overline{MEMW}$相配合，将来自 I/O 端口的数据送到系统数据总线，传输至存储器。

$\overline{IOW}$：输入/输出写信号，低电平有效，双向。当 8237A 处于被动态时，它是输入信号，此时，由 CPU 向 8237A 的内部寄存器写入；当 8237A 处于主动态时，它是输出信号$\overline{MEMR}$，与$\overline{MEMR}$相配合，将来自存储器的数据送到系统数据总线，传至 I/O 端口。

$\overline{EOP}$：DMA 传送过程结束信号，低电平有效，双向输出信号。当外界向 DMA 控制器送一个$\overline{EOP}$时，DMA 传送过程被强制结束；另一方面，DMA 控制器任意通道的计数结束时都会从该引脚输出一个有效电平作为 DMA 传输的结束信号。无论是从外部终止 DMA 传输过程，还是内部计数结束而终止 DMA 传输过程，都会使 DMA 控制器内部寄存器复位。

2. 数据和地址信号

$A_3 \sim A_0$：地址线低 4 位，双向信号线。当 8237A 处于被动态时，它们是输入信号，作为片内寄存器与计数器端口地址的选择；当 8237A 处于主动态时，它们是输出信号，作为 DMA 传送地址的低 4 位。

$A_7 \sim A_4$：地址线高 4 位，单向，输出。在 DMA 传送周期，与 $A_3 \sim A_0$ 共同形成访问存储器地址的低字节。

$DB_7 \sim DB_0$：8 位双向数据线，三态，与系统数据总线相连。这一组信号线有 3 个作用：一是在 8237A 处于被动态时，CPU 可以通过使$\overline{IOR}$有效从 8237A 中读取内部寄存器的值，送到 $DB_7 \sim DB_0$，CPU 也可使$\overline{IOW}$有效对 8237A 的内部寄存器进行写入；二是在 8237A 处于主动态时，$DB_7 \sim DB_0$ 输出当前地址寄存器中的高 8 位，并通过 ADSTB 锁存到外部地址锁存器中，这样与 $A_7 \sim A_0$ 输出的低 8 位一起构成 16 位地址；三是可在进行 DMA 传送过程中，在读周期经 $DB_7 \sim DB_0$ 信号线将源存储器的数据送到数据缓冲器中保存，在写周期再把数据缓冲器中保存的数据经 $DB_7 \sim DB_0$ 送至目的存储器。

3. 请求和响应信号

$DREQ_3 \sim DREQ_0$：通道 DMA 请求输入信号，是外设发送给 8237A 的请求信号，其优先级可通过编程来设置。在固定优先级情况下，$DREQ_0$ 的优先级最高，$DREQ_3$ 优先级最低。在循环方式下，某通道的 DMA 请求被响应后变为最低级。当外设的 I/O 接口要求 DMA 传送时，会使相应的 DREQ 有效，直到 8237A 发出 DMA 应答信号后，DREQ 才撤销。

$DACK_3$ ~ $DACK_0$：DMA 应答信号。这是 DMA 控制器送给外部 I/O 接口的应答信号。当 8237A 接到通道的 DMA 请求时，会向 CPU 发出 DMA 请求信号 HRQ。在 8237A 获得 CPU 送来的总线允许信号 HLDA 后，就产生 DACK 信号，送到相应外设接口，表示 DMA 控制器响应外设的 DMA 请求，从而进入 DMA 传送过程。系统允许多个 DMA 请求信号 DREQ 同时有效，但在同一时刻，8237A 只能有一个 DACK 信号有效。

HRQ：总线请求信号，高电平有效。由 8237A 发给 CPU，作为系统的 DMA 请求信号，当外设 I/O 端口要进行 DMA 传送时，向 8237A 发出 DREQ 信号，若对应的通道屏蔽标志为 0，则 8237A 的 HRQ 端输出有效电平，向 CPU 发出总线请求信号。

HLDA：总线响应信号，高电平有效，输入信号。它是 CPU 对 DMA 总线请求信号 HRQ 的应答信号，该信号有效时，表示 CPU 已经让出系统总线控制权。

在一次 DMA 操作过程中，首先是外设向 8237A 的某个通道提出 DMA 请求信号 DREQ，如果有效，则向 CPU 提出总线请求信号 HRQ；等待 CPU 给 8237A 发出总线响应信号 HLDA，该信号有效时，8237A 就向外设发出响应信号 DACK，至此 DMA 传送开始。

9.3　8237A 工作时序

8237A 有两种工作状态，即主动态和被动态，可以将它们看成两个操作周期，分别是有效周期和空闲周期。每个操作周期又由若干个状态构成，每个状态都是一个时钟周期，由 CLK 决定。由于每个状态完成的任务有所差别，可将它们分为 7 种，分别是空闲状态 S_I，起始状态 S_0，传送状态 S_1、S_2、S_3、S_4 和等待状态 S_W。典型工作时序如图 9-4 所示。

1. S_I 状态

在 8237A 上电以后，初始化之前或者初始化以后而没有 DMA 请求这两种情况下，便进入 DMA 空闲周期 S_I。在 S_I 状态，每个时钟都要进行两种检测，一是检测有无 $\overline{CS}$ 被选中，以确定 CPU 是否要对 8237A 进行初始化编程或读取信息。当发现 $\overline{CS}$ 有效时，8237A 成为 CPU 的一个外部 I/O 设备，进入编程状态，这时 CPU 可以对 8237A 进行读/写操作，设置控制字或读取状态寄存器的内容。另一个是检测有无 DMA 请求信号 DREQ，若检测到某一通道的 DREQ 端为有效电平，8237A 在 S_I 的上升沿产生 HRQ 信号，从而向 CPU 发出总线请求，同时结束 S_I 状态，进入到起始状态 S_0。

2. S_0 状态

S_0 是总线请求状态，一般要重复多次，8237A 不断检测 CPU 发出的总线响应信号 HLDA。在此状态中，8237A 已接收外设请求，向 CPU 发出 DMA 请求信号 HRQ，但尚未收到 CPU 的响应信号 HLDA。一旦在的 S_0 上升沿检测到 HLDA 信号有效，就使 8237A 进入 S_1 状态。

3. S_1 状态

S_1 状态用于更新高 8 位地址。在 S_1 状态，8237A 发出地址允许信号 AEN，将要访问的高 8 位地址 $A_{15} \sim A_8$送到数据总线 $DB_7 \sim DB_0$上，并发地址选通信号 ADSTB，ADSTB 的下降沿将地址信息锁存到锁存器中。低 8 位地址由 8237A 的 $A_7 \sim A_0$ 直接送到数据总线上。在成组传送方式下，跨越内存中一个 256B 的数据块，需要改变时 $A_{15} \sim A_8$，才会用到 S_1 状态，一般情况下 S_1 状态被跳过去，而直接进入 S_2 状态。

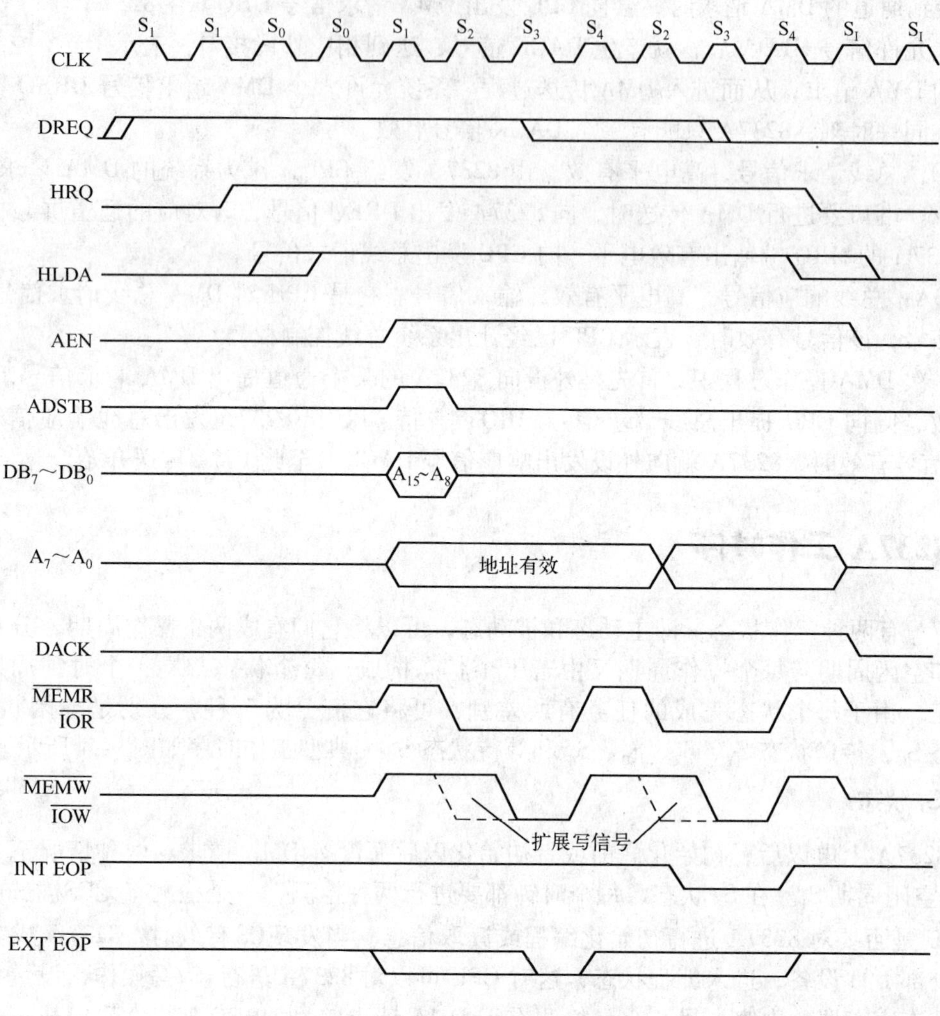

图 9-4　8237A 的典型时序图

4. S_2 状态

S_2 状态用于修改存储单元的低 16 位地址，此时 8237A 发出地址选通信号 ADSTB，将高 8 位地址锁存到地址锁存器中，再由地址允许信号 AEN 将其在 S_3 状态送到地址总线 $A_{15} \sim A_8$，低 8 位地址由 8237A 直接或经驱动器输出到地址总线 $A_7 \sim A_0$上，并且在整个 DMA 操作期间保持不变。另外，8237A 在 S_2状态期间向有 DMA 请求的外设输出 DMA 请求响应信号 DACK，使外设在整个 DMA 传送期间处于选中状态，然后根据具体操作发出相应的读/写控制信号，完成外设与存储器之间的数据传送。如果外设的速度较慢，则需在 S_2 状态之后插入 S_W 状态。

5. S_3 状态

读周期。S_3 状态主要用于延长读取数据的时间，在 S_3 状态中，$\overline{IOR}$（DMA 写）和 $\overline{MEMR}$（DMA 读）信号有效，进行读操作，即把从内存或 I/O 接口读取的 8 位数据发送到数据线 DB_7 ~ DB_0上，等待写周期的到来。8237A 具有普通时序和压缩时序两种工作时序，只有在普通时序工作中才会用到 S_3 状态，此时，将 A_{15} ~ A_8送到地址总线上。如果用压缩时序进行工作，就会跳过 S_3 状态而直接进入到 S_4 状态，此时只修改低 8 位地址 A_7 ~ A_0即可。

6. S_4 状态

写周期。在 S_4 状态，$\overline{IOW}$（DMA 读）和$\overline{MEMW}$（DMA 写）信号有效，进行写操作，即把读周期之后保持在数据线 DB_7 ~ DB_0上的数据字节写到存储器或外设 I/O 接口，至此结束本次一个字节的数据传输。8237A 对传输方式进行测试，如果不是成组传输方式或者请求传输方式，则立即回到 S_2 状态。通过测试$\overline{EOP}$信号来决定下一步操作，若该信号有效，则结束整个 DMA 操作，8237A 进入 S_I 状态，否则进入下一个 S_1 ~ S_4 周期。

由于读周期后所得到的数据并不送入 DMA 控制器内部保存，而是保存在数据线 DB_7 ~ DB_0上，所以，写周期一开始，即可快速地从数据线上直接写到存储器或外设 I/O 接口，这就是高速 DMA 传输提供直接通道的真正含义。

7. S_W 状态

如果存储器或外设 I/O 设备工作的速度比较慢，无法满足系统要求，可采用 8237A 的 READY 信号（需要专门设计电路产生该信号），在 S_3 状态之后插入一个等待状态 S_W，以延长读/写时间，此时所有的控制信号不变，直到 READY 信号变为无效，然后进入 S_4 状态。

通过以上对 8237A 工作时序的分析可以看出，每进行一次 DMA 传输，一般需要 4 个时钟周期，对应状态分别为 S_1、S_2、S_3、S_4，称为普通时序。在很多情况下还可以采用 3 个状态 S_1、S_2、S_4 来完成一次 DMA 传，称为压缩时序。

9.4 8237A 工作方式

8237A 在有效周期内进行 DMA 传输有 4 种工作方式，即单字节传输、数据块传输、请求传送和级联方式。除了级联方式外，其他 3 种方式都用于 DMA 传输，DMA 传输有 3 种类型：DMA 读，DMA 写和校验。

1. DMA 传输方式

(1) 单字节传输方式

该模式下，DMA 每次只传输一个字节。传完后，字节计数器的值减 1，地址寄存器加 1 或减 1，释放总线，将控制权还给 CPU。若传输后字节计数器从 0 减到 FFFFH，则终结 DMA 传送或重新初始化。通常，在 DACK 成为有效之前，DREQ 必须保持有效。每次传输后，DMA 控制器把总线让给 CPU 至少一个总线周期，且立即开始检测 DREQ 输入，一旦 DREQ 为有效，再进行下一个字节的传输。

该方式特点是：一次传输一个字节，效率较低；两次 DMA 传输之间 CPU 有机会重新获取总线控制权，至少得到一个总线周期，以进行其他相关的操作。

（2）数据块传输方式

该方式下，由 DREQ 启动后就连续地传输数据，直到字节数寄存器从 0 减到 FFFFH 终止计数，或由外部输入有效信号终结 DMA 传输。DREQ 只需维持有效到 DACK 有效。

该方式的特点是一次请求传输一个数据块，效率高；整个 DMA 传输期间，CPU 长时间无法控制总线，如在此期间无法响应其他 DMA 请求、无法处理中断等。

（3）请求传输方式

该方式类似于数据块传输方式，不同之处在于每传输一个字节后，8237A 都将采样检测 DREQ 信号是否有效，若无效则放弃传输，8237A 工作现场的地址及字节数会保存在当前地址寄存器及当前字节数寄存器中，当外设准备好新数据块，DREQ 变为有效后从放弃的那一点开始 DMA 传输。当出现如下 3 种情况之一时将终止传输：①字节数计数器减到 0，产生一个终止计数 T/C 信号；②由外部发出一个有效的结束信号 $\overline{EOP}$；③外设的 DMA 请求信号 DREQ 无效，即外设的数据已传输完毕。

该方式的特点是可由外设利用 DREQ 信号控制 DMA 传输的过程，使用较灵活。

（4）级联方式

当系统需要的 DMA 通道数超过 4 个时，需要将两片或多片 8237A 级联起来，如图 9-5 所示。级联的方法是将第二级 DMA 控制器的总线请求信号 HRQ 与第一级的 DMA 请求信号 DREQ 相连，将第二级的总线响应信号 HLDA 与第一级的 DMA 应答信号 DACK 相连，而第一级的 HRQ 和 HLDA 分别与 CPU 的 HOLD、HLDA 相连。

当第一级的某个通道工作在级联方式下时，它并不进行 DMA 传输，仅起到优先权连接作用，即第二级的 4 个 DMA 通道与所连通的第一级 DMA 通道的优先级相对应，实际的操作由第二级芯片完成，还可由第二级扩展到第三级等。

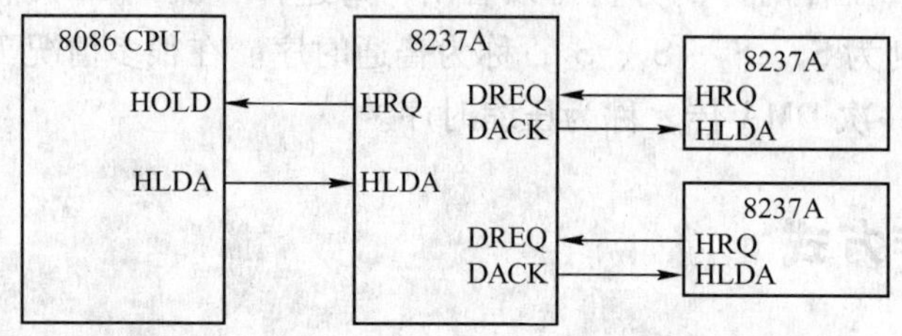

图 9-5　8237A 的级联

2. DMA 的传输类型

在数据传输时，可根据每次 DMA 传输所操作的字节数分别设置不同的传输方式，每种传输方式都分别对应 3 种不同的操作类型。

（1）DMA 读：将数据由存储器传输到外设。在一个 DMA 周期中，8237A 先发 $\overline{MEMR}$ 信号，由存储器读取数据，再发信号将数据写入外设。

（2）DMA 写：将数据由外设传输到存储器。在一个 DMA 周期中，8237A 先发 $\overline{IOR}$ 信号，由外设读取数据，再发 $\overline{MEMW}$ 信号将数据写入存储器。

（3）校验：空操作，并不进行数据的传输，只对数据块内部的每个字节进行校验。因此，DMA 通道用于校验操作时，所有的存储器控制信号和 I/O 控制信号都视为无效，这种方式仅用于校验 DMA 控制器内部的寻址逻辑和控制逻辑是否正确。

此外，8237A 还支持存储器到存储器的传送，此时固定使用通道 0 和通道 1。通道 0 的地址寄存器存放源区地址，通道 1 的地址寄存放器存目的区地址，通道 1 的字节数寄存器存放传输的字节数。传输由设置通道 0 的软件请求启动，每传输一字节需用 8 个时钟周期，前 4 个时钟周期用通道 0 地址寄存器的地址从源区读数据送入 8237A 的临时寄存器，后 4 个时钟周期用通道 1 地址寄存器的地址把临时寄存器中的数据写入目的区。每传输一个字节，源和目的地址都自减 1。当通道 1 的字节计数寄存器从 0 减到 FFFFH，会由 TC 引起$\overline{EOP}$端输出一个脉冲结束 DMA 传输。也可以在传输过程中由外部发出一个$\overline{EOP}$信号来停止 DMA 传输。

9.5 8237A 寄存器

8237A 的内部寄存器主要分为两大类：一类是 4 个通道共用的寄存器（工作方式寄存器、控制寄存器、状态寄存器、请求寄存器、屏蔽寄存器和暂存寄存器）；另一类是每个通道都有的寄存器（基地址寄存器、当前地址寄存器、基字节寄存器和当前字节寄存器）。通过对这些寄存器的编程，可实现 8237A 的 4 种工作方式和 3 种传输类型，2 种优先级选择，2 种工作时序，自动初始化以及在存储器与存储器之间进行数据传输等一系列操作功能。

表 9-1 8237A 状态和控制寄存器表

信号							操作命令
$\overline{CS}$	$\overline{IOR}$	$\overline{IOW}$	A_3	A_2	A_1	A_0	
0	0	1	1	0	0	0	读状态寄存器
0	1	0	1	0	0	0	写命令寄存器
0	1	0	1	0	0	1	写 DMA 请求寄存器
0	1	0	1	0	1	0	写 DMA 屏蔽寄存器
0	1	0	1	0	1	1	写方式寄存器
0	1	0	1	1	0	0	清除先/后触发器
0	0	1	1	1	0	1	读暂存寄存器
0	1	0	1	1	0	1	复位命令
0	1	0	1	1	1	0	清除屏蔽寄存器
0	1	0	1	1	1	1	写屏蔽命令字

1. 共用寄存器

（1）控制命令寄存器

控制命令寄存器用来存放控制命令字，4 个通道共用，是 8 位寄存器。该控制命令字由 CPU 在编程时写入，用于设定 8237A 的操作类型、工作方式、传输方向和有关参数，这些设定是通过 CPU 在 DMA 传输之前向控制命令寄存器写入相应的控制命令字来实现的。控制命令寄存器的内容由复位信号和总清除命令清除，只能写不能读。其格式如图 9-6所示。

（2）状态寄存器

状态寄存器用来存放 8237A 在 DMA 传输前后的状态信息，是 8 位寄存器。该寄存器内容可由 CPU 读出，但不能写入，并且状态信息在复位或读出后自动清除。其格式如图 9-7 所示。高 4 位表示当前是否有 DMA 请求，低 4 位表示 4 个通道的终止计数状态。当通道达到计数终点 TC 或外设送来有效的$\overline{EOP}$信号，低 4 位相应位置 1。

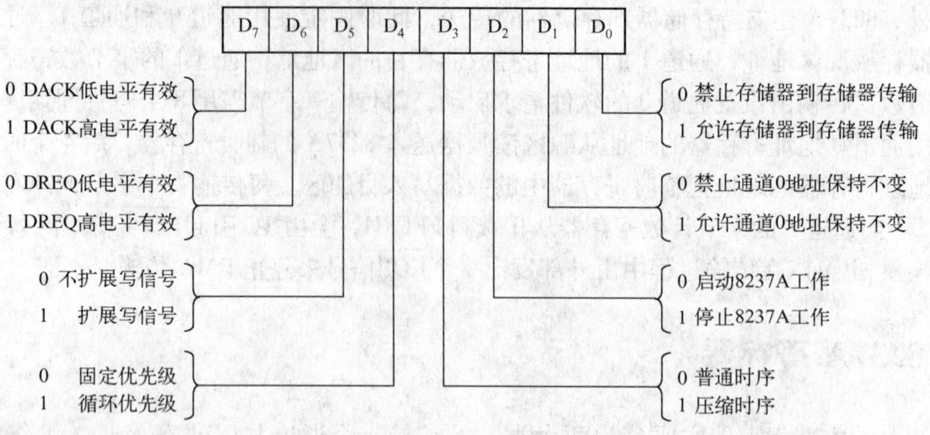

图 9-6 控制命令寄存器的格式

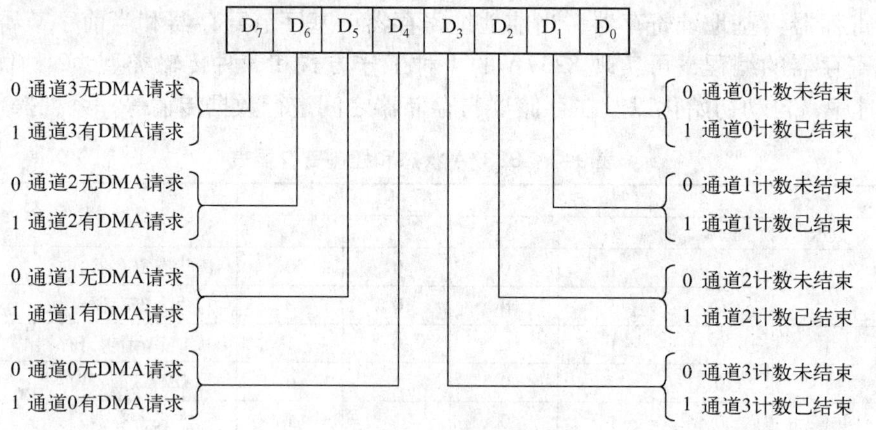

图 9-7 状态寄存器的格式

(3) 请求寄存器

请求寄存器用来设置 DMA 的请求标志位。对 8237A 来说，DMA 请求信号既可由硬件产生，也可由软件产生。当用软件发 DREQ（仅限于数据块传输）请求时要用到请求字，格式如图 9-8 所示。其中，最低两位 D_1D_0 用于实现通道选择，D_2 位决定了置位或复位。对存储器到存储器的传送，必须用软件请求启动通道 0。

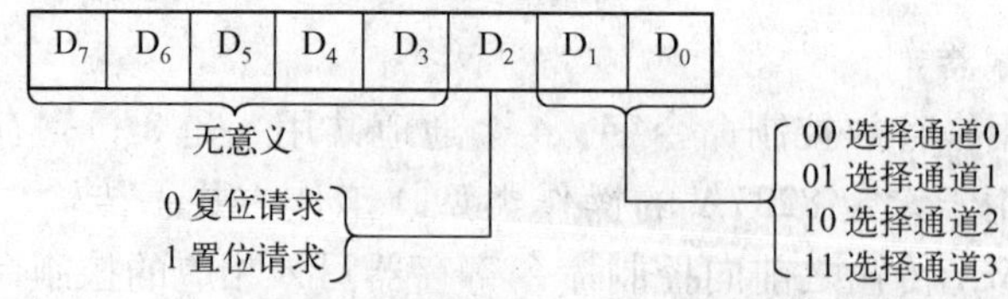

图 9-8 请求寄存器的格式

(4) 屏蔽寄存器

屏蔽寄存器用来允许和禁止各通道的 DMA 请求。8237A 复位后，4 个通道都置于屏蔽状态。所以在编程时要根据需要对屏蔽位复位，以允许相应通道产生产生 DMA 请求。有两种屏蔽字格式：单通道屏蔽字和综合屏蔽字，其格式如图 9-9 和图 9-10 所示。单通道屏蔽字屏蔽字一次只能设置一个通道，综合屏蔽字可同时对 4 个通道进行设置。要注意的是，这两种不同格式的命令字，写入 DMAC 时有不同的口地址。写单个通道屏蔽寄存器口地址为 0AH，而写综合屏蔽字的口地址为 0FH。

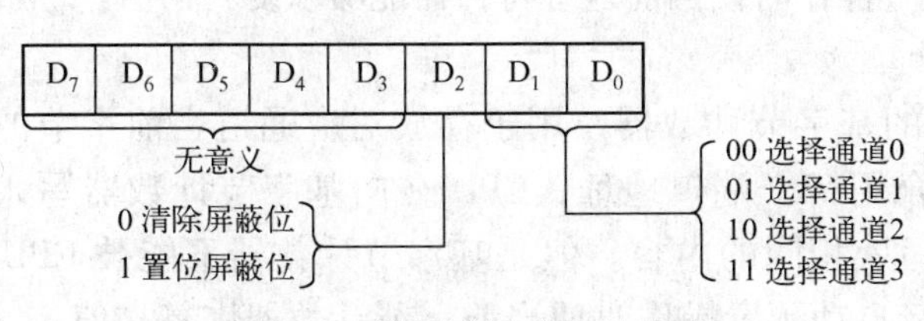

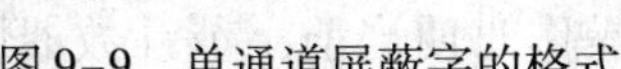

图 9-9　单通道屏蔽字的格式

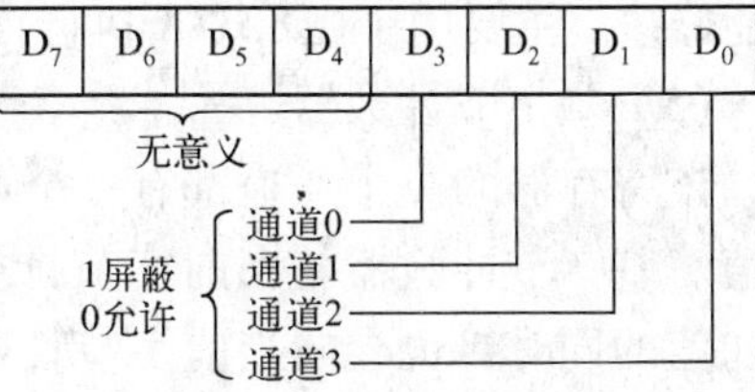

图 9-10　综合屏蔽字的格式

另外，如果某通道被编程设置为不允许自动预置，则当该通道有结束信号$\overline{EOP}$时，它所对应的屏蔽位被置位。必须再次编程为允许，才能进行下一次 DMA 传输。

（5）暂存寄存器

暂存寄存器是 8237A 内部的一个共用 8 位寄存器。在进行存储器之间的数据传送时，用于暂时保存从源地址读出的数据。暂存寄存器中始终保存着最后一次传送的数据，可以通过编程被 CPU 读取。RESET 信号和总清除命令可清除暂存寄存器中的内容。

2. 通道寄存器

（1）方式寄存器

通道寄存器的 4 个通道是完全独立的，每个通道都有一个 8 位的方式寄存器，用于设置 DMA 的传送方式、传送类型、地址设置方式、自动预置以及通道选择等，由 CPU 初始化时写入。该寄存器的格式如图 9-11 所示。

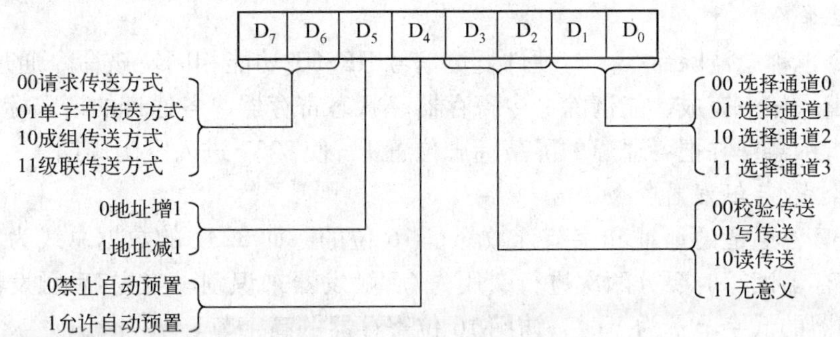

图 9-11　方式寄存器的格式

（2）当前地址寄存器

该寄存器的每个通道都有一个 16 位的当前地址寄存器，用于存放 DMA 传输的地址。在每传输一个数据后，地址值会自动增 1 或减 1，指向下一个存储单元。在自动预置条件下，$\overline{EOP}$信号之后重新被预置为初始值。

（3）当前字节计数器

该寄存器的每个通道都有一个 16 位的当前字节计数器，用于存放当前 DMA 传输的字节数。每次传输完一个数据后，字节计数器减 1，到达 0 后再减 1 变为 FFFFH 时，则传输结束。

（4）基地址寄存器

该寄存器的每个通道都有一个 16 位的基地址寄存器，用于存放 DMA 传送的起始地址。基地址寄存器与当前地址寄存器合用一个端口地址，因此 CPU 在向基地址寄存器写入起始地址的同时，也会向当前地址寄存器写入相同的内容。基地址寄存器的内容不能被 CPU 读取，也不能修改。主要用于在 8237A 执行自动预置操作时使当前地址寄存器能够恢复到初值。

（5）基字节计数器

该寄存器的每个通道都有一个 16 位的基字节计数器，用于存放对应通道当前字节的初始值。基字节计数器与当前字节计数器合用一个端口地址，CPU 在向基字节计数器写入计数初值的同时，也会向当前字节计数器写入相同的内容。但是基字节计数器不能被 CPU 读取，也不能修改。主要用于在 8237A 执行自动预置操作时使当前字节计数器恢复初值。

3. 软件命令

8237 设置了 3 条软件命令，它们是：主清除、清除字节指示器和清除屏蔽寄存器。这些软件命令只要对某个适当地址进行写入操作就会自动执行清除命令。

9.6 8237A 编程

1. 8237A 的软件命令

8237A 的编程除了通过 CPU 写入控制字、方式字、请求标志和屏蔽标志外，还可以通过执行一些软件命令来完成某个指定的功能。这些软件命令是通过对指定的端口地址进行一次写操作来完成的。8237A 专门设计了 3 条特殊的软件命令：复位命令、清除先/后触发器命令和清除屏蔽寄存器命令。

（1）复位命令

复位命令也称总清除命令，与硬件复位信号 RESET 功能相同。该命令通过向 0DH 端口地址进行输出操作来完成，能清除命令寄存器、状态寄存器、各通道的请求标志位、暂存寄存器和字节指示器，并把各通道的屏蔽标志位置 1，使 8237 进入空闲周期。

（2）清除先/后触发器命令

因为 8237 各通道的地址和字节计数都是 16 位的，而 8237 的数据总线为 8 位，所以对这些 16 位寄存器读写时要分两次进行，用先/后触发器来识别。当先/后触发器为 0 时，访问 16 位寄存器的低字节；为 1 时，访问 16 位寄存器的高字节。

8237A 复位后，先/后触发器被清 0。当先/后触发器为 0 态时，读/写低 8 位数据，然后先/后触发器自动置 1，再读/写高 8 位数据，接着先/后触发器自动清 0。因此，DMA 传输之前，一般要将先/后触发器清 0，以保证先读写数据的低 8 位。在程序中，只需向其端口写入任意值即可使先/后触发器清 0。

（3）清除屏蔽寄存器命令

该命令清除 4 个通道的全部屏蔽位，使各通道均能接受 DMA 请求。

2. 8237A 各内部寄存器对应的端口地址

8237A 的软件命令是通过对内部寄存器的写操作来执行的，而状态寄存器和暂存寄存器的内容是通过读操作来完成的。在对内部寄存器进行读/写操作时，CPU 要对 $\overline{CS}$、$\overline{IOR}$、$\overline{IOW}$ 和 $A_3 \sim A_0$ 上发出相应信号，来决定 8237A 对哪些寄存器进行操作。

为了便于 8237A 的应用，表 9-2 提供了其内部寄存器对应的端口地址分配及相应寄存器的操作和功能（内部端口地址的起始地址为 0000H）。

表 9-2 8237A 的内部端口地址及操作

内部端口地址	通 道 号	读操作（$\overline{IOR}$）	写操作（$\overline{IOW}$）
00H	0	读通道 0 当前地址寄存器	写通道 0 基（当前）地址寄存器
01H		读通道 0 当前字节计数器	写通道 0 基（当前）字节计数器
02H	1	读通道 1 当前地址寄存器	写通道 1 基（当前）地址寄存器
03H		读通道 1 当前字节计数器	写通道 1 基（当前）字节计数器
04H	2	读通道 2 当前地址寄存器	写通道 2 基（当前）地址寄存器
05H		读通道 2 当前字节计数器	写通道 2 基（当前）字节计数器
06H	3	读通道 3 当前地址寄存器	写通道 3 基（当前）地址寄存器
07H		读通道 3 当前字节计数器	写通道 3 基（当前）字节计数器
08H	公用	读状态寄存器	写命令寄存器
09H			写请求寄存器
0AH			写屏蔽寄存器的某一位
0BH			写方式寄存器
0CH			清除先/后触发器
0DH		读暂存寄存器	复位命令
0EH			清除屏蔽寄存器
0FH			写屏蔽寄存器的所有位

从表中可看出，前 8 个地址（00H ~ 07H）被各通道单独占有，后 8 个地址（08H ~ 0FH）被 4 个通道所公用，主要用于对 8237A 写入一些软件命令，以设定 8237A 的某些工作状态。由于计数器或寄存器都为 16 位，而数据线为 8 位，所以读/写操作分两次完成，由 8237A 内部先/后触发器来确定高字节（1 态）或低字节（0 态）。

3. 8237A 初始化编程

在进行 DMA 传输之前，CPU 要对 8237A 进行初始化编程。初始化操作是在空闲周期内进行的，由 CPU 用输出指令向 8237A 内部寄存器写入数据。8237A 初始化的基本步骤如下：

1）写入复位命令。

2）写入基址与当前地址寄存器。

3）写入基址与当前字节数地址寄存器。

4）写入模式寄存器。

5）写入屏蔽寄存器。

6）写入命令寄存器。

7）写入请求寄存器。

下面举例说明 8237A 通道的初始化编程。

【例 9-1】 若要利用通道 0，由外设（磁盘）输入 32 KB 的一个数据块，传输至内存 8000H 开始的区域，增量传输，采用块连续传输的方式，传输完不自动初始化，外设的

DREQ 和 DACK 都为高电平有效。

编程首先要确定端口地址。地址的低 4 位用以区分 8237 的内部寄存器，高 4 位地址 A_7 ~ A_4 经译码后，连至选片端 CS，假定选中时高 4 位为 0。

初始化程序如下：

```
OUT     0DH,AL          ;输出复位命令
MOV     AL,00H
OUT     00H,AL          ;输出基址和当前地址的低 8 位
MOV     AL,80H
OUT     00H,AL          ;输出基址和当前地址的高 8 位
MOV     AL,00H
OUT     01H,AL
MOV     AL,80H
OUT     01H,AL          ;给基址和当前字节数赋值
MOV     AL,84H
OUT     0BH,AL          ;输出模式字
MOV     AL,00H
OUT     0AH,AL          ;输出屏蔽字
MOV     AL,0A0H
OUT     08H,AL          ;输出命令字
```

9.7 习题与思考题

1. 什么是 DMA？什么是 DMAC？
2. 在什么情况下需要使用 DMA 传输方式？
3. 一般 DMA 控制器应具有哪些基本功能？
4. DMA 控制器在微机系统中有哪两种工作状态？简述 DMA 控制器在这两种工作状态时的特点。
5. DMA 控制器有哪几种数据传输方式，简述各种传输方式的含义。
6. DMA 控制器的地址线为何是双向的？何时向 DMA 控制器输入地址？DMA 控制器何时向地址总线传输地址？
7. 8237A 有几个 DMA 通道？每个通道有哪几种传输方式？各用于什么场合？
8. 简述在 DMA 方式下，DMA 控制器从外设进行 DMA 请求到外设直接将单个数据传输到内存的工作过程。
9. 什么是软件命令？8237A 有几条软件命令？
10. 若使用通道 0 的单字节传输方式，由内存输出一个数据块到外设，数据块长度为 8KB，内存区首地址为 2000H，且要求 8237A 的端口为 0010H，试完成初始化程序。
11. 8237A 控制器的当前地址寄存器、当前字节寄存器、基地址寄存器和基字节寄存器各保存什么值？

第 10 章

模拟接口技术

模拟接口技术是微型计算机的重要组成部分，是进行模拟信号量与数字信号量转换的关键环节。本章主要介绍模拟输入/输出系统的基本概念，D/A 转换技术与 A/D 转换技术的基本原理以及各自的主要技术参数，并以 DAC0832 和 ADC0809 两种芯片为例，重点介绍了它们的结构、功能与应用。

10.1 模拟接口概述

微型计算机只能处理数字量，但是在实际生产工程中大量遇到的是连续变化的物理量，如温度、压力、流量、光通量、位移量以及连续变化的电压、电流等。对于非电信号的物理量，必须先由传感器转换为连续变化的电信号，经模数（A/D）转换器将模拟信号转换为计算机能识别的数字信号；计算机经运算处理得到的结果是数字量，不能直接用于控制，必须经过数模（D/A）转换器将其转换为模拟量，再送到执行机构去驱动相应的设备动作，以实现对生产过程的自动控制。具体过程如图 10-1 所示。

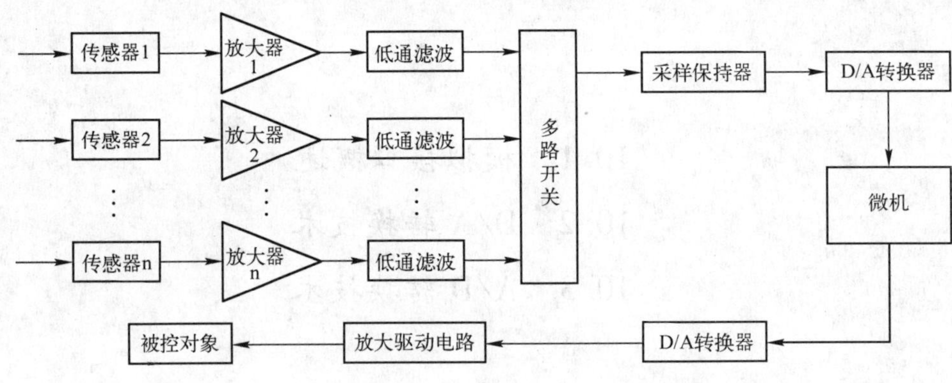

图 10-1 模拟输入/输出系统

1. 模拟量输入通道

(1) 传感器

传感器的作用是将非电量信号转换成电信号，常用的传感器有：温度传感器、压力传感器、流量传感器等。传感器内主要包括敏感元件以及放大、显示等电路。

(2) 放大器

放大器主要将传感器输出的微弱电信号放大为 A/D 转换器所需的量程范围。

(3) 低通滤波器

低通滤波器用于滤除干扰，提高信号的信噪比。常见的低通滤波器由 RC 电路组成。

(4) 多路开关

通常，在生产过程中要监测和控制的模拟量不止一个，尤其是在数据采集系统中，为了能使多路模拟量共用一个 A/D 转换器进行分时采样和转换，可以通过多路开关来选择一路模拟量，使之输入到 A/D 转换器的输入端。

(5) 采样保持器

由于输入模拟信号是连续变化的，而 A/D 转换器完成一次转换需要一定的转换时间，因此在转换某个模拟量时，A/D 转换器的输入必须保持稳定，此时采样保持器处于保持状态。当 A/D 转换完成后，开始转化下一个模拟量时，采样保持器处于采样状态。并将下一个模拟量送到 A/D 转换器的输入端。

2. 模拟量输出通道

模拟量输出通道用来将计算机输出的数字量转化为模拟量，采用的是 D/A 转换器。经 D/A 转换得到的模拟信号要经过低通滤波器使其输出平滑，同时为了驱动受控设备，常采用功率放大器作为模拟量输出的驱动电路。

10.2　D/A 转换技术

D/A 转换器是计算机与模拟量控制对象之间的接口，可将离散的数字信号转换为连续变化的模拟信号。在工业控制领域中，D/A 转换器是重要的组成部分。

10.2.1　D/A 转换的基本原理

实现 D/A 转换的基本方法是将数字量的每一位代码，按其权的大小转换为相应的模拟量，然后将代表各位的模拟量相加，所得的总和就是与数字量对应的成正比的模拟量，根据这个转换原理，可设计多种 D/A 转换器。

1. 权电阻网络 D/A 转换器

图 10-2 为一个 4 位权电阻 D/A 转换器，它包括参考电压 V_{REF}、电子开关、权电阻网络、运算放大器 4 部分。电子开关 $S_3 \sim S_0$ 分别由 4 位二进制代码 $d_3 \sim d_0$ 控制，如 d_0 为 1 时，表示 S_3 与 V_{REF} 接通，d_0 为 0 时，表示 S_3 与地接通。设运算放大器为理想运算放大器，则由图 10-2 可知

$$V_O = -R_F I_Z = -R_F(I_3 + I_2 + I_1 + I_0) \tag{12-1}$$

式中，$I_3 = \frac{V_{REF}d_3}{2^0R}, I_2 = \frac{V_{REF}d_2}{2^1R}, I_1 = \frac{V_{REF}d_1}{2^2R}, I_0 = \frac{V_{REF}d_0}{2^3R}$

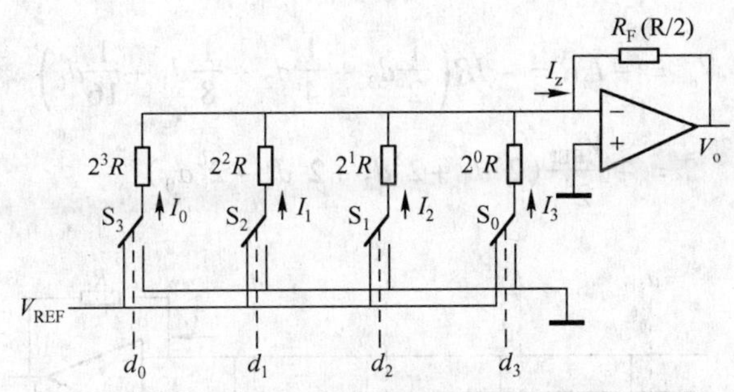

图 10-2　4 位权电阻 D/A 转换器

当 $R_F = R/2$ 时

$$V_O = -\frac{V_{REF}}{2^4}(d_3 2^3 + d_2 2^2 + d_1 2^1 + d_0 2^0) \tag{12-2}$$

那么，对于 n 位的权电阻网络 D/A 转换器，输出电压可按下式计算：

$$V_o = -\frac{V_{REF}}{2^n}(d_{n-1}2^{n-1} + d_{n-2}2^{n-2} + \cdots + d_1 2^1 + d_0 2^0) = -\frac{V_{REF}}{2^n}D_n \tag{12-3}$$

上式表明，输出模拟量 V_o 与输入数字量 D_n 成正比，从而实现了数字量到模拟量的转换。

当 $D_n=0$ 时，$V_o=0$；当 d_{n-1}，d_{n-2}，$\cdots$ d_1，d_0 均为 1 时，即

$$D_n=2^{n-1}+2^{n-2}+\cdots+2^1+2^0=2^n-1 \tag{12-4}$$

则

$$V_o=-\frac{2^n-1}{2^n}V_{REF} \tag{12-5}$$

也就是说，输出电压 V_o 的变化范围为 $0\sim-\frac{2^n-1}{2^n}V_{REF}$，$V_{REF}$ 为正电压时，V_o 为负值，V_{REF} 为负电压时，V_o 为正值。

权电阻网络 D/A 转换器的转换精度与基准电压、权电阻的精度和数字量的位数有关。位数越多，转换精度就越高，但同时权电阻的种类就越多。由于在集成电路中制作高阻值的精密电阻比较困难，所以常用 T 型电阻网络来代替权电阻网络。

2. T 型电阻网络 D/A 转换器

图 10-3 为 4 位 T 型电阻网络 D/A 转换器的原理图，该电路在集成电路中易实现，精度也容易保证，因此得到广泛的应用。由 4 位二进制代码 $d_3\sim d_0$ 分别控制电子开关 $S_3\sim S_0$ 接运算放大器的反相输入端或接地，例如，d_3 为 1 时，表示 S_3 与运算放大器的反相输入端接通，d_3 为 0 时，表示 S_3 与地接通。因为理想运算放大器的同相端和反相端是虚短的，在图 10-3 中，均相当于接地，所以不论 $d_3\sim d_0$ 是 1 还是 0，流过每条支路的电流都是不变的，分别为 $I/2$、$I/4$、$I/8$、$I/16$，并依次减半。从参考电压端输出的总电流是固定的，大小为

$$I=\frac{V_{REF}}{R} \tag{12-6}$$

但电流 I_z 的大小取决于二进制代码 $d_3\sim d_0$ 是 1 还是 0，大小为

$$I_z=\frac{I}{2}d_3+\frac{1}{4}d_2+\frac{1}{8}d_1+\frac{1}{16}d_0 \tag{12-7}$$

输出电压 V_o 的值为

$$\begin{aligned}V_o&=-I_zR=-IR\left(\frac{1}{2}d_3+\frac{1}{4}d_2+\frac{1}{8}d_1+\frac{1}{16}d_0\right)\\&=-\frac{V_{REF}}{2^4}(2^3d_3+2^2d_2+2^1d_1+2^0d_0)\end{aligned} \tag{12-8}$$

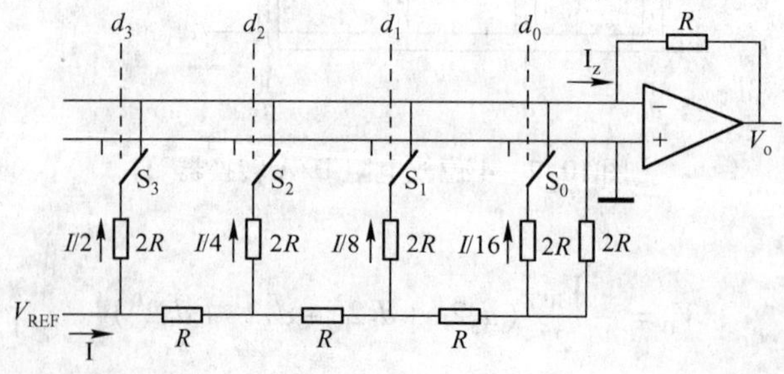

图 10-3　4 位 T 型电阻网络 D/A 转换器

10.2.2　D/A 转换器的主要技术参数

描述 D/A 转换器的性能参数有很多，正确理解这些参数，对于在接口设计时器件的选择非常重要。

1. 分辨率

分辨率是 D/A 转换器对微小输入数字量变化的敏感程度的描述，即输入数字量的最低有效位 LSB 变化 1 所引起的输出模拟量的变化。通常用数字量的位数来表示。如果 D/A 转换器输入数字量的二进制数字为 N 位时，则该 D/A 转换器的分辨率为 2^N。常见的二进制位数有 8 位、10 位、16 位等。

2. 转换精度

转换精度是指满量程时 DAC 的实际模拟输出值与理论值的接近程度。对 T 型电阻网络 DAC，其转换精度与参考电压 V_{REF}、电阻值和电子开关的误差有关。例如，满刻度值为 10V，实际输出值在 9.99 ~ 10.01V 之间，其转换精度为 0.01V。分辨率和转换精度是两个不同的概念，通常 DAC 的转换精度为分辨率的一半，即 $LSB/2$。LSB 是分辨率，是最低 1 位数字量变化引起输出电压幅度的变化量。

3. 线性度

线性度指 D/A 转换器的实际转换特性与理想转换特性之间的误差。线性度常用 LSB 的分数形式给出。在一般情况下，D/A 转换器线性误差应小于 $\pm 1/2LSB$。

4. 建立时间

建立时间是指数据变化量为满刻度时，达到终值 $\pm 1/2LSB$ 时所需要的时间。不同型号的 D/A 转换器，其建立时间也不同，一般从几毫微秒到几微秒。若输出形式是电流的，其建立时间很短；若输出形式是电压，其主要建立时间是输出运算放大器所需要的响应时间。

5. 温度灵敏度

温度灵敏度表明 D/A 转换器受温度变化影响的特性。它是指在数字输入不变的情况下，模拟输出信号随温度的变化。一般 D/A 转换器的温度灵敏度为 $\pm 50 \times 10^{-6}/℃$。

10.2.3　D/A 芯片接口举例

DAC 0832 是与多数微处理器完全兼容的、具有 8 位分辨率的 D/A 转换集成芯片，具有价格低廉、接口简单、转换控制容易等优点。DAC 0832 内部具有两级 8 位寄存器，因此，数据输入端可以直接与系统总线相连。采用 T 型电阻网络，数字输入有输入寄存器和 DAC 寄存器两级缓冲。

1. DAC 0832 的主要技术特性

1）分辨率为 8 位。

2）输出电流稳定时间为 1μs。

3）可双缓冲、单缓冲或直接数字输入。

4）单一电源供电（5 ~ 15V）。

2. DAC 0832 的引脚

DAC 0832 是 20 引脚的双列直插式排列，引脚如图 10-4 所示，内部结构图如图 10-5 所示。

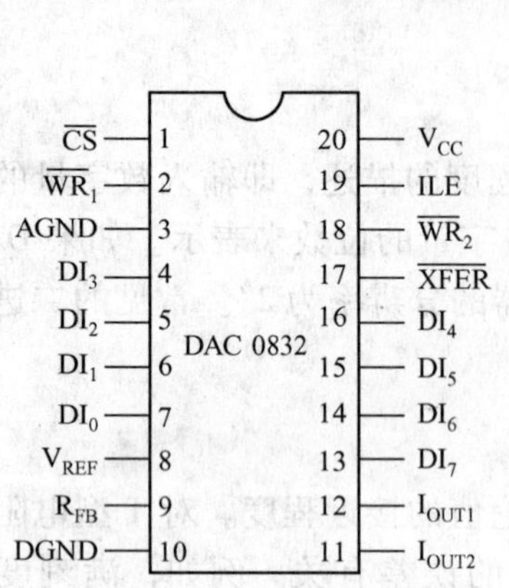

图 10-4　DAC 0832 引脚图

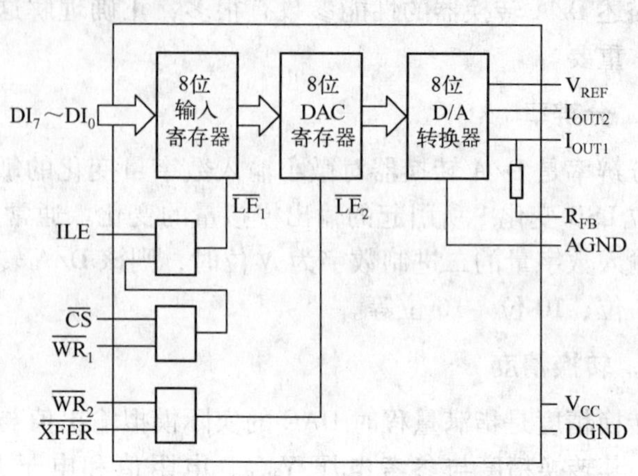

图 10-5　DAC 0832 内部结构图

$DI_7 \sim DI_0$：8 位数据输入端。

ILE：数据允许输入锁存信号，高电平有效。ILE 信号与$\overline{CS}$、$\overline{WR_1}$ 共同控制选通输入寄存器。当$\overline{CS}$、$\overline{WR_1}$ 都为低电平，ILE 为高电平时，$\overline{LE_1}=0$，8 位输入寄存器处于直通状态，输入的数据会立即送到它的输出端。当 ILE 为低电平时，$\overline{LE_1}=1$，输入寄存器锁存，其输出端不再随输入端变化。

$\overline{CS}$：输入寄存器片选信号，低电平有效。

$\overline{WR_1}$：写信号 1，在$\overline{CS}$和 ILE 信号的控制下产生输入寄存器的锁存信号。

$\overline{XFER}$：传送控制信号，低电平有效。控制从输入寄存器到 DAC 寄存器的数据传送。

$\overline{WR_2}$：写信号 2，低电平有效。当$\overline{XFER}$和$\overline{WR_2}$ 同时有效时，输入寄存器的数据被装入 DAC 寄存器，同时启动一次 D/A 转换。

I_{OUT1}：模拟电流输出端 1，其值随 DAC 寄存器的内容而变化，当 DAC 寄存器中全为 1 时，输出电流最大，当 DAC 寄存器中全为 0 时，输出电流为 0。

I_{OUT2}：模拟电流输出端 2，$I_{OUT1}+I_{OUT2}$为一常数。

V_{REF}：基准电源输入端，可接 -10 ~ 10 V 电压。此端内部接入 T 型电阻网络。

R_{FB}：反馈电阻引出端。DAC 0832 内部已有反馈电阻，所以 R_{FB} 端可以直接接到外部运算放大器的输出端。

V_{CC}：工作电压端，可在 5 ~ 15 V 之间选取，典型值为 15 V。

AGND：模拟量地。

AGND：数字量地。

3. DAC 0832 的工作方式

由于 DAC 0832 内部有输入寄存器和 DAC 寄存器，所以它不需要外加其他电路便可以与微型计算机的数据总线直接相连。根据 DAC 0832 的 5 个控制信号的不同连接方式，使得它可以有直通、单缓冲、双缓冲 3 种工作方式。

（1）直通方式

将$\overline{WR_1}$、$\overline{WR_2}$、$\overline{XFER}$和$\overline{CS}$接地，ILE 接高电平，芯片处于直通状态，此时一旦 DI_7 ~ DI_0 端有数据就进行 D/A 转换并输出。该方式下 DAC 0832 不能直接与 CPU 的数据总线相连，因此很少采用。

（2）单缓冲工作方式

单缓冲工作方式是指只有一个寄存器受到控制。这时将另一个寄存器的有关控制信号预先设置成有效，使之开通，或者将两个寄存器的控制信号连在一起，两个寄存器作为一个来使用。在实际应用中，如果只有一路模拟量输出，或虽有几路模拟量但并不要求同步输出，就可采用单缓冲方式。

单缓冲方式连接如图 10-6 所示。为使 DAC 寄存器处于直通方式，使$\overline{WR_2}=0$，$\overline{XFER}=0$；为使输入寄存器处于受控锁存方式，把$\overline{WR_1}$接$\overline{IOW}$，ILE 接高电平。此外还应把$\overline{CS}$接高位地址线或译码器的输出，并由此确定 DAC 0832 的端口地址。输入数据线直接与数据总线相连。

（3）双缓冲工作方式

该方式下两个寄存器都处于受控方式。为了实现两个寄存器的可控，应给它们各分配一个端口地址，以便能按端口地址进行操作。数/模转换采用两步写操作来完成。可在 DAC 转换输出前一个数据的同时，将下一个数据送到输入寄存器，以提高 D/A 转换速度。还可用于多路数/模转换系统，以实现多路模拟信号同步输出的目的。双缓冲方式的连接如图 10-7 所示。

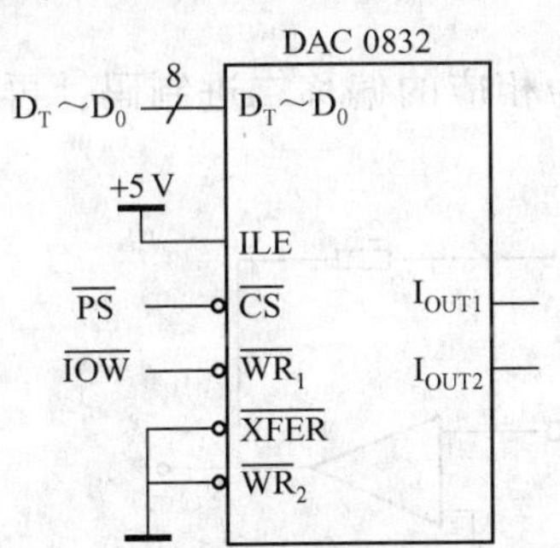

图 10-6　DAC 0832 的单缓冲方式连接

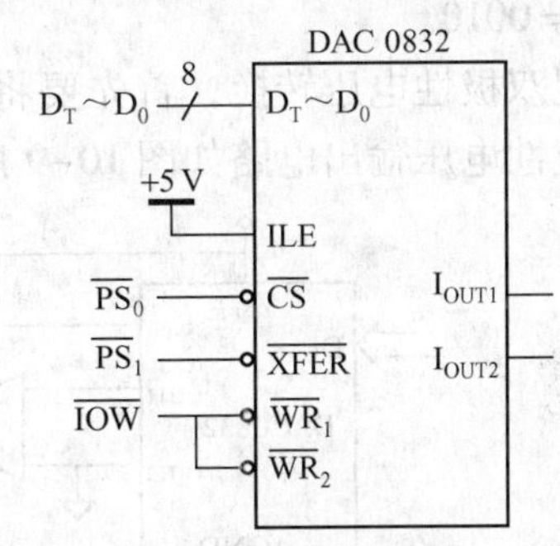

图 10-7　DAC 0832 的双缓冲方式连接

4. DAC 0832 输出方式

DAC 0832 为电流输出，为了增强驱动能力还需外接运算放大器放大并转换成电压输出。

（1）单极性电压输出

所谓单极性电压输出，是指微处理器输出到 D/A 转换器的代码为 00H ~ FFH，经 D/A 转换器输出的模拟电压或全为负值，或全为正值。输出极性总是与基准电压的极性相反，单极性电压输出的电路如图 10-8 所示。

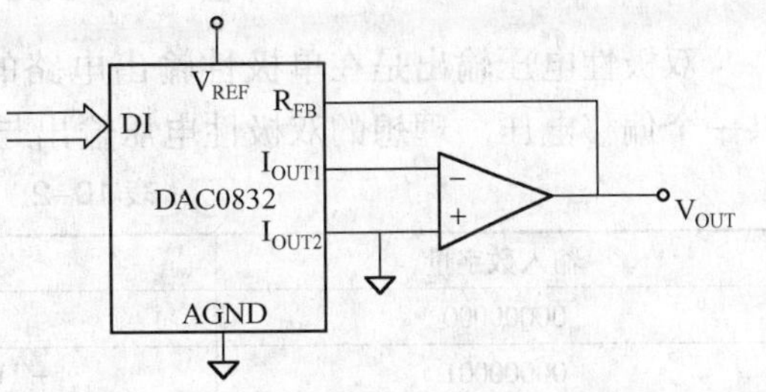

图 10-8　DAC 0832 单极性电压输出

单极性理想输出如表 10-1 所示。表中，$1LSB=|V_{REF}|/256$。模拟电压输出的最大值比 V_{REF} 少 $1LSB$。

表 10-1 单极性电压输出

输入数字量	理想电压输出	
00000000	0	0
00000001	$-1LSB$	$1LSB$
00000010	$-2LSB$	$2LSB$
10000000	$-V_{REF}/2$	$\lvert V_{REF}\rvert/2$
11111110	$-V_{REF}+2LSB$	$\lvert V_{REF}\rvert-2LSB$
11111111	$-V_{REF}+1LBS$	$\lvert L_{REF}\rvert-1LSB$

（2）双极性电压输出

双极性电压输出是指微处理器输出的数字量有正负之分，经 D/A 转换器输出的模拟电压也有正负极性之分。例如，控制系统中对电动机的控制，正转和反转对应正电压和负电压。

数字量表示为双极性的方法有多种，但只有补码和移码适用于 D/A 转换，其中用移码最方便，移码是由基本二进制数加偏移值得到的

$$(D_n)_B = \pm D_n + 2^n \tag{12-9}$$

式中，$\pm D_n$ 是二进制数；2^n是偏移值（其中 n 为字长）。例如，$n=4$ 时，+6 的二进制数表示为 +110，其偏移码为 $+110+1000=1110$。−6 的二进制数表示为 −110，其偏移码为 $-110+1000=0010$。

若要实现双极性电压转换，首先要将代码转换为相应的偏移二进制码，再送 D/A 转换器输出。双极性电压输出电路如图 10-9 所示。

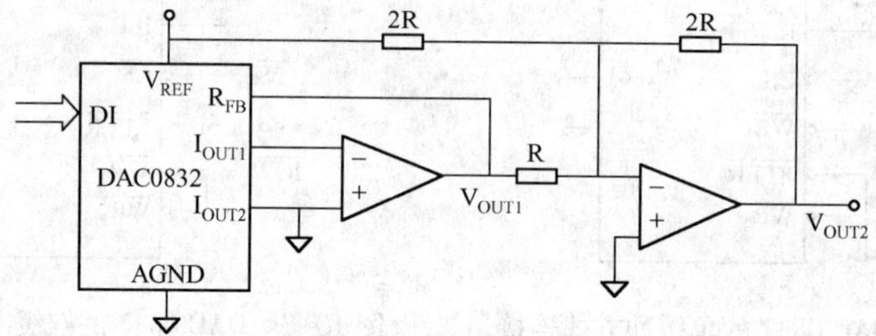

图 10-9 DAC 0832 双极性电压输出

双极性电压输出是在单极性输出电路的基础上再加一级运放，由 V_{REF} 为第二级运放提供一个偏移电压。理想的双极性电压输出与输入代码关系如表 10-2 所示。

表 10-2 双极性电压输出

输入数字量	理想电压输出	
00000000	$-\lvert V_{REF}\rvert$	$+\lvert V_{REF}\rvert$
00000001	$-\lvert V_{REF}\rvert+1LSB$	$+\lvert V_{REF}\rvert-1LSB$
00000010	$-\lvert V_{REF}\rvert+2LSB$	$+\lvert V_{REF}\rvert-2LSB$
10000000	0	0
10000001	$1LSB$	$-1LSB$
11111110	$V_{REF}-2LSB$	$-\lvert V_{REF}\rvert+2LSB$
11111111	$V_{REF}-1LSB$	$-\lvert V_{REF}\rvert+1LSB$

其中，$1LSB = 2 \times |V_{REF}|/256 = |V_{REF}|/128$。

5. DAC 0832 芯片的应用

【例 10-1】 用 DAC 0832 作为波特率发生器，编程实现方波、三角波、锯齿波输出。硬件连线如图 10-10 所示。

(1) 锯齿波的程序代码

```
MOV DX,0FFF0H
MOV AL,00H
L1:OUT DX,AL
INC AL
JMP L1
```

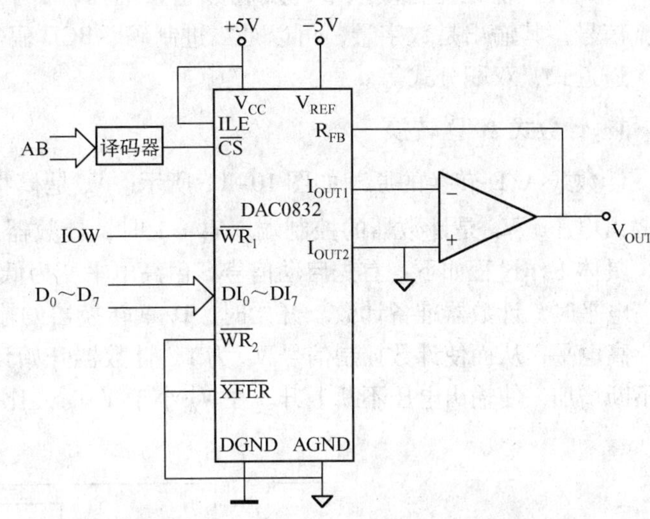

图 10-10 DAC 0832 单缓冲连接电路图

(2) 三角波的程序代码

```
MOV DX,0FFF0H
MOV AL,00H
L1:OUT DX,AL
INC AL
JNZ L1
MOV AL,0FFH
L2:OUT DX,AL
DEC AL
JNZ L2
JMP L1
```

(3) 方波的程序代码

```
MOV DX,0FFF0H
L1:MOV AL,00H
OUT DX,AL
CALL DELAY
MOV AL,0FFH
OUT DX,AL
CALL DELAY
JMP L1
```

其中，DELAY 为一个延时子程序，根据所需的方波周期设置延时时间。

10.3 A/D 转换技术

A/D 转换器是模拟信号与计算机或其他数字系统之间联系的桥梁，其功能是将连续变化的模拟信号转换为数字信号，以便计算机或数字系统进行处理。在工业控制和数据采集及许多其他领域中，A/D 转换器是不可缺少的重要组成部分。

由于应用特点和要求的不同，需要采用不同工作原理的 A/D 转换器。A/D 转换器的主要类型有：逐位比较型、积分型、计数型、并行比较型、电压－频率型（V－F 型）等。在选用 A/D 转换器时，主要应根据使用场合的具体要求，按照转换速度、精度、功能以及接口条件等因素来决定选择何种型号的 A/D 转换芯片。

10.3.1 A/D 转换的基本原理

A/D 转换器是能将模拟量转换成数字量的器件，其输入是模拟量，可以是电压信号或电流信号；其输出是数字量，可以是二进制码、BCD 码等。常用的 A/D 转换方法有计数式、逐次逼近式、双积分式等。

1. 计数式 A/D 转换

计数式 A/D 转换的原理如图 10-11 所示。V_i 是模拟输入电压，V_o 是 D/A 转换器的数字输出电压，V_C 是计数器的控制端。$V_C=1$ 时，计数器从 0 开始计数，$V_C=0$ 时停止计数。

具体工作过程如下：首先启动信号 S 由高电平变为低电平，使计数器复位；当启动信号恢复高电平时，计数器准备计数。开始时，D/A 转换器的输出电压 V_o 为 0，此时，比较器的输出为高电平，从而使计数控制信号 V_C 为 1，计数器开始计数，D/A 转换器输入端获得的数字量不断增加，使输出电压不断上升。在 V_o 小于 V_i 时，比较器的输出总是保持高电平。

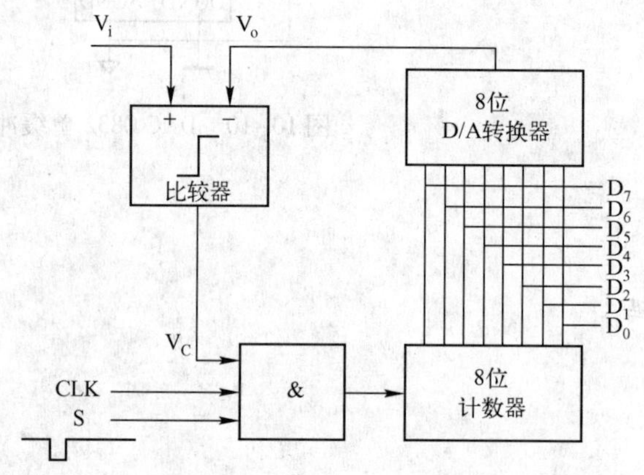

图 10-11 计数式 A/D 转换原理图

当 V_o 上升到某个值时，会出现 V_o 大于 V_i 的情况，这时，比较器的输出变为低电平，计数控制信号 V_C 变为 0，计数器停止计数，此时的数字输出量就是与模拟输入电压等效的数字量。计数信号的负向跳变也是 A/D 转换的结束信号，它用来通知其他电路，当前已经完成一次 A/D 转换。

计数式 A/D 转换的缺点是速度比较慢，特别是模拟电压比较大时，转换速度更慢。对于一个 8 位 A/D 转换器，计数器从 0 开始计数，如果输入模拟量为最大值 255，需要 255 个时钟周期。

2. 双积分式 A/D 转换

双积分式 A/D 转换的电路原理如图 10-12 所示，它是将未知电压 V_i 转换成时间值来间接测量的，所以双积分 A/D 转换器也称为 T-V 型 A/D 转换器。双积分 A/D 转换器由电子开关、积分器、比较器和控制逻辑等组成。

在进行一次 A/D 转换时，开关先把 V_i 采样输入到积分器，积分器从零开始进行固定时

间 T 的正向积分，时间 T 后，开关将与 V_i 极性相反的基准电压 V_{REF} 输入到积分器进行反相积分，直到输出为零时停止反相积分。

由图 10-13 所示的积分器输出波形可知：反相积分时积分器的斜率是固定的，V_i 越大，积分器的输出电压越大，反相积分时间越长。计数器在反相积分时间内所计的数值就是输入电压 V_i 在时间 T 内的平均值对应的数字量。

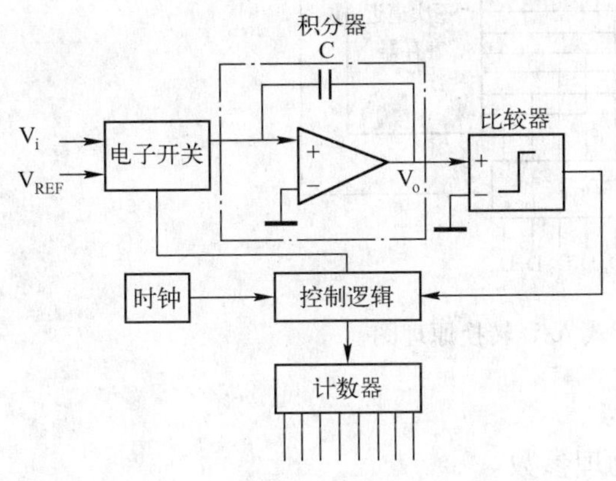

图 10-12　双积分式 A/D 转换原理图

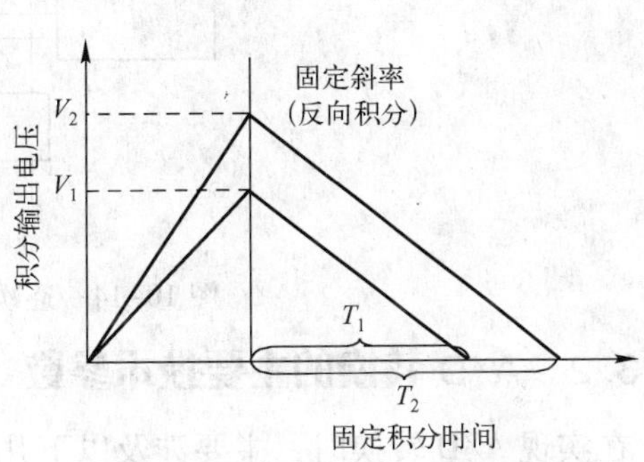

图 10-13　双积分波形图

双积分式 A/D 转换的优点是转换精度高、干扰小，但由于要经历正、反两次积分，因此转换速度较慢。

3. 逐次逼近式 A/D 转换

逐次逼近式 A/D 转换是最常用的一种 A/D 转换方法，它是一个具有反馈回路的闭环系统，可分为比较环节、控制环节、D/A 转换 3 部分。集成电路的 A/D 转换芯片通常都采用这种工作方式。与计数式 A/D 转换相同，逐次逼近式 A/D 转换也采用 D/A 转换器的输出电压来驱动运算放大器的反相端，不同的是用逐次逼近式进行转换时，要用一个逐次逼近寄存器存放转换出来的数字量，转换结束时，将数字量送到缓冲寄存器中。

逐次逼近法 A/D 转换器的原理图如图 10-14 所示。其工作过程为：当启动信号 START 由高电平变为低电平时，逐次逼近寄存器复位，D/A 转换器输出电压为 0。当启动信号 START 变为高电平时，转换开始，控制逻辑电路使逐次逼近寄存器的最高位为 1，其余位为 0，其输出为 10000000B，该值经 D/A 转换为电压 V_o，若 $V_o \geq V_i$，则逐次逼近寄存器最高位的 1 保留；若 $V_o < V_i$，则逐次逼近寄存器最高位清 0。然后对逐次逼近寄存器的次高位置 1，根据上述方法进行 D/A 转换和比较，如此重复，直到逐次逼近寄存器的最低位为止。转换结束后，控制电路送出一个低电平作为结束信号，该信号的下降沿将逐次逼近寄存器中的数字量送入缓冲寄存器，从而使得数字量输出。

综上所述，计数式 A/D 转换器速度较慢，但价格低，适用于慢速系统；双积分式 A/D 转换器分辨率高，抗干扰性强，适用于中等速度的系统；逐次逼近式 A/D 转换速度最快，分辨率高，应用最广泛。

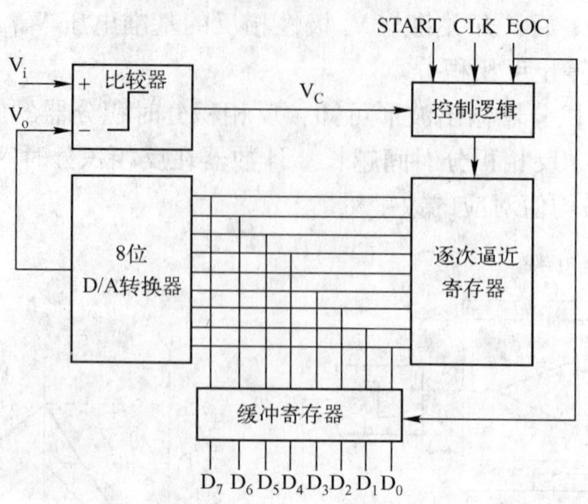

图 10-14　逐次逼近式 A/D 转换原理图

10.3.2　A/D 转换的主要技术参数

在实现 A/D 转换时，主要涉及以下几个物理参数。

1. 转换精度

转换精度是指输入模拟信号的实际电压值与被转换成数字信号的理论电压值之间的差值，反映了 A/D 转换器的实际输出接近理想输出的精确程度。A/D 转换精度通常是用数字量的最低有效值位（LSB）来表示。设数字量的最低有效位对应于模拟量 Δ，称为数字量的最低有效位的当量。误差的来源主要有量化误差、零位偏差、增益误差和非线性误差等。一般来说，位数越多，误差就越小。

如果模拟量在 $\pm\Delta/2$ 范围内都产生相对应的唯一的数字量，则该 A/D 转换器的精度为 $\pm 0LSB$。如果模拟量在 $\pm 3\Delta/4$ 范围中都产生相同且唯一的数字量，则该 A/D 转换器的精度为 $\pm 1/4LSB$。这是因为和精度为 $0LSB$ 的 A/D 转换器相比，该 A/D 转换器的误差范围增加了 $\pm\Delta/4$。

2. 转换时间

转换时间反映了 A/D 转换的速度，是用完成一次 A/D 转换所需时间来表示。例如，完成一次 A/D 转换所需时间是 200 ns，那么，转换率就为 5 MHz。目前，常用的 A/D 转换集成芯片的转换时间约为几微秒到 200 μs。

3. 分辨率

A/D 转换器的分辨率表示转换器对微小输入量变化的敏感程度，它表明了能够分辨最小的量化信号的能力。通常用转化器输出数字量的位数来表示 A/D 转换器的分辨率。对于一个实现 N 位转换的 A/D 转换器来说，它能分辨的最小量化信号的能力为 $2N$ 位，即分辨率为 $2N$ 位。例如，对于一个 12 位的 A/D 转换器，分辨率为 $2^{12}=2048$ 位。目前常用的 A/D 转换集成芯片的转换位数有 8 位、10 位、12 位和 14 位等。

4. 温度系数和增益系数

这两项指标都是表示 A/D 转换器受环境温度影响的程度。一般用每摄氏度温度变化所产生的相对误差作为指标，以 ppm/摄氏度为单位。

10.3.3 A/D 转换器与系统的连接

A/D 转换芯片有多种型号可供选择，既有通用且廉价的 AD 570、AD 7574、ADC 80、ADC 0801，也有高精度高速度的 AD 574、ADC 1130、AD 578、ADC 1131，还有高分辨率的 ADC 1210（12 位）、ADC 1140（16 位），低功耗的 AD 7550、AD 7574 等。不论何种型号的 A/D转换芯片，对外引脚都是类似的。一般 A/D 转换芯片的引脚包括：模拟输入信号、数据输出信号、启动转换信号和转换结束信号。

1. 输入模拟电压的连接

A/D 转换芯片的输入模拟电压既可以是单端的，也可以是差动的。常用 $V_{IN(+)}$、$V_{IN(-)}$ 来表示模拟输入端。如果用单端输入的正向信号，则将 $V_{IN(-)}$ 接地，信号加到 $V_{IN(+)}$ 端；如果用单端输入的负向信号，则将 $V_{IN(+)}$ 接地，信号加到 $V_{IN(-)}$ 端；如果用差动输入，则模拟信号加在 $V_{IN(-)}$ 端和 $V_{IN(+)}$ 端之间。

2. 数据输出线和系统总线的连接

A/D 转换芯片一般有两种输出方式。

一类芯片的输出端具有可控的三态输出门，如 ADC 0809 的输出端可以直接和系统总线相连，由读信号控制三态门，在转换结束后，CPU 通过执行一条输入指令，从而产生读信号，将数据从 A/D 转换器读出。

另一类 A/D 转换器内部有三态输出门，但不受外部控制，而是由 A/D 转换电路在转换结束时自动接通，如 ADC 570 芯片。此外，还有某些 A/D 转换器没有三态输出门电路，那么，其数据输出线不能直接和系统的数据总线相连，而是必须通过 I/O 通道或者附加的三态门电路实现 A/D 转换器和 CPU 之间的数据传输。

至于 8 位以上的 A/D 转换器和系统连接时，还要考虑 A/D 输出数位和总线数位的对应关系问题。可以采用两种方法解决。一种方法是按位对应于数据总线进行连接，CPU 通过对字的输入指令读取 A/D 转换数据，另一种方法是用读/写控制逻辑将数据按字节分时读出，这样，CPU 可以分两次读取转换数据。

3. 启动信号的供给

A/D 转换器要求的启动信号一般有两种形式，即电平启动信号和脉冲启动信号。

某些芯片需要用电平作为启动信号，如 ADC 570、ADC 571、ADC 572。对于这类芯片，整个转换过程都必须保证启动信号有效，如果中途丢失启动信号，则会停止转换而得到错误结果。因此，CPU 一般要通过并行接口来对 A/D 芯片发送启动信号，或者用 D 触发器使启动信号在 A/D 转换期间保持在有效电平。

另外一类芯片要求用脉冲信号作为启动信号，如 ADC 0804、ADC 0809、ADC 1210。对于这类芯片，通常用 CPU 执行输出指令时发出的片选信号和写信号即可在片内产生启动脉冲，从而开始转换。

4. 转换结束信号以及转换数据的读取

A/D 转换结束时，A/D 转换芯片会输出一个转换结束信号，通知 CPU 读取转换数据。CPU 一般可采用 4 种方式和 A/D 转换器进行联系，来实现对转换数据的读取。

（1）程序查询方式

该方式是在启动 A/D 转换器工作以后，程序不断读取 A/D 转换结束信号，如果发现结束信号有效，则认为完成一次转换，用输入指令读取数据。

（2）中断方式

该方式是将转换结束信号作为中断请求信号，送到中断控制器的中断请求输入端。

（3）CPU 等待方式

该方式利用 CPU 的 READY 引脚功能，在 A/D 转换期间使 READY 处于低电平，使 CPU 停止工作，转换结束时，使 READY 成为高电平，CPU 读取转换数据。

（4）固定的延迟程序方式

该方式需要预先精确地知道完成一次 A/D 转换所需时间。CPU 发出启动命令后，执行一个固定的延迟程序，当此程序执行完时，A/D 转换也正好结束，于是，CPU 读取数据。

5. 地线的连接

A/D 转换器的地线可分为数字地和模拟地。若系统中既有数字量又有模拟量，就会有两类芯片：一类是数字电路芯片，如 CPU、译码器、门电路等；另一类是模拟电路芯片，如 D/A 转换电阻网络、运算放大器等。这两类芯片应该选用两组独立的电源供电，连线时把模拟地和数字地分别连接，最后，作为系统参考地，用一个共地点将模拟地和数字地连接起来。这样可以避免构成地线回路，以免引起数字信号通过数字地线干扰模拟信号。

6. 参考电压的连接

A/D 转换器的参考电压通常有两个：$V_{REF(+)}$ 和 $V_{REF(-)}$。根据模拟输入电压的极性不同，其接法也不同。当模拟信号为单极性时，$V_{REF(-)}$ 接地，$V_{REF(+)}$ 接正极电源。当模拟信号为双极性时，$V_{REF(+)}$ 和 $V_{REF(-)}$ 分别接参考电源的正、负极，也可以把双极性信号转换成单极性信号接入 A/D 转换器。

7. 时钟的提供

时钟是决定 A/D 转换速度的基准，整个转换过程都是在时钟的作用下完成的。时钟信号的提供有两种：一是由外部提供，可用单独的振荡电路产生，也可用主机的时钟分频得到；另一种是由芯片内部提供，一般用启动信号启动内部时钟电路，其只在转换过程中起作用。

10.3.4 A/D 芯片接口举例

1. ADC 0809 芯片的引脚

ADC 0809 是 CMOS 工艺制作的 8 通道的 8 位逐次逼近式 A/D 转换器。其输出具有三态锁存和缓冲功能，故其输出数据线可直接与系统数据总线相连。由于采用逐次逼近式 A/D 转换法，因此具有较高的转换速度。

ADC 0809 是一个具有 28 根引脚的 DIP 封装芯片，其引脚排列及定义如图 10-15 所示。除电源正、负极引脚 V_{CC} 和 GND 外，其他各引脚信号的功能如下：

IN_0 ~ IN_7：8 路模拟量输入端。

ADDA、ADDB、ADDC：片内地址选择信号，用来选择 IN_0 ~ IN_7 共 8 路模拟量中的一路。

ALE：地址锁存允许信号，有效时将 ADDC、ADDB 和 ADDA 锁存。

START：启动 A/D 转换控制输入信号。其上升沿使内部逐次逼近寄存器复位，其下降沿启动 A/D 转换。

EOC：A/D 转换结束输出信号。高电平有效。在 START 信号上升沿之后不久，EOC 变为低电平。当 A/D 转换结束时，EOC 立即输出一正阶跃信号，可用来作为 A/D 转换结束的查询信号或中断请求信号。

OE：三态缓冲器数字量输出允许信号，高电平有效。该信号有效时，三态输出锁存器将 A/D 转换结果输出到数据量输出端 $D_7 \sim D_0$。

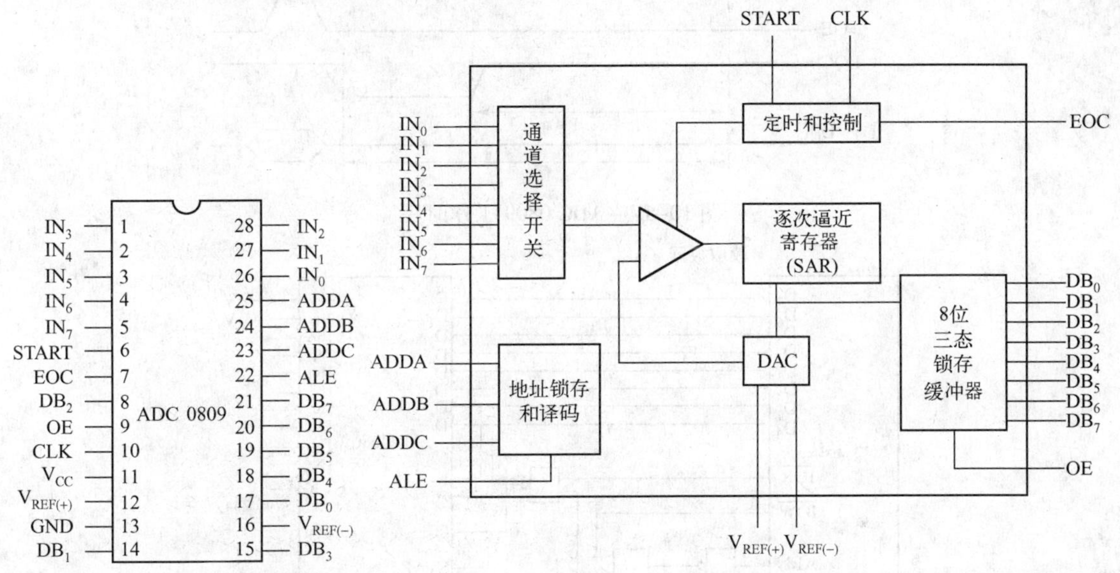

图 10-15　ADC 0809 引脚图　　　　图 10-16　ADC 0809 内部结构图

$DB_7 \sim DB_0$：8 位数字量输出端。

CLK：时钟脉冲输入。允许范围为 10～1280 kHz。时钟频率越低，转换速度就越慢。

$V_{REF(+)}$ 与 $V_{REF(-)}$：正负基准电压输入端。中心值为（$V_{REF(+)}$ + $V_{REF(-)}$）/2，应接近于 VCC/2，其偏差不应该超过 ±0.1 V。正负基准电压的典型值分别为 +5 V 和 0 V。

2. ADC 0809 芯片的内部结构

ADC 0809 的内部结构如图 10-16 所示。工作过程如下：由 ALE 锁存的、ADDA、ADDB、ADDC 片内地址信号，控制通道选择开关，选择 8 路模拟量之一作为输入。START 信号有效时，便启动 A/D 转换，逐次逼近式 A/D 转换开始工作。转换结束后，发出 EOC 转换结束信号。EOC 可作为中断请求或状态查询送入处理器，处理器响应中断后查询到有效的 EOC 信号，进行读操作。读操作产生的 OE 信号打开三态缓冲器，数字量输出，供处理器读取。时钟从 CLK 输入，参考电压的正负端分别接入 V_{REF+} 与 V_{REF-}。

ADC 0809 的工作时序如图 10-17 所示。首先送出地址信号 ADDA、ADDB、ADDC，ALE 正脉冲将其锁存，选择了第 n 通道。将选中的模拟信号送给内部比较器，发出 ATART 正脉冲，启动转换，逐次逼近寄存器清 0，开始 t_C 逐位比较。经过时间，转换结束，EOC 信号变高。处理器读取数据时用 OE 打开数据缓冲器，读取转换结果。

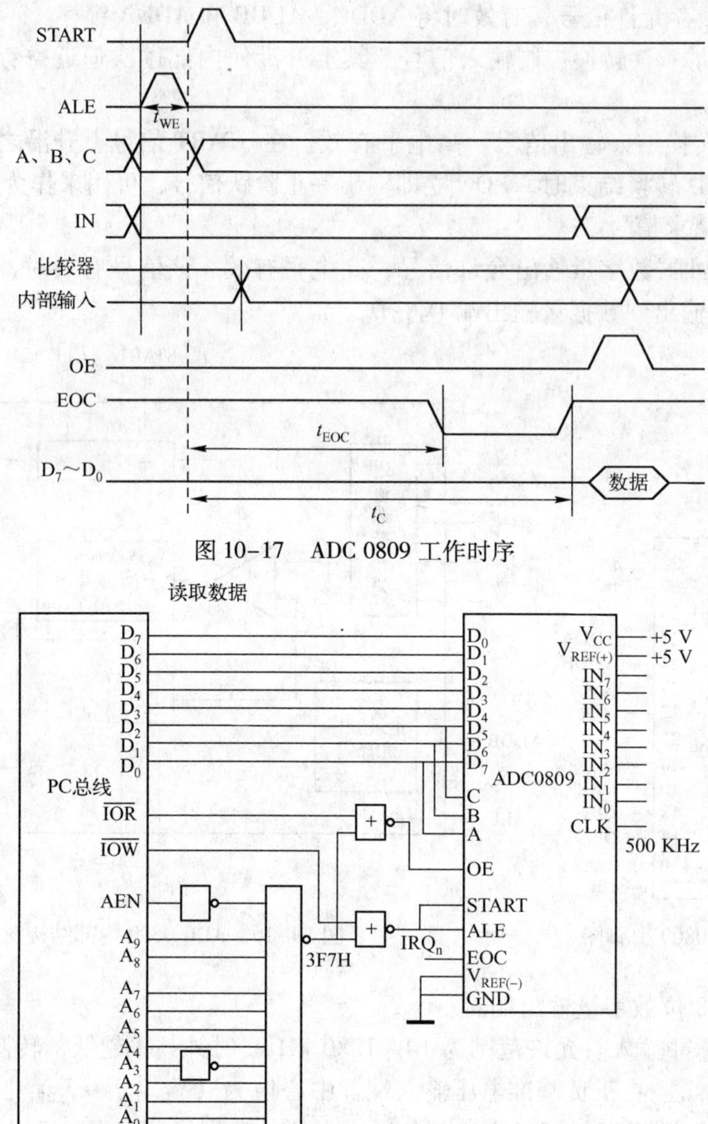

图 10-17　ADC 0809 工作时序

图 10-18　PC 总线与 ADC 0809 的连接

3. ADC 0809 芯片的应用

ADC 0809 与 CPU 的接口可采用中断方式或查询方式。中断方式的接口电路如图 10-18 所示，从图中可看出，分配给 ADC 0809 的端口地址为 3F7H，对该端口的写操作将地址信号 ADDA、ADDB、ADDC 由 ALE 锁存到片内，选择某一通道，同时启动 A/D 转换。转换结束后，EOC 产生中断请求信号 IRQ，处理器响应中断进行读操作，读取转换结果。假设模拟信号从 IN_6 端输入，启动转换的指令如下：

```
MOV DX,3F7H;            端口地址为 3F7H
MOV AL,06H;             ADC 0809 通道地址
OUT DX,AL;              送出通道地址,同时 START 输出正脉冲启动转换
```

在中断服务程序中读取数据的指令如下：

```
MOV DX,3F7H;            端口地址为 3F7H
IN AL,DX;               读取数据
```

【例 10-2】 用 ADC 0809 作为 A/D 转换器，采用查询方式工作，分别对 8 路模拟信号轮流采样一次，并将采样结果存入数据段 BUFFER 开始的数据区中。

接口电路如图 10-19 所示。由于 ADC 0809 内部具有三态输出锁存器，因此其 8 位数据输出引脚能同系统的数据总线直接连接。ADDC ~ ADDA 与地址总线的 A_2 ~ A_0 相连，用于选通 8 路模拟输入通道中的一路。设 8 路模拟输入通道的 I/O 端口地址为 300H ~ 307H。

由于 ADC 0809 无片选信号，需由译码器输出与 $\overline{IOW}$ 经过或非门控制 ADC 0809 的 START 和 ALE，使锁存模拟输入通道地址同时启动 A/D 转换。$\overline{IOR}$ 经或非门控制输出使能端 OE。采用查询方式时，查询的是 EOC 引脚，当该引脚有一个由低变高的变化时，表转换结束。设状态标志端口地址为 308H，此引脚经过三态门与 D_0 相连，因此，启动转换后，只要不断查询 D_0 位是否为 1，即可知道转换是否结束。用 ADC 0809 实现上述数据采集的程序片段如下：

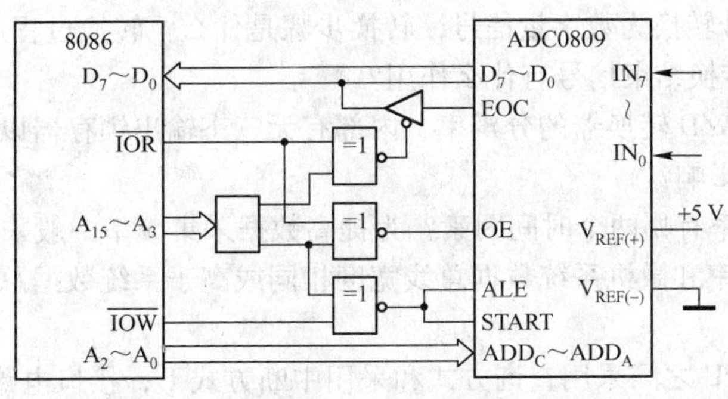

图 10-19 ADC 0809 工作于查询方式的连接

```
      MOV    BX,BUFFER     ;置数据缓冲区首址
      MOV    CX,08H        ;设置通道数
      MOV    DX,300H       ;通道 IN0 口地址
L1:   OUT    DX,AL         ;启动 A/D 转换(AL 可为任意数)
      PUSH   DX            ;保存通道号
      MOV    DX,308H       ;指向状态口地址
L2:   IN     AL,DX         ;读 EOC 状态
      TEST   AL,01H        ;转换是否开始
      JNZ    L2            ;若未开始,等待
L3:   IN     AL,DX         ;再读 EOC 状态
      TEST   AL,0IH        ;转换是否结束
      JZ     L3            ;若未结束,等待
      POP    DX            ;转换结束,恢复通道号
      IN     AL,DX         ;读取转换数据
```

```
MOV     [BX],AL        ;转换结果送缓冲区
INC     DX             ;指向下一个输入通道
INC     BX             ;指向下一个缓冲单元
LOOP    L1             ;判断8路模拟量是否全部采样完毕
```

10.4 习题与思考题

1. 什么是A/D、D/A转换器？在计算机系统中起什么作用？
2. D/A转换器一般有哪些外部引脚信号？它们有什么特性？分析D/A转换器外部引脚的特性对DAC接口设计有什么意义？
3. A/D、D/A转换器主要有哪些参数？反映了A/D、D/A转换器的什么性能？
4. D/A转换器接口的任务是什么？它和微处理器连接时，一般有哪几种接口电路结构形式？
5. 分辨率和精度有什么区别？
6. A/D转换器一般有哪些外部引脚信号？它们有什么特性？分析A/D转换器外部引脚的特性对D/A转换器接口设计有什么意义？
7. A/D转换器接口电路一般应完成哪些操作？
8. ADC把模拟量信号转换为数字量信号，转换步骤是什么？转换过程用到什么电路？
9. A/D转换器中的转换结束信号有什么作用？
10. 在实际应用中，A/D转换器的分辨率、内部有无三态输出锁存器以及启动转换方式，对接口电路有什么影响？
11. 决定数据采集频率有哪两个时间因素？为提高数据采集频率一般采用什么措施？
12. D/A转换器分辨率和微机系统数据总线宽度相同或高于系统数据总线宽度时，其连接方式有何不同？
13. A/D转换器与CPU之间采用查询方式和采用中断方式下，接口电路有何不同？
14. 设计一个电路和相应程序完成一个锯齿波发生器的功能，使锯齿波呈负向增长，并且锯齿波周期可调。

第11章

总 线 技 术

总线是连接各部件的一组公共的信号线。利用总线可实现微机与存储器、I/O 接口之间、各功能电路之间和微机系统之间的通信。因此，总线技术在微机系统中占有重要地位。本章首先对总线技术进行系统介绍，接着介绍了常用的系统总线 ISA 总线和 PCI 总线，最后较详细地介绍了目前流行的 IEEE 1394、USB 等总线结构与应用。

11.1 总线概述

总线是系统中为多个功能部件提供互连和信息传输的一组公共信号线。连接在总线上的设备可以利用总线将信息发给其他设备，也可以利用总线接收来自其他设备的信息。总线由传输信息的物理介质和一套管理信息传输的协议构成。采用总线结构有两个优点：一是各部件可通过总线交换信息，相互之间不必直接连线，减少了传输线的根数，提高了微机的可靠性；二是在扩展微机功能时，只需把要扩展的部件接到总线上即可，使功能扩展十分方便。

1. 总线的分类

总线可以从多种角度进行分类。

按总线的传输特点，可分为并行总线和串行总线。

按总线所处的位置不同，可分为片内总线、芯片级总线、系统总线和外总线。

按总线的功能可分为系统总线和通信总线。

系统总线也称内总线，是指微机系统内部模块或插件板间进行通信联系的总线，如 S-100总线、PC 总线、STD 总线、MULTIBUS 等。通信总线也称外总线，是指把不同微机系统连接起来的通信线路。按信号传输方式，通信总线可分为串行总线和并行总线。串行总线是按位串行方式传输信息的，如 RS-232、RS-422 等；并行总线以并行方式同时传输信息，如 IEEE-488。各种标准总线都在信号系统、电气特性、机械特性及模板结构等多方面做了规范定义。

微机总线可分为 3 类：

1）片总线：又称芯片总线，或元件级总线，是在集成电路芯片内部，用来连接各功能单元的信息通路。如 CPU 芯片中的内部总线，它是 ALU 寄存器和控制器之间的信息通路。

2）内总线：又称系统总线，或板级总线、微机总线，是用于微机系统中各插件之间信息传输的通路。

3）外总线：又称通信总线，是微机系统间或微机系统与其他系统之间信息传输的通路。

系统总线一般由 3 部分组成：

1）地址总线：用于传输地址的单向总线。地址线的数目决定了可直接寻址的范围。

2）数据总线：用于传输数据、代码的信号线，为双向总线。

3）控制总线：用于传输控制信号的信号线，以实现命令、状态传送、中断、直接存储器传输的请求与控制信号传输，以及提供系统使用的时钟和复位信号等。根据不同的使用条件，控制总线为单向、双向；三态或非三态。

2. 总线的基本特性

为使不同的设备进行信息交换，必须对总线的连接方式、引脚功能、电气标准和工作时序等作统一规定。总线的特性定义主要包括以下几个部分：

1）物理特性：规定总线物理连接的方式。如模块尺寸、总线插头、边沿连接器、插座等规格及位置、引脚的排列等。

2）功能规范：规定总线每个引脚的信号名称与功能，它们相互作用的协议等，从功能上看，总线信号线可以分为地址总线、数据总线和控制总线三大类。

3）电气特性：规定每根信号线工作时的信号传输方向、有效电平、动态转换时间、负载能力、各电气性能的额定值及最大值。

4）时间特性：定义每根线何时有效，即时序。

3. 总线的性能指标

计算机总线的性能指标主要有以下几种：

(1) 总线宽度

总线宽度是总线能够同时传输的数据位数。位数越多，一次传输的信息就越多。总线宽度是并行总线的重要参数之一。例如，ISA总线宽度为16位，EISA总线宽度为16位，PCI总线宽度为32位。

(2) 总线频率

总线通常都有一个基本时钟，总线上其他信号都以该时钟为基准，该时钟的频率也是总线工作的最高频率。时钟的频率越高，单位时间内传输的数据量越大。

(3) 单个数据传输周期数

单个数据传输周期数是指每个数据传输所用的时钟周期数。传输方式不同，单个数据传输周期数也不同，每个数据传输所用时钟周期数大于等于1。

(4) 总线数据传输率

总线数据传输率是总线最关键的一项技术指标，是指系统在给定工作方式下所能达到的数据传输率，也就是在给定方式下单位时间内能够传输数据的字节数。它可以通过带宽（Band Width）来描述。总线数据传输率的单位是每秒字节（B/s）。

(5) 总线定时协议

总线定时协议是指采用同步定时还是异步定时。这取决于传输数据的两个模块（源模块和目的模块）间的约定。

总线的性能指标除上述介绍的几种之外，还有一些其他的参数与总线的性能有关。例如，数据线、地址线是否复用；负载能力；总线控制方式；电源电压；是否可扩展等。

11.2 总线的数据传输

系统总线上的数据传输是在主模块的控制下进行的。主模块是具有控制总线能力的模块，如CPU、DMA控制器。总线的从模块则没有控制总线的能力，它可以对总线上传输的信号进行地址译码，并且接收和执行总线主模块的命令信号。总线上同一时刻仅有一个主模块占用总线。

1. 总线数据传输的过程

总线完成一次数据传输的周期，一般分为如下5个阶段：

1）申请阶段：主模块申请总线，以便取得总线的控制权。

2）仲裁阶段：多个主模块同时申请总线使用权时，根据某种算法作出裁定，把总线的控制权赋予某个设备，这一任务由总线控制器完成。

3）寻址阶段：主模块取得总线控制权后，由该模块进行寻址，通知被访问的从模块进行信息传输。

4）传输阶段：主模块和从模块之间进行数据传输，根据读写方式确定信息流向，一次传输可以传输一个数据，也可以传输多个数据。

5）结束阶段：主模块的有关信息均从系统总线上撤销，让出总线。

2. 总线传输的定时方式

在总线上进行信息传输必须使得信息传输双方相互同步，即传输双方要知道每一位的信息从什么时间开始，每一个数据从哪一位开始，每一个数据块从哪一个数据开始。

主模块和从模块之间的数据传输定时方式有三种：同步传输、异步传输和半同步传输。

（1）同步传输

用一个公共时钟作为控制数据传输的时间标准。主设备与从设备进行一次传输所需的时间（称为传输周期或总线周期）是固定的，其中每一步骤的起止时刻，也都有严格的规定，都以系统时钟为统一。

同步传输操作简单，但要解决各种速率的模块之间的时间匹配。当把一个慢速设备连接到同步系统上，就要求降低时钟速率来与慢速设备相匹配。

（2）异步传输

异步传输没有统一的时钟信号，采用“应答式”传输技术。用请求（Request）和应答（Acknowledge）两条握手信号线来协调传输过程，在发送方和接收方之间进行联络。它可以根据模块的速率自动调整响应时间，接口任何类型的外围设备，都不需要考虑该设备的速度，从而可避免同步传输的缺点。

CPU 对存储器使用的传统读写是一种异步传输方式。CPU（主模块）将存储器地址放到地址总线上，发出读信号。存储器（从模块）识别地址，在延迟若干时间后，将数据和应答信号放到总线上。

（3）半同步传输

半同步传输是上述两种传输方式的折中。进行半同步传输时，各信号仍以公共时钟为基准，数据的开始时间由时钟信号和握手信号共同确定。总线上各操作之间的时间间隔可以变化，但仅允许为公共时钟周期的整数倍。

半同步方式在同步的前提下，允许设备的某些不一致性，具有较大的灵活性，因此得到广泛的应用。ISA 总线属于此类型。

3. 总线仲裁

总线上每个时刻只能被一个主模块控制使用。如果同时出现多个主模块申请使用总线的情况，就要进行仲裁，以决定总线为哪个模块所使用。仲裁方法可分为静态和动态两种：

1）静态仲裁：把总线周期固定划分为若干个时间片，每个主设备占用其中的一个时间片。静态仲裁方法简单，但浪费了频带宽度，USB 总线即采用静态仲裁方法。

2）动态仲裁：在有主设备请求时，根据事先设定的规则分配总线使用权，PCI 总线即采用动态仲裁方法。

4. 数据传输类型

总线上的数据传输有单周期方式和突发数据传输两种方式。

1）单周期方式：在获得一次总线使用权后只能传输一个数据，如果需要传输多个数据，就要多次申请使用总线。

2）突发数据传输：突发方式下，获得一次总线使用权可以连续进行多个数据的传输。在寻址阶段，主设备发送数据块的首地址，后续的数据在首地址的基础上按一定的规则寻址。在这种传输方式下，总线的利用率高。PCI 总线支持突发数据传输方式。

5. 错误检测

由于外界或者自身存在着各种随机出现的干扰因素，总线上传输的信息可能产生错误。因此，需要错误检测电路来发现或纠正出现的错误，通常由专用的总线信号来报告出现的错误。最常用、最简单的错误检测方法是奇偶检验。但在总线进行高速和大批量信息传输时，常采用循环冗余检验（Cycle Redundancy Checking，CRC）的错误检验方式。

11.3 常用系统总线

最早的 PC 系统总线是 IBM 公司于 1981 年推出的基于准 16 位机 PC/XT 的总线，称为 PC 总线。1984 年 IBM 公司推出 16 位 PC 机 PC/AT 总线，称为 AT 总线。为能够更好地开发外接插板，由 Intel 公司、IEEE 和 EISA 集团联合开发出与 IBM/AT 总线相近的工业标准体系结构（Industry Standard Architecture，ISA）总线。并于 1988 年，由 Compaq、AST、Epson 等 9 家公司联合，在 ISA 的基础上为 32 位微机推出了扩展的 ISA（Extended ISA，EISA）总线。

1993 年后，由于微处理器的飞速发展，ISA、EISA 显得落后。微处理器的高速度和总线的低速度不同步，造成硬盘、图形卡和其他外设的发送和接收数据慢，使 CPU 的高性能受到严重影响，因而又提出局部总线（Local Bus）。目前较为流行的局部总线有：VESA（Video Electronics Standard Association）总线，简称 VL 总线和 PCI（Peripheral Component Interconnect）总线。PCI 总线是目前 Pentium 微机中广泛使用的总线。

11.3.1 ISA 总线

ISA 总线是 IBM AT 机推出时使用的总线，又称 AT 总线。后来被推荐为 IEEE P996 标准，改称为 ISA（Industry Standard Architecture，工业标准体系结构）总线，并逐步演变为一个事实上的工业标准，得到广泛应用。

ISA 总线是在 PC 总线的基础上，通过扩展一个 36 插槽而形成的。同一插槽中，分为 62 线和 36 线两段，共 98 线。ISA 总线数据宽度为 16 位，最高工作频率 8 MHz。I/O 通道上各个信号的电气性能及信号引脚在插线板上的位置都经过了规范化，具有统一的定义，用户可以方便地通过扩展槽完成接口卡与系统的连接。每个总线周期传输一个数据/地址，不支持突发（Burst）传输方式，除了 CPU 和 DMA 控制器之外，其他 ISA 设备均是从设备，总线仲裁由 CPU 完成。

1. ISA 总线的信号定义

IBM PC 数据宽度为 8 位的 ISA 总线由 62 根信号线组成，通常称为 PC 总线或 XT 总线。扩展槽使用 62 芯双面插槽，引脚分别为 $A_1 \sim A_{31}$ 和 $B_1 \sim B_{31}$，引脚信号如图 11-1 所示。16 位 ISA 总线是在 PC 总线基础上增加了 36 根信号线，通常称为 AT 总线，如图 11-2 所示。ISA 总线的所有信号都是 TTL 电平，各个引脚的含义如下：

1）CLOCK：时钟输出信号，输出 8 MHz 的 AT 系统时钟。

2）RESET DRV：复位驱动输出信号，高电平有效，通常在加电时复位系统。

3）$SA_0 \sim SA_{19}$：I/O 信号，系统地址总线，用于系统内存储器和 I/O 设备的寻址，其与 $LA_{17} \sim LA_{23}$ 共同可以达到 16 MB 的寻址空间。

4）$LA_{17} \sim LA_{23}$：I/O 信号，为非锁定的地址信号，其中 $LA_{17} \sim LA_{18}$ 是 $SA_{17} \sim SA_{18}$ 的非锁定信号。当 BALE 为高电平时有效。

5）$SD_0 \sim SD_{15}$：I/O 信号，系统数据总线信号。可提供处理器、存储器和 I/O 设备之间的数据传输。

6）BALE：缓冲的地址锁存允许输出信号，用来在下降沿时锁存地址信号 $SA_0 \sim SA_{19}$。在 DMA 周期中，BALE 设置为高电平。

7）$\overline{\text{I/O CH CK}}$：I/O 通道校验输入信号。低电平有效，当为低电平时，表示 I/O 通道上的设备出现奇偶错误。

8）I/O CH RDY：I/O 通道准备好输入信号。可由存储器或 I/O 设备将该信号拉至低电平，用以延长存储器或 I/O 的读写周期。

9）$IRQ_2 \sim IRQ_7$、$IRQ_{10} \sim IRQ_{14}$：中断请求信号，高电平有效。是 I/O 设备向 CPU 发出的中断请求信号。其优先级顺序从低到高依次为：7、6、5、4、3、2、14、13、12、11、10。

10）$\overline{\text{I/OR}}$：I/O 读信号，低电平有效。

11）$\overline{\text{I/OW}}$：I/O 写信号，低电平有效。

12）$\overline{\text{SMEMR}}$：系统存储器读信号，输出信号，低电平有效。该信号只有在存储器地址空间最低 1MB 范围内有效。

13）$\overline{\text{MEMR}}$：存储器读信号，I/O 信号，低电平有效。

14）$\overline{\text{SEMW}}$：系统存储器写信号，输出信号，低电平有效。该信号只有在存储器地址空间最低 1MB 范围内有效。

15）$\overline{\text{MEMW}}$：存储器写信号，I/O 信号，低电平有效。该信号把数据总线上的数据存入存储单元，在整个存储器读周期都有效。

16）$DRQ_0 \sim DRQ_3$、$DRQ_5 \sim DRQ_7$：DMA 请求输入信号，高电平有效。$DRQ_0 \sim DRQ_3$ 用于 8 位数据传输；$DRQ_5 \sim DRQ_7$ 用于 16 位数据传输，DRQ_4 是用于系统板上的信号，其优先级顺序从低到高依次为：7、6、5、3、2、1、0。

17）$\overline{DACK_0} \sim \overline{DACK_3}$、$\overline{DACK_5} \sim \overline{DACK_7}$：DMA 响应输出信号，低电平有效。

18）AEN：DMA 地址允许输出信号，由 DMA 控制器控制地址总线、存储器和 I/O 读写命令线。

19）$\overline{\text{REFRESH}}$：存储器刷新信号，低电平有效，用来指示存储器刷新周期。

20）T/C：计数结束输出信号。当 DMA 通道的计数器计数结束时发出一个脉冲。

21）SBHE：系统总线高字节允许输入信号，高电平有效，当其有效时，表示数据总线 $SD_8 \sim SD_{15}$ 正在进行高字节传送。

22）MASTER：主控输入信号，低电平有效。由 I/O 通道上的处理器控制的 DRQ 线一起使用，对系统进行控制。该信号保持低电平的时间不应超过 15μs，否则系统存储器可能会由于缺少刷新而失去信息。

23）$\overline{MEMCS_{16}}$：存储器 16 位片选信号，低电平有效。该信号有效时，表示当前要传输的数据是有一个等待状态的 16 位存储周期。

24）$IOCS_{16}$：16 位 I/O 片选信号，低电平有效。该信号有效时，表示当前要传输的数据是有一个等待状态的 16 位 I/O 周期。

25）OSC：为 14.32 MHz 的振荡器输出信号。

26）OWS：零等待状态输入信号，通知 CPU 可以完成当前的总线周期，无需再插入附加的等待周期。

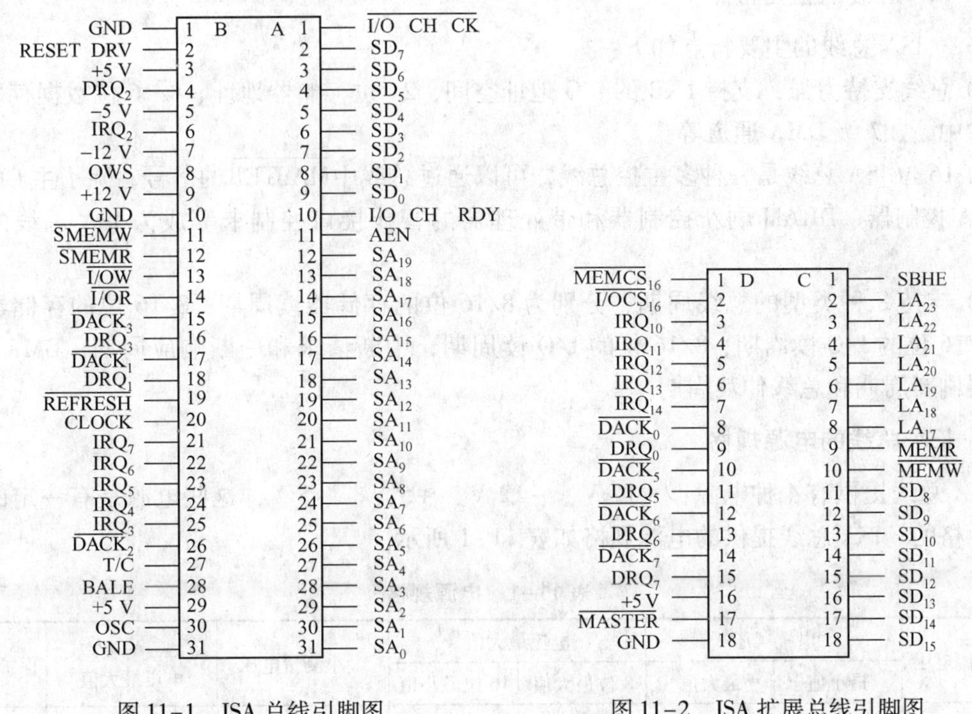

图 11-1　ISA 总线引脚图　　　图 11-2　ISA 扩展总线引脚图

2. ISA 总线扩展卡

由于 ISA 总线的开放特性，许多厂商设计制造了各种基于 ISA 总线的 I/O 接口，如 A/D 数据采集卡。为了避免地址发生冲突，ISA 卡设计时采用跳线开关（Switch），允许对卡的 I/O 起始地址（BASE）进行选择。用户必须自己调整 Switch，使 BASE 位于所使用计算机 I/O 的空闲位置，然后根据 BASE 地址访问该卡上的各种资源。使用 ISA 适配器时需要特别关注 I/O 端口地址。

3. 即插即用 ISA 规范

由于设计的历史原因，用户在对 PC 升级或给机器安装新设备时会有诸多不便。安装新设备时不仅要对新设备进行配置，而且往往还需要对一些已安装的设备进行重新配置；除硬件安装外，还需要一个复杂的软件安装过程。因而在升级、维护、提供用户支持方面存在不少困难。

在这样的背景下，计算机工业提出一个新概念：即插即用，简称 PnP。就是说，新设备只需简单插入即可开始运行，不需要用户去拨动开关、插拔跳线以及复杂地安装软件来调整和重新配置系统。这意味着重新配置行为是自动完成的，并且对用户是透明的。

为此，Intel 和 Microsoft 公司共同提出了一个即插即用 ISA 规范，该规范定义了 ISA 总线适配器最小实现功能集。它包括卡控制寄存器、逻辑控制寄存器和逻辑设备配置寄存器等一组寄存器，并定义了一个初始化关键字序列和一个分离协议。在 PnP 的 BIOS 或操作系统的支持下，能够读取这种新型 ISA 适配器的配置数据，也可进行重新配置。

4. ISA 总线的主要特点

16 位 ISA 总线的主要特点如下：

1）总线支持力强，支持 1KB 的 I/O 地址空间，24 位存储器地址、8/16 位数据存取、15 级硬件中断、7 级 DMA 通道等。

2）16 位 ISA 总线是一种多主控总线，可以通过总线中 $\overline{\text{MASTER}}$ 的信号，除了主 CPU 外，使 DMA 控制器、DRAM 刷新控制器和带处理器的智能接口控制卡等成为 ISA 总线的主控设备。

3）支持 8 种类型的总线周期，分别为 8/16 位的存储器读周期；8/16 位的存储器写周期；8/16 位的 I/O 读周期；8/16 位的 I/O 读周期；中断请求和中断响应周期；DMA 周期；存储器刷新周期和总线仲裁周期。

5. ISA 总线的电源规格

ISA 总线提供有 4 种电源：+12 V、-12 V、+5 V、-5 V，这些电源是有一定的电流电压规格的。ISA 总线提供的电源规格如表 11-1 所示。

表 11-1 电源规格

总线电源电压	电压		电流最大值		最小测量电压	峰-峰噪声电压最大值	保护槽电流
	最小值	最大值	8 位最大值	16 位最小值			
+12 ±5%	11.4	12.6	1.5	1.5	10.8	120	2.0
-12 ±10%	-10.8	-11.2	0.3	0.3	-10.2	120	2.0
-5 ±10%	4.5	5.25	3.0	4.5	4.5	50	2.0
-5 ±10%	-4.5	-5.5	0.2	0.2	-4.3	50	2.0

11.3.2 PCI 总线

PCI（Peripheral Component Interconnect，外部设备互连）总线是 Intel 公司于 1991 年提出并于 1993 年正式推出的基于 Pentium 等新一代微处理器的一种局部总线技术，是当前最流行的总线技术之一。

1. 概述

PCI 总线是不依附于某个具体处理器的总线。从结构上看，PCI 总线是在 CPU 和原来的 ISA 系统总线之间插入的另一级总线，具体由一个桥接电路实现对这一层的管理，并实现上下之间的接口以协调数据的传输和信号的缓冲，能支持近 10 种类型的外设接口，并能在较高时钟频率下保持高性能。PCI 总线也支持总线主控技术，允许智能设备在需要时取得总线控制权，以加速数据传输。

2. PCI 总线引脚

PCI 总线包含 32 位（或 64 位）数据总线和 32 位（或 64 位）地址总线、接口控制线、仲裁及系统线等。通常将 PCI 总线的全部信号线分为必选信号和可选信号两大类。必选信号是 32 位 PCI 接口不可缺少的，通过这些信号线可实现完整的 PCI 接口功能，如数据传输、接口控制、总线仲裁等。对于目标设备，必选信号线有 47 条，对于主控设备，必选信号线有 48 条。可选信号线是用于为高性能 PCI 接口进行功能与性能方面的扩展。如 64 位地址/数据、中断信号、66 MHz 主频等信号线。PCI 总线信号如图 11-3 所示。

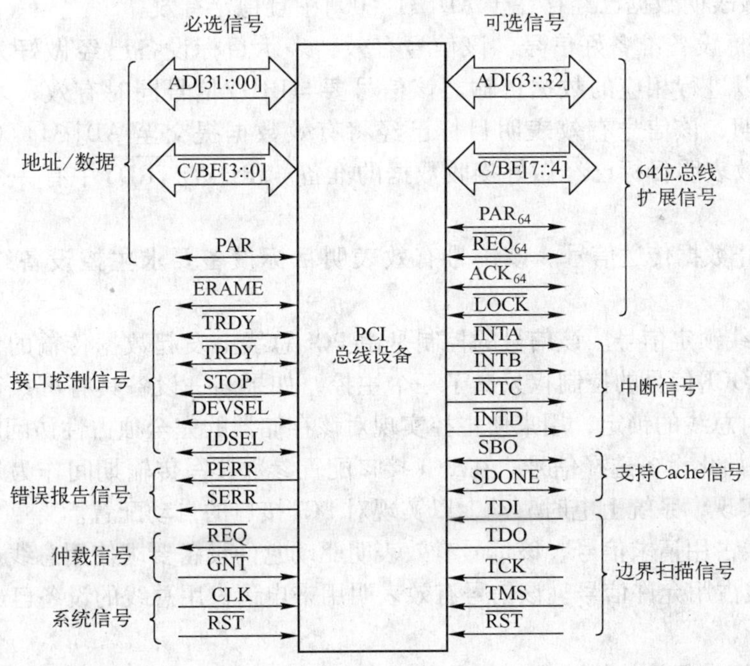

图 11-3　PCI 总线信号

CLK：总线时钟输入信号，其大小决定了 PCI 总线的工作频率。PCI 的其他信号在 CLK 的上升沿同步。

$\overline{\text{RST}}$：复位输入信号，复位 PCI 总线上的接口设备。对于 PCI 配置寄存器，其复位状态是由 PCI 标准规定的。当总线复位时，PCI 的全部输出信号一般都为“高阻”状态或“低电平”状态。如$\overline{\text{SERR}}$信号为高阻状态，$\overline{\text{SBO}}$、SDONE 驱动为低电平，$\overline{\text{REQ}}$和$\overline{\text{GNT}}$同时驱动到“高阻”，AD、C/$\overline{\text{BE}}$及 RAR 驱动到低电平。当设备请求引导系统时，将响应复位，复位后响应系统引导，启动计算机系统。

AD[31::00]：一组32位的地址/数据复用双向三态信号。传输32位地址，是在FRAME有效后的第一个时钟周期传输的，称为地址期；传输32位数据，是在IRDY、TRDY同时有效时传输的，称为数据期。一个PCI总线的传输中包含一个地址期和接着一个或多个数据期。地址期为一个时钟周期；在数据期，AD[07::00]为低字节，AD[31::24]为高字节。“写数据”稳定有效的前提是IRDY有效，“读数据”稳定有效的前提是TRDY有效。在时钟的上升沿对数据进行锁存，二者均无效时为等待周期。

C/BE[3::0]：32位总线命令与字节使能多路复用三态信号。在地址期中，4条线传输的是总线命令，可表示16种不同的总线命令。在数据期内，该信号线传输字节使能方式一次可传输任意字节的数据。

FRAME：是由当前主控驱动的帧周期信号，表示一次数据帧访问的开始和持续时间。当FRAME信号有效总线传输开始时，第一个时钟周期为地址期，随后为数据期。在FRAME有效期间，数据传输继续进行，FRAME信号失效后，还有最后一个数据周期。

IRDY：主控设备准备好信号。该信号有效时，表示发起本次数据传输的主控已经准备好，否则为等待周期。在读周期，该信号有效表明主控已经做好接收数据的准备；在写周期，该信号有效表明数据已经存在于AD[31::00]中且稳定有效。

TPDY：目标设备准备好信号。该信号有效，表示目标设备已经做好完成当前数据传输的准备，可以进行相应的数据传输。该信号要与IRDY信号同时有效，才能完整地传输数据。在读周期，该信号有效表明目标已经将有效数据提交至AD[31::00]中；在写周期，该信号有效表明目标已经做好接收数据的准备。IRDY与TRDY中有一个无效时，都为等待周期。

STOP：停止数据传送信号。该信号有效表明目标设备要求主控设备终止当前的数据传送。

LOCK：总线锁定信号。该信号的控制是由PCI总线上发起数据传输的设备结合GNT信号来完成的，LOCK信号的控制权只属于一个主控，如果某一设备具有可执行存储器，那么它必须能实现对总线的锁定，用来使主控实现对该存储器的完全独占性访问。

IDSEL：初始化设备选择信号。在PCI接口配置参数读写传输期间作为片选信号，一般采用高地址线实现，系统上电时驱动，以实现对PCI接口的自动配置。

REO：总线占用请求信号。该信号有效表明驱动它的设备要求使用总线。

GNT：总线占用允许信号。该信号有效表明用来申请占用总线的设备已经得到允许，可使用总线。

PERR：数据奇偶检验错误报告信号。该错误报告信号是在设备响应其设备选择信号和完成数据期之后产生的，比实际数据传输延迟一个时钟周期。该信号的持续时间与数据期的多少有关，如果只有一个数据期，那么最少持续时间为一个时钟周期；如果是一组数据期且每个数据期都有错，那么其持续时间大于一个时钟周期。该信号在使用前必须先驱动为高电平。

SERR：系统错误报告信号。该信号报告在特殊周期中的地址数据奇偶错误一级其他可能引起灾难后果的系统错误。

INTA、INTB、INTC、INTD：中断信号。实现中断请求。后3个应用于多功能设备。这些中断信号在 PCI 总线中是可选信号。

$\overline{\text{SBO}}$：试探返回信号。

SDONE：监听完成信号。

AD[63::32]：扩展的 32 位地址与数据多路复用线。在地址期，若使用 DAC 命令且$\overline{\text{REQ}}_{64}$有效时，传输地址的高 32 位；在数据期，当$\overline{\text{REQ}}_{64}$与$\overline{\text{ACK}}_{64}$同时有效时，传输 32 位数据。

$\overline{\text{C/BE}[7::4]}$：总线命令与字节使能多路复用信号线。在数据期，如果$\overline{\text{REQ}}_{64}$与$\overline{\text{ACK}}_{64}$同时有效，传输字节使能信号；在地址期，若使用 DAC 命令且$\overline{\text{REQ}}_{64}$有效时，传送总线命令。

$\overline{\text{REQ}}_{64}$：64 位传输请求信号。该信号有效时，表示由当前主设备驱动的设备要求采用 64 位通道传输数据。

$\overline{\text{ACK}}_{64}$：64 位传输响应信号。该信号有效时，表示目标设备将采用 64 位传输方式。该信号由目标设备驱动，且与$\overline{\text{DEVSEL}}$具有相同的时序。

PAR_{64}：奇偶双字校验。是 AD[63::32] 与$\overline{\text{C/BE}[7::4]}$的校验位。当$\overline{\text{REQ}}_{64}$有效且$\overline{\text{C/BE}[3::0]}$上是 DAC 命令时，该信号将在初始地址期之后一个时钟周期有效，并在 DAC 命令的第二个地址期过后的一个时钟处无效。

除上述信号外，还有 TDI、TDO、TCK、TMS、$\overline{\text{TRST}}$信号，这些都是边界扫描信号。

3. PCI 总线系统的构成

PCI 总线系统的构成如图 11-4 所示。从图中可看到，CPU 总线和 PCI 总线由桥接电路（北桥芯片）相连。北桥芯片中除了含有桥接电路外，还有 Cache 控制器和 DRAM 控制器等控制电路。PCI 总线上挂接高速设备，如图形控制器、IDE 设备或 SCSI 设备、网络控制器等。

PCI 总线和 ISA/EISA 总线之间也通过桥接电路（南桥芯片）相连，ISA/EISA 上挂接传统的慢速设备。

此外，PCI 总线还有其他一些连接方式，如双 PCI 总线方式、PCItoPCI 方式、多处理器服务器方式等。

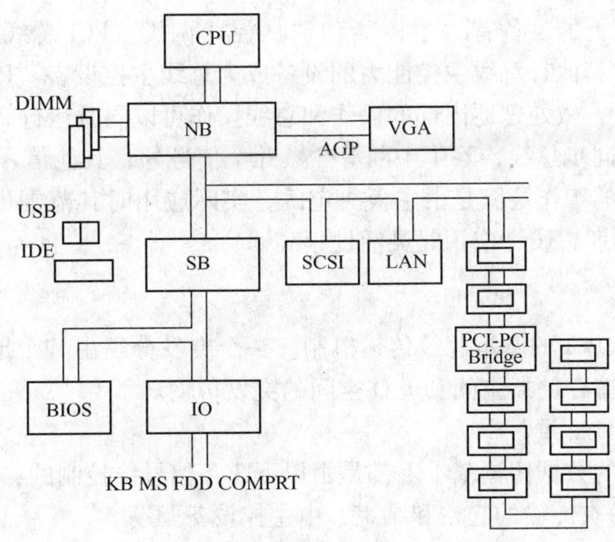

图 11-4 PCI 总线系统构成

4. PCI 总线的主要特点

PCI 总线的主要参数如下：总线时钟频率 33 MHz/66 MHz；最大数据传输速率在时钟频率为 33 MHz 时为 132 MB/s（32 位）或 264 MB/s（64 位）；采用与时钟同步的方式；数据总线的宽度为 32 位/64 位；具有与处理器和存储器子系统完全并行操作的能力；能支持 64 位寻址能力；具有完全的多总线主控能力；能自动识别外设（即插即用功能）；能实现中断共享等。

（1）线性突发传输

PCI 支持突发的数据传输模式，满足新型处理器高速缓冲存储器（Cache）与内存之间的读写。线性突发传输能够更有效地运用总线的带宽去传输数据，以减少无谓的寻址操作。可保证总线不断满载数据，使 PCI 总线达到其峰值传输速度。PCI 总线每启动一次数据传输都是以数据帧为基础的。

（2）多总线主控

PCI 总线不同于 ISA 总线，其地址总线和数据总线是分时复用的。一方面可节省接插件的管脚数；另一方面便于实现突发数据的传输。数据传输时，一个 PCI 设备作为主控设备，而另一个 PCI 设备作为从设备。总线上所有时序的产生与控制，都是由主控设备发起的。PCI 总线在同一时刻只能对一对设备完成传输，因此必须要有一个仲裁机构来决定总线的主控权。

如图 11-5 所示，当 PCI 总线上进行读写操作时，主控设备先置低$\overline{\text{REQ}}$引脚，当主控设备得到仲裁器的许可时（$\overline{\text{GNT}}$引脚为低电平），会将$\overline{\text{FRAME}}$置低，并在 AD 总线上放置从设备地址，同时在 C/$\overline{\text{BE}}$总线上放置命令信号，说明接下来的传输类型。所有总线上的设备都需对此地址译码，被选中的设备要置低$\overline{\text{DEVSEL}}$以声明自己被选中。当$\overline{\text{IRDY}}$和$\overline{\text{TRDY}}$都置低时，才可传输数据。在主控设备数据传输结束前，将$\overline{\text{FRAME}}$置高以表明只剩最后一组数据要传输，并在传完数据后置高$\overline{\text{IRDY}}$以释放总线控制权。

（3）支持总线主控方式和同步总线操作

挂接在 PCI 总线上的设备有“主控”和“从控”两类。PCI 总线允许多处理器系统中的任何一个处理器或其他有总线主控能力的设备成为总线主控设备。PCI 允许微处理器和总线主控制器同时操作，微处理器内部的操作和总线操作可以同时运行。

PCI 总线是一种同步总线，除了中断等少数几个信号外，其他信号与总线时钟的上升沿同步。PCI 总线时钟的工作范围是由主板决定的，实际应用时其范围可以很宽。PCI 总线有多种方式申请等待周期，设计应用时灵活性很高。

5. PCI 总线协议

突发分组传输是 PCI 的基本总线传输机制。一个突发分组由一个地址期和一个（多个）数据期组成。PCI 支持存储器空间和 I/O 空间的突发传输。

（1）PCI 总线的传输控制

PCI 总线上所有的数据传输基本上都是由以下 3 条信号线控制的：

$\overline{\text{FRAME}}$：指明一次传输的起始和结束，由主控设备驱动。

$\overline{\text{IRDY}}$：允许插入等待周期，由主控设备驱动。

$\overline{\text{TRDY}}$：允许插入等待周期，由目标设备驱动。

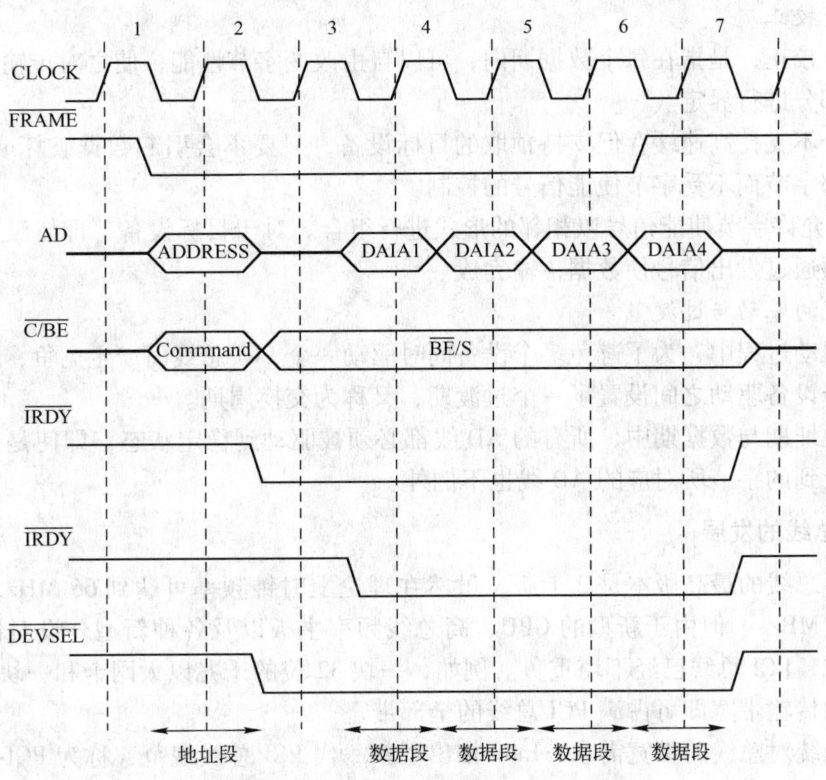

图 11-5 PCI 总线操作时序

PCI 总线的传输一般遵循如下管理原则：

FRAME与IRDY定义总线的忙/闲状态。当其中一个有效时，总线处于“忙”状态，两个都无效时，总线处于“闲”状态。

在传输过程中，一旦IRDY信号设置为无效，在同一传输期间不能重新设置。

主控设备一旦设置了IRDY信号，直到当前数据期结束为止，目标设备不能改变IRDY信号和FRAME信号的状态。

（2）PCI 的物理地址空间

I/O 地址空间、内存地址空间、配置地址空间是 PCI 总线定义的 3 个物理空间。

1）I/O 地址空间。在 I/O 地址空间中，全部 32 位 AD 总线都被用来提供一个完整的地址编码（字节地址），由此使得要求地址精确到字节水平的设备无需多等一个周期就可完成地址译码（产生DEVSEL信号），也使负的地址译码节省一个时钟周期。在 I/O 访问中，位表示传输涉及的最低有效字节，并与C/BE[3::0]相互配合。

2）内存地址空间。在存储器访问中，地址为双字节地址，只用 AD[31::02]，AD[1::0]用做特殊用途，所有的目标设备都要检查 AD[1::0]，提供要求的突发传输顺序或执行目标设备断开操作。

3）配置地址空间。在配置的地址空间中，AD[7::2]将访问一个双字地址，配置空间共 64 个双字。一个设备接收到配置命令时，若 IDSEL 信号有效且 AD[1::0] =00，则该设备将被选中为将要访问的目标。

(3) 字节校正

所谓字节校正，是指在每个数据期内，可以自由改变字节性能，使之对传输数据的实际含义和有效部分进行界定。

对于一个不支持高速缓存但支持预取的目标设备，只要不会引起数据破坏或状态改变，也可回送全部字节而不受字节使能信号的控制。

PCI 总线允许字节使能信号以相邻的形式进行组合。对于目标设备，即使没有字节使能信号，也必须通过发出信号使数据传输完成。

(4) 总线的驱动与过渡

在总线驱动过程中，为了避免多个设备同时驱动一个 PCI 总线而产生竞争，在一个设备驱动到另一个设备驱动之间设置了一个过渡期，又称为交换周期。

在每个地址期与数据期中，所有的 AD 线都必须被驱动到稳定状态，即使是在当前数据传输中未涉及到的字节所对应的 AD 线也不例外。

6. PCI 总线的发展

当前 PCI 总线的最高版本是 2.1 版，虽然在理论上时钟频率可达到 66 MHz，数据传输速率可达 533 MB/s。但由于新型的 CPU、高总线频率主板以及各种新型外设对传输带宽日益增长的需求，PCI 总线已经不堪重负。例如，一块 32 位的千兆以太网卡和一块 IEEE 1394 接口卡所需的传输带宽即可占满 PCI 总线的全部带宽。

为满足系统对总线的带宽需求，Intel 推出了新一代 PCI 总线规范，称为 PCI-X，主要适用于 133 MHz 总线时钟频率的台式机主板。更新型的 PCI-X2.0 可适用于总线时钟频率为 533 MHz的新型主板。

11.4 常用外设总线

在计算机与外部信息交换的过程中，有两种信息交换方式，一种是并行通信方式，另一种是串行通信方式。并行通信时，数据的各位同时进行传输；而串行通信时，数据与控制信息是一位一位进行传输的。在两种信息交换方式中，串行通信虽然传输速度较慢，但传输距离较长，硬件电路也相对简单。

由于串行通信技术的发展，特别是 USB 技术的日益成熟和接口电路的简单化发展，数据传输速度大大提高，逐步取代了并行通信。

11.4.1 RS-232 总线

RS-232 标准（协议）是美国电子工业联合会（Electronics Industries Association，EIA）与 Bell 等公司一起开发的通信协议，该协议于 1969 年公布。它是目前最常用的一种串行通信接口标准，已经广泛应用于微机通信接口与终端或外设之间的连接中。该标准对串行通信接口的有关问题，如电气特性、机械特性、信号线功能等都作了明确规定。

1. RS-232 电气特性及接口信号

RS-232 对电压源、终端和逻辑电平都作了规定。其逻辑电平定义为负逻辑：逻辑 1 的

电平低于 -3V，逻辑 0 的电平高于 +3V。也就是当传输电平的绝对值大于 3V 时，电路可有效地检查出来，介于 -3V 和 +3V 之间的电压无意义，低于 -15V 或高于 +15V 也认为无意义。因此，实际工作时应保证电压位于（5～15V）之间。

RS-232 是用正、负电压表示逻辑状态的，与 TTL 以高、低电平表示逻辑状态不同。因此，为了能够同计算机接口或终端的 TTL 器件连接，必须在 RS-232 与 TTL 电路之间进行电平或逻辑关系的转换。

MC1488 芯片可完成从 TTL 电平到 EIA 电平的转换，而 MC1489 芯片可实现 EIA 电平到 TTL 电平的转换。转换电路如图 11-6 所示。

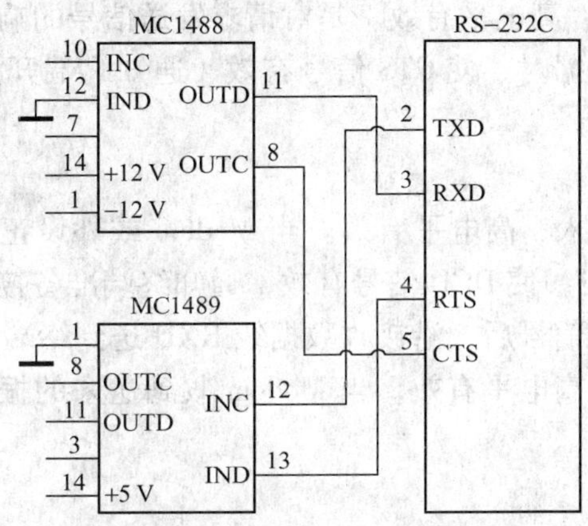

图 11-6　RS-232 与 TTL 电路的转换

2. 机械特性

目前较为常用的 RS-232 串口有 9 针（DB9）和 25 针（DB25）D 型插件作为数据终端设备（DTE）与数据通信设备（DCE）之间通信电缆的连接器。如图 11-7 所示。

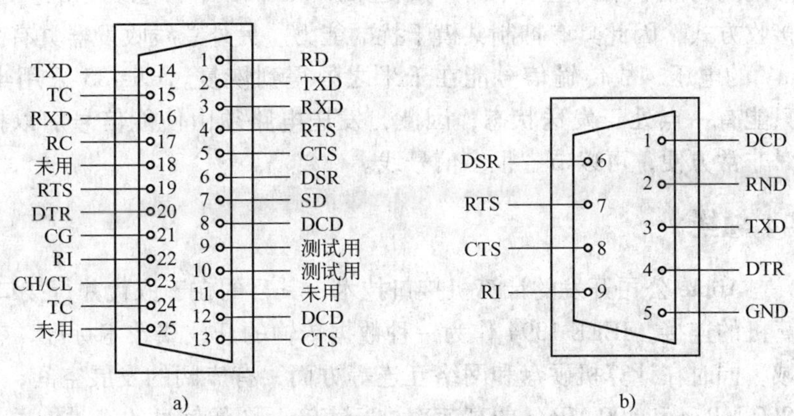

图 11-7　RS-232 串口的接口

a）DB25　b）DB9

以 9 针串口的 RS-232 总线为例，其信号线定义如下：

（1）设备状态信号线

DSR：数据装置准备好，输入，高电平有效。有效时，表明 Modem 或外设处于可以使用的状态。

DTR：数据终端准备好，输出，高电平有效。有效时，表明数据终端可以使用。

这两个信号有时连接到电源上，一加电立即有效。目前有些 RS-232 接口甚至省略这两个信号，认为设备始终都是准备好的。可见这两个设备状态信号有效时，只表示设备本身可用，并不说明通信链路可以进行通信，能否进行通信要由控制信号决定。

（2）发送控制信号线

RTS：请求发送，输出，高电平有效。当终端要发送数据时，使该信号有效，向 Modem 或外设请求发送。它用来控制 Modem 是否要进入发送状态。

CTS：允许发送，输入，高电平有效。是对请求发送信号的响应信号。当 Modem 或外设已准备好接收终端传来的数据时，使 CTS 信号有效，通知终端开始沿发送数据线 TXD 发送数据。

（3）接收控制信号线

DCD：载波检出线，输入，高电平有效。当 Modem 或外设正在接收由通信链路另一端的 Modem 送来的载波信号时，使 DCD 信号有效，通知终端准备接收，并且 Modem 将接收下来的载波信号解调成数字量信号后，沿接收数据线 RXD 送到终端。

RI：振铃指示，输入，高电平有效。当 Modem 收到送来的振铃呼叫信号时，使该信号有效，通知终端已被呼叫。

（4）数据发送与接收线

TXD：发送数据，输出。通过 TXD 终端将串行数据发送到 Modem 或外设。

RXD：接收数据，输入。通过 RXD 终端接收从 Modem 或外设发来的串行数据。

11.4.2 RS-485 总线

在要求通信距离为几十米到上千米时，广泛采用 RS-485 串行总线标准。RS-485 采用平衡发送和差分接收方式，因此具有抑制共模干扰的能力。另外总线收发器具有高灵敏度，能检测低至 200 mV 的电压，故传输信号能在千米之外得到恢复。RS-485 采用半双工工作方式，任何时候只能有一点处于发送状态，因此，发送电路须由使能信号加以控制。RS-485 用于多点互连时非常方便，可以节省很多信号线。

11.4.3 1394 总线

IEEE 1394 是 Apple 公司开发的计算机接口技术，其目的在于取代并行接口 SCSI 来实现外围设备与计算机的连接。IEEE 1394 作为一种数据传输的开放式技术标准，广泛应用于视频、音频等领域，同时在计算机硬盘和网络互连等方面，有广阔的发展空间，IEEE 1394 能以 100 MB/s、200 MB/s 和 400 MB/s 的高速率进行声音、图像信息的实时传送，还可以传输数字数据以及设备控制指令。可以利用 IEEE 1394 构建高速的内部局域网络，传输多媒体数据。

1. IEEE 1394 的主控制器接口

IEEE 1394 开放式主控制器接口（OHCI）是向所有准备支持 IEEE 1394 技术的厂商提供的开放式标准。OHCI 由物理层、链路层、交换层和串行总线管理 4 个部分组成。

(1) 物理层

物理层主要提供设备和线缆之间的电气和机械连接，处理数据传输和接收，确保所有设备可以访问总线。根据不同总线的物理介质，将数据链接层的逻辑信号转换成实际的物理电信号，并提供了保证每次只有一种设备传输数据的仲裁服务。该层又包含物理协议子层和物理介质相关子层，其中物理协议子层的功能是控制和管理总线仲裁方式，提供了使用本地时钟同步数据以及数据传输速率的自动检测。物理介质相关子层定义了机械和电气接口以及信号传输的方法。

(2) 链路层

链路层提供同步和异步模式下的数据包确认、定址、数据校验及数据分帧等。该层主要完成数据的编址、校验和数据包的制作。

(3) 交换层

交换层只处理异步数据包，定义了请求应答协议，用以执行总线传输。该层支持对异步传输协议的读/写和锁定，读命令使接收端向发送端返回数据，写命令使发送端发送数据到接收端，锁定命令综合了读/写两种功能。

(4) 串行总线管理

串行总线管理提供全部总线的控制功能，包括确保向所有总线连接设备的电力供应、优化定时机制、分配同步通道 ID、处理基本错误提示等。

在实际操作过程中，如果进行异步传输，数据发送方和接收方互换地址，然后进行数据传输。当接收方收到数据包时，会向发送方传回确认信息。接收方没有收到数据包，则启动错误修复机制。如果进行同步传输，发送方首先要获得一个特定带宽的数据通道。然后将通道 ID 附加在所要传输的数据中一起发送。接收方对数据流进行检测，只有当发现具有特定 ID 信号的数据时才进行接收。同步数据传输模式在优先级上高于异步传输模式。

IEEE 1394 是一种全数字协议，所以在 OHCI 规范中没有任何对数据调制或解调的规定。

2. IEEE 1394 的性能特点

(1) 优越的实时性能

IEEE 1394 接口支持异步和同步两种模式传输，加上 IEEE 1394 的高传输速度，在同步传输模式中可用于实时传输视频和音频数据，能保证图像和声音不会出现时断时续的现象。

(2) 热插拔、即插即用功能

IEEE 1394 采用设备自动配置技术，具备热插拔和即插即用功能，方便用户使用。IEEE 1394 可自动调整局部拓扑结构，实现网络重构和自动分配 ID。

(3) 直接提供电源

IEEE 1394 标准的接口信号线采用 6 芯电缆，其中 4 根信号线组成两对双绞线传输信息，另外两根作为电源线向被连接的设备提供 4 ~ 10 V/1.5 A 的电源。其优点是不需要为每台设备配置独立的供电系统，并且当设备断电和出现故障时，也不会影响整个系统的正常运行。

(4) 通用性强

IEEE 1394 允许采用菊花链和树形结构，实现混合连接。混合连接时，一个接口上最多可连接63个不同种类的设备。可连接包括传统外设（如硬盘、光驱、打印机、扫描仪）、多媒体设备（如声卡、视频卡）、电子产品（如数码相机、DVD播放机、视频电话）、家用电器（如VCR、HDTV、音响）等。也为微机外设和电子产品提供了统一接口，增强了通用性。

11.4.4 SCSI总线

SCSI（Small Computer System Interface）总线是由Novell公司于1984年推出的一种接口连接主机和外围设备的接口标准。1986年成为ANSI标准，之后为提高数据传输速率和改善接口兼容性，ANSI又相继推出了SCSI-2和SCSI-3标准。SCSI的速度、性能和稳定性都比IDE要好，所以主要面向服务器和工作站市场。SCSI支持包括磁盘驱动器、磁带机、光驱、扫描仪在内的多种设备。它由SCSI控制器进行数据操作，SCSI控制器相当于一块小型CPU，有自己的命令集和缓存。

1. SCSI系统结构

SCSI系统结构如图11-8所示。SCSI系统可以只有一个主机、一个主机适配器和一个外设控制器，也可以有多个主机以及多个主机适配器和外设控制器。主机适配器和外设控制器统称为SCSI设备。如果采用8位数据总线，一个主机最多可带8个SCSI设备，这是由总线仲裁方式决定的。如果采用16位或32位总线，则能带更多的SCSI设备。每个外设控制器可以带一个或多个外设。每台SCSI都有自己的识别号ID，每台外设也有自己的识别号LUN，都从0开始编号。

主机和主机适配器之间是系统总线，主机适配器和外设控制器之间是SCSI总线，外设控制器和外设之间是设备总线。这样的系统构成使得SCSI总线并不直接与外设接口，不需要按照具体外设的物理性能给予特殊的处理，而是只需要一组通用的高级命令通过外设控制器去控制各种外设，从而使SCSI总线具有很好的通用性。

2. SCSI总线信号

以8位数据SCSI总线、单端方式传输信号为例，接口信号如图11-9所示。

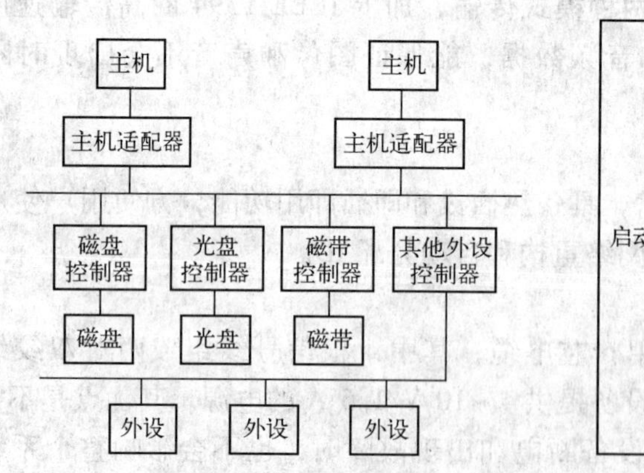

图11-8 SCSI系统结构

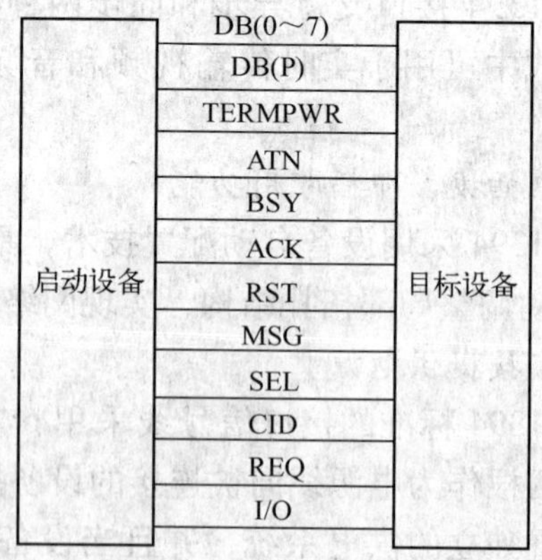

图11-9 SCSI总线信号

DB（0~7）：8位数据总线。

DB（P）：奇偶检验位。

TERMPWR：终端电源，是SCSI设备的片外电源供电电路接入线。

ATN：注意信号，是主设备发出的有信息要传输的信号，希望引起目标设备的注意。

BSY：该信号为真，表明SCSI设备处于“忙”状态。

ACK：启动设备对目标设备的应答信号。

RST：要求总线上所有设备复位。

MSG：在消息阶段由目标设备置为1。

SEL：选择信号，启动设备选择目标设备或目标设备选择启动设备。

C/D：表明数据总线所送信息的类型。

REQ：目标设备向启动设备发出数据传输请求。

I/O：表明数据传输的方向，也用于区分选择阶段和重选阶段。

其余信号用做接地线和保留线。

3. SCSI总线操作

SCSI总线操作分为8个阶段，分别如下：

1）总线空闲阶段：表明总线未被使用。任何其他阶段执行结束后都可以进入该阶段，系统复位后也进入该阶段。

2）仲裁阶段：是多主机多设备情况下的总线竞争阶段，由空闲阶段进入。总线仲裁方法是各个要求使用总线的设备将自己的ID设备号交给总线，ID最大即优先级最高的设备获得总线使用权，其余设备退出仲裁。

3）选择阶段：由取得总线的启动设备选择目标设备，具体方法是输出自己的ID号和要选目标设备的ID号，选中的目标设备作出应答，启动设备确认后结束选择。

4）重选阶段：是目标设备由于某种原因中断总线占用一段时间后，为了继续进行被中断的I/O进程，重新占用总线，而再次参加仲裁，取得总线后用ID号选择启动设备的阶段。

5）命令阶段：是目标设备从启动设备取指令的阶段。

6）数据阶段：是数据输出/输入阶段。

7）状态阶段：是目标设备通知启动设备执行结果的阶段。

8）消息阶段：是诸如断开消息、保存数据指针消息等其他信息的输入/输出阶段。命令、数据、状态、消息阶段都称为信息传输阶段。启动设备与目标设备之间的信息交换过程如下：由MSG、C/D和I/O三个信号的组合确定数据传输类型，即区分命令、数据、状态、消息各个阶段，并由I/O信号决定信息传输方向，I/O为真时，由目标设备向启动设备传输，反之，由启动设备向目标设备传输。传输信息由REQ请求，ACK应答。如果启动设备要向目标设备传输信息，先由启动设备将ATN置为1，目标设备接到信号后建立REQ，启动设备将数据送至数据总线后建立ACK，目标设备读入数据并使REQ下降，然后启动设备使ACK下降，等待下一个REQ。如果目标设备要向启动设备传输数据，由目标设备把数据送至数据总线并建立REQ，启动设备接收数据并发出ACK，目标设备收到后使REQ下降，然后启动设备使ACK下降。多字节传送时，上述过程重复进行。

11.4.5 USB总线

1. 概述

传统的接口电路，每增加一种设备，就需要为其准备一种接口或插座，还要准备各自的驱动程序。这些接口、插座、驱动程序各不相同，给使用和维护带来不便。

USB（Universal Serial Bus）是由Compaq、DEC、IBM、Intel、Microsoft和NEC等多家美国和日本公司共同开发的一种新的外设连接技术。这些公司于1995年成立了一个称为通用串行总线应用论坛（Universal Serial Bus Implementer's Forum，USB-IF）的组织，旨在促进PC总线的标准化，加速新标准的制订和产品的开发。该组织的目标是发展一种兼容低速和高速总线的技术，从而可以为广大用户提供一种可共享的、可扩充的、使用方便的串行总线。该总线应独立于主计算机系统，并在整个计算机系统结构中保持一致。为了实现上述目标，USB-IF发布了一种称为通用串行总线的串行技术规范，简称USB。由于微软公司从Windows 98开始加入了对USB的支持，使USB技术得到了飞速发展和极为广泛的普及。现在，USB已成为微型计算机普遍的接口标准，支持这一标准的各种新产品正在大量涌现。

USB的特点是：易于使用、速度较快、可靠性高、低成本、低功耗。

（1）接口信号及电气特性

USB总线使用一个4针的标准插头，引脚配置如表11-2所示。

表11-2 USB的引脚配置

引 脚 号	信 号 名 称
1	+5 V
2	D-
3	D+
4	地线

USB总线支持热插拔（Hot Plug In）和即插即用（Plug & Play），USB总线还能为低功耗装置提供电源，+5V时可最大提供500 mA的电流。

（2）传输速度

USB目前有USB1.1和USB2.0两种版本，允许两种传输速度规格：1.5 MB/s的低速传输和12 MB/s的全速传输，具有不同传输速度的各个节点设备允许相互通信。新的USB2.0标准最高传输速率可达到480 MB/s。

（3）USB与IEEE 1394的比较

IEEE 1394是一种高性能的串行总线。1394接口支持400 MB/s数据传输速率，可以实时地传输视频和音频数据。USB一般用于连接中低速外设并局限于PC领域，1394将向通信和数字家电方向发展。

2. USB的总线拓扑结构和连接形式

USB总线的拓扑结构是一种多层的星形结构，如图11-10所示。每个星形的中心是一个集线器。一个集线器可以有2~7个端口，每一个端口都可以连接一个功能设备或另一个集线器。所有的连接都是点对点。

USB设备可以划分为两大类，集线器（Hub）和功能部件（Function）。只有集线器有能力提供附加的USB接入点，而功能部件为主机提供附加的功能。有些USB设备既是功能部件，也可以提供集线器功能，称其为复合设备。

由于USB是一个主-从式总线协议，即在USB总线上有一个主设备和若干个从设备。主设备称为主机，而从设备称为USB设备。主机对USB总线拥有绝对的主控权，总线上的一切数据传输都由主机控制。

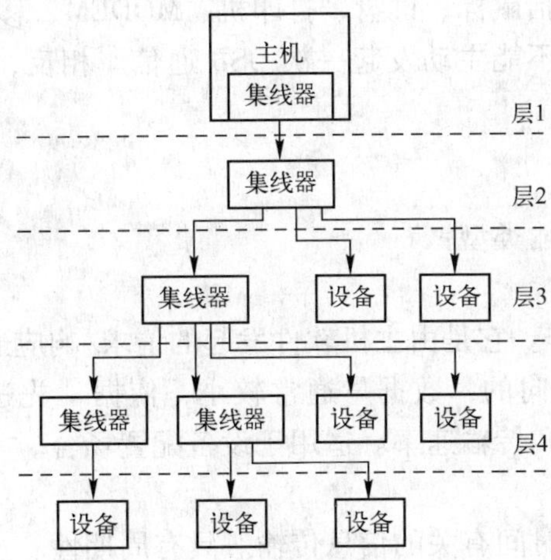

图 11-10 USB 总线逻辑拓扑图

3. USB 总线的构成

(1) USB 主机(USB 主控制器/根集线器)

USB 主控制器和根集线器合称为 USB 主机(HOST)。USB 主控制器是硬件、固件和软件的联合体。主控制器负责 USB 总线上的数据传输，进行数据格式的转换。

根集线器集成在主系统中，由一个控制器和中继器组成，提供多个接入端口。根集线器检测外设的连接和断开，执行主控制器发出的请求，并在设备和主控制器之间传输数据。

在整个 USB 系统中只允许有一个主机。主机中的 USB 接口称为 USB 主控制器，而集线器是集成在主机系统中的。在 USB 规范中，USB 主机被定义为控制 USB 的软件和硬件的集合。一般情况下，USB 主机就是 PC 的硬件和响应的驱动程序。

(2) USB 设备

为主机提供单个功能的设备称为功能件(Function)。功能件和 Hub 都称为 USB 设备。复合的设备由一个 Hub 和一个或多个功能件组成。每个集线器和功能件都有唯一的地址。

USB 设备分为集线器和功能设备。集线器具有一个上行端口(Upstream Port)和若干个下行端口。上行端口用于连接主机或上级集线器，下行端口用于连接下级集线器或直接连接设备。通过集线器可实现 USB 总线的多级连接。在连接到 USB 总线的初期以及电源断开与重新接通时，除上行端口外的所有其他端口是不能使用的。另外，集线器可以发现下行端口上的设备插入或移出操作，并为下行设备分配电源。每一个下行端口都可以分别配置为全速或低速，集线器可以把低速端口与全速信号分离开来。

功能设备是指一个可以从 USB 总线上接收或发送数据或控制信息的 USB 设备。一个功能设备由一个独立的外围设备实现，它通过一根电缆接到集线器上的某一端口。但是，一个物理组件也可以包含多个功能设备和一个嵌入式集线器，而且仅用一根 USB 电缆连接到上机集线器，这被称为复合设备。对主机而言，复合设备呈现为永远都连接着一个或多个 USB 设备的集线器。

每一个功能设备都包含了用来描述其能力和所需资源的配置信息。在使用一个功能设备之前，必须由主机对其进行配置。这种配置操作包括分配 USB 带宽和为该功能设备选择特定的配置选项。功能设备包括鼠标、键盘、打印机、MODEM、移动硬盘、数码相机等。

与主机不同的是，设备不能主动发起一次 USB 通信。相反，它必须等待主机并响应主机发起的通信。

4. USB 的传输类型

USB 定义了以下 4 种传输类型：

（1）控制传输

主要用于命令/状态操作。它是由主机软件发起的请求/响应通信过程，具有突发性、非周期性的特点。该方式是双向的，数据量通常较小，依据“先进先出”的原则处理数据。传输数据的位数依赖于设备和传输速率。适用于设备配置场合。

（2）同步传输

主要用于主机和设备与时间有关的信息传输。具有周期性、连续性的特点。这种传输类型保留了数据中时间压缩的概念。但这并不意味着这一类数据传输都是实时的。该方式应用于时间严格并且具有较强容错性的数据流传输，或者用于要求恒定数据传输率的即时传输应用中，如数码相机、扫描仪等中速外围设备。

（3）中断传输

主要用于向主机通知设备的服务请求。它是由设备发起的通信。具有数据量小、非周期性、低频率、延时固定等特点。该方式是单向的，适合于数据传输量小、数据又需及时处理的实时传输系统，如键盘、鼠标等低速设备。

（4）批量传输

主要用于那些可以利用任何可用的带宽进行传输，或可以延迟到有可以利用的带宽时再进行传输的数据。该方式具有非周期性和突发性强的特点，适合于大量传输数据的场合，以及无带宽和间隔时间限制的情况下，要求传输数据准确无误，如打印机、调制解调器、数字音响等不定期传输大量数据的中速设备。

5. USB 传输与数据包格式

USB 传输数据的格式与计算机网络传输数据的格式非常相似，即所有的数据都必须封装成帧才能递交给总线接口送到总线传输。任何数据包发送前，都要先发送一个同步字节（80H），然后紧接着发送数据包。数据包的第一个字节是数据包识别字节（PID）。表 11-3 给出了 PID 的定义。

表 11-3　PID 代码

PID	名　称	类　型	描　述
E1H	OUT	标记	主机到设备事务的端点地址
69H	IN	标记	设备到主机事务的端点地址
A5H	SOF	标记	帧起始标记和帧编号
2DH	Setup	标记	主机到设备的 Setup 事务的端点地址
D2H	ACK	信号交换	接收器接收到无错误的数据包
5AH	NAK	信号交换	接收器不能接收/发送数据或没有数据发送

（续）

PID	名　称	类　型	描　述
1EH	Stall	信号交换	控制请求不支持或端点被禁止
C3H	Data0	数据	有偶同步位的数据包
4BH	Data1	数据	有奇同步位的数据包
3CH	PRE	特殊	主机发送的前同步信号，允许到低速设备的下行通信

USB 使用 ACK（确认）和 NAK（否认）来协调数据包在主机系统和 USB 设备之间的传输。USB 设备一旦收到从主机发来的数据包，就应发回一个 ACK 或 NAK 给主机。如果数据被正确地接收，则发送 ACK；如果不正确，则发送 NAK。如果主机接收到 NAK，则它重新发送数据包，直到接收器正确地接收到此数据包为止。这种数据传输的方法常被称为停等式数据流控制（Stop and Wait Flow Control）。这种方法的关键是，主机在传输下一个数据包之前，必须等待接收方返回对上一个数据包的回应信息。

6. USB 的数据编码方式

USB 接口与其他串行接口不同，在其数据总线上不直接用电平代表逻辑“0”或“1”来传输数据。而是对在其总线上传输的数据进行 NRZI 编码，以确保数据传输的完整性。另外，这种编码方式不需要单独的时钟信号和数据一起发送。

NRZI 编码用状态的转变表示“0”，无状态转变表示“1”。

NRZI 编码是用其数据流中的跳变表示同步信号，只要传输数据“0”，就可以保证接收方和发送方的同步。但是，如果源数据中出现连续多个“1”，就会导致无电平跳变，从而引起接收方失去填补信号。为了避免此类情况的发生，USB 使用了位填充机制。具体方法是，如果传输的源数据中有连续 6 个“1”，那么发送方会在 6 个“1”后填充一个“0”，保证在 7 个位时间里至少有一个跳变。数据接收方在检测到 6 个连续的“1”之后，会把第 7 位的“0”丢掉。如图 11-11 所示。

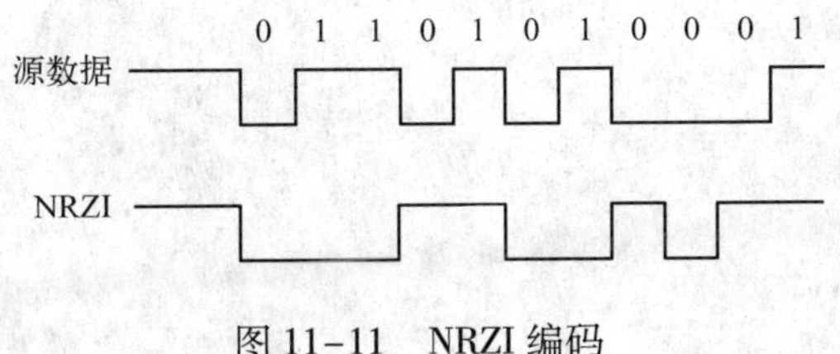

图 11-11　NRZI 编码

7. USB 的现状和发展

由于 USB 的广泛使用，PC97/98 标准已经纳入了 USB 规范，新的芯片组都支持 USB，许多软硬件厂商也已正式支持 USB，并推出了许多采用 USB 的产品。计算机厂商生产的新主板几乎都带有 2～6 个 USB 端口；不少外部设备厂商纷纷推出了带有 USB 端口的键盘、鼠标、移动硬盘、扫描仪、Modem 和游戏杆等。USB 2.0 标准已在 2000 年 4 月正式公布，它的最高传输速率达到了 480 Mb/s，基本上可以满足目前绝大多数外设的要求。采用USB 2.0 接口的数码相机、移动硬盘等产品也已推向市场，在不久的将来，USB 将会取代现有的串口和并口，成为微型计算机外设接口的最重要特征之一。

11.5 习题与思考题

1. 什么是总线？总线的主要性能指标有哪些？
2. 总线标准化的目的是什么？总线标准化包括哪些内容？
3. 总线按其通信本质来分，可分为几类？具体是什么？
4. ISA 总线的主要特点是什么？
5. PCI 总线的主要特点是什么？
6. 目前常见的 RS-232 串口有几种？
7. IEEE 1394 总线的特点是什么？
8. 简述 SCSI 总线。
9. USB 作为通用串行总线的优点有哪些？
10. 在 USB 上的数据如何编码？

第 12 章

高档微机的某些新技术

本章以 Intel 系列微处理器为主线，对高档微机的新技术进行介绍，着重对 Intel 80286、80386、80486 及 Pentium 系列微处理器的功能结构特点及引脚特点进行阐述，并对 Pentium 系列微处理器的发展历程及 Pentium 微处理器中的寄存器阵列、存储器管理技术和操作模式进行介绍，最后对微型计算机的接口新技术进行说明，使读者对微型计算机的构成有所了解。

12.1 Intel 80286、80386、80486、Pentium 微处理器

12.1.1 Intel 80286 结构特点

80286 微处理器是 8086 微处理器的高级型号，内部集成了 13.4 万个晶体管，具有高效的任务转换功能，是为多用户和多任务环境设计的。80286 微处理器有 16 位数据线、24 位地址线，可以直接寻址 16 MB 的存储空间，有两种方式工作，即实地址方式和保护方式。实地址方式的工作与 8086 基本相同，且 80286 的目标代码与 8086 软件兼容。保护方式下，通过应用存储管理方法，可使系统获得 1000MB 的虚拟存储空间，并可将它映像到 16MB 的物理存储器上。

1. 80286 微处理器功能结构

80286 微处理器在 8086/8088 两个功能部件 BIU、EU 的基础上增加了两个功能部件，即将原来的 BIU 分解为 AU（Address Unit）和 BU（Bus Unit），而将 EU 分解为 IU（Instruction Unit）和 EU，这样的处理方式加快了微处理器的运行速度。80286 的功能结构如图 12-1 所示。

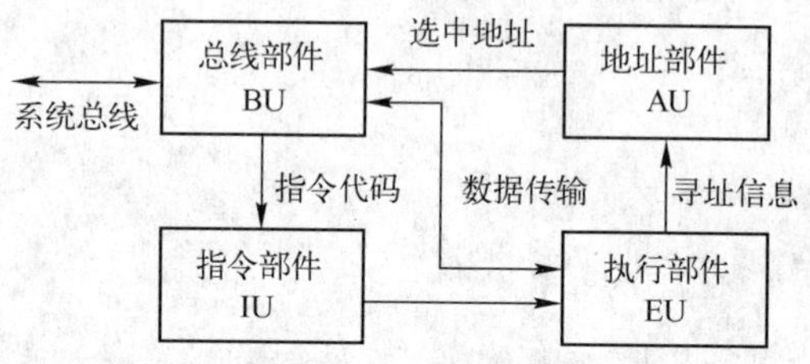

图 12-1　80286 的功能结构图

（1）80286 的总线部件 BU

总线部件 BU 包括地址锁存器、驱动器、预取器、总线控制器、数据收发器、处理器扩展接口以及指令预取器。其中，锁存器和驱动器是将 24 位地址锁存并加以驱动；预取器负责从存储器取出指令代码并放入预取队列中；总线控制器将产生有关外部控制信号送至外部总线控制器 8288 以组合产生对存储器、I/O 的读/写控制信号；数据收发器根据指令的要求产生相应操作，以控制数据的输入或输出；处理器扩展接口专门负责与协处理器 80287 的联系。

（2）80286 的地址部件 AU

AU 由偏移地址加法器、段界限校验器及物理地址加法器组成，负责物理地址的生成。

(3) 80286 的指令部件 IU

指令部件 IU 由指令译码器和存放已经译码的指令队列组成，负责从预取队列中取代码通过译码器进行译码，然后将译码结果放入到 3 条指令的指令队列中，可以立即执行。

(4) 80286 的执行部件 EU

执行部件 EU 由控制器、寄存器及 ALU 组成，负责指令的执行。

2. 80286 的引脚信号

80286 微处理器封装在 68 条引脚的正方形管壳中，采用四面引脚方式。图 12-2 为 80286 微处理器的引脚信号图。

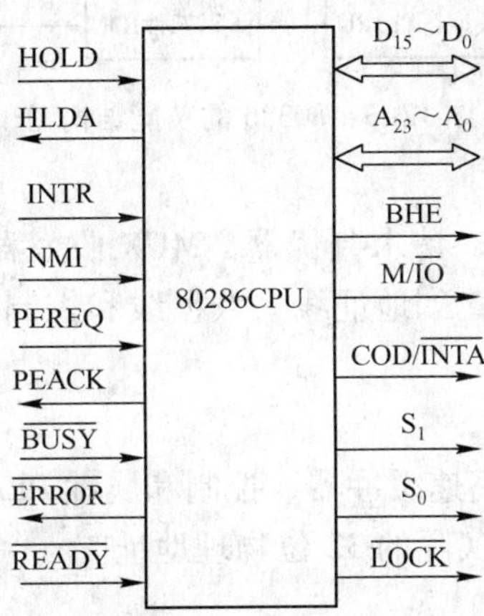

图 12-2 80286 微处理器的引脚信号图

表 12-1 给出了 80286 微处理器的主要引脚信号及含义。

表 12-1 80286 主要引脚信号

引脚信号	名　称	状　态	引脚信号	名　称	状　态
$D_{15}\sim D_0$	数据总线	双向、三态	$\overline{READY}$	总线准备就绪信号	输入
$A_{23}\sim A_0$	地址总线	输出、三态	HOLD/HLDA	总线保持请求/响应	输入/输出，三态
$\overline{BHE}$	总线高位允许线	输出、三态	INTR	中断请求信号	输入
$M/\overline{IO}$	存储器或 I/O 选择	输出、三态	NMI	非屏蔽中断请求	输入
$COD/\overline{INTA}$	代码或中断响应确认	输出、三态	$PEREQ/\overline{PEACK}$	协处理器操作请求/响应	输入/输出
S_1、S_0	总线周期状态	输出、三态	$\overline{BUSY}$	协处理器忙信号	输入
$\overline{LOCK}$	总线封锁信号	输出、三态	ERROR	协处理器出错信号	输入

12.1.2 Intel 80386 结构特点

Intel 公司 1985 年推出了 32 位微处理器 80386，它是最早的 16 位微处理器 8086/80286 的完全 32 位的版本，数据总线和地址总线都采用 32 位，直接寻址可达 4GB 的存储空间，以及寻址到 64TB 的虚拟内存空间。

1. 80386 的功能结构

由于 80386 的存储容量增大，寻址方式更加复杂，80386 相比 80286 增加了 2 个功能部件，图 12-3 为 80386 的功能结构图。

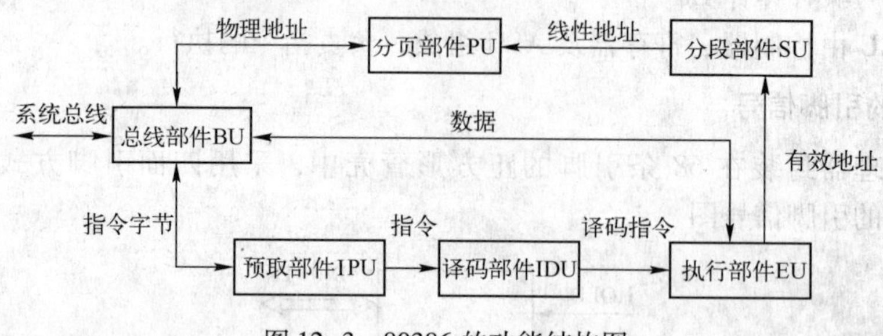

图 12-3　80386 的功能结构图

(1) 总线部件 BU

总线部件 BU 由地址驱动器、请求判优器、MUX 收发器及流水总线宽度可控制器等组成，负责提供与外部的接口环境，如地址线、数据线和控制线驱动等。此外，BU 还提供与协处理器 80387 或 80287 的接口。

(2) 分页部件 PU

分页部件 PU 由加法器、页高速缓冲器、控制和属性 PLA 组成，其功能是接收到线性地址后，通过两次页转换将其变为实际的 32 位物理地址。

(3) 分段部件 SU

分段部件 SU 由输入加法器、描述符寄存器及界限和属性 PLA 组成，其功能是将 EU 送来的 32 位有效地址通过描述符的数据结构形成 32 位的线性地址发给分页部件 PU。

(4) 预取部件 IPU

预取部件 IPU 由预取器/界限校验器及 16B 的预取队列组成，其功能是通过 BU 按顺序从存储器取指令，并将指令放入到 16B 的预取队列中保存，为指令译码部件提供指令。

(5) 译码部件 IDU

译码部件 IDU 由指令译码器及已译码的指令队列组成，其功能是从预取队列中获得有效的指令进行译码，并将译码好的指令放在 3 条指令队列中，提供给执行部件执行。

(6) 执行部件 EU

执行部件 EU 由桶形移位寄存器、8 个 32 位通用寄存器、保护检测部件及 ALU 等组成，功能是从 IDU 中取出已译码的指令，通过控制电路产生各种控制信号送到内部各个部件执行这些指令。同时，通过 BU 与外界进行数据交换，并向 SU 发出有效地址。

2. 80386 的引脚信号

80386 采用 132 引脚的 PGA（引脚栅格列阵）封装。图 12-4 是 80386 的引脚信号图。

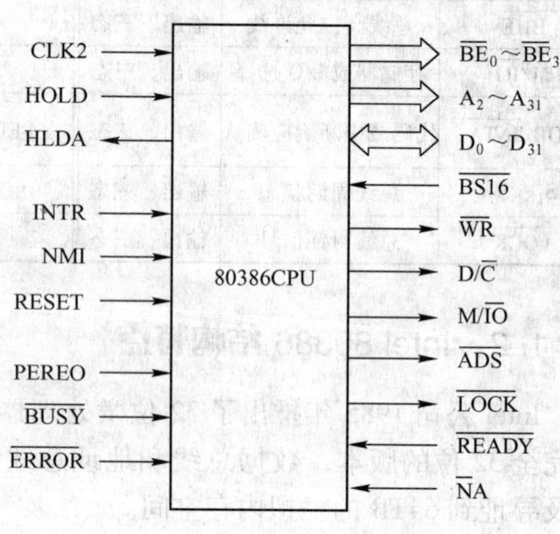

图 12-4　80386 引脚信号图

表 12-2 给出了 80386 各个引脚信号及含义。

表 12-2　80386 引脚信号

引脚信号	名　称	状　态	引脚信号	名　称	状　态
$D_{31} \sim D_0$	数据总线	双向，三态	$\overline{READY}$	总线准备就绪信号	输入
$A_{31} \sim A_2$	地址总线	输出，三态	HOLD	总线保持请求	输入、三态
$\overline{BE_3} \sim \overline{BE_0}$	字节允许信号	输出，三态	HLDA	总线响应	输出，三态
$W/\overline{R}$	写/读控制信号	输出，三态	INTR	中断请求信号	输入
$D/\overline{C}$	数据/控制输出信号	输出	NMI	非屏蔽中断请求	输入
$M/\overline{IO}$	储器/IO 端口选择	输出，三态	PEREQ	协处理器操作数请求	输入
$\overline{LOCK}$	总线封锁信号	输出	$\overline{PEACK}$	协处理器操作数响应	输出
$\overline{NA}$	下一个地址请求信号	输入	$\overline{BUSY}$	协处理器忙信号	输入
$\overline{ADS}$	地址状态信号	输出	$\overline{ERROR}$	协处理器出错信号	输入

12.1.3　Intel 80486 结构特点

Intel 公司 1990 年推出的第二代 32 位微处理器 80486 是 80386 微处理器的增强型号。80486 微处理器在芯片上包括了整数处理单元、浮点处理单元（FPU）、存储管理单元（MMU）、高速缓存（Cache）等，80486 将这些部件集成在一个芯片上，使得微处理器的性能大大提高。

1. 80486 的内部结构

80486 内部包括总线部件 BIU、预取部件 IPU、指令部件 IU、浮点部件 FPU、整数部件 ALU 及高速缓冲 Cache 等 9 个部件，各个部件相互独立又配合并行工作。图 12-5 为 80486 的功能结构图。

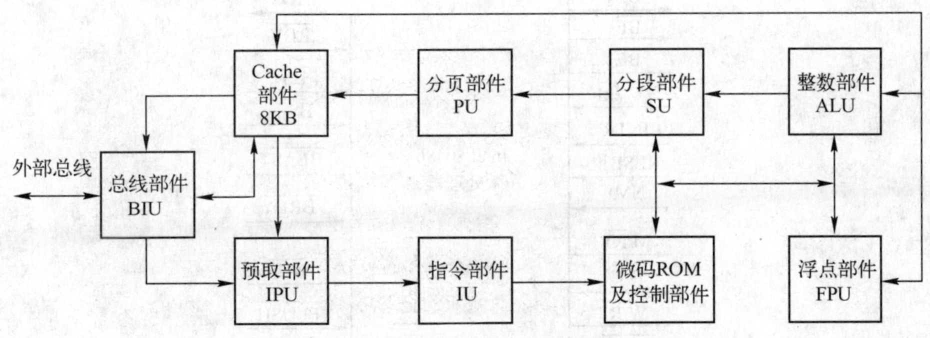

图 12-5　80486 的功能结构

（1）总线部件 BIU

总线部件由地址总线驱动器、数据总线收发器及总线控制器组成，功能是对内部各单元与外部总线之间的指令预取、数据传输及控制等工作进行协调。

（2）预取部件 IPU

预取部件是 32B 的指令预取队列，利用总线接口部件顺序预先获取需要执行的指令，将其放在预取指令队列中保存。

(3) 指令部件 IU

指令部件由译码器和已译码队列组成，其功能是将预取队列中的指令进行译码，转换为低级的控制信号和微码入口，并将经过译码后的指令放在已译码队列中，等待控制器发出请求，将其发送至控制部件。

(4) 控制部件 CU

控制部件 CU 含微处理器的微码，微码是微处理器的一组指令。其功能是解释指令译码器收到的控制指令和微码入口，根据译码后的指令来控制整数部件、浮点部件、分页部件及分段部件的活动。

(5) 浮点部件 FPU 和整数部件 ALU

浮点部件中包括浮点寄存器和一些专门的电路，用于处理一些超越函数和复杂的实数运算，解释 32 位、64 位和 80 位浮点格式。整数部件是由 ALU、8 个通用寄存器、专用寄存器和一个桶形的移位器组成，功能是执行控制器制定的全部算术和逻辑运算。

(6) 分页部件 PU 和分段部件 SU

分页部件和分段部件组成存储器的管理部件 MMU，通过分段部件将每一个内部的逻辑地址转换为线性地址，再由分页部件将线性地址转换为物理地址。

2. 80486 的引脚信号

Intel 80486 CPU 采用 CMOS 工艺，以 168 个引脚网络阵列 PGA 封装，图 12-6 为 80486 微处理器的引脚信号图，表 12-3 给出了 80486 的引脚及其含义。

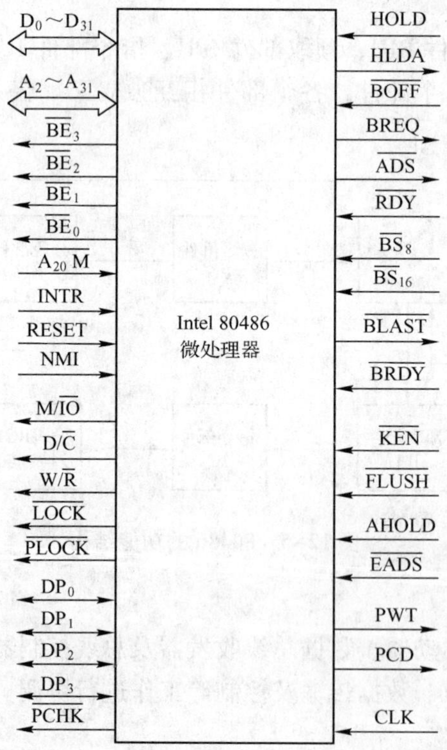

图 12-6 80486 微处理器的引脚信号图

表 12-3　80486 的引脚及其含义

引脚信号	名　称	状　态	引脚信号	名　称	状　态
$D_{31} \sim D_0$	数据总线	双向，三态	HOLD	总线保持请求	输入，三态
$A_{31} \sim A_2$	地址总线	输出，三态	HLDA	总线响应	输出，三态
$\overline{BE_3} \sim \overline{BE_0}$	字节允许信号	输出，三态	INTR	中断请求信号	输入
$A_{20}M$	20 位地址屏蔽信号	输入	NMI	非屏蔽中断请求	输入
$W/\overline{R}$	写/读控制信号	输出，三态	RESET	复位信号	输入
$D/\overline{C}$	数据/控制输出信号	输出	$\overline{BS_8}/\overline{BS_{16}}$	8/16 位总线宽度定义信号	输入
$\overline{M/IO}$	储器/IO 端口选择	输出，三态	$\overline{BRDY}$	突发传送就绪信号	输入
$\overline{LOCK}$	总线封锁信号	输出	$\overline{BLAST}$	突发传送结束信号	输出
$\overline{PLOCK}$	伪锁定信号	输出	$\overline{KEN}$	高速缓冲 Cache 允许信号	输入
$DP_2 \sim DP_0$	数据奇偶校验信号	双向	$\overline{FLUSH}$	高速缓冲 Cache 清除信号	输入
$\overline{PCHK}$	奇偶校验状态信号	输出	AHOLD	地址保持请求信号	输入
BREQ	总线内部请求信号	输出	$\overline{EADS}$	外部地址有效信号	输入
$\overline{BOFF}$	总线挂起信号	输入	PWT	页面通写控制信号	输出
$\overline{ADS}$	地址状态信号	输出	PCD	页面高速缓存禁止信号	输出
$\overline{READY}$	总线准备就绪信号	输入	CLK	时钟信号	输入

12.1.4　Pentium 系列微处理器

1993 年 Intel 公司推出了第五代微处理器 Pentium，是对 80846 微处理器的体系结构进行的改进。随后 Intel 公司相继推出了 Pentium Pro、Pentium MMX、Pentium Ⅱ（1997 年）、PentiumⅢ（1998 年）及 Pentium 4（2000 年）等微处理器。

Pentium Pro 是第六代微处理器的第一个产品，中文名“高能奔腾”。与 Pentium 微处理器相比，采用了新的体系结构，即在微处理器中封装了两个芯片，一个是 CPU 内核（其中包括两个 8KB L1Cache），另一个是 L2 Cache，提高了程序的运算速度；同时 Pentium Pro 采用 RISC 技术，具有超标量和超流水量相结合的核心技术结构，提高了微处理的性能。

PentiumⅡ微处理器体系结构是 Pentium Pro 的扩展，它将 Pentium Pro 体系结构中的内部 Cache 移到 PentiumⅡ微处理器的外部，不再采用集成电路封装结构，而是采用插入式印制电路板结构。PentiumⅡ微处理器所提供的整数运算和浮点数运算功能以及多媒体新技术，特别适合于三维图形、图像及多媒体应用程序的执行，目的是面向个人计算机和工作站。

Pentium Ⅲ微处理器在 Pentium Pro 体系结构基础上对 Pentium Ⅱ微处理器进行了改进。Pentium Ⅲ微处理器有两种型号，一种是封装在 slot1 封装盒中的 512KB 非阻塞 Cache；另一种是封装在集成电路中的 256 KB 预传送 Cache。Pentium Ⅲ最大的特点是增加了 70 多条多媒体指令 SSE（Streaming SIMD Extertion），这些指令增强了音频、视频和 3D 图形处理能力。

Pentium 4 微处理器采用最新型号的 Pentium Pro 体系结构，其芯片结构是基于内核结构的重新设计。其主要技术特点是采用 4 倍爆发式总线技术，即在一个总线周期内可以同时传输 4 组 64 位的数据，使得数据总线的并行传输速率大大提高；Pentium 4 微处理器保留了 Pentium Ⅲ微处理器中的 MMX 指令和 SSE 指令，同时增加了 70 条新的 MMX 指令和 SSE 指令，组成了 144 条所谓的 SSE2 指令集；使用了指令跟踪缓存（Trace Cache）技术，将指令 Cache 直接连接到分支预取单元和执行单元，当执行重复代码时，可以提高程序的运算速度。

1. Pentium 微处理器功能

Pentium 微处理器内部主要由 10 个部件组成，即总线单元接口部件、分段分页部件、地址生成器 U 流水线和 V 流水线、指令高速缓冲器和数据高速缓冲器、指令预取部件、浮点处理单元、控制器、分支目标缓冲器、指令译码器及寄存器组。功能结构图如图 12-7 所示。

Pentium 微处理器总线接口单元实现了 CPU 与总线的连接，包括 64 位数据总线、32 位地址总线以及若干个控制总线；分段分页部件可实现各种逻辑地址映射到物理地址的功能；高速缓冲器（Cache）用来存放 CPU 最近需要使用的指令及数据，在 Pentium 微处理器内部，数据 Cache 和地址 Cache 是分开设计的，以提高访问的命中率；指令预取部件每次可以获取两条指令，如果两条指令之间没有联系，则将这两条指令分别送给 U 流水线和 V 流水线独立执行；指令高速缓冲器、指令预取队列将指令送入到指令译码器进行译码，而分支目标缓冲器在遇到分支指令时对是否发生转移进行预测；浮点单元主要用于浮点数的计算，其中包括专用的加法器、乘法器和除法器；控制器 ROM 中含有 Pentium 微处理器的微代码，控制器直接控制流水线的各种操作。

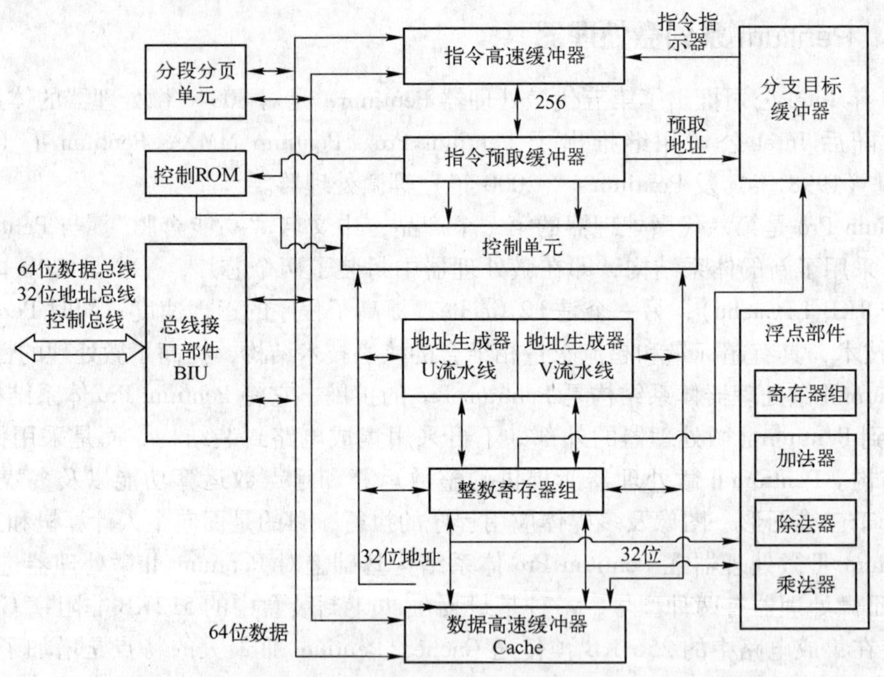

图 12-7 Pentium 微处理器功能结构

2. Pentium 微处理器的引脚信号

Pentium 微处理器采用 PGA 封装形式，共有 237 个引脚信号，其中包括地址引脚信号 29

个，数据引脚信号 64 个，控制引脚信号 75 个，69 个 V_{CC}、V_{SS}、NC 空闲引脚。图 12-8 为 Pentium 微处理器的引脚信号图。Pentium 微处理器的引脚及含义不再作详细介绍，可参考 Pentium 微处理器相关工具书。

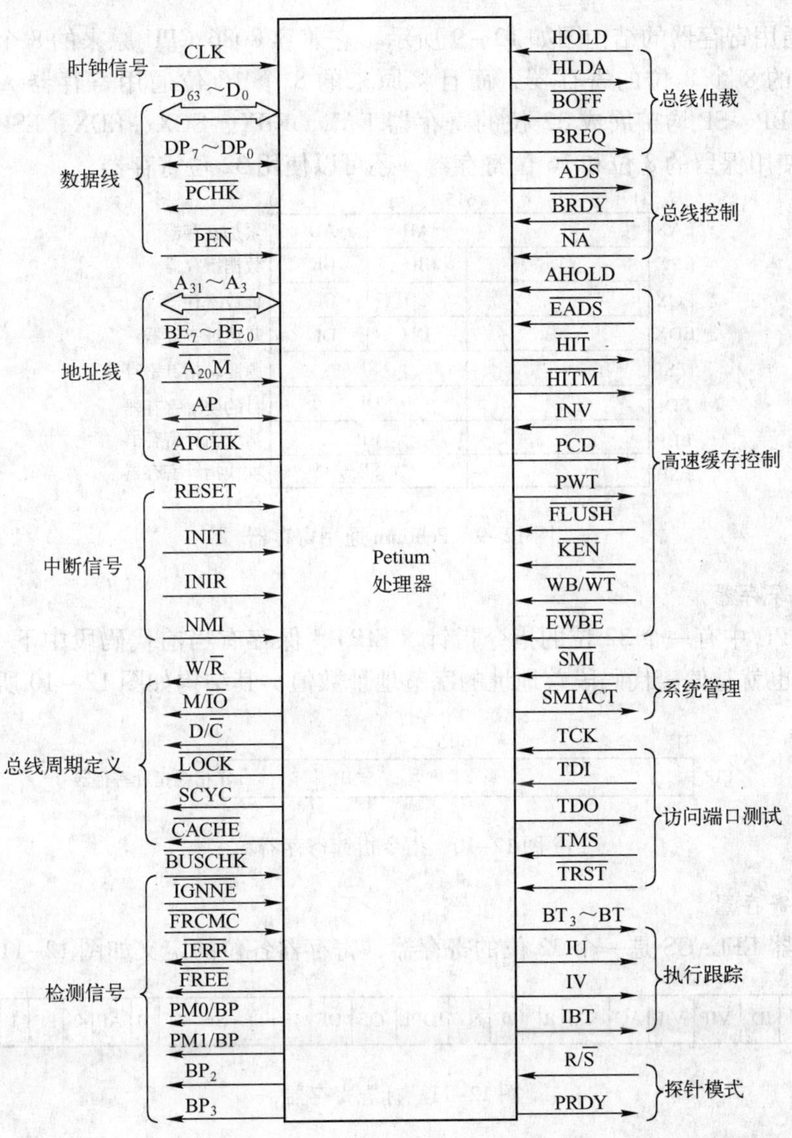

图 12-8　Pentium 微处理器的引脚信号

12.2 Pentium 高档微处理器的新技术

12.2.1 高档微处理器寄存器阵列

Pentium 的寄存器可以分为 3 组：基本寄存器组、系统寄存器组、浮点部件寄存器组。

1. 基本寄存器组

Pentium 基本寄存器包括通用寄存器、指令寄存器、标志寄存器以及段寄存器。

(1) 通用寄存器

Pentium 通用寄存器的结构图如 12－9 所示。它兼容 8086 CPU 原来的 8 个 16 位通用寄存器以及原来的 8 个 8 位的寄存器，而且将原来的 8 个 16 位通用寄存器 AX、BX、CX、DX、SI、DI、BP、SP 均扩展成 32 位的寄存器 EAX、EBX、ECX、EDX、ESI、EDI、EBP、ESP。所以既使用保留的 8 位和 16 位寄存器，还可以使用 32 位寄存器。

	31　　　　16	15	0	
EAX		AH	AL	累加寄存器
EBX		BH	BL	数据寄存器
ECX		CH	CL	计数寄存器
EDX		DH	DL	基地址寄存器
ESI		SI		源变址指针寄存器
EDI		DI		目的变址寄存器
EBP		BP		基址指针寄存器
ESP		SP		堆栈指针寄存器

图 12-9　Pentium 通用寄存器

(2) 指令寄存器

Pentium CPU 中有一个 32 位的指令指针（EIP），保存有当前代码段中下一条要执行的指令偏移量，也就是偏离代码段首地址的字节地址数值，其结构如图 12－10 所示。

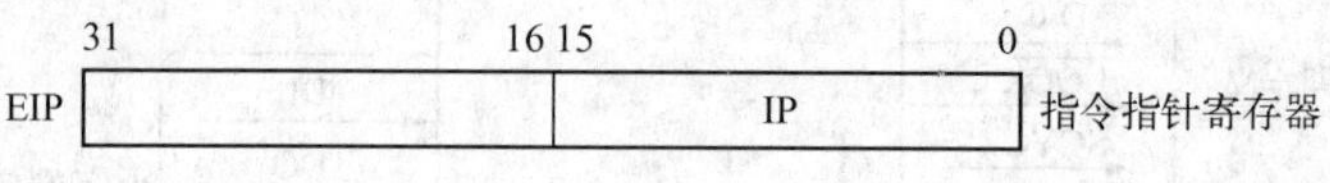

图 12-10　指令指针寄存器

(3) 标志寄存器

标志寄存器 EFLAGS 是一个 32 位的寄存器，寄存器各位的定义如图 12-11 所示。

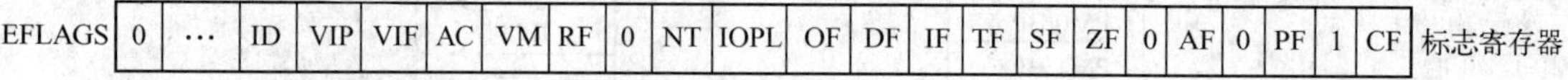

图 12-11　标志寄存器

EFLAGS 在 8086 中 16 位 FLAGS 的基础上扩充了高 16 位，其中，FLAGS $b_{11} \sim b_0$ 中保留了 8086 CPU 中 6 个状态标志和 3 个控制标志，增加了 NT 与 IOPL，而高 16 位中新增了 6 个标志位。下面只给出新增标志位的说明。

1) 输入输出特权级标志 IOPL：占有标志寄存器的 13 位、12 位，该标志在 80286 以上微处理器工作在保护模式下时使用，用于指定当前任务中的 I/O 操作处于 0～3 级特权级中的哪一级（0 特权级最高，3 特权级最低）。

2) 任务嵌套标志 NT：占有标志寄存器的 14 位，在保护模式下，当 NT＝1 时，表示当前执行的任务嵌套在另一任务中，当执行完该任务后，可以通过 IRET 指令返回到原先的任务；当 NT＝0 时，不能实现嵌套。

3）恢复标志 RF：占有标志寄存器的 16 位，执行断点指令处理之前，在两条指令之间对该位进行检查，如 RF=1，则在下一条指令执行期间任何故障都被忽略。当成功完成指令之后，RF 位自动清零。

4）虚拟方式标志 VM：占有标志寄存器的 17 位，当处于虚拟保护模式时，如 VM=1，微处理器进入虚拟 8086 方式。

5）地址对齐检查标志 AC：占有标志寄存器的 18 位，在不是字或双字的边界上寻找一个字或双字，该位被设置为 1。

6）虚拟中断标志 VIF：占有标志寄存器的 19 位，是中断允许标志的副本，即标志位 IF 的虚拟映像。

7）虚拟中断暂挂标志 VIP：占有标志寄存器的 20 位，为操作系统提供虚拟中断标志和中断暂挂信息。

8）CPU 的标志位 ID：占有标志寄存器的 21 位，提供了关于 Pentium 系列微处理器的信息，如版本号等。

（4）段寄存器

段寄存器如图 12-12 所示，Pentium 有 6 个 16 位段寄存器，每个段寄存器对应有一个 64 位的描述符，用户不可见。除 CS 和 SS 分别是代码段寄存器和堆栈段寄存器之外，其余的 DS、ES、FS、GS 都是数据段寄存器。

CS:代码段寄存器
DS:数据段寄存器
SS:堆栈段寄存器
ES:附加数据段寄存器
FS:附加数据段寄存器
GS:附加数据段寄存器

图 12-12　段寄存器

2. 系统寄存器

Pentium 的系统寄存器组包括 4 个基地址寄存器和 5 个控制寄存器。系统寄存器组中的所有寄存器都不可能被用户访问，只能由特权级为 0 的操作系统程序访问。

（1）地址寄存器

系统地址寄存器又称为保护方式寄存器，只能工作于保护方式下。Pentium 微处理器规定了 4 个寄存器用于控制分段存储器管理中数据结构的位置，分别是全局描述符表寄存器 GDTR、中断描述符表寄存器 IDTR、局部描述符寄存器 LDTR 和任务寄存器 TR。图 12-13 为地址寄存器的结构。

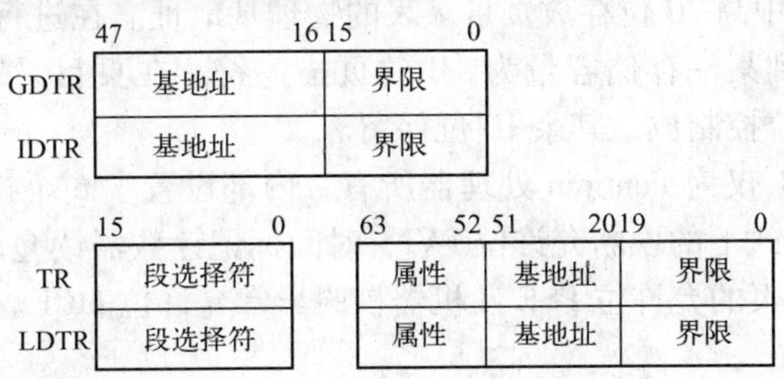

图 12-13　地址寄存器

1）全局描述符表寄存器 GDTR（Global Descriptor Table Register）：共有 48 位，其中高 32 位保存全局描述符表的线性基地址，低 16 位是表限字段，即表的最大长度为 64 KB。

2）中断描述符表寄存器 IDTR（Interrupt Descriptor Table Register）：共有 48 位，其中高 32 位用于保存中断描述符表 IDT 的 32 位线性基地址，低 16 位是表限字段，表的最大长度是 64KB。

3）任务寄存器 TR：包括 16 位段选择符，64 位描述符寄存器，其中有 32 位任务状态段的线性基地址，20 位的表限字段及 12 位的描述符属性。

4）局部描述符寄存器 LDTR（Local Descriptor Table Register）：包括 16 位段选择符，不可编程的 64 位描述符寄存器。在描述符寄存器中，有 32 位 LDT 的线性基地址，20 位的表限字段及 12 位的描述符属性。

（2）控制寄存器

Pentium 微处理器中 5 个控制寄存器分别是 CR_0、CR_1、CR_2、CR_3 和 CR_4，用于保存全局性和任务无关的机器状态。图 12-14 为 5 个控制寄存器的结构图。

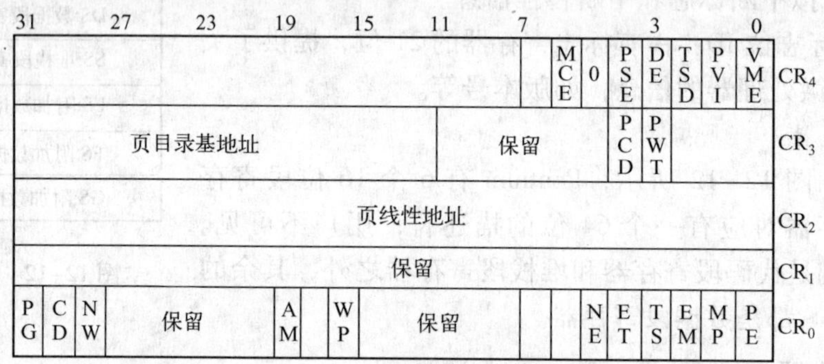

图 12-14 控制寄存器格式

1）CR_0控制器：包括控制整个系统的条件标志，用于控制处理机的操作方式，或者表示处理机的状态，分别是保护允许位 PE、监视协处理器位 MP、仿真协处理器位 EM、任务转换位 TS、协处理器类型位 ET、数学运算错位 NE、写保护位 WP、AM 为对齐标志位、不透写位 NW、Cache 不允许位 CD 和页式管理允许位 PG。

2）CR_1控制器：没有定义，是 Intel 公司为将来的处理器保留的。

3）CR_2控制器：用于保存最后出现页故障的 32 位线性地址。操作系统中的页异常处理程序可以通过检查 CR_2的内容，得知 32 位的线性地址。

4）CR_3控制器：其中高 20 位存放页目录表的物理基地址。在进行分页变换时，加上 10 位线性地址乘以 4，找到某一存储容量为 4B 的页描述符。在页目录基址寄存器的低 12 位中，有 PCD 和 PWT 两位控制位，其余 10 位保留。

5）CR_4控制器：CR_4仅为 Pentium 处理器所有，内部设置了 6 个控制位，分别是虚拟中断允许位 VME、保护模式下的中断允许位 PVI、时间标记计数器读允许位 TSD、I/O 断点允许位 DE、以 4 MB 为一页的允许位 PSE 及机器校验异常允许位 MCE。

3. 浮点部件寄存器

浮点部件寄存器包括 8 个数据寄存器，1 个 16 位控制寄存器和状态寄存器，1 个 48 位指令指针寄存器和 1 个数据指针寄存器，以及 1 个 16 位的标记字寄存器。图 12-15 为浮点部件寄存器组格式。

数据寄存器 $R_7 \sim R_0$均为 80 位宽，在每个 80 位寄存器中，均有 1 位数符位，15 位阶码位及 64 位尾数位；16 位宽的标记字寄存器分成 8 个 2 位，分别对应 8 个数据寄存器，标记字寄存器的 b_1、b_0位对应 R_0数据寄存器，b_3、b_2位对应 R_1数据寄存器，显然 b_{15}、b_{14}位对应数据寄存器 R_7，用 2 位二进制数作标记，以使 CPU 只需通过检查标记位，就可以知道数据寄存器是否为空。

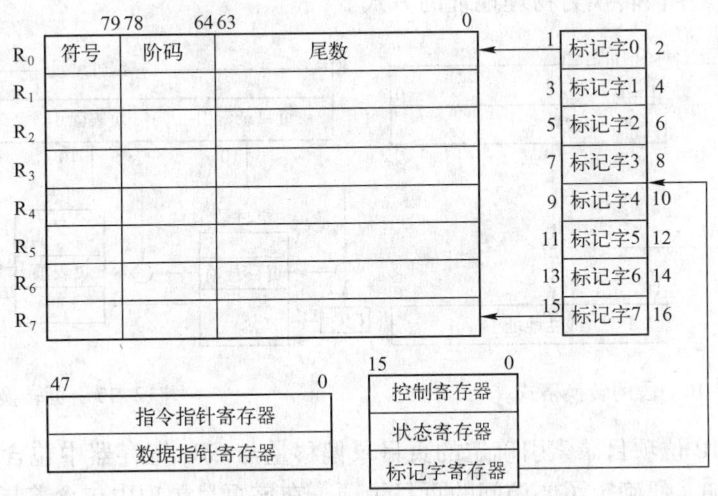

图 12-15 浮点部件寄存器组格式

12.2.2 存储器管理技术

为了使操作系统为多个运行程序提供一个便于管理和存储的环境，微处理器采用存储器管理技术。存储器管理技术分为分段存储器管理和分页存储器管理。

1. 分段存储管理

分段是存储管理的一种方式，同时也为保护提供了基础。段是程序模块化设计的结果，即把程序中逻辑上相对独立的部分设计为不同的段，再经过连接程序连接成更大的程序。此时用段作为信息调入主存的单位是合适的，以段为单位分配与管理主存储器被称为段式存储管理。为了保护信息，Pentium 的程序段都有基地址、段界，这些信息都保存在由操作系统管理的全局描述表（Global Descriptor Table，GDT）或局部描述符表（Local Descriptor Table，LDT）中，因此这两个表中的信息都标志着一个段。

Pentium 微处理器中有若干个段选择符（前面提到的 16 位的段寄存器），由 3 个字段组成，分别是高 13 位索引字段、低 2 位的指示符字段和第 2 位的请求特权字段，通过设置指示符为 0 或 1 选择全局描述符和局部描述符。

一个段选择符加上这个段的偏移量就构成了逻辑地址，处理器的段转换部件将逻辑地址转变为由段描述符指定的 32 位段基址与 32 位偏移量相加组成的线性地址，如果无分页管理，此地址即物理地址。图 12-16 给出了段的转换格式。

2. 分页存储管理

分页存储管理是把虚拟空间和主存空间都分成大小相同的页（为 2 的整数幂个字），并以页为单位进行虚存与主存间的信息交换。与段式存储管理不一样，页不是程序本身的结构特性，而是从管理角度人为划分的结果。

前面内容提到控制寄存器 CR_0 中的 PG 位是允许分页控制位，如将其设置为 1，则表示允许分页。在虚拟 8086 操作方式下，操作系统如果运行两个以上的程序，就必须将该位设置为 1。图 12-17 中给出了 Pentium 微处理器将线性地址字段中的页目录索引字段、页表索引字段以及偏移量字段转换为物理地址的方式。

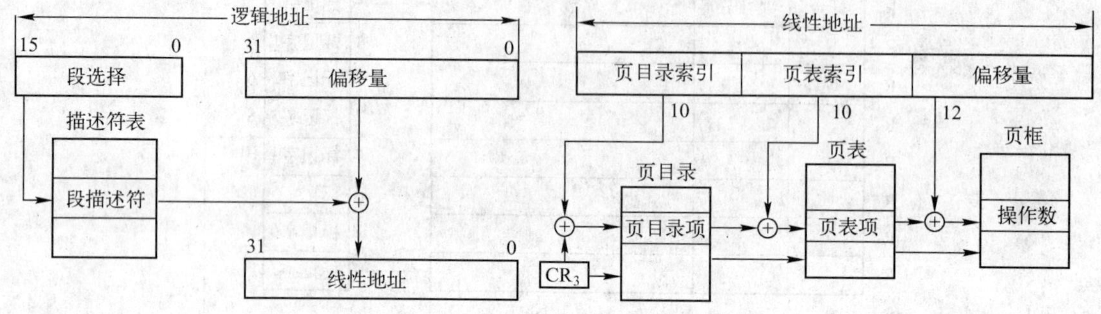

图 12-16 段的转换格式

图 12-17 页转换

线性地址高 10 位项目录索引确定的页目录偏移量与 CR_3 寄存器中包含的当前任务页目录的起始地址相加，便确定了要访问的页目录项。在该页目录项中包含着指向页表的起始地址，将其加上线性地址中间 10 位确定的页表项的偏移量，便确定了要访问的页表项。在该页表项中包含着要访问的页面起始地址，将其加上线性地址最低 12 位，就从这一页中访问到寻址的物理单元。

分段与分页转换组合是段式存储器和页式存储器的综合，结构如图 12-18 所示。它先把程序按逻辑单位分段，再把每段分成固定大小的页。操作系统对主存的调入调出是按页面进行的，但它又可以按段实现共享和保护，兼取页式和段式系统的优点。

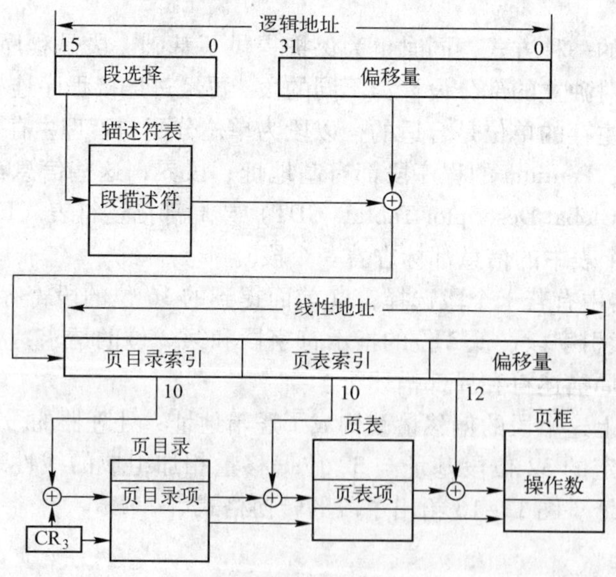

图 12-18 分段与分页转换组合

12.2.3　高档微处理器的操作模式

Pentium 高档微处理器有实地址模式、保护模式、虚拟 8086 模式和系统管理模式（SMM）等 4 种操作模式。

1. 实地址模式

实模式是实地址模式的简称，是 8088/8086 CPU 工作的一种模式。在实地址模式下，段的概念与前面 8088/8086 所述是一样的。指令中只允许出现逻辑地址，逻辑地址由 16 位段值与 16 位偏移地址组成，将 16 位段值乘以 16，并加上 16 位偏移地址值，便产生 20 位的物理地址，这由 CPU 中总线接口单元的 20 位地址形成部件产生。在实模式下，内存被分成段来进行管理，每段的长度限定为 64KB，直接内存访问空间被限制为 1MB。Pentium CPU 工作在 Windows 下，可以通过切换进入到 DOS 状态，运行采用实模式的 16 位应用程序。

指令中涉及到的段寄存器（例如 DS、FS）在此被称为段选择符，指令中 32 位偏移量的高 16 位补 0，形成了 32 位偏移量，将段选择符中的值乘以 16 设置到段寄存器的描述符高速缓存器的基地址字段，作为访问存储器的基地址，而把一个段的大小固定为 64KB，设置在描述符高速缓存器的段界字段。如 32 位微处理器工作在实模式下，当 DS = 2002H，BX = 5000H，执行指令 MOV AX，DS：[BX] 后的逻辑地址为 2002H：00005000H。

2. 保护模式

保护模式又称为保护虚拟地址模式（Protected Virtual Address Mode），从 80386 CPU 开始，就具有了保护模式，Pentium CPU 内部也设有存储器管理部件 MMU。为了更好地实现系统程序与应用程序之间、各个应用程序之间，以及与数据之间的独立性，所采用的措施叫做“保护”。在 32 位微处理器工作在保护模式下时，可以充分发挥微处理器具有的存储管理功能以及硬件支持的保护机制。Pentium 保护模式下仍然包括分段部件 SU 和分页部件 PU，可以工作在只分段、只分页或既分段又分页 3 种方式下，而这 3 种方式的关键是建立在分段地址转换与分页地址转换的基础之上的。

(1) 分段不分页方式

分段不分页由 16 位的段选择符和一个 32 位的偏移地址组成，段选择符的低 2 位用于保护，高 14 位指示段，一个进程可允许的最大虚拟空间为 64TB。段管理部件 SU 将段选择符与 32 位虚地址转换成 32 位线性地址，由于只分段不分页，此线性地址就是最终的 32 位物理地址。所谓的不需要分页是指不需要经过页目录表与页表的转换，该方式下地址转换速度快，段频繁调入调出，因此内存管理性能稍差。

(2) 分页不分段方式

分页不分段方式也称为平展地址模式，比分段不分页模式灵活。在页管理部件 PU 的管理下，Pentium 可以对存储器只实行分页管理，而使分段部件 SU 不工作。该方式可以按 4 KB 和 4 MB 两种大小不同的页面分页，与程序的段选择符无关，仅将指令提供的 32 位虚地址看成是 32 位的线性地址，形成 32 位物理地址，进程所拥有的最大虚存空间都是 2^{32}B = 4GB。

(3) 既分段又分页方式

即分段又分页方式是前两种方式的结合，实际上就是将段的转换和页的转换合在一起，采用先分段后分页，在分段的基础上进行分页，分段所形成的 32 位线性地址不是最后的物理地址，而是提供给分页部件，作为页目录（号）、页表（号）以及页内偏移量，按 4 KB 大小进行分页。一个进程的最大虚地址空间与只分段的虚地址模式相同，也是 64 TB，该方式兼有分段与分页方式的优点。

3. 虚拟 8086 实模式

虚拟 8086 实模式是在 32 位保护模式下支持 16 位实模式应用程序的一种保护模式，可以在保护模式和虚拟 8086 模式间重复而迅速地相互切换。有了虚拟 8086 模式就可使 Pentium、80486、80386 程序与 8086、80186、80286 的大量 16 位软件并行运行，执行 8086 的应用程序。在虚拟 8086 模式下，各任务可以运行在不同的操作系统之下，而在实地址模式下，整个 CPU 只能工作在一种模式下。

4. 系统管理模式

系统管理模式（SMM）是所有新的 Intel 微处理器特有的一种体系结构特性，它提供了一种独立于操作系统和应用程序的透明机制，以实现系统电源管理和各种 OEM 的不同特性。当进入系统管理模式后，CPU 就自动降低运行速度，使控制显示屏和硬盘等其他部件暂停工作，甚至停止运行，以达到节能的目的。

12.3 微型计算机接口技术

12.3.1 微型计算机主板

微型计算机的主板（Main-board）又称系统板（System-board），是由 CPU 插座、芯片组、BIOS 芯片、高速缓存器、各种扩展槽和接口等组成（见图 12-19）。计算机各种部件在主板控制芯片组的统一协调下，进行协同工作。主板是微型计算机系统的主体和控制中心，它几乎集合了全部系统的功能，控制着各部分之间的指令流和数据流。可以说，主板的类型和档次决定着整个微机系统的类型和档次，主板的性能直接影响着整个微机系统的性能。

图 12-19 微机主板

目前，随着计算机的不断发展，不同型号的微机主板结构是不一样的，从结构上可分为 AT 和 ATX 主板。AT 结构的主板是早期的主板标准，随着电子元器件的集成度越来越高，ATX 主板得到主要厂商的支持，成为目前最广泛的工业标准。市场上的主板品牌比较多，主要有华硕、硕泰克、Intel、联想、磐英、微星、昂达及技嘉等。

1. CPU 芯片

目前，生产 CPU 的厂商主要有 Intel 和 AMD，这两家公司在市场中的竞争异常激烈，这种竞争细分到具体的高端 CPU、中端 CPU、低端 CPU、服务器 CPU、移动 CPU 等。随着 CPU 产品的不断分化，各种价格、各种档次、各种型号的产品越来越多。只有通过技术参数的比较才可以衡量微处理器的性能优劣。衡量微处理器性能的主要技术参数包括外频（单位 MHz）、倍频、主频、前端总线频率（FSB）、CPU 位数、缓存、制造工艺等。

CPU（见图 12－20）与主板的接口类型繁多，处理器的生产商针对不同的处理器和封装方式，设计了不同的接口。根据 CPU 接口类型的命名，习惯用针脚数来表示，例如，常说的 Socket 478、LGA 775、Socket 754、Socket939、Socket940 等。在微型计算机市场上，Intel 的 CPU 主要为赛扬 D 系列、奔腾 4 系列、奔腾 D 系列和酷睿 2 系列。而 AMD 公司则推出了基于 K8 架构的闪龙系列、速龙 64 系列和速龙 64×2 系列等微处理器与 Intel 抗衡。总体上说，Intel 公司的产品在速度、稳定性上普遍较好，但是价格要比 AMD 公司同水平的产品高，而 AMD 公司产品的总体特点是具有较高的性价比，各方面性能也不错。

图 12-20　微机 CPU

2. 内存条及其插槽标准

内存（Memory）是 CPU 与其他设备通信的桥梁，是计算机中唯一直接与 CPU 传输数据的设备，是程序和数据运行的主要平台。内存容量的大小、传输速率等指标将直接影响整个计算机系统的性能。内存的技术参数包括容量（单位 MB）、内存的总线频率（单位 MHz）和数据带宽（单位 MB/s）、内存速度（单位 ns）、内存的接口等，目前市场上的内存主要有 SDRAM、DDR SDRAM 和 DDⅡ SDRAM 三种（见图 12－21）。

图 12-21　内存条

SDRAM（Synchronous DRAM）又叫做同步动态内存，它与 CPU 外频同步运行，和 CPU 共享时钟，芯片组可以主动地在每个时钟的上升沿发给引脚控制命令。SDRAM 存储器按照系统总线的时钟频率分为 66 MHz、100 MHz、133 MHz 等多种，后者记为 PC100 和 PC133。SDRAM 的容量主要有 32 MB、64 MB、128 MB 和 256 MB。它们的针脚一般是 168 个，普遍可以向上兼容，不同频率混用按照最低频率运行。当前市场上，大部分的主板不再提供这种内存的插槽了，但是 SDRAM 是应用范围比较广的一种内存。

DDR SDRAM（Dual Data Rate SDRAM）又叫做双倍速率动态内存。由于它在系统时钟触发沿的上沿和下沿都能进行数据传输，因而其传输速率是同频率下 SDRAM 内存的两倍，带宽提升了一倍。它的金属引脚部分有 184 个接触点和一个缺口，因此也称为 184 线内存。DDR 内存的规格主要有 DDR 266、DDR 333 与 DDR 400 三种。它的容量主要有 128 MB、256 MB、512 MB 以及 1024 MB 等几种。DDR400 规格的内存是 DDR 产品中的主流，它能与多种 CPU 配合使用，利用双通道技术可以达到 800 MB/s 的总线频率。

DDRⅡ SDRAM 简称为 DDR2，是随着 CPU 发展要求支持更高的前端总线频率的内存而出现的。它的基本架构和普通 DDR 内存类似，最大的变化在于引进了 4 位的数据预取架构来改善内存允许频率，一个时钟周期可以传送 4 个数据包。DDR2 具有不同于 DDR 的 240 个金属触点，但是有些主板为了兼容这两种内存，同时提供这两种内存插槽。DDR2 内存的规格主要有 DDRⅡ400、DDRⅡ533、DDRⅡ667 以及 DDRⅡ800 等。在容量方面，DDR2 内存主要有 512 MB 以及 1024 MB 等几种。

3. 扩展槽标准

扩展槽是一种添加或增强计算机特性及功能的方法，是主板上用于固定扩展卡并将其连接到系统总线上的插槽，也叫做扩展槽、扩充插槽。例如，不支持 USB 2.0 或 IEEE 1394 的主板可以通过添加相应的 USB 2.0 扩展卡或 IEEE 1394 扩展卡以获得该功能。目前扩展插槽的种类主要有 ISA、PCI、AGP、CNR、AMR、ACR 和比较少见的 WI-FI、VXB 以及笔记本计算机专用的 PCMCIA 等，未来的主流扩展插槽是 PCI Express 插槽。

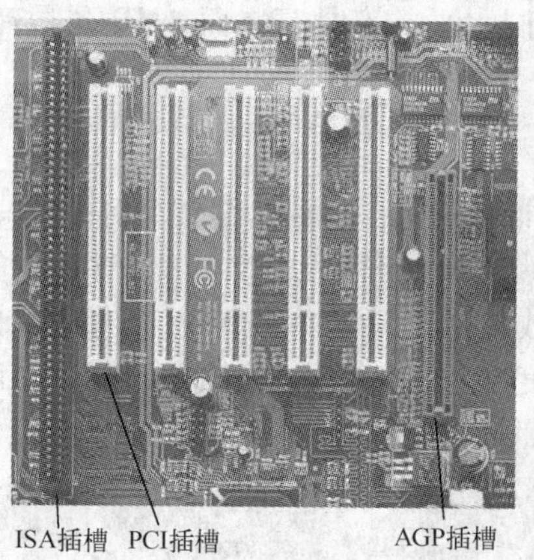

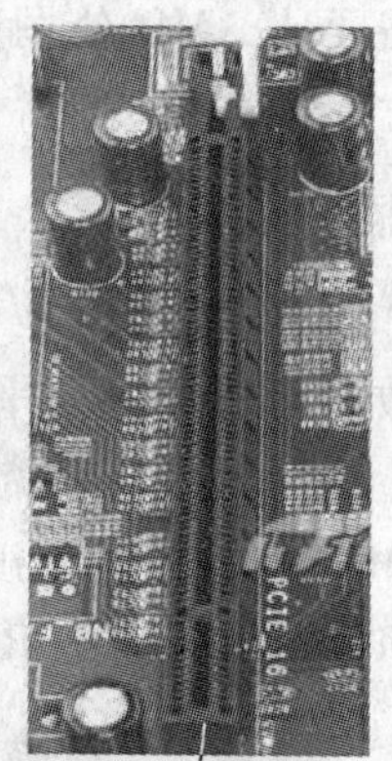

图 12-22　主要扩展插槽

PCI-Express（简称为 PCI-E）是最新的总线和接口标准，是由 Intel 公司提出的，交由 PCI-SIG（PCI 特殊兴趣组织）认证发布后才改名为 PCI-Express。目前市场上的主板芯片组绝大多数都提供对 PCI-E 的支持。这个新标准将全面取代现行的 PCI 和 AGP，最终实现总线标准的统一。它的主要优势就是数据传输速率高，目前最高可达到 10 GB/s 以上，而且还有相当大的发展潜力。PCI Express 也有多种规格，PCI-E X1 和 PCI-E X16 已成为 PCI-E 主流规格，同时很多芯片组厂商在南桥芯片中添加了对 PCI-E X1 的支持，在北桥芯片中添加了对 PCI-E X16 的支持。PCI-E 因为采用串行数据包方式传输数据，所以 PCI-E 接口的每个针脚可以获得比传统 I/O 标准更多的带宽。另外，PCI-E 也支持高阶电源管理，支持热插拔，支持数据同步传输，为优先传输数据进行带宽优化。

12.3.2 芯片组

芯片组（Chipset）是主板的核心组成部分。对于主板而言，芯片组几乎决定了这块主板的功能，进而影响到整个电脑系统性能的发挥。芯片组性能的优劣，决定了主板性能的好坏与级别的高低。这是因为 CPU 的型号与种类繁多、功能特点不一，如果芯片组不能与 CPU 良好地协同工作，将严重地影响计算机的整体性能，甚至会导致不能正常工作。

芯片组的技术这几年来也是突飞猛进，从 ISA、PCI、AGP 到 PCI-Express，从 ATA 到 SATA、Ultra DMA 技术、双通道内存技术、高速前端总线技术等，每一次新技术的进步都带来计算机性能的提高。2004 年，芯片组技术又面临重大变革，最引人注目的就是 PCI Express 总线技术，它将取代 PCI 和 AGP，极大地提高了设备带宽，从而带来一场计算机技术的革命。另一方面，芯片组技术也在向着高整合性方向发展，例如，AMD Athlon 64 CPU 内部已经整合了内存控制器，这大大降低了芯片组厂家设计产品的难度，而且现在的芯片组产品已经整合了音频、网络、SATA、RAID 等功能，大大降低了用户的成本。

芯片组按照在主板上的排列位置的不同，通常分为北桥芯片和南桥芯片（见图 12－23、图 12－24）。其中，北桥芯片（North Bridge）是主板芯片组中起主导作用的最重要的组成部分，也称为主桥（Host Bridge）。一般来说，芯片组的名称就是以北桥芯片的名称来命名的，例如 Intel P945GZ 芯片组的北桥芯片是 Intel 945GZ + ICH7，其中 GZ 为 945 系列芯片中的一个整合类型，ICH7 为南桥芯片型号。北桥芯片负责与 CPU 联系并控制内存、AGP 数据在北桥内部传输，提供对 CPU 的类型和主频、系统的前端总线频率、内存的类型（SDRAM，DDR SDRAM 以及 DDR Ⅱ SDRAM 等）和最大容量、AGP 插槽、ECC 纠错等的支持，整合型芯片组的北桥芯片还集成了显示核心。北桥芯片就是主板上离 CPU 最近的芯片，这主要是考虑到北桥芯片与处理器之间的通信最密切，为了提高通信性能而缩短了传输距离。因为北桥芯片的数据处理量非常大，发热量也非常大，所以现在的北桥芯片都覆盖着散热片用来加强芯片的散热。由于北桥芯片的主要功能是控制内存，而内存标准与处理器一样变化比较频繁，所以不同芯片组中北桥芯片是肯定不同的，当然这并不是说所采用的内存技术就完全不一样，而是不同的芯片组的北桥芯片间肯定在方面地方有差别。相对于北桥芯片，南桥芯片（South Bridge）负责 I/O 总线之间的通信，如 PCI 总线、USB、LAN、ATA、SATA、音频控制器、键盘控制器、实时时钟控制器、高级电源管理等，这些技术一般来说比较稳定，所以不同芯片组中可能南桥芯片

图 12-23 北桥芯片

图 12-24 南桥芯片

是一样的。现在主板芯片组中北桥芯片的数量要远远多于南桥芯片。南桥芯片的发展方向主要是集成更多的功能，如网卡、RAID、IEEE 1394、甚至 WI-FI 无线网络等。

南北桥总线是建立南桥与北桥芯片通信的桥梁，总线越宽，数据传输越快。各厂商的主板芯片组中，南北桥总线都有各自的名称，如 Intel 公司的 Hublink，VIA 公司的 V-Link，Sis 公司的 MuTIOL 等。

12.3.3 外存接口

1. IDE 接口

IDE（Integrated Device Electronics）是一种硬盘的传输接口，如图 12-25 所示。IDE 的规格后来有所进步，推出了 EIDE（Enhanced IDE）规格，而这个规格同时又被称为 Fast ATA。不同的是 Fast ATA 是专指硬盘接口，而 EIDE 还制定了连接光盘等非硬盘产品的标准。之后再推出的接口，名称都只剩下 ATA 的字样，如 Ultra ATA、ATA/66、ATA/100 等。

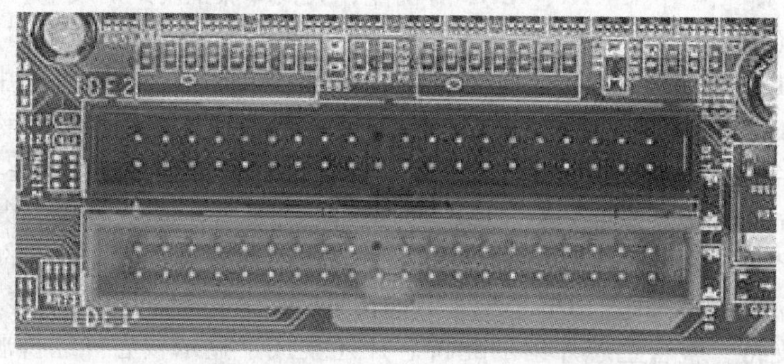

图 12-25 IDE 接口

早期的 IDE 接口有两种传输模式，一个是 PIO（Programming I/O）模式，另一个是 DMA（Direct Memory Access）模式。虽然 DMA 模式系统资源占用少，但需要额外的驱动程序或设置，因此被接受的程度比较低。后来在对速度要求越来越高的情况下，DMA 模式由于执行效率较好，开始得到操作系统的直接支持，而且厂商更推出了越来越快的 DMA 模式传输速度标准。而从 Intel 公司的 430TX 芯片组开始，就提供了对 Ultra DMA 33 的支持，提供了最大33 MB/s的的数据传输率，以后又很快发展到了 ATA 66，ATA 100 以及迈拓提出的 ATA 133 标准，分别提供 66 MB/s，100 MB/s 以及 133 MB/s 的最大数据传输率。

2. SCSI 技术

SCSI（Small Computer System Interface）是一种广泛应用于小型机上的高速数据传输技术。SCSI 技术具有应用范围广、多任务、带宽大、CPU 占用率低，以及热插拔等优点，但较高的价格使得它很难像 IDE 硬盘一样普及，因此 SCSI 硬盘主要应用于中、高端服务器和高档工作站中。

SCSI 的标准从 1980 年开始实行，但到现在还未统一，各个厂商各自发展自己的 SCSI 标准。SCSI 总线标准经过多次修订、补充后，于 1992 年推出了 ESCSI（SCII-② 标准，将数据总线从 8 位提高到 16/32 位，并提高了数据传输速率，扩充了功能和设备命令集，与原 SCSI 兼容。

SCSI 规范发展到今天，已经是第 6 代技术了，速度从 1.2 MB/s 到现在的 320 MB/s 有了质的飞六跃。目前的主流 SCSI 硬盘都采用了 Ultra 320 SCSI 接口，能提供 320 MB/s 的接口传输速度。

12.3.4　AC'97 音频

1997 年，由英特尔、雅玛哈等多家厂商联合研发并制定的一个音频电路系统标准，通常称为 AC'97 标准。AC'97 标准是专为 PCI 、USB 和 IEEE1394 等扩展接口设计的，它应用了两个芯片，一个用在模拟信号上，一个用于数字信号上，这个标准定义了 I/O 芯片的基本功能和控制器芯片音的数字接口，它使 PC 内不再受电子噪声的干扰。AC'97 适用于多重模拟输出、多声道输出、USB 端口、耳机插口等。

AC'97 规范所带来的影响是非常大的，规范的统一有助于各类相关元件价格的下降，特别是极其廉价的板载 AC'97 声卡。就板载声卡而言，有的是南桥芯片充当 I/O 控制器，音频混音和音效的实现靠 CPU 完成，这就是所谓的软声卡；也有一些采用诸如 CMI8738、CT5880 这类音效芯片，占用一个 PCI 通道，这就是所谓的硬声卡，它们的共同点就是前端有一个符合 AC'97 规范的 codec 芯片，完成输出/输入。

音频行业最近几年进步很大，加上 AC'97 规范一些累积的弱点，2005 年之后，Intel 公司提出了代号为 Azalia 的 HD AUDIO 的计划，并在推出的 915/925 主板平台上率先构建了板载 HD AUDIO（High Definition Audio）音频子系统。HD AUDIO 是 Intel 与杜比（Dolby）公司合力推出的新一代音频规范，Intel 915/925 以后的系列芯片组的南桥芯片所采用的均为 HD AUDIO。但是，AC'97 规范没有退出市场，目前，绝大部分微机中使用的都是 AC'97 规范。

AC'97 标准的规格包括

1）采用双芯片的 PC 声音解决方案，两种标准的封装方式分别为 48 针和 64 针。

2）数字/模拟信号分离，全面改善信噪比（ >90 dB），16 位立体声全双工 Codec、固定 48 kHz 采样频率。

3）4 种模拟立体声输入，分别来自 LINE 、CD、VIDEO 、AUX 。

4）两种模拟单声道输入，分别来自麦克风和 PC 扬声器。可从两个外接音源交换的单声道麦克风进行输入。

5）高品质的 CD 输入，立体声线性输出，电话单声道输出，支持电源管理，为麦克风选择第 3 个 ADC 输入通道。

12.3.5　即插即用技术

Microsoft 公司在开发 Windows 95 操作系统时，为克服用户因需调整周边硬件设定造成的困扰，而开发出了一项新功能：即插即用 PNP（Plug And Play）。这是一项用于自动处理 PC 硬件设备安装的工业标准，由 Intel 和 Microsoft 公司联合制定。只要将扩展卡插入微机的扩展槽中，微机系统就能自动进行扩展卡的配置工作，保证系统资源空间的合理分配，以避免发生系统资源占用冲突。

即插即用设计规范主要涉及微机系统的3个部分：基于ROM的BIOS、操作系统和硬件设备。实现即插即用功能的关键是BIOS（基本输入/输出系统），它主要负责启动兼容PC和处理设备的低层次I/O操作。在即插即用系统中，BIOS最低限度要负责启动母板上的设备，如DMA控制器和可编程中断控制器（PIC），同时还负责启动输入设备（主要是键盘控制器）、输出设备（主要是视频控制器）和初始程序装入设备（主要是存储操作系统的硬盘驱动器，还有一些移动计算机是通过ROM或者PCMCIA卡启动系统软件的）。Intel公司为了加速即插即用规范的实现过程，向BIOS经销商提供了具有即插即用扩充功能的BIOS产品，其他公司也推出了自己的即插即用BIOS，它们一般把即插即用BIOS代码存储在快速可以重写的ROM和通用掩模ROM中，所以升级只要修改快速ROM中的内容，通过在软盘上安装简单的快速ROM来升级程序，而对于掩模ROM只能通过交换芯片升级。

即插即用技术的实现需要硬件支持，硬件包括计算机系统和适配卡。即插即用的适配卡通过与系统BIOS和操作系统通信来传播所需系统资源的信息。然后，BIOS和操作系统协调并通知适配卡应使用的特定资源，适配卡改变其自身的配置以使用特定资源。

即插即用操作系统完全集成了即插即用特征，从Microsoft公司的Windows 95开始到Windows 98、Windows2000/NT和Windows XP都是这种系统。这种系统能够对新设备自动进行识别设备，分配资源和安装驱动。这种功能的实现主要在于操作系统设备驱动库集成了绝大多数的设备驱动程序，并且允许新的设备驱动按照一定的规则加入到驱动库中。另外，这种系统能够通过专门的管理器对设备进行手工配置和管理。这样在微机系统中，安装和管理设备就变得不是很困难了。

12.4 习题与思考题

1. 80286微处理器功能由哪几部分构成？各个功能部件的作用是什么？
2. 80286与8086主要有什么区别？
3. 简要描述80386、80486微处理器功能。
4. 当总线状态$M/\overline{IO}$、$D/\overline{C}$、$W/\overline{R}$等于110时，80486微处理器将进行哪种总线操作？
5. Pentium微处理器有多少条数据线和地址线？可以访问的存储空间有多大？
6. 试说明Pentium微处理器的工作原理。
7. Pentium微处理器配有哪些寄存器？试说明它们的名称及作用。
8. Pentium微处理器中指令指针寄存器中存放的内容是什么？
9. Pentium微处理器执行RESET之后，$CR_4 \sim CR_0$的状态各是什么？
10. Pentium微处理器的标志寄存器与8086微处理器有什么区别？试说明新增标志位的功能。
11. 如果一个逻辑地址的段选择符的值为0200H，偏移量为00005000H，在禁止分页的情况下，描述符中段的地址为00040000H，那么操作数的物理地址是多少？
12. 微处理器操作系统对段和页存储区管理的区别是什么？
13. 试说明Pentium微处理器段转换过程。
14. 简述Pentium微处理器4种操作模式的特点。

15. 当 32 位机工作在实模式下，设 FS = 2000H，BX = 3000H，当执行 MOV EAX，FS：[BX] 后，逻辑地址是什么？
16. 什么是线性地址？
17. 微机主板在微机系统中的作用是什么？
18. 芯片组的概念是什么？
19. 在 Intel 主板中，什么是北桥芯片？试述它在系统中的主要作用。
20. 简述 IDE 接口的作用和发展。
21. AC'97 标准的规格包括哪些内容？
22. 即插即用的概念是怎么提出的？它的主要作用是什么？

附录

附录 A ASCII 码表

表 A－1 ASCII 码表

行	列 高 / 低	0 000	1 001	2 010	3 011	4 100	5 101	6 110	7 111
0	0000	NUL	DLE	SP	0	@	P	、	p
1	0001	SOH	DC1	!	1	A	Q	a	q
2	0010	STX	DC2	”	2	B	R	b	r
3	0011	ETX	DC3	#	3	C	S	c	s
4	0100	EOT	DC4	$	4	D	T	d	t
5	0101	ENQ	NAK	%	5	E	U	e	u
6	0110	ACK	SYN	&	6	F	V	f	v
7	0111	BEL	ETB	’	7	G	W	g	w
8	1000	BS	CAN	(	8	H	X	h	x
9	1001	HT	EM	)	9	I	Y	i	y
A	1010	LF	SUB	*	:	J	Z	j	z
B	1011	VT	ESC	+	;	K	[	k	{
C	1100	FF	FS	,	<	L	\	l	|
D	1101	CR	GS	–	=	M	]	m	}
E	1110	SO	RS	.	>	N	Ω	n	~
F	1111	SI	US	/	?	O	–	o	DEL

表 A－2 控制符号的含义

控制符号缩写	英 文 含 义	中文含义	控制符号缩写	英 文 含 义	中 文 含 义
NUL	null	空白	DLE	data line escape	转义
SOH	start of heading	序始	DC1	device control 1	设备控制 1
STX	start of text	文始	DC2	device control 2	设备控制 2
ETX	end of text	文终	DC3	device control 3	设备控制 3
EOT	end of tape	送毕	DC4	device control 4	设备控制 4
ENQ	enquiry	询问	NAK	negative acknowledge	不确认
ACK	acknowledge	确认	SYN	synchronize	同步字符
BEL	bell	响铃	ETB	end of transmitted block	传输块结束
BS	backspace	退格	CAN	cancel	作废
HT	horizontal tab	横表	EM	end of medium	载终
LF	line feed	换行	SUB	substitute	置换
VT	vertical tab	纵表	ESC	escape	换码
FF	form feed	换页	FS	file separator	文件分隔符
CR	carriage return	回车	GS	group separator	组分隔符
SO	shift out	移出	RS	record separator	记录分隔符
SI	shift in	移入	US	union separator	单元分隔符

附录 B　DOS 功能调用

AH	功　能	入口参数	出口参数
00H	程序终止返回操作系统	CS = 程序段前缀	
01H	键盘输入字符并回显		AL = 输入字符
02H	显示输出	DL = 被显示字符的 ASCII	
03H	异步通信输入		AL = 输入数据
04H	异步通信输出	输出数据	
05H	打印机输出	DL = 输出字符	
06H	直接控制台 I/O	DL = FFH（直接控制台输入） DL = 其他值（显示输出）	AL = 输入字符的 ASCII
07H	键盘输入（无回显）		AL = 输入字符的 ASCII
08H	键盘输入（无回显） 检测 Ctrl-Break		AL = 输入字符的 ASCII
09H	显示字符串	DS：DX = 串首地址，'$'结束字符串	
0AH	键盘输入字符串到内存缓冲区	DS：DX = 缓冲区首地址	（DS：DX + 1）= 实际输入的字符数
0BH	检验键盘状态		AL = 00H 有输入 AL = FFH 无输入
0CH	清除输入缓冲区并请求指定的输入功能	AL = 输入功能号（01H，06H，07H，08H，0AH）	
0DH	磁盘复位		清除文件缓冲区
0EH	指定当前默认的磁盘驱动器	DL = 驱动器号 0 = A，1 = B，…	AL = 驱动器数
0FH	打开文件	DS：DX = FCB 首地址	AL = 00H 文件找到 AL = FFH 文件未找到
10H	关闭文件	DS：DX = FCB 首地址	AL = 00H 目录修改成功 AL = FFH 目录中未找到文件
11H	查找第一个目录项	DS：DX = FCB 首地址	AL = 00H 找到 AL = FFH 未找到
12H	查找下一个目录项	DS：DX = FCB 首地址 （文件中带有 * 或?）	AL = 00H 找到 AL = FFH 未找到
13H	删除文件	DS：DX = FCB 首地址	AL = 00H 删除成功 AL = FFH 未找到
14H	顺序读	DS：DX = FCB 首地址	AL = 00H 读成功 = 01H 文件结束，记录中无数据 = 02HDTA 空间不够 = 03H 文件结束，记录不完整
15H	顺序写	DS：DX = FCB 首地址	AL = 00H 写成功 = 01H 盘满 = 02H DTA 空间不够

（续）

AH	功 能	入口参数	出口参数
16H	建文件	DS：DX = FCB 首地址	AL = 00H 建立成功 = FFH 无磁盘空间
17H	文件改名	DS：DX = FCB 首地址 （DS：DX + 1） = 旧文件名 （DS：DX + 17） = 新文件名	AL = 00H 成功 AL = FFH 未成功
19H	取当前默认磁盘驱动器		AL = 默认的驱动器号 0 = A，1 = B，2 = C，…
1AH	置 DTA 地址	DS：DX = DTA 地址	
1BH	取默认驱动器 FAT 信息		AL = 每簇的扇区数 DS：BX = FAT 标识字节 CX = 物理扇区大小 DX = 缺省驱动器的簇数
1CH	取任一驱动器 FAT 信息	DL = 驱动器号	同上
21H	随机读	DS：DX = FCB 首地址	AL = 00H 读成功 = 01H 文件结束 = 02H 缓冲区溢出 = 03H 缓冲区不满
22H	随机写	DS：DX = FCB 首地址	AL = 00H 写成功 = 01H 盘满 = 02H 缓冲区溢出
23H	测定文件大小	DS：DX = FCB 首地址	AL = 00H 成功（文件长度填入 FCB） AL = FFH 未找到
24H	设置随机记录号	DS：DX = FCB 首地址	
25H	设置中断向量	DS：DX = 中断向量 AL = 中断类型号	
26H	建立程序段前缀	DX = 新的程序段前缀	
27H	随机分块读	DS：DX = FCB 首地址 CX = 记录数	AL = 00H 读成功 = 01H 文件结束 = 02H 缓冲区太小，传输结束 = 03H 缓冲区不满
28H	随机分块写	DS：DX = FCB 首地址 CX = 记录数	AL = 00H 写成功 = 01H 盘满 = 02H 缓冲区溢出
29H	分析文件名	ES：DI = FCB 首地址 DS：SI = 字符串地址 AL = 控制分析标志	AL = 00H 标准文件 = 01H 多义文件 = 02H 非法盘符
2AH	取日期		CX = 年，DH：DL = 月：日（二进制） AL = 星期（0 ~ 6，0 为周日）
2BH	设置日期	CX：DH：DL = 年：月：日	AL = 00H 成功，AL = FFH 无效
2CH	取时间		CH：CL = 时：分 DH：DL = 秒：1/100 秒

（续）

AH	功 能	入口参数	出口参数
2DH	设置时间	CH：CL＝时：分 DH：DL＝秒：1/100 秒	AL ＝00H 设置时间成功 ＝FFH 设置时间无效
2EH	置磁盘自动读写标志	AL＝00H 关闭标志 AL＝01H 打开标志	
2FH	取磁盘缓冲区的首址		ES：BX＝缓冲区首址
30H	取 DOS 版本号		AH＝发行号，AL＝版本
31H	结束并驻留	AL＝返回码 DX＝驻留区大小	
33H	Ctrl-Break 检测	AL ＝00H 取状态 ＝01H 置状态（DL） DL ＝00H 关闭检测 ＝01H 打开检测	DL ＝00H 关闭 Ctrl－Break 检测 ＝01H 打开 Ctrl－Break 检测
35H	取中断向量	AL＝中断类型号	ES：BX＝中断向量
36H	取空闲磁盘空间	DL＝驱动器号 0＝默认，1＝A，2＝B，…	成功：AX＝每簇扇区数 BX＝有效簇数 CX＝每扇区字节数 DX＝总簇数 失败：AX＝FFFFH
38H	置/取国家信息	DS：DX＝信息区首地址	BX＝国家码（国际电话前缀码） AX＝错误码
39H	建立子目录（MKDIR）	DS：DX＝ASCIIZ 串地址	AX＝错误码
3AH	删除子目录（RMDIR）	DS：DX＝ASCIIZ 串地址	AX＝错误码
3BH	改变当前目录（CHDIR）	DS：DX＝ASCIIZ 串地址	AX＝错误码
3CH	建立文件	DS：DX＝ASCIIZ 串地址 CX＝文件属性	成功：AX＝文件代号 错误：AX＝错误码
3DH	打开文件	DS：DX＝ASCIIZ 串地址 AL ＝0 读 ＝1 写 ＝3 读/写	成功：AX＝文件代号 错误：AX＝错误码
3EH	关闭文件	BX＝文件代号	失败：AX＝错误码
3FH	读文件或设备	DS：DX＝数据缓冲区地址 BX＝文件代号 CX＝读取的字节数	读成功：AX＝实际读入的字节数 AX＝0 已到文件尾 读出错：AX＝错误码
40H	写文件或设备	DS：DX＝数据缓冲区地址 BX＝文件代号 CX＝写入的字节数	写成功：AX＝实际写入的字节数 写出错：AX＝错误码
41H	删除文件	DS：DX＝字符串地址	成功：AX＝00H 出错：AX＝错误码（2，5）
42H	移动文件指针	BX＝文件代号 CX：DX＝位移量 AL＝移动方式（0：从文件头绝对位移，1：从当前位置相对移动，2：从文件尾绝对位移）	成功：DX：AX＝新文件指针位置 出错：AX＝错误码

（续）

AH	功　　能	入口参数	出口参数
43H	置/取文件属性	DS：DX = ASCIIZ 串地址 AL = 0 取文件属性 AL = 1 置文件属性 CX = 文件属性	成功：CX = 文件属性 失败：CX = 错误码
44H	设备文件 I/O 控制	BX = 文件代号 AL = 0 取状态 = 1 置状态 DX = 2 读数据 = 3 写数据 = 6 取输入状态 = 7 取输出状态	DX = 设备信息
45H	复制文件代号	BX = 文件代号 1	成功：AX = 文件代号 2 失败：AX = 错误码
46H	人工复制文件代号	BX = 文件代号 1 CX = 文件代号 2	失败：AX = 错误码
47H	取当前目录路径名	DL = 驱动器号 DS：SI = 字符串地址	（DS：SI）＝字符串 失败：AX = 出错码
48H	分配内存空间	BX = 申请内存容量	成功：AX = 分配内存首地 失败：BX = 最大可用内存
49H	释放内容空间	ES = 内存起始段地址	失败：AX = 错误码
4AH	调整已分配的存储块	ES = 原内存起始地址 BX = 再申请的容量	失败：BX = 最大可用空间 AX = 错误码
4BH	装配/执行程序	DS：DX = 字符串地址 ES：BX = 参数区首地址 AL = 0 装入执行 AL = 3 装入不执行	失败：AX = 错误码
4CH	带返回码结束	AL = 返回码	
4DH	取返回代码		AX = 返回代码
4EH	查找第一个匹配文件	DS：DX = 字符串地址 CX = 属性	AX = 出错代码（02，18）
4FH	查找下一个匹配文件	DS：DX = 字符串地址 （文件名中带有？或 *）	AX = 出错代码（18）
54H	取盘自动读写标志	AL = 当前标志值	
56H	文件改名	DS：DX = 字符串（旧） ES：DI = 字符串（新）	AX = 出错码（03，05，17）
57H	置/取文件日期和时间	BX = 文件代号 AL = 0 读取 AL = 1 设置（DX：CX）	DX：CX = 日期和时间 失败：AX = 错误码
58H	取/置分配策略码	AL = 0 取码 AL = 1 置码（BX）	成功：AX = 策略码 失败：AX = 错误码
59H	取扩充错误码		AX = 扩充错误码 BH = 错误类型 BL = 建议的操作 CH = 错误场所

（续）

AH	功　能	入口参数	出口参数
5AH	建立临时文件	CX＝文件属性 DS：DX＝字符串地址	成功：AX＝文件代号 失败：AX＝错误码
5BH	建立新文件	CX＝文件属性 DS：DX＝字符串地址	成功：AX＝文件代号 失败：AX＝错误码
5CH	控制文件存取	AL ＝00H 封锁 　＝01H 开启 BX＝文件代号 CX：DX＝文件位移 SI：DI＝文件长度	失败：AX＝错误码
62H	取程序段前缀		BX＝PSP 地址

附录 C BIOS 中断调用

INT	功能号	功能名称	入口参数	出口参数
10H	00H	设置显示方式	AL=00H AL=01H AL=02H AL=03H AL=04H AL=05H AL=06H AL=07H AL=08H AL=09H AL=0AH AL=0BH AL=0CH AL=0DH AL=0EH AL=0FH AL=10H AL=11H AL=12H AL=13H AL=40H AL=41H AL=42H	分辨率为 40×25 的黑白方式 分辨率为 40×25 的彩色方式 分辨率为 80×25 的黑白方式 分辨率为 80×25 的彩色方式 分辨率为 320×200 的彩色图形方式 分辨率为 320×200 的黑白图形方式 分辨率为 640×200 的黑白图形方式 分辨率为 80×25 的单色文本方式 分辨率为 160×200 的 16 色图形 分辨率为 320×200 的 16 色图形 分辨率为 640×200 的 16 色图形 保留（EGA） 保留（EGA） 分辨率为 320×200 的彩色图形 分辨率为 640×200 的彩色图形 分辨率为 640×350 的黑白图形 分辨率为 640×350 的彩色图形 分辨率为 640×480 的单色图形 分辨率为 640×480 的 16 色图形 分辨率为 320×200 的 256 色图形 分辨率为 80×30 的彩色文本 分辨率为 80×50 的彩色方式 分辨率为 640×400 的彩色文本
10H	01H	置光标类型	CH=光标起始行 CL=光标结束行	
10H	02H	置光标位置	BH=页号 DH=行数 DL=列数	
10H	03H	读光标位置	BH=页号	DH=行数 DL=列数
10H	04H	读光笔位置		AH=0 光笔未触发 AH=1 光笔触发 CH=像素行 BX=像素列 DH=字符行 DL=字符列
10H	05H	置显示页	AL=页号	
10H	06H	当前显示页上卷	AL=上卷行数，0 为清屏 BH=填充字符属性 CH/CL=左上角行/列号 DH/DL=右下角行/列号	

（续）

INT	功能号	功能名称	入口参数	出口参数
10H	07H	当前显示页下卷	AL = 下卷行数，0 为清屏 BH = 填充字符属性 CH/CL = 左上角行/列号 DH/DL = 右下角行/列号	
10H	08H	读光标位置的字符和属性	BH = 页号	AH = 属性 AL = 字符
10H	09H	在当前光标位置显示字符及属性	BH = 页号 BL = 属性 AL = 字符 CX = 字符总数	
10H	0AH	在当前光标位置显示字符	BH = 页号 AL = 字符 CX = 字符总数	
10H	0BH	置彩色调色板	BH = 彩色调色板 ID BL = 和 ID 配套使用的颜色	
10H	0CH	写像素	DX = 行数（0 - 199） CX = 列数（0 - 639） AL = 像素值	
10H	0DH	读像素	DX = 行数（0 - 199） CX = 列数（0 - 639）	AL = 指定位置的像素值
10H	0EH	显示字符	AL = 字符 BL = 前景色	
10H	0FH	读当前显示方式		AH = 字符列数 AL = 显示方式
16H	00H	从键盘读字符		AL = 字符的 ASCII 码 AH = 字符的扫描码
16H	01H	读键盘缓冲区字符		ZF = 0：AL = 字符的 ASCII 码 AH = 字符的扫描码 ZF = 1：缓冲区为空
16H	02H	读控制键状态		AL = 键盘状态字节
17H	00H	打印字符回送状态字节	AL = 字符 DX = 打印机号	AH = 打印机状态字节
17H	01H	初始化打印机回送状态字节	DX = 打印机号	AH = 打印机状态字节
17H	02H	取打印机状态	DX = 打印机号	AH = 打印机状态字节

附录 D DEBUG 调试软件

DEBUG. EXE 程序是专门为分析、研制和开发汇编语言程序而设计的一种调试工具，具有跟踪程序执行、观察中间运行结果、显示和修改寄存器或存储单元内容等多种功能。它能使程序设计人员或用户触及到机器内部，因此可以说它是 80x86CPU 的心灵窗口，也是学习汇编语言必须掌握的调试工具。Windows 操作系统安装时自带有 DEBUG. EXE 程序，不需另外安装。

1. DEBUG 程序的使用

在 DOS 提示符下键入命令：

C:\> DEBUG [盘符:] [路径] [文件名.EXE] [参数1] [参数2]

这时屏幕上出现 DEBUG 的提示符"-"，表示系统在 DEBUG 管理之下，此时可以用 DEBUG 进行程序调试。若所有选项省略，仅把 DEBUG 装入内存，可对当前内存中的内容进行调试，或者再用 N 和 L 命令，从指定盘上装入要调试的程序；若命令行中有文件名，则 DOS 把 DEBUG 程序调入内存后，再由 DEBUG 将指定的文件名装入内存。

2. DEBUG 的常用命令

(1) 汇编命令 A

格式：A [起始地址] 或 A；每输入完一条指令，用回车键来确认。

功能：将输入源程序的指令汇编成目标代码并从指定地址单元开始存放。若缺省起始地址，则从当前 CS：100（段地址：偏移地址）地址开始存放。A 命令是按行进行汇编，主要是用于小段程序的汇编或对目标程序进行修改，具有检查错误的功能。如果有错误，用^Error 提示。然后重新输入正确命令即可。

注意：DEBUG 的 A 命令中数字部分输入的默认格式是十六进制。例如，输入 10，对于计算机而言，就是 10H。另外，A 命令不支持标识符的输入。只能用准确的段地址：偏移地址来设置跳转的位置。

(2) 反汇编命令 U

格式 1：U [起始地址]

格式 2：U [起始地址] [结束地址 | 字节数]

功能：格式 1 从指定起始地址处开始固定将 32B 的目标代码转换成汇编指令形式，默认起始地址从当前地址 CS：IP 开始。

格式 2 将指定范围的内存单元中的目标代码转换成汇编指令。

(3) 显示、修改寄存器命令 R

格式：R [寄存器名] 或 R

功能：若给出寄存器名，则显示该寄存器的内容并可进行修改。默认寄存器名按以下格式显示所有寄存器的内容及当前值（不能修改）：

```
AX =0000 BX =0004 CX =0020 DX =0000 SP =0080 BP =0000 SI =0000
DI =0000 DS =3000 ES =23A0 CS =138E IP =0000
NV UP DI PL NZ NA PO NC
```

```
138E:0000 MOV AX,1234
    -R AX            ;输入命令
    AX 0014          ;显示 AX 的内容
    :                ;供修改,不修改按回车
```

若对标志寄存器进行修改，输入：-RF

屏幕显示如下信息，分别表示 OF、$\overline{DF}$、IF、SF、ZF、AF、PF、CF 的状态：

NV UP DI PL NZ NA PO NC

若不修改则按回车键。要修改需个别输入一个或多个此标志的相反值，再按回车键。R 命令只能显示、修改 16 位寄存器。

(4) 显示存储单元命令 D

格式 1：D [起始地址]

格式 2：D [起始地址] [结束地址 | 字节数]

功能：格式 1 从起始地址开始按十六进制显示 80H（128）个单元的内容，每行 16 个单元，共 8 行，每行右边显示 16 个单元的 ASCII 码，ASCII 码不可显示的则显示“·”。格式 2 显示指定范围内存储单元的内容，其他显示方式与格式 1 一样。默认起始地址或地址范围从当前的地址开始按格式 1 显示。

例如：-D 200　　　；表示从 DS：0200H 开始显示 128 个单元内容

　　　-D 100 120　；表示显示 DS：0100-DS：0120 单元的内容

说明：在 DEBUG 中，地址表示方式有如下形式：

段寄存器名：相对地址，如：DS：100

段基值：偏移地址（相对地址），如：23A0：1500

(5) 修改存储单元命令 E

格式 1：E [起始地址] [内容表]

格式 2：E [地址]

功能：格式 1 按内容表的内容修改从起始地址开始的多个存储单元内容，即用内容表指定的内容来代替存储单元当前内容。

例如：—E DS：0100 'VAR'12 34

表示从 DS：0100 为起始单元的连续 5 个字节单元内容依次被修改为'V'、'A'、'R'、12H、34H。

格式 2 是逐个修改指定地址单元的当前内容。

如：—E DS：0010

156F：0010 41. 5F

其中，156F：0010 单元原来的值是 41H，5FH 为输入的修改值。若只修改一个单元的内容，按回车键即可；若还想继续修改下一个单元内容，应按空格键，就显示下一个单元的内容，需修改就键入新的内容，不修改再按空格跳过，如此重复直到修改完毕，按回车键返回 DEBUG“-”提示符。如果在修改过程中，按“-”键，则表示可以修改前一个单元的内容。

(6) 运行命令 G

格式：G [=起始地址] [第一断点地址 [第二断点地址……]

功能：CPU 从指定起始地址开始执行，依次在第一、第二等断点处中断。若默认起始

地址，则从当前 CS：IP 指示地址开始执行一条指令。最多可设置 10 个断点。

(7) 跟踪命令 T

格式：T［=起始地址］［正整数］；默认时执行一条指令

功能：从指定地址开始执行‘正整数’条指令。若默认‘正整数’，则表示执行一条指令，若两项都默认，则表示从当前 CS：IP 指示地址开始执行一条指令。

(8) 指定文件命令 N

格式：N <文件名或扩展名>

功能：指定即将调入内存或从内存写入磁盘的文件名。该命令应用在 L 命令和 W 命令之前。

(9) 装入命令 L

格式 1：L［起始地址］［盘符号］［扇区号］［扇区数］

格式 2：L［起始地址］

功能：格式 1 根据盘符号，将指定扇区的内容装入到指定起始地址的存储区中。

格式 2 将 N 命令指出的文件装入到指定起始地址的存储区中，若省略起始地址，则装入到 CS：100 处或按原来文件定位约定装入到相应位置。

(10) 写磁盘命令 W

格式 1：W <起始地址>［驱动器号］<起始扇区><扇区数>

格式 2：W［起始地址］

功能：格式 1 把指定地址开始的内容数据写到磁盘上指定的扇区中。

格式 2 将起始地址的 BX×10000H+CX 个字节内容存放到由 N 命令指定的文件中。BX 中存放程序段地址的末地址与首地址的差（通常程序存放在一个段中，即 BX=0），CX 中存放偏移地址的末地址与首地址的差。在格式 2 的 W 命令之前，除用 N 命令指定存盘的文件名外，还必须将要写的字节数用 R 命令送入 BX 和 CX 中。

(11) 退出命令 Q

格式：Q

功能：退出 DEBUG，返回到操作系统。

以上介绍的是 DEBUG 常用命令，其他命令请参考有关书籍。

参考文献

[1] 陈启美. 微机原理·外设·接口[M]. 北京：清华大学出版社，2002.

[2] 张凡. 微机原理与接口技术[M]. 北京：清华大学出版社，北方交通大学出版社，2003.

[3] 周明德. 微型计算机系统原理及应用[M]. 北京：清华大学出版社，2002.

[4] 赵志诚. 微机原理及接口技术[M]. 北京：中国林业出版社，北京大学出版社，2006.

[5] 戴梅萼，史嘉权. 微型计算机技术及应用[M]. 北京：清华大学出版社，1996.

[6] 朱金钧，麻新旗，等. 微型计算机原理及应用技术[M]. 2版. 北京：机械工业出版社，2006.

[7] 周佩玲，等. 微机原理与接口技术（基于16位机）[M]. 北京：电子工业出版社，2005.

[8] 赵志诚，段中兴，等. 微机原理及接口技术[M]. 北京：北京大学出版社，2006.

[9] 原菊梅，等. 微机原理与接口技术[M]. 北京：机械工业出版社，2007.

[10] 龚义建，严运国. 微机原理与接口技术[M]. 北京：科学出版社，2005.

[11] 马春燕，段承先，秦文萍. 微机原理与接口技术（基于32位机）[M]. 北京：电子工业出版社，2007.

[12] Scott Mueller. PC 升级与维护大全[M]. 北京：机械工业出版社，2001.

[13] 马维华，等. 从8086到PentiumⅢ微型计算机原理及接口技术[M]. 北京：科学技术出版社，2000.

[14] 艾德才，等. 80486/80386 系统原理与接口大全[M]. 北京：清华大学出版社，1995.

[15] Barry B Brey. The Intel Microprocessors 8086/8088，80186/80188，80286，80386，80486，Pentium，Pentium Pro Processor Architecture，Programming and Interfacing[M]. 5th Ed. Upper Saddle River：Prentice Hall，2003.